.NET Core 底层入门

老 农 刘浩杨 编著

北京航空航天大学出版社

内 容 简 介

本书讲解了 .NET Core 公共语言运行时的底层实现，从介绍 MSIL 和 x86 汇编语言开始，到讲解异常、多线程、GC 以及 JIT 编译器的实现原理与实现细节。本书包含了大量图表让读者可以更容易了解其中的内容，同时涉及到 .NET Core 底层实现的部分还给出了对应的源代码链接，让读者可以参考源代码有更深入的理解。此外，本书还有相关提问用的仓库和 QQ 群便于读者交流，详见序言。

本书主要面向有一年以上 .NET（C#）开发经验的开发者，其他程序语言的开发者也可以阅读本书来比较 .NET Core 与其他语言的运行时之间有哪些共同点和不同点，本书的知识可以为读者在编写高性能应用或底层应用时提供有力的支持。

图书在版编目（CIP）数据

.NET Core 底层入门 / 老农，刘浩杨编著. -- 北京：北京航空航天大学出版社，2020.1
ISBN 978-7-5124-3195-9

Ⅰ. ①N… Ⅱ. ①老… ②刘… Ⅲ. ①网页制作工具－程序设计 Ⅳ. ①TP393.092.2

中国版本图书馆 CIP 数据核字(2019)第 291690 号

版权所有，侵权必究。

.NET Core 底层入门

老 农 刘浩杨 编著
责任编辑 剧艳婕

*

北京航空航天大学出版社出版发行

北京市海淀区学院路 37 号（邮编 100191）　http://www.buaapress.com.cn
发行部电话：(010)82317024　传真：(010)82328026
读者信箱：emsbook@buaacm.com.cn　邮购电话：(010)82316936
三河市华骏印务包装有限公司印装　各地书店经销

开本：710×1 000　1/16　印张：33.75　字数：719 千字
2020 年 1 月第 1 版　2020 年 1 月第 1 次印刷　印数：3 000 册
ISBN 978-7-5124-3195-9　定价：99.00 元

若本书有倒页、脱页、缺页等印装质量问题，请与本社发行部联系调换。联系电话：(010)82317024

序　言

首先非常感谢您在百忙之中翻开本书。本书主要介绍 .NET Core 公共语言运行时的底层实现，包括异常、多线程、GC(Garbage Collection)以及 JIT 编译器(Just-in-time Compiler)的实现原理与细节。阅读本书可以加深对 .NET 框架的理解，这些知识会在编写框架以及高性能程序时发挥重要的作用。如果您有兴趣，本书中的知识还可以帮您向 CoreCLR 添加或修改功能并贡献代码，或者实现一个自己的语言框架。

我在 2017 年的年初开始阅读 .NET Core 源代码，在此之前我只是一个拥有一些 C++ 与汇编知识的开发者，直到某一天一个 QQ 群的群友推荐我去阅读 .NET Core 的源代码，从此之后的一年时间里，我把大量的时间花在了阅读源代码上，收获很多，包括理解了各种各样曾经以为是黑箱子的机制，以及编写代码时会更多地去思考执行代码时底层发生的处理。再之后，我在博客上发表了一些介绍 .NET Core 底层实现的文章，虽然理解这些文章需要的知识很多，但还是收到了一些反响，并且得到了北京航空航天大学出版社的邀请。在此我非常感谢推荐我阅读 .NET Core 源代码的群友以及邀请我编写此书的北京航空航天大学出版社编辑。

本书内容很大程度上依赖于对 .NET Core 的源代码分析，与《CLR via C#》不一样的是，本书并没有全面地去介绍公共语言运行时的各个组成部分，而是选择了几个重要的主题，包括异常、多线程、GC 以及 JIT，并详细介绍它们的实现原理与实现细节，且会给出相关的汇编代码以及数据结构，我相信深入的学习比浅显的带过更有意义。作为基础内容，本书还会介绍 MSIL 与 x86 汇编，其中 MSIL 部分由微软的 MVP 刘浩杨编写，刘浩杨是 .NET 的 AOP 框架 AspectCore 的作者以及 APM 框架 SkyWalking 的 .NET 探针的主要开发者，对 .NET 框架以及 MSIL 有着非常深入的理解。

虽然本书与 .NET Core 源代码的关联比较大，部分章节也会给出相关的源代码链接，但理解本书的内容不需要阅读源代码，本书包含了大量的图表用于解释数据结构与处理流程,如果您是一个拥有一年以上经验的.NET开发者,并且对.NET运行时的底层实现有兴趣,那么应该可以顺利地阅读本书并理解大部分内容。部分相对难以理解的内容以及源代码链接会放在每节的最后(即"CoreCLR中的相关代码"小节),您可以跳过这部分的内容,对阅读接下来的章节不会有影响。如果您在阅读过程中有疑问,可以浏览网站:https://netcoreimpl.github.io,在上面找到提问用的仓库并建立issue提问,也可以加入网站上列出的QQ群讨论。不管您是出于兴趣还是工作需要阅读本书,都希望您可以从中得到收获。

注:本书代码、命令和链接中的部分标点符号均为半角标点符号。部分跨行的链接在末尾可能会带"-",请不要在浏览器上输入此符号。

老 农

2019年10月

目 录

第1章 公共语言运行时概述 1
1.1.1 .NET 框架简介 1
1.1.2 公共语言运行时中的各个组成部分 3
1.1.3 名称规范 5

第2章 MSIL 入门 7
第1节 逆向 .NET 程序到 IL 7
2.1.1 ildasm 7
2.1.2 使用 ILSpy 10
2.1.3 dnSpy 10
第2节 基础语法 11
2.2.1 IL 语法格式 11
2.2.2 IL 指令格式 17
2.2.3 评价堆栈 18
2.2.4 常用指令 19
2.2.5 常见的 C# 代码与 IL 代码的对比 21
第3节 流程控制 26
2.3.1 IL 流程控制 26
2.3.2 常见的流程控制 C# 代码与 IL 代码对比 28

第3章 x86 汇编入门 37
第1节 汇编与机器码 37
3.1.1 理解汇编语言与机器码 37
3.1.2 RISC 与 CISC 42
3.1.3 流水线 42
第2节 内 存 44

- 3.2.1 位与字节 44
- 3.2.2 负数的表现 46
- 3.2.3 小端与大端 47
- 3.2.4 内存地址 47
- 3.2.5 虚拟内存 48
- 3.2.6 了解虚拟内存的实现 50

第 3 节 寄存器 50
- 3.3.1 通用寄存器 50
- 3.3.2 程序计数器 52
- 3.3.3 标志寄存器 52

第 4 节 基础指令 55
- 3.4.1 汇编指令记法 55
- 3.4.2 汇编指令格式 56
- 3.4.3 汇编指令简写 57
- 3.4.4 基础汇编指令 58
- 3.4.5 更多指令 68
- 3.4.6 机器码的编码方式 68

第 5 节 流程控制 69
- 3.5.1 流程控制实现 69
- 3.5.2 比较指令 70
- 3.5.3 跳转指令 73
- 3.5.4 其他流程控制 77
- 3.5.5 分支预测 79

第 6 节 函数调用 82
- 3.6.1 栈结构 82
- 3.6.2 函数调用 85
- 3.6.3 enter 与 leave 指令 89
- 3.6.4 调用规范 89

第 7 节 系统调用 91
- 3.7.1 系统调用简介 91
- 3.7.2 在 x86 上发起系统调用（软中断） 92
- 3.7.3 在 x86 上发起系统调用（sysenter） 93
- 3.7.4 在 x86-64 上发起系统调用（syscall） 94

第 8 节 内存屏障 95
- 3.8.1 乱序执行 95
- 3.8.2 内存屏障简介 96
- 3.8.3 双检锁 97

第 4 章 编译与调试 CoreCLR 100

第 1 节 在 Windows 上编译 CoreCLR 100

| 4.1.1　准备编译环境 ·· 100
| 4.1.2　下载 CoreCLR 源代码 ·· 101
| 4.1.3　编译 CoreCLR ·· 102
| 4.1.4　使用编译出来的 CoreCLR ·································· 103
| 4.1.5　最新的编译文档 ·· 103
| 第 2 节　在 Windows 上调试 CoreCLR ································· 104
| 4.2.1　使用 Visual Studio 调试 CoreCLR ······················ 104
| 4.2.2　使用 WinDbg 调试 CoreCLR ······························ 105
| 4.2.3　在 WinDbg 中使用 SOS 扩展 ······························ 109
| 4.2.4　更方便地调试托管方法对应的汇编代码 ············ 113
| 第 3 节　在 Linux 上编译 CoreCLR ·· 113
| 第 4 节　在 Linux 上调试 CoreCLR ·· 116
| 4.4.1　使用 LLDB 调试 CoreCLR ···································· 116
| 4.4.2　在 LLDB 中使用 SOS 扩展 ···································· 119

第 5 章　异常处理实现 ·· 126

第 1 节　异常处理简介 ·· 126
   5.1.1　通过返回值报告错误与通过异常报告错误的区别 ············ 126
   5.1.2　.NET 中的异常处理 ·· 129

第 2 节　用户异常的触发 ·· 132
   5.2.1　用户异常 ·· 132
   5.2.2　通过 throw 关键词抛出异常 ································ 133
   5.2.3　调用 .NET 运行时内部函数抛出异常 ·················· 135
   5.2.4　JIT 编译时自动插入抛出异常的代码 ·················· 135
   5.2.5　CoreCLR 中的相关代码 ······································ 137

第 3 节　硬件异常的触发 ·· 137
   5.3.1　硬件异常 ·· 137
   5.3.2　访问 null 对象的字段时抛出异常 ······················ 138
   5.3.3　调用 null 对象的方法时抛出异常 ······················ 142
   5.3.4　对整数进行零除时的处理 ·································· 144
   5.3.5　CoreCLR 中的相关代码 ······································ 146

第 4 节　异常处理实现 ·· 146
   5.4.1　异常处理的过程 ·· 146
   5.4.2　捕捉异常并获取抛出异常的位置 ······················ 147
   5.4.3　通过调用链跟踪获取抛出异常的函数与所有调用来源 ······ 148
   5.4.4　获取函数元数据中的异常处理表 ······················ 150
   5.4.5　枚举异常处理表调用对应的 finally 块与 catch 块 ············ 151
   5.4.6　重新抛出异常的处理 ·· 151
   5.4.7　CoreCLR 中的相关代码 ······································ 153

第 5 节　异常处理对性能的影响 ································ 154

第 6 章　多线程实现 ································ 158

第 1 节　原生线程 ································ 158
- 6.1.1　原生线程简介 ································ 158
- 6.1.2　上下文切换 ································ 159
- 6.1.3　线程调度 ································ 161
- 6.1.4　栈空间 ································ 161

第 2 节　托管线程 ································ 162
- 6.2.1　托管线程简介 ································ 162
- 6.2.2　托管线程对象 ································ 163
- 6.2.3　创建托管线程的例子 ································ 163
- 6.2.4　前台线程与后台线程 ································ 164
- 6.2.5　CoreCLR 中的相关代码 ································ 166

第 3 节　抢占模式与合作模式 ································ 166
- 6.3.1　切换模式的实现 ································ 167
- 6.3.2　CoreCLR 中的相关代码 ································ 169

第 4 节　线程本地储存 ································ 169
- 6.4.1　ThreadStatic Attribute 属性的实现 ································ 171
- 6.4.2　ThreadLocal 类的实现 ································ 172
- 6.4.3　CoreCLR 中的相关代码 ································ 175

第 5 节　原子操作 ································ 175
- 6.5.1　原子操作简介 ································ 175
- 6.5.2　.NET 中的原子操作 ································ 179
- 6.5.3　无锁算法 ································ 182
- 6.5.4　CoreCLR 中的相关代码 ································ 183

第 6 节　自旋锁 ································ 184
- 6.6.1　线程锁 ································ 184
- 6.6.2　使用 Thread.SpinWait 实现自旋锁 ································ 185
- 6.6.3　使用 System.Threading.SpinWait 代替 ································ 187
- 6.6.4　使用 System.Threading.SpinLock 实现自旋锁 ································ 188
- 6.6.5　Thread.Sleep(0) 与 Thread.Yield 的区别 ································ 189
- 6.6.6　使用 pause 指令的另一个原因 ································ 190
- 6.6.7　CoreCLR 中的相关代码 ································ 190

第 7 节　互斥锁 ································ 191

第 8 节　混合锁与 lock 语句 ································ 197
- 6.8.1　线程中止安全 ································ 200
- 6.8.2　CoreCLR 中的相关代码 ································ 201

第 9 节　信号量 ································ 204

    6.9.1　轻量信号量　　206
    6.9.2　通过信号量实现生产者—消费者模式　　206
    6.9.3　通过 Monitor 类实现生产者—消费者模式　　208
    6.9.4　CoreCLR 中的相关代码　　210
  第 10 节　读写锁　　213
  第 11 节　异步操作　　216
    6.11.1　阻塞操作　　216
    6.11.2　事件循环机制　　217
    6.11.3　异步编程模型　　219
    6.11.4　异步编程模型的实现原理　　221
    6.11.5　任务并行库　　224
    6.11.6　任务并行库的实现原理　　226
    6.11.7　ValueTask　　229
    6.11.8　async 与 await 关键字的例子　　230
    6.11.9　async 与 await 关键字的实现原理　　231
    6.11.10　堆积的协程与无堆的协程　　239
    6.11.11　CoreCLR 中的相关代码　　239
  第 12 节　执行上下文　　242
    6.12.1　异步本地变量与执行上下文　　242
    6.12.2　CoreCLR 中的相关代码　　247
  第 13 节　同步上下文　　248
    6.13.1　同步上下文的使用例子（基于 WinForm）　　249
    6.13.2　自定义同步上下文实现　　252
    6.13.3　CoreCLR 中的相关代码　　258

第 7 章　GC 垃圾回收实现　　260

  第 1 节　GC 简介　　260
    7.1.1　栈空间与堆空间　　260
    7.1.2　值类型与引用类型　　261
    7.1.3　.NET 中的 GC　　263
    7.1.4　垃圾回收 VS 引用计数　　271
  第 2 节　对象内存结构　　271
    7.2.1　值类型对象的内存结构　　271
    7.2.2　引用类型对象的内存结构　　273
    7.2.3　存活标记与固定标记　　276
    7.2.4　装箱与拆箱　　277
    7.2.5　CoreCLR 中的相关代码　　278
  第 3 节　托管堆结构　　280
    7.3.1　.NET 程序的内存结构　　280

- 7.3.2 托管堆与堆段 …………………………………………………………… 282
- 7.3.3 分配上下文 ……………………………………………………………… 284
- 7.3.4 分代的实现 ……………………………………………………………… 286
- 7.3.5 自由对象列表 …………………………………………………………… 287
- 7.3.6 跨代引用记录 …………………………………………………………… 289
- 7.3.7 析构对象列表与析构队列 ……………………………………………… 291
- 7.3.8 CoreCLR 中的相关代码 ………………………………………………… 291

第 4 节 分配对象流程 …………………………………………………………… 293

- 7.4.1 new 关键字生成的代码 ………………………………………………… 293
- 7.4.2 从托管堆分配空间的内部函数 ………………………………………… 297
- 7.4.3 分配小对象的流程 ……………………………………………………… 299
- 7.4.4 分配大对象的流程 ……………………………………………………… 299
- 7.4.5 记录包含析构函数的对象到析构对象列表 …………………………… 302
- 7.4.6 CoreCLR 中的相关代码 ………………………………………………… 302

第 5 节 垃圾回收流程 …………………………………………………………… 303

- 7.5.1 GC 的触发 ………………………………………………………………… 303
- 7.5.2 执行 GC 的线程 …………………………………………………………… 306
- 7.5.3 GC 的总体流程 …………………………………………………………… 307
- 7.5.4 重新决定目标代 ………………………………………………………… 309
- 7.5.5 判断是否应该执行后台 GC ……………………………………………… 311
- 7.5.6 CoreCLR 中的相关代码 ………………………………………………… 312

第 6 节 标记阶段 ………………………………………………………………… 314

- 7.6.1 获取根对象 ……………………………………………………………… 314
- 7.6.2 递归扫描根对象并设置存活标记 ……………………………………… 315
- 7.6.3 通过卡片表扫描跨代引用并设置存活标记 …………………………… 318
- 7.6.4 枚举强引用 GC 句柄并设置存活标记 ………………………………… 318
- 7.6.5 枚举固定 GC 句柄并设置固定标记 …………………………………… 319
- 7.6.6 枚举弱引用 GC 句柄并清空不再存活对象引用 ……………………… 319
- 7.6.7 扫描析构对象列表并添加不再存活对象到析构队列 ………………… 319
- 7.6.8 枚举跟踪复活弱引用 GC 句柄并清空不再存活对象引用 …………… 320
- 7.6.9 决定是否启用升代 ……………………………………………………… 320
- 7.6.10 CoreCLR 中的相关代码 ………………………………………………… 321

第 7 节 计划阶段 ………………………………………………………………… 323

- 7.7.1 构建 Plug 树 ……………………………………………………………… 323
- 7.7.2 构建 Brick 表 …………………………………………………………… 324
- 7.7.3 模拟压缩 ………………………………………………………………… 325
- 7.7.4 判断是否执行压缩与新建短暂堆段 …………………………………… 327
- 7.7.5 CoreCLR 中的相关代码 ………………………………………………… 328

第 8 节 重定位阶段 ……………………………………………………………… 328

7.8.1 修改对象引用地址 ·················· 328
7.8.2 CoreCLR 中的相关代码 ············ 330
第 9 节 压缩阶段 ······················· 330
7.9.1 复制对象值 ······················ 330
7.9.2 结束 GC ························ 332
7.9.3 CoreCLR 中的相关代码 ············ 333
第 10 节 清扫阶段 ······················ 333
7.10.1 创建自由对象并加到自由列表 ······ 333
7.10.2 结束 GC ······················· 334
7.10.3 CoreCLR 中的相关代码 ··········· 334
第 11 节 后台 GC ······················ 335
7.11.1 后台标记阶段 ··················· 335
7.11.2 后台清扫阶段 ··················· 336
7.11.3 CoreCLR 中的相关代码 ··········· 337
第 12 节 调整 GC 行为 ·················· 338
7.12.1 设置 GC 模式 ··················· 338
7.12.2 设置延迟模式 ··················· 339
7.12.3 设置延迟等级 ··················· 340
7.12.4 开启无 GC 区域 ················· 341
7.12.5 开启大对象堆压缩 ··············· 342
7.12.6 保留堆段空间地址 ··············· 342
7.12.7 更多选项（针对 .NET Core） ······ 343
第 13 节 获取 GC 信息 ·················· 344
7.13.1 获取 GC 执行次数 ··············· 344
7.13.2 注册完整 GC 触发前的通知 ········ 345
7.13.3 在 Windows 系统上使用 ETW 捕捉 GC 事件 ········ 347
7.13.4 在 Linux 系统上使用 Lttng 捕捉 GC 事件 ········ 350
7.13.5 使用 EventListener 捕捉 GC 事件 ··· 351

第 8 章 JIT 编译器实现 ················ 354

第 1 节 JIT 简介 ······················· 354
8.1.1 JIT 编译器 ······················ 354
8.1.2 .NET 中的 RyuJIT 编译器 ·········· 356
8.1.3 在 Visual Studio 中查看生成的汇编代码 ········ 356
8.1.4 使用 JITDump 日志查看 JIT 编译流程与生成的汇编代码 ········ 357
第 2 节 JIT 编译流程 ···················· 358
8.2.1 JIT 的触发 ······················ 358
8.2.2 分层编译 ······················· 360
8.2.3 JIT 编译流程 ···················· 362

8.2.4　CoreCLR 中的相关代码 ······ 363

第 3 节　IR 结构 ······ 366
　　8.3.1　HIR 与 LIR ······ 366
　　8.3.2　HIR 的结构 ······ 367
　　8.3.3　HIR 的例子 ······ 367
　　8.3.4　LIR 的结构 ······ 372
　　8.3.5　LIR 的例子 ······ 372
　　8.3.6　常见的 HIR 结构 ······ 376
　　8.3.7　CoreCLR 中的相关代码 ······ 382

第 4 节　IL 解析 ······ 383
　　8.4.1　创建本地变量表 ······ 383
　　8.4.2　创建基础块列表 ······ 383
　　8.4.3　创建异常处理表 ······ 384
　　8.4.4　构造语法树 ······ 385
　　8.4.5　CoreCLR 中的相关代码 ······ 386

第 5 节　函数内联 ······ 387
　　8.5.1　内联的条件 ······ 388
　　8.5.2　内联的处理 ······ 389
　　8.5.3　CoreCLR 中的相关代码 ······ 390

第 6 节　IR 变形 ······ 390
　　8.6.1　添加内部代码 ······ 390
　　8.6.2　提升构造体 ······ 391
　　8.6.3　标记暴露地址的本地变量 ······ 393
　　8.6.4　对基础块中的各个节点进行变形操作 ······ 393
　　8.6.5　消除三元条件运算节点 ······ 396
　　8.6.6　CoreCLR 中的相关代码 ······ 398

第 7 节　流程分析 ······ 399
　　8.7.1　计算前任基础块与后任基础块 ······ 399
　　8.7.2　计算边缘权重（Edge Weight）······ 400
　　8.7.3　调整基础块顺序 ······ 400
　　8.7.4　计算可到达的基础块 ······ 400
　　8.7.5　计算支配与支配边界 ······ 401
　　8.7.6　插入 GC 检测点 ······ 402
　　8.7.7　添加小函数 ······ 402
　　8.7.8　CoreCLR 中的相关代码 ······ 403

第 8 节　本地变量排序 ······ 404
　　8.8.1　根据引用计数排序本地变量 ······ 404
　　8.8.2　CoreCLR 中的相关代码 ······ 404

第 9 节　评价顺序定义 ······ 405

目 录

- 8.9.1 决定语法树节点的评价顺序 ·········· 405
- 8.9.2 CoreCLR 中的相关代码 ·········· 405

第 10 节 变量版本标记 ·········· 406
- 8.10.1 SSA ·········· 406
- 8.10.2 构建 SSA ·········· 407
- 8.10.3 构建 VN ·········· 410
- 8.10.4 CSSA 与 TSSA ·········· 411
- 8.10.5 CoreCLR 中的相关代码 ·········· 411

第 11 节 循环优化 ·········· 413
- 8.11.1 循环的结构 ·········· 413
- 8.11.2 循环反转 ·········· 415
- 8.11.3 循环克隆 ·········· 416
- 8.11.4 循环展开 ·········· 417
- 8.11.5 循环不变代码外提 ·········· 418
- 8.11.6 CoreCLR 中的相关代码 ·········· 419

第 12 节 赋值传播 ·········· 420
- 8.12.1 替换拥有相同值的变量 ·········· 420
- 8.12.2 CoreCLR 中的相关代码 ·········· 421

第 13 节 公共子表达式消除 ·········· 421
- 8.13.1 合并拥有相同值的表达式 ·········· 421
- 8.13.2 CoreCLR 中的相关代码 ·········· 422

第 14 节 断言传播 ·········· 424
- 8.14.1 生成并传播断言 ·········· 424
- 8.14.2 CoreCLR 中的相关代码 ·········· 425

第 15 节 边界检查消除 ·········· 426
- 8.15.1 根据断言消除边界检查 ·········· 426
- 8.15.2 CoreCLR 中的相关代码 ·········· 427

第 16 节 合理化 ·········· 427
- 8.16.1 转换 HIR 结构到 LIR 结构 ·········· 427
- 8.16.2 转换 LCL_VAR 节点 ·········· 428
- 8.16.3 转换 ADDR 与 IND 节点 ·········· 428
- 8.16.4 删除 COMMA 节点 ·········· 430
- 8.16.5 CoreCLR 中的相关代码 ·········· 430

第 17 节 低级化 ·········· 431
- 8.17.1 分割针对 long 类型的操作 ·········· 431
- 8.17.2 转换算术运算到地址模式 ·········· 431
- 8.17.3 转换除法运算和求余运算 ·········· 431
- 8.17.4 转换 SWITCH 节点 ·········· 433
- 8.17.5 针对函数调用添加 PUTARG_REG 与 PUTARG_STK 节点 ·········· 435

- 8.17.6 转换 CALL 节点 ······ 436
- 8.17.7 标记节点是否为被包含节点 ······ 440
- 8.17.8 标记节点被使用时是否需要先加载到 CPU 寄存器 ······ 440
- 8.17.9 CoreCLR 中的相关代码 ······ 441
- 第 18 节 线性扫描寄存器分配 ······ 442
  - 8.18.1 寄存器分配 ······ 442
  - 8.18.2 线性扫描寄存器分配简介 ······ 442
  - 8.18.3 CoreCLR 中的相关代码 ······ 450
- 第 19 节 汇编指令生成 ······ 451
  - 8.19.1 计算帧布局 ······ 451
  - 8.19.2 生成汇编指令 ······ 453
  - 8.19.3 包含异常处理小函数的汇编代码 ······ 456
  - 8.19.4 CoreCLR 中的相关代码 ······ 459
- 第 20 节 机器代码生成 ······ 460
  - 8.20.1 生成机器码与元数据 ······ 460
  - 8.20.2 CoreCLR 中的相关代码 ······ 463
- 第 21 节 函数头信息 ······ 464
  - 8.21.1 除错信息的结构 ······ 465
  - 8.21.2 异常处理表的结构 ······ 466
  - 8.21.3 GC 信息的结构 ······ 466
  - 8.21.4 函数对象的结构 ······ 467
  - 8.21.5 栈回滚信息的结构 ······ 467
- 第 22 节 AOT 编译 ······ 468
  - 8.22.1 使用 .NET Framework 的 NGen 工具执行 AOT 编译 ······ 469
  - 8.22.2 使用 .NET Core 的 CrossGen 工具执行 AOT 编译 ······ 469

- 附录 A 中英文专业名词对照表 ······ 472
- 附录 B 常用 IL 指令一览 ······ 480
- 附录 C 常用汇编指令一览 ······ 485
- 附录 D SOS 扩展命令一览 ······ 489
- 附录 E IR 语法树节点类型一览 ······ 517
- 参考文献 ······ 523

第 1 章

公共语言运行时概述

公共语言运行时(Common Language Runtime,简称 CLR 或 .NET 运行时)是 .NET 框架(.NET Framework)的一部分,用于为 .NET 程序在计算机上执行提供支持。本书主要讲解公共语言运行时各个组成部分(异常、多线程、GC 与 JIT)的实现原理,而本章先讲解 .NET 框架与公共语言运行时的一些基础知识,然后再了解公共语言运行时的各个组成部分。

阅读本章的前提知识点如下:
- 开发过 .NET 程序。

1.1.1 .NET 框架简介

.NET 框架(.NET Framework)是由微软公司创建的软件框架,用于提供一套不依赖于具体操作系统或硬件架构的标准,基于这套标准开发软件可以提升开发效率,并且开发出来的软件可以更容易地运行在多个平台上。.NET 框架主要由三个部分组成,第一部分是通用中间语言(Common Language Infrastructure,简称 CLI),第二部分是公共语言运行时(Common Language Runtime,简称 CLR 或 .NET 运行时),第三部分是框架类库(Framework Class Library,简称 FCL),框架类库中最基础的部分也称基础类库(Base Class Library,简称 BCL)。

1. 通用中间语言

通用中间语言(CLI)是一个公开的技术标准(ISO/IEC 23271 与 ECMA-335),定义了一个不依赖于具体操作系统与硬件架构的中间语言(Microsoft Intermediate Language,简称 MSIL 或 IL)和执行这个语言所需的运行环境。传统编程语言的标准中有很多依赖于平台的部分,例如 C 语言的标准只规定了 int 类型的长度最少为 2 个字节,实际多少字节是不确定的,在 32 位平台上可以是 4 个字节,在 64 位平台上可以是 8 个字节,开发者时刻都需要注意这些差异以编写正确的代码。而在通用中间语言中,int 类型的长度永远是 4,开发者可以不再关注平台差异并把更多的精力放在业务上,这就是通用中间语言的第一个特性——跨平台(Cross Platform)。开发者通常不会直接编写中间语言,而是先编写高级语言再使用工具(比如 Roslyn)转换到中间语言,目前支持转换到中间语言的高级语言主要有 C♯、VB.NET 与 F♯,其中最主流的是 C♯(本书中的例子大多使用 C♯编写)。中间语言定义的标准包含基础类型(int、long、string等)、指令的种类、模块/类/方法的结构与二进制文件的格式,高级语言转换到中间语言之后会共享这些标准,也就是说一个高级语言编写的模块/类/方法可以被另一个高级语言使用,例如C♯编写的类库可以被VB.NET调用,VB.NET编写的类库也可以被C♯调用,这就是通用中间语言的第二个特性——跨语言(Cross Language)。

2. 公共语言运行时

使用中间语言编写的代码又称中间代码(同样简写为MSIL或IL),中间代码通常会保存到文件中,包含主程序中间代码的文件可以称为.NET程序,而包含共用逻辑中间代码的文件可以称为.NET类库,它们的二进制格式基本上相同,区别只在于是否包含入口点(Main方法)。因为中间语言不依赖于具体操作系统与硬件架构,.NET程序无法被操作系统直接加载,其中间代码也不能被计算机直接执行,要在计算机上执行.NET程序还需要一个依赖于具体操作系统与硬件架构的运行时(Runtime),即.NET框架中的公共语言运行时(CLR)。公共语言运行时主要负责加载.NET程序与.NET类库,解析其中的中间代码,把中间代码转换为当前平台支持的机器码(Machine Code),并安排计算机执行这些机器码。此外,公共语言运行时还提供了类型安全(每一个对象都有一个确定的类型,类型之间可以安全转换)、内存安全(默认情况下不会访问到无效的内存地址从而导致程序崩溃)、异常处理(一种比较高级的错误处理方式)、垃圾回收(自动释放程序中不使用的数据占用的内存)、多线程支持(充分利用多个CPU核心执行任务)等机制,这些机制为.NET程序提供了一个更安全和高效的运行环境。

尽管通用中间语言只有一个标准,但公共语言运行时却有多个不同的实现,最早的实现是微软在2002年开始提供的.NET Framework,它没有开放源代码并且只能运行在Windows系统上,这个实现在很长一段时间中都是最主要的实现,并且在可预见的将来不会停止更新。后来,又出现了一些开源并且跨平台的实现,例如微软提供的SSCLI、GNU社区提供的Portable.NET和Xamarin(现已被微软收购)提供的Mono,这些实现满足了.NET程序在跨平台上的需求,并且让很多开发者可以更深入地了解.NET框架,可惜的是这些实现中目前仍在更新的只有Mono。再后来,微软想让.NET支持更多的平台并且构建一个更健壮的生态环境,但社区开发的Mono并不能满足微软的需求,于是微软又开发了.NET Core。.NET Core开放源代码(托管在Github上)并支持多种操作系统(Windows/Linux/OSX/BSD)和多种硬件架构(x86/x86-64/ARM/ARM64),在将来有可能会代替.NET Framework成为.NET框架中最主要的实现。本书主要基于2.1版讲解.NET Core的实现,您阅读本书时可能正在使用更高版本的.NET Core,一些实现细节会发生变化,但基础的实现原理还是相同的。

3. 框架类库与基础类库

与很多编程语言的软件框架一样,.NET框架提供了一个内置的标准类库

(Standard Library),又称框架类库(FCL)。框架类库中最基础的部分称为基础类库(BCL),包括操作时间使用的 System.DateTime 类型、管理线程使用的 System.Threading.Thread 类型、储存对象列表使用的 System.Collections.Generic.List <T> 类型、从控制台读取文本或输出文本到控制台的 System.Console 类型等。标准类库的意义主要有两个,第一是减少开发.NET 程序的工作量,例如在 C 语言中储存数据到一个长度不定的列表通常需要手动编写链表(Linked List)或动态扩展的数组结构(Vector),而在.NET 中可以直接使用上述的 List <T> 类型,无需自己编写;第二是让不同模块之间的数据交互更加容易,例如在 C 语言中如果两个类库使用了不同的时间类型,那么每次传递时间的时候都需要进行转换,而在.NET 中可以直接使用内置的 System.DateTime 类型,内置的类型越丰富,各个模块共通使用的类型就越多。

在框架类库中,除了基础类库包含的部分以外还提供了一些业务上普遍需要的功能,例如编写 Windows 本地桌面程序使用的 System.Windows.Forms、编写 Asp.NET 网页服务程序使用的 System.Web、连接 SQL 数据库使用的 System.Data 等,内置这些功能使得.NET 程序可以更容易地满足更多的业务需求,并且由微软开发与维护,其质量上比较有保障。需要注意的是,框架类库与基础类库的概念更多的是针对.NET Framework 实现而言的,.NET Framework 的框架类库中有相当一部分的功能并不支持其他实现,例如.NET Core。

因为不同的公共语言运行时实现支持的功能有差异,微软又提出了.NET 标准(.NET Standard)的概念,.NET 标准在原有的框架类库中划分了一部分最基础的功能,这些功能可以广泛地被不同的公共语言运行时实现支持,并且.NET 标准的版本越高,要求支持的功能越多。比如,.NET Framework 4.6.1 与.NET Core 2.0 都支持.NET Standard 2.0,如果编写一个.NET 程序,只使用.NET Standard 2.0 中的功能,那么这个.NET 程序就可以同时支持在.NET Framework 4.6.1 和.NET Core 2.0 上运行。反过来说,因为.NET Framework 4.6 不支持.NET Standard 2.0,只支持.NET Standard 1.3,如果程序需要支持包括.NET Framework 4.6 在内的多个公共语言运行时则只需要使用.NET Standard 1.3 中的功能。我们编写新的.NET 类库时应该尽可能地只使用.NET 标准中的功能,使得编写出来的类库支持运行在不同的公共语言运行时上。

若想查看各个.NET 运行时实现支持的.NET 标准版本,可以参考:https://docs.microsoft.com/zh-cn/dotnet/standard/net-standard。

1.1.2 公共语言运行时中的各个组成部分

本书的主题是.NET Core 的底层实现,即.NET Core 的公共语言运行时中主要组成部分的实现原理与实现方法,在具体了解各个部分之前,先来大概了解一下公共语言运行时中有哪些组成部分,分别负责什么样的工作。

1. 中间代码解析

公共语言运行时的第一职责是执行.NET程序，.NET程序与C、C++等语言编译出来的原生程序(Native Program)有很大区别。原生程序包含了特定硬件架构的机器码，并且会调用特定操作系统的接口，所以只能在某一个平台上执行，而.NET程序包含的是中间代码(IL)，这些中间代码不依赖于平台，所以同一个.NET程序可以在不同的平台上执行。公共语言运行时会在执行.NET程序时解析中间代码，找到中间代码定义的模块(Module)、类型(Type)、成员(Member)和方法(Method)，把方法中的程序逻辑翻译为目标平台的机器码，并生成元数据用于支持各种机制，例如类型信息用于支持反射与类型安全、GC信息用于支持垃圾回收、异常信息用于支持异常处理等。

本书第2章会介绍如何从现有.NET程序文件中获取中间代码、中间代码的格式、中间代码的指令类型与流程处理、中间代码的例子，以及如何在程序中动态生成中间代码并执行。

2. 中间代码编译

.NET程序的中间代码不能被目标平台直接执行，公共语言运行时需要先把中间代码翻译到机器码，例如在x86架构的计算机上转换中间代码到x86机器码，在ARM架构的计算机上转换中间代码到ARM机器码。公共语言运行时中转换中间代码到机器码的部分称为JIT编译器，经过JIT编译器编译出来的机器码称为托管代码(Managed Code)，公共语言运行时中的各种机制都是针对托管代码启用的。

JIT编译器的工作流程非常复杂，并且理解起来需要很多关于公共语言运行时内部的知识，所以本书会在最后一章介绍相关的内容。此外，因为理解汇编与机器码是理解JIT编译器的前提，并且可以帮助理解其他机制的实现，本书会在介绍完MSIL之后的第3章介绍x86架构的汇编语言。

3. 类型安全

公共语言运行时保证了类型安全，这里的类型安全指的是.NET程序保证对象类型一定正确。例如在C语言中，一个"int *"类型的指针转换到通用指针类型"void *"并传递到其他地方后，其他地方将无法判断这个指针的真实类型是"int *"还是"long *"，并且会错误地把"void *"类型的指针转换到"long *"类型而不会触发任何异常，程序使用类型错误的指针会发生不可预料的后果。而在.NET程序中，一个string类型的对象转换到object类型并传递到其他地方后，其他地方可以通过GetType方法判断这个对象的真实类型是string，尝试把这个对象转换到其他类型将会触发异常。为了实现类型安全，公共语言运行时会在每个引用类型的对象中保存类型信息，对象转换时会根据类型信息判断转换是否合法，这些由公共语言运行时管理的对象又称托管对象(Managed Object)。

本书第 7 章介绍托管对象在内存中的结构，第 8 章介绍虚方法、接口方法与委托的实现。

4. 异常处理

公共语言运行时提供了异常处理机制，异常处理机制是一种通知与处理错误的机制。传统的机制使用函数返回值通知与处理错误，这样做的好处是实现简单并且不需要运行时的支持，但很大程度加大了开发者的负担，开发者需要确定每一个调用的函数是否会通过返回值报告错误，并且对每一个返回结果分别做处理。异常处理机制简化了通知与处理错误的流程，运行中的任意函数可以抛出任意异常，开发者可以统一捕捉某个范围内发生的异常并处理它们，但需要运行时的支持并且实现起来有一定难度。

本书第 5 章介绍公共语言运行时中异常处理机制的实现。

5. 线程管理

各个平台的操作系统都提供了线程机制让程序充分利用计算机资源，而公共语言运行时对原生的线程以及同步对象进行了包装，使得托管代码可以使用相同的方式在不同平台上进行多线程处理。由公共语言运行时管理的线程又称托管线程（Managed Thread），托管代码需要在托管线程中运行，并且托管线程需要配合垃圾回收机制工作。

本书第 6 章介绍公共语言运行时中托管线程的管理与各种线程锁的实现，并且会简单介绍异步操作的实现。

6. 垃圾回收

公共语言运行时支持自动内存管理，也就是垃圾回收机制（Garbage Collection，简称 GC），使得程序中通过公共语言运行时分配的资源可以在不需要时自动释放。在使用没有垃圾回收机制的语言时，开发者通常需要手动确定在什么时候释放分配的资源，如果太早释放则仍在使用这些资源的处理会产生不可预料的后果；太晚释放则会导致程序使用的内存不能及时回收，甚至会导致系统中的可用内存不足。垃圾回收机制会自动确认资源什么时候不再被使用，并且自动回收它们占用的内存。垃圾回收机制只能自动释放通过公共语言运行时分配的托管对象，而在非托管代码（比如 C++）中分配的非托管资源（例如文件句柄）仍然需要开发者手动释放。.NET 框架对常用的非托管资源都使用了托管代码包装，例如文件句柄会包装在 System.IO.File 类中，所以开发者一般不需要手动管理它们。本书第 7 章介绍公共语言运行时中垃圾回收的原理与实现。

1.1.3 名称规范

本小节使用的名称比较正式，为简练起见，会使用一些缩写代替这些正式名称，

.NET Core 底层入门

主要使用的缩写如下（也可以参考附录 A 找到更多名词与它们的缩写）：
- 公共语言运行时：.NET 运行时；
- 中间代码：MSIL 或 IL；
- 垃圾回收：GC。

此外，本书部分内容会使用方法（Method），例如描述一个 .NET 中的方法，部分内容会使用函数（Function），例如描述一个原生函数，为了避免混乱，阅读时可以认为这两个名词在本书中没有任何区别。

第 2 章

MSIL 入门

　　MSIL（Microsoft Intermediate Language，简称 IL）是 .NET 框架使用的中间语言，高级语言例如 C♯、VB.NET 和 F♯ 都会先转换到 MSIL，然后再由 .NET 运行时执行。学习 IL 可以说是理解 .NET 运行时内部实现的第一步，本章首先讲解如何逆向 .NET 程序到 IL，然后再讲解 IL 的语法，最后还会给出一些 C♯ 代码与 IL 代码对比的例子。

　　阅读本章的前提知识点如下：
- 使用 C♯ 编写过 .NET 程序；
- 已阅读并基本理解第 1 章的内容。

第 1 节　逆向 .NET 程序到 IL

　　在学习 IL 语法之前，先来了解一下如何逆向 .NET 程序到 IL。这样做的意义是，可以对比高级语言代码与生成的 IL 代码，从而理解它们之间的对应关系，比起直接阅读 IL 代码，对比高级语言代码与生成的 IL 代码会使学习简单很多。逆向 .NET 程序到 IL 的工具主要有 ildasm、ILSpy 和 dnSpy，接下来讲解这三个工具的使用方法。

2.1.1　ildasm

　　ildasm 是微软官方提供的转换 .NET 程序到 IL 代码的工具，这个工具在 .NET Framework 与 .NET Core 中都提供，.NET Framework 的 ildasm 需要安装 Windows SDK 才可以获取，可以访问链接：https://developer.microsoft.com/en-us/windows/downloads/windows-10-sdk。

　　然后在以下路径找到 ildasm.exe（路径会因 Windows SDK 版本与 .NET Framework 版本的不同而不同）：C:\Program Files(x86)\Microsoft SDKs\Windows\v10.0A\bin\NETFX 4.6.1 Tools\ildasm.exe。

　　而 .NET Core 的 ildasm 需要到 nuget 下载当前平台对应的包，然后解压，可以访问以下地址获取（如果没有适合的地址，请在 nuget 上搜索 ildasm，然后打开 runtime. 开头的包）：

① https://www.nuget.org/packages/runtime.win-x64.Microsoft.NET-Core.ILDAsm

② https://www.nuget.org/packages/runtime.win-x86.Microsoft.NET-Core.ILDAsm

③ https://www.nuget.org/packages/runtime.osx-x64.Microsoft.NET-Core.ILDAsm

④ https://www.nuget.org/packages/runtime.linux-x64.Microsoft.NET-Core.ILDAsm

解压后ildasm.exe在runtimes文件夹下。

双击ildasm.exe,可以看到如图2.1所示的界面,单击"File→Open"可以选取.NET程序文件(dll或exe,也称程序集)。注意如果选择的不是.NET程序文件,或者是混淆和保护过的.NET程序文件则会出错。

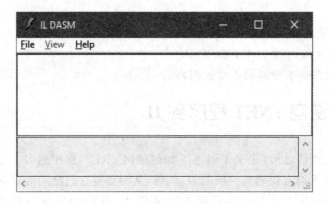

图2.1 ildasm的初始界面

如果没有现成的.NET程序集,可以先通过以下方法创建,打开命令提示符(cmd.exe)输入以下命令:

```
mkdir D:\ConsoleApp1
cd /d D:\ConsoleApp1
dotnet new console
dotnet build
```

即可创建"D:\ConsoleApp1\bin\Debug\netcoreapp2.1\ConsoleApp1.dll(路径中的版本2.1依赖于您安装的最新.NET Core版本)",在ildasm中打开这个文件会显示如图2.2所示的界面,包含了程序集中的模块、类、成员与方法等。

双击某个方法即可查看该方法对应的IL代码,如图2.3所示。IL代码的结构与指令的意义会在接下来的章节介绍,也可以先跟C#代码做对比,尝试摸索它们之间的关系,因为讲解IL的书籍不多,很多人学习IL都是通过这样的方法开始的。

值得一提的是,ildasm可以转储整个程序集文件到IL代码,使用File→Dump

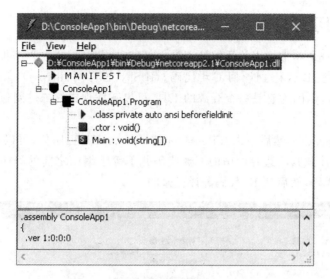

图 2.2 ildasm 打开程序集以后的界面

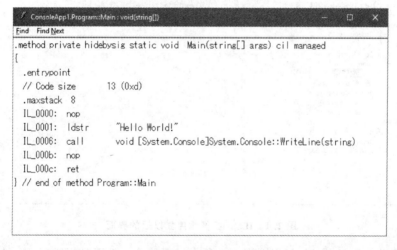

图 2.3 双击方法查看对应的 IL 代码

即可保存到 il 文件,之后使用 ilasm 工具就可以把 il 文件重新编译回 .NET 程序集。在没有 ILSpy 和 dnSpy 等更好用的工具时,人们都是通过 ildasm 和 ilasm 来修改没有源代码的 .NET 程序集。

此外,ildasm 还支持命令行使用,在命令提示符(cmd)中使用以下格式执行命令即可输出 DLL 对应的完整 il 文件:

```
cd /d ildasm.exe 的所在路径
ildasm.exe /out = IL 文件的路径 DLL 或 EXE 文件的路径
```

2.1.2 使用 ILSpy

ILSpy 是一个非常好用的反编译工具,不仅支持获取 .NET 程序集对应的 IL 代码,而且支持把 IL 代码翻译回 C♯ 代码。ILSpy 的官网:https://github.com/icsharpcode/ILSpy,因为它是一个开源的工具,可以下载现成的二进制包,也可以自己编译。

打开 ILSpy.exe,然后单击"File→Open"打开 .NET 程序集,可以看到如图 2.4 所示的界面。注意其右边界面中的 C♯ 代码并不等于编译之前的程序源代码,这是先获取了 IL 代码,然后从 IL 代码翻译过来的。

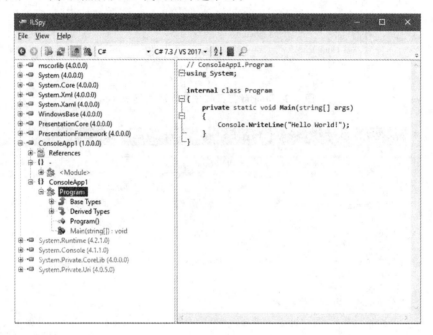

图 2.4　ILSpy 打开程序集以后的界面

如果想查看 IL 代码,可以在图 2.4 所示界面的第一个下拉框选择 IL,选择以后的效果如图 2.5 所示。

2.1.3 dnSpy

dnSpy 也是一个非常好用的开源反编译工具,可以从网址:https://github.com/0xd4d/dnSpy 下载二进制包,也可以从源代码编译。

因为 dnSpy 的使用方式与 ILSpy 基本一样,所以本小节不再重复介绍。值得一提的是,dnSpy 还支持修改某个类或者方法的定义(通过修改 IL 代码或者修改翻译后的 C♯ 代码),以及支持无源代码调试 .NET 程序,这些功能可以在除错调试或者破解程序时提供非常强力的帮助,如果想防止自己的 .NET 程序被别人破解或者拿

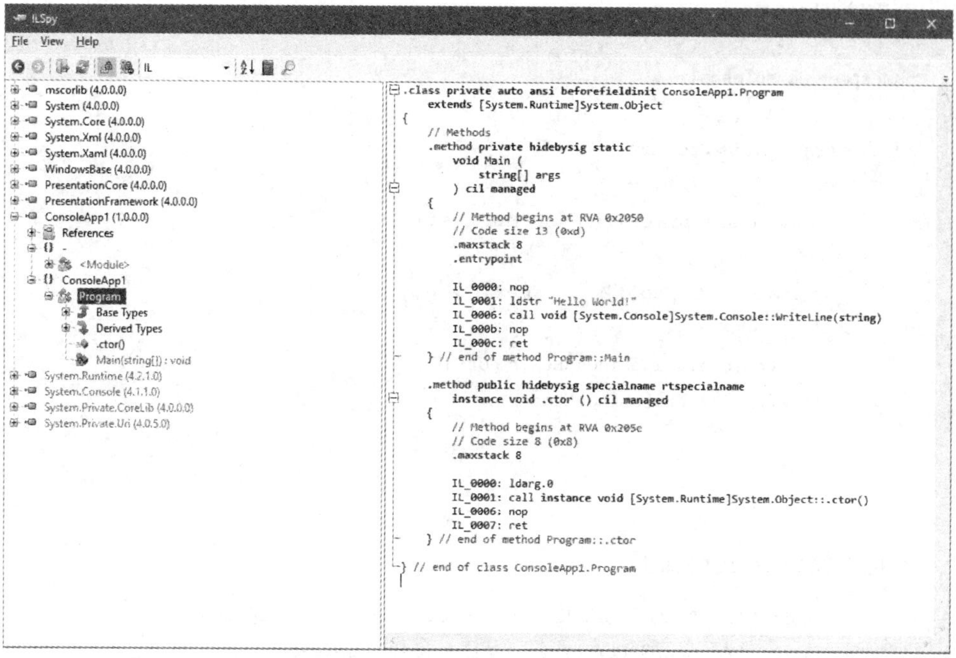

图 2.5　ILSpy 获取 IL 代码的界面

到除注释以外的绝大部分源代码，可以使用 Obfuscar 等混淆工具，这些工具不能阻止反编译，但是可以把反编译结果变得非常难懂，包括重命名私有的方法与类名，打乱 IL 代码的流程控制顺序，加密字符串等。

除了以上介绍的工具外，还有一些商业工具如 .NET Reflector、dotPeek 和 Just-Decompile，这些工具都非常强大并且可以配合 Visual Studio 工作，如果有兴趣可以试试它们。

第 2 节　基础语法

上一节了解到如何从现有的 .NET 程序中获取 IL 代码，本节会了解 IL 代码的结构与 IL 指令的格式，也会了解评价堆栈（Evaluation Stack）的概念，从而对 IL 指令如何执行有一个大概的认识。

2.2.1　IL 语法格式

上一节看到的 IL 代码其实是不完整的 IL 代码，例如在 ildasm 中双击某个方法查看的 IL 代码只是该方法的 IL 代码，而不是整个程序集的 IL 代码。要获取整个程序集的 IL 代码，可以单击 ildasm 的"File→Dump"生成 IL 文件，里面包含定义整个程序集的 IL 代码。以 C# 为例，代码如下：

```csharp
using System;

namespace ConsoleApp1
{
    internal class Program
    {
        private static readonly int Member = 0;

        private static void Main(string[] args)
        {
            Console.WriteLine("Hello World!");
            Console.WriteLine(Member);
        }
    }
}
```

对应的完整 IL 代码如下:

```
//  Microsoft(R).NET Framework IL Disassembler. Version 4.6.1055.0
//  Copyright(c)Microsoft Corporation.All rights reserved.


// Metadata version: v4.0.30319
.assembly extern System.Runtime
{
  .public keytoken = (B0 3F 5F 7F 11 D5 0A 3A )                      // .?_...:
  .ver 4:2:1:0
}
.assembly extern System.Console
{
  .public keytoken = (B0 3F 5F 7F 11 D5 0A 3A )                      // .?_...:
  .ver 4:1:1:0
}
.assembly ConsoleApp1
{
  .custom instance void [System.Runtime]System.Runtime.CompilerServices.Compilation-
RelaxationsAttribute::.ctor(int32) = ( 01 00 08 00 00 00 00 00 )
  .custom instance void [System.Runtime]System.Runtime.CompilerServices.RuntimeCom-
patibilityAttribute::.ctor() = ( 01 00 01 00 54 02 16 57 72 61 70 4E 6F 6E 45 78    // ...T...WrapNonEx
                                 63 65 70 74 69 6F 6E 54 68 72 6F 77 73 01 )         // ception-Throws

  // --- The following custom attribute is added automatically, do not uncomment -------
```

```
    // .custom instance void [System.Runtime]System.Diagnostics.DebuggableAttribute::.
ctor(valuetype [System.Runtime]System.Diagnostics.DebuggableAttribute/DebuggingModes) = (
01 00 07 01 00 00 00 00 )


    .custom instance void [System.Runtime]System.Runtime.Versioning.TargetFrameworkAt-
tribute::.ctor(string) = ( 01 00 18 2E 4E 45 54 43 6F 72 65 41 70 70 2C 56 //...NETCoreApp,V
                           65 72 73 69 6F 6E 3D 76 32 2E 31 01 00 54 0E 14 // ersion = v2.
                           1..T..
                           46 72 61 6D 65 77 6F 72 6B 44 69 73 70 6C 61 79 // FrameworkDisplay
                           4E 61 6D 65 00 )                                // Name.
    .custom instance void [System.Runtime] System.Reflection.AssemblyCompanyAt-
tribute::.ctor(string) = ( 01 00 0B 43 6F 6E 73 6F 6C 65 41 70 70 31 00 00 )// ...Con-
soleApp1..
    .custom instance void [System.Runtime]System.Reflection.AssemblyConfigurationAt-
tribute::.ctor(string) = ( 01 00 05 44 65 62 75 67 00 00 )            // ...Debug..
    .custom instance void [System.Runtime] System.Reflection.AssemblyFileVersionAt-
tribute::.ctor(string) = ( 01 00 07 31 2E 30 2E 30 2E 30 00 00 )      // ...1.0.0.0..
    .custom instance void [System.Runtime]System.Reflection.AssemblyInformationalVer-
sionAttribute::.ctor(string) = ( 01 00 05 31 2E 30 2E 30 00 00 )      // ...1.0.0..
    .custom instance void [System.Runtime] System.Reflection.AssemblyProductAt-
tribute::.ctor(string) = ( 01 00 0B 43 6F 6E 73 6F 6C 65 41 70 70 31 00 00 )// ...Con-
soleApp1..
    .custom instance void [System.Runtime]System.Reflection.AssemblyTitleAttribute::.
ctor(string) = ( 01 00 0B 43 6F 6E 73 6F 6C 65 41 70 70 31 00 00 )// ...ConsoleApp1..
    .hash algorithm 0x00008004
    .ver 1:0:0:0
}
.module ConsoleApp1.dll
// MVID: {F1615ABF-813E-495E-88C9-B710A34096CA}
.imagebase 0x00400000
.file alignment 0x00000200
.stackreserve 0x00100000
.subsystem 0x0003         // WINDOWS_CUI
.corflags 0x00000001      // ILONLY
// Image base: 0x06340000


// =============== CLASS MEMBERS DECLARATION ===================

.class private auto ansi beforefieldinit ConsoleApp1.Program
       extends [System.Runtime]System.Object
{
```

```
    .field private static initonly int32 Member
    .method private hidebysig static void  Main(string[] args)cil managed
    {
      .entrypoint
      // Code size       24(0x18)
      .maxstack  8
      IL_0000:  nop
      IL_0001:  ldstr      "Hello World!"
      IL_0006:  call       void [System.Console]System.Console::WriteLine(string)
      IL_000b:  nop
      IL_000c:  ldsfld     int32 ConsoleApp1.Program::Member
      IL_0011:  call       void [System.Console]System.Console::WriteLine(int32)
      IL_0016:  nop
      IL_0017:  ret
    } // end of method Program::Main

    .method public hidebysig specialname rtspecialname
            instance void  .ctor()cil managed
    {
      // Code size       8(0x8)
      .maxstack  8
      IL_0000:  ldarg.0
      IL_0001:  call       instance void [System.Runtime]System.Object::.ctor()
      IL_0006:  nop
      IL_0007:  ret
    } // end of method Program::.ctor

    .method private hidebysig specialname rtspecialname static
            void  .cctor()cil managed
    {
      // Code size       7(0x7)
      .maxstack  8
      IL_0000:  ldc.i4.0
      IL_0001:  stsfld     int32 ConsoleApp1.Program::Member
      IL_0006:  ret
    } // end of method Program::.cctor

} // end of class ConsoleApp1.Program


// =====================================================


// ********** DISASSEMBLY COMPLETE ***********************
```

```
// WARNING: Created Win32 resource file D:\ConsoleApp1\bin\Debug\netcoreapp2.1\1.res
```

1. 定义依赖程序集

首先可以看到以下代码段,它定义了这个程序集依赖的其他程序集,包括程序集名称、版本信息与公开键。

```
.assembly extern System.Runtime
{
  .public keytoken = (B0 3F 5F 7F 11 D5 0A 3A )       // .?_...
  .ver 4:2:1:0
}
```

2. 定义程序集

然后可以看到以下代码段,它包含了当前程序集的名称与各种自定义属性(Custom Attribute),例如 .hash algorithm 设置了程序集哈希算法的 ID, .ver 1:0:0:0 描述了该程序集的版本号。

```
.assembly ConsoleApp1
{
  .custom instance void [System.Runtime]System.Runtime.CompilerServices.Compilation-
  RelaxationsAttribute::.ctor(int32) = ( 01 00 08 00 00 00 00 00 )
  (省略其中的内容..)
  .hash algorithm 0x00008004
  .ver 1:0:0:0
}
```

3. 定义模块

接着可以看到以下代码段,它定义了程序集中的模块与模块的元数据。需要注意的是,在这里只看到了一个模块定义,这时因为在正常情况下通过 C# 编译器生成的程序集都只包含一个模块。可以通过工具或者自定义的代码来生成包含多个模块的程序集,ILMerge 就是一个著名的工具,可以把多个 .NET 程序集合并到一个包含多个模块的 .NET 程序集。

```
.module ConsoleApp1.dll
// MVID: {F1615ABF-813E-495E-88C9-B710A34096CA}
.imagebase 0x00400000
.file alignment 0x00000200
.stackreserve 0x00100000
.subsystem 0x0003       // WINDOWS_CUI
.corflags 0x00000001    // ILONLY
// Image base: 0x06340000
```

4. 定义类型

之后可以看到以下代码段,它定义了模块中的一个类型,我们知道在C#中类型的完整名称由"命名空间"和"类型名字"组成,如所有类型的基类System.Object;同样,在IL代码中类型名称由"命名空间前缀"和"类型定义名称"组成,".class private...ConsoleApp1.Program"定义了一个命名为ConsoleApp1.Program的类型。

```
.class private auto ansi beforefieldinit ConsoleApp1.Program
       extends [System.Runtime]System.Object
{
    (省略其中的内容……)
} // end of class ConsoleApp1.Program
```

在.class与类型名称之间有一些关键字,意义如下:

① private 关键字定义了类型的可访问性(同一程序集内可见),同C#一样,类型的可选可访问性还有 public(引用该程序集的其他程序集都可见)。

② auto 关键字定义了类的布局风格(自动布局,默认值),其他可选的布局风格关键字还有 sequential(保存字段的指定顺序)和 explicit(显式地为每个字段指定偏移量),在C#中可以使用 StructLayoutAttribute 指定类型的布局风格。

③ ansi 关键字指定了类和非托管代码进行互操作时类中字符串转换的模式。其他可选的关键字还有 unicode(和 UTF-16 格式的 Unicode 编码转换)和 autochar(由.NET 运行时决定字符串的转换模式)。

④ beforefieldinit 关键字表示执行类型中的方法不要求静态构造方法先执行,如果一个类型的所有静态字段都是默认值或者没有静态字段,则会使用此关键字。而在下一行的 extends 表示了该类型直接继承的类型,在.NET 中所有类型都直接或间接继承 System.Object。

5. 定义字段

在类型定义中首先会看到字段的定义,如以下代码段。这个代码段定义了一个内部可见(private)、静态(static)、只读(initonly)、类型为 int(int32)且名为 Member 的字段。

```
.field private static initonly int32 Member
```

6. 定义方法

类型定义中还会包含方法的定义,如以下代码段。这个代码段中的".method...Main(string[]args)cil managed"定义了方法的签名(调用约定、返回类型、参数列表)。

```
.method private hidebysig static void Main(string[] args)cil managed
{
```

```
    .entrypoint
    // Code size       24(0x18)
    .maxstack  8
    IL_0000:  nop
    IL_0001:  ldstr      "Hello World!"
    IL_0006:  call       void [System.Console]System.Console::WriteLine(string)
    IL_000b:  nop
    IL_000c:  ldsfld     int32 ConsoleApp1.Program::Member
    IL_0011:  call       void [System.Console]System.Console::WriteLine(int32)
    IL_0016:  nop
    IL_0017:  ret
} // end of method Program::Main
```

在 .method 与方法名称之间和方法名称之后有一些关键字，意义如下：

① private 代表方法只对同一个类型中的其他方法可见。

② hidebysig 表示隐藏该方法的签名。

③ static 表示该方法为静态方法。

④ void 是方法的返回类型。

⑤ cil managed 是方法的实现标志，表示这个方法是在 IL 中实现的，其他方法实现的标志还有 native(方法在本机代码中实现)、optil(方法在优化的 IL 代码中实现)、runtime(方法在 .NET 运行时内部实现)。

除了 Main 方法以外，还能看到 .ctor 与 .cctor 方法，它们都是特殊方法，.ctor 是该类型的构造方法，而 .cctor 是该类型的静态构造方法。方法的内部包含了元数据和 IL 指令，.entrypoint 元数据表示这个方法是主方法，把 .NET 程序集当程序集执行时会从这个方法开始执行，.maxstack 表示该方法使用的评价堆栈中最多可以保存多少个元素，这个值不一定等于实际最多保存的元素，编译器有权分配一个更大的值，关于评价堆栈稍后介绍。

接下来先了解 IL 指令的格式。

2.2.2　IL 指令格式

一个方法中可以包含一条或多条 IL 指令，每条 IL 指令由三个部分组成，分别是标签、操作与参数，以下面的 IL 指令为例，IL_0001 是标签，ldstr 是类型，"Hello World!"是参数。标签代表了该 IL 指令的位置，实现跳转的 IL 指令会把标签当作参数使用；类型代表 IL 指令执行了什么操作，本节接下来会介绍一些常见的 IL 指令类型；参数表示操作需要的值，有的 IL 指令类型可以不要参数，例如 nop 指令（代表什么都不做）。

```
    IL_0001:  ldstr      "Hello World!"
```

2.2.3 评价堆栈

评价堆栈（Evaluation Stack）在 IL 指令的执行过程中发挥了非常重要的作用（不管是解释执行还是 JIT 编译执行），评价堆栈可以用于在指令之间传递临时的数据，例如计算结果或者函数调用的返回值。先来看一个非常简单的例子，C#代码如下：

```
int a = 1;
Console.WriteLine(a + 2);
```

生成的 IL 指令如下：

```
IL_0001:    ldc.i4.1
IL_0002:    stloc.0
IL_0003:    ldloc.0
IL_0004:    ldc.i4.2
IL_0005:    add
IL_0006:    call        void [System.Console]System.Console::WriteLine(int32)
```

这六条指令的意义和执行它们以后评价堆栈的状态如图 2.6 所示，从评价堆栈

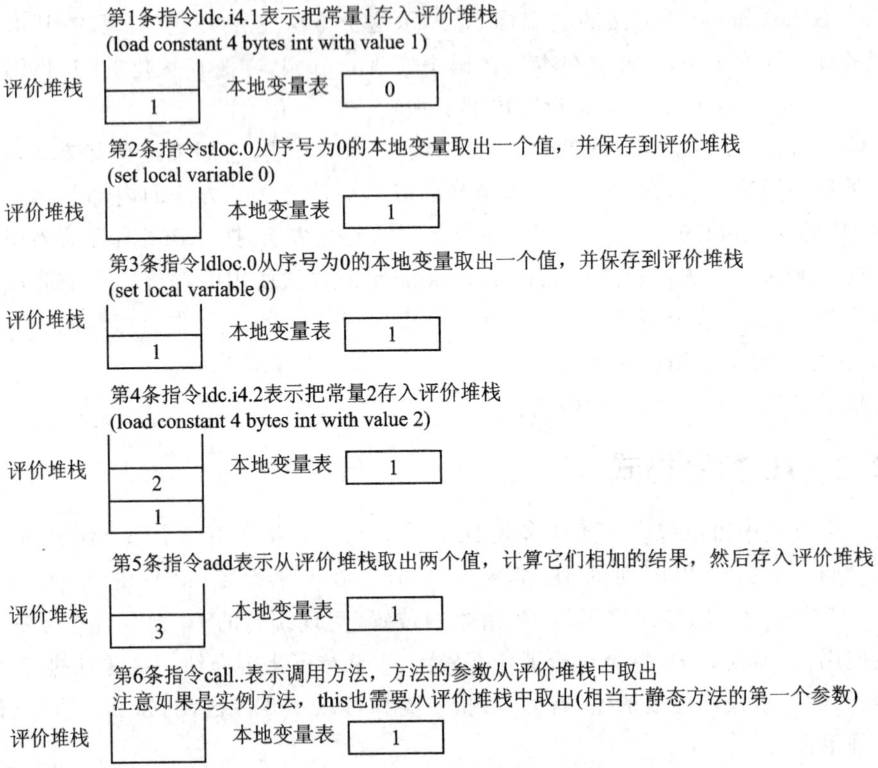

第1条指令ldc.i4.1表示把常量1存入评价堆栈
(load constant 4 bytes int with value 1)

评价堆栈	本地变量表
1	0

第2条指令stloc.0从序号为0的本地变量取出一个值，并保存到评价堆栈
(set local variable 0)

评价堆栈	本地变量表
	1

第3条指令ldloc.0从序号为0的本地变量取出一个值，并保存到评价堆栈
(set local variable 0)

评价堆栈	本地变量表
1	1

第4条指令ldc.i4.2表示把常量2存入评价堆栈
(load constant 4 bytes int with value 2)

评价堆栈	本地变量表
2	1
1	

第5条指令add表示从评价堆栈取出两个值，计算它们相加的结果，然后存入评价堆栈

评价堆栈	本地变量表
3	1

第6条指令call..表示调用方法，方法的参数从评价堆栈中取出
注意如果是实例方法，this也需要从评价堆栈中取出(相当于静态方法的第一个参数)

评价堆栈	本地变量表
	1

图 2.6 IL 指令与评价堆栈的例子

的名称可以看出它是一个栈结构,先存入的值后取出,后存入的值先取出,指令存取的值可以被后面的指令获取,相当于后面的指令使用了这条指令的计算结果。

从图 2.6 可以看出,当评价堆栈为空时正好是语句(Statement)的结束,.NET 运行时的 JIT 编译器在编译 IL 代码时会根据这项特性构建语法树,在第 8 章会有更详细的说明。

如果了解逆波兰式记法(Reverse Polish Notation),会发现 IL 中的评价堆栈与逆波兰式记法基本一样,都是利用栈结构来保存和传递临时的值,只是 IL 指令能访问评价堆栈以外的参数、本地变量和静态变量等储存空间。

2.2.4 常用指令

一些常用的 IL 指令如下表所列,其中的跳转指令会在下一节详细介绍。

指 令	参 数	效 果
add	无参数	从评价堆栈取出两个值,计算它们的相加结果并存入评价堆栈
and.ovf	无参数	同 add,但会在溢出时抛出 OverflowException 异常,仅针对有符号数值使用
add.ovf.un	无参数	同 add,但会在溢出时抛出 OverflowException 异常,仅针对无符号数值使用
sub	无参数	从评价堆栈取出两个值,计算它们的相减结果并存入评价堆栈,sub.ovf 和 sub.ovf.un 的作用可以类推 add,这里不再列出
mul	无参数	从评价堆栈取出两个值,计算它们相乘的结果并存入评价堆栈,mul.ovf 和 mul.ovf.un 的作用可以类推 add,这里不再列出
div	无参数	从评价堆栈取出两个值,计算它们相乘的结果并存入评价堆栈,div.ovf 和 div.ovf.un 的作用可以类推 add,这里不再列出
ldc.i4	常量	把参数中的常量存入评价堆栈
ldc.i4.0	无参数	把常量 0 存入评价堆栈,类似的还有 ldc.i4.1…ldc.i4.8,这里不再列出
ldc.i4.m1	无参数	把常量 -1 存入评价堆栈
ldarg	参数序号	按指定的序号读取当前方法传入的参数,并存入评价堆栈
ldarg.0	无参数	把当前方法传入的第 1 个参数存入评价堆栈,类似的还有 ldarg.1…ldarg.3,这里不再列出
ldloc	本地变量序号	按指定的序号读取当前方法的本地变量,并存入评价堆栈
ldloc.0	无参数	把当前方法的第 1 个本地变量存入评价堆栈,类似的还有 ldloc.1…ldloc.3,这里不再列出
stloc	本地变量序号	从评价堆栈取出一个值,并保存到当前方法中指定的序号的本地变量

续表 2.1

指 令	参 数	效 果
stloc.0	无参数	从评价堆栈取出一个值，并保存到当前方法的第 1 个本地变量，类似的还有 ldloc.1……ldloc.3，这里不再列出
ldfld	字段标识	从评价堆栈取出一个值，读取这个值的指定字段，然后把字段值存入评价堆栈
stfld	字段标识	从评价堆栈取出两个值，把第 1 个值保存到第二个值的指定字段中
ldsfld	静态字段标识	读取静态字段的值并存入评价堆栈
stsfld	静态字段标识	从评价堆栈取出一个值，并保存到指定的静态字段
call	方法标识	调用方法，参数会从评价堆栈取出，如果方法为非静态那么 this 也会从评价堆栈取出
callvirt	方法标识	调用虚拟方法(不等同于 C♯ 中的 virtual)，从评价堆栈取出的值数量取决于参数数量
ret	无参数	从函数返回，如果返回类型不为 void 则从评价堆栈取出返回值
beq	IL 指令标签	从评价堆栈取出两个值，比较第 1 个值和第 2 个值，如果相等则跳转到参数指定的标签对应的指令，否则继续执行下一条指令
bne	IL 指令标签	从评价堆栈取出两个值，比较第 1 个值和第 2 个值，如果不相等则跳转到参数指定的标签对应的指令，否则继续执行下一条指令
bge	IL 指令标签	从评价堆栈取出两个值，比较第 1 个值和第 2 个值，如果大于或等于则跳转到参数指定的标签对应的指令，否则继续执行下一条指令
bgt	IL 指令标签	从评价堆栈取出两个值，比较第 1 个值和第 2 个值，如果大于则跳转到参数指定的标签对应的指令，否则继续执行下一条指令
ble	IL 指令标签	从评价堆栈取出两个值，比较第 1 个值和第 2 个值，如果小于或等于则跳转到参数指定的标签对应的指令，否则继续执行下一条指令
blt	IL 指令标签	从评价堆栈取出两个值，比较第 1 个值和第 2 个值，如果小于则跳转到参数指定的标签对应的指令，否则继续执行下一条指令
brtrue	IL 指令标签	从评价堆栈取出一个值，如果值作为布尔值时为真，则跳转到参数指定的标签对应的指令，否则继续执行下一条指令
brfalse	IL 指令标签	从评价堆栈取出一个值，如果值作为布尔值时为假，则跳转到参数指定的标签对应的指令，否则继续执行下一条指令
br	IL 指令标签	无条件跳转到指定的标签对应的指令
nop	无参数	什么都不做(对执行效果没有影响，但编译器可能会为了关联除错信息或区分嵌套 try-catch 块添加它)

如果想了解更多的 IL 指令，可以参考附录 B 和官方文档地址：https://docs.microsoft.com/en-us/dotnet/api/system.reflection.emit.opcodes。

2.2.5 常见的 C# 代码与 IL 代码的对比

下面是一些常见的 C# 代码与它们转换到 IL 代码的例子，如果觉得之前内容不够清楚，这些例子可以帮助读者更清晰地了解 IL 代码的基础语法和 IL 指令的执行效果。此外，关于流程控制的例子会在下一节给出。

1. 简单的数学表达式

C# 代码：

```
private static void Main()
{
    int a = 1;
    Console.WriteLine(a * 3 + 2);
}
```

IL 代码（使用 Debug 模式编译）：

```
.method private hidebysig static void Main()cil managed
{
    .entrypoint // 主函数
    // Code size       15(0xf)
    .maxstack 2 // 评价堆栈的最大深度
    .locals init(int32 V_0)// 本地变量的定义
    IL_0000:  nop // 什么都不做
    IL_0001:  ldc.i4.1 // 把常量 1 存入评价堆栈
    IL_0002:  stloc.0 // 从评价堆栈取出值保存到序号为 0 的本地变量
    IL_0003:  ldloc.0 // 读取序号为 0 的本地变量并存入评价堆栈
    IL_0004:  ldc.i4.3 // 把常量 3 存入评价堆栈
    IL_0005:  mul // 从评价堆栈取出两个值，计算相乘的结果并存入评价堆栈
    IL_0006:  ldc.i4.2 // 把常量 2 存入评价堆栈
    IL_0007:  add // 从评价堆栈取出两个值，计算相加的结果并存入评价堆栈
    // 调用 Console.WriteLine 方法，参数从评价堆栈取出
    IL_0008:  call    void [System.Console]System.Console::WriteLine(int32)
    IL_000d:  nop // 什么都不做
    IL_000e:  ret // 从函数返回，当返回类型不为 void 时从评价堆栈取出返回值
} // end of method Program::Main
```

2. 新建对象与调用成员方法

C# 代码：

```
private class MyClass
{
    private int _count;
```

```csharp
    public int Increment()
    {
        return ++_count;
    }
}

private static void Main()
{
    var obj = new MyClass();
    Console.WriteLine(obj.Increment());
}
```

IL 代码（使用 Debug 模式编译）：

```
.class auto ansi nested private beforefieldinit MyClass
        extends [System.Runtime]System.Object
{
    .field private int32 _count // 类字段的定义
    .method public hidebysig instance int32
            Increment()cil managed
    {
        // Code size       23(0x17)
        .maxstack  3 // 评价堆栈的最大深度
        .locals init(int32 V_0, // 本地变量的定义
                int32 V_1)
        IL_0000:  nop // 什么都不做
        IL_0001:  ldarg.0 // 把第一个参数(this)存入评价堆栈
        IL_0002:  ldarg.0 // 把第一个参数(this)存入评价堆栈
        // 从评价堆栈取出对象,读取指定的字段并存入字段值到评价堆栈
        IL_0003:  ldfld      int32 ConsoleApp1.Program/MyClass::_count
        IL_0008:  ldc.i4.1 // 把常量 1 存入评价堆栈
        IL_0009:  add // 从评价堆栈取出两个值,计算相加的结果并存入评价堆栈
        IL_000a:  stloc.0 // 从评价堆栈取出一个值,保存到序号为 0 的本地变量
        IL_000b:  ldloc.0 // 读取序号为 0 的本地变量并存入评价堆栈
        // 从评价堆栈取出值与对象,把值保存到对象的指定字段中
        IL_000c:  stfld      int32 ConsoleApp1.Program/MyClass::_count
        IL_0011:  ldloc.0 // 读取序号为 0 的本地变量并存入评价堆栈
        IL_0012:  stloc.1 // 从评价堆栈取出一个值,保存到序号为 1 的本地变量
        IL_0013:  br.s       IL_0015 // 无条件跳转到 IL_0015 标签

        IL_0015:  ldloc.1 // 读取序号为 1 的本地变量并存入评价堆栈
        IL_0016:  ret // 从函数返回,返回值从评价堆栈获取
    } // end of method MyClass::Increment
```

```
// MyClass 的构造函数
.method public hidebysig specialname rtspecialname
        instance void  .ctor()cil managed
{
    // Code size        8(0x8)
    .maxstack  8 // 评价堆栈的最大深度
    IL_0000： ldarg.0 // 把第一个参数(this)存入评价堆栈
    // 从评价堆栈取出对象,并调用基类(Object)的构造函数
    IL_0001： call       instance void [System.Runtime]System.Object::.ctor()
    IL_0006： nop // 什么都不做
    IL_0007： ret // 从函数返回
} // end of method MyClass::.ctor

} // end of class MyClass

.method private hidebysig static void  Main()cil managed
{
    .entrypoint // 主函数
    // Code size        20(0x14)
    .maxstack  1 // 评价堆栈的最大深度
    .locals init(class ConsoleApp1.Program/MyClass V_0)// 本地变量的定义
    IL_0000： nop // 什么都不做
    // 新建类型为 MyClass 的对象,并把对象存入评价堆栈
    IL_0001： newobj     instance void ConsoleApp1.Program/MyClass::.ctor()
    IL_0006： stloc.0 // 从评价堆栈取出一个值,保存到序号为 0 的本地变量
    IL_0007： ldloc.0 // 读取信号为 0 的本地变量并存入评价堆栈
    // 调用 MyClass.Increment 方法,this 对象从评价堆栈取出
    IL_0008： callvirt   instance int32 ConsoleApp1.Program/MyClass::Increment()
    // 调用 Console.WriteLine 方法,参数从评价堆栈取出
    IL_000d： call       void [System.Console]System.Console::WriteLine(int32)
    IL_0012： nop // 什么都不做
    IL_0013： ret // 从函数返回
} // end of method Program::Main
```

3. 访问对象属性

从这个例子可以了解到 C# 的属性默认是如何实现的。在阅读这些例子时可以想象一下执行完各条 IL 指令以后,评价堆栈里面有多少个值,每个值分别代表什么。如果可以做到根据各条 IL 的执行效果计算评价一下堆栈的状态变化,那说明已经对 IL 有一个扎实的理解了。

C#代码：

```csharp
private class MyClass
{
    public string Name { get; set; }
}

private static void Main()
{
    var obj = new MyClass();
    obj.Name = "hello";
    Console.WriteLine(obj.Name);
}
```

IL代码（使用Debug模式编译）：

```
.class private auto ansi beforefieldinit ConsoleApp1.Program
       extends [System.Runtime]System.Object
{
  .class auto ansi nested private beforefieldinit MyClass
         extends [System.Runtime]System.Object
  {
    .field private string '<Name>k__BackingField'  // 自动生成的字段
    // 自动生成的获取属性值方法，带有两个属性
    .custom instance void [System.Runtime]System.Runtime.CompilerServices.CompilerGeneratedAttribute::.ctor() = ( 01 00 00 00 )
    .custom instance void [System.Diagnostics.Debug]System.Diagnostics.DebuggerBrowsableAttribute::.ctor(valuetype [System.Diagnostics.Debug]System.Diagnostics.DebuggerBrowsableState) = ( 01 00 00 00 00 00 00 00 )
    .method public hidebysig specialname
            instance string  get_Name() cil managed
    {
      .custom instance void [System.Runtime]System.Runtime.CompilerServices.CompilerGeneratedAttribute::.ctor() = ( 01 00 00 00 )
      // Code size       7 (0x7)
      .maxstack  8  // 评价堆栈的最大深度
      IL_0000:  ldarg.0  // 把第一个参数(this)存入评价堆栈
      // 从评价堆栈取出对象，访问对象的指定字段，并把字段值存入评价堆栈
      IL_0001:  ldfld      string ConsoleApp1.Program/MyClass::'<Name>k__BackingField'
      IL_0006:  ret  // 从评价堆栈取出值作为返回值，并从函数返回
    } // end of method MyClass::get_Name

    // 自动生成的设置属性值方法
```

```
.method public hidebysig specialname
        instance void  set_Name(string 'value')cil managed
{
  .custom instance void [System.Runtime]System.Runtime.CompilerServices.Compil-
erGeneratedAttribute::.ctor() = ( 01 00 00 00 )
  // Code size       8(0x8)
  .maxstack  8 // 评价堆栈的最大深度
  IL_0000：ldarg.0 // 把第一个参数(this)存入评价堆栈
  IL_0001：ldarg.1 // 把第二个参数(需要设置的值)存入评价堆栈
  // 从评价堆栈取出对象与需要设置的值,并设置到对象的指定字段
  IL_0002：stfld string ConsoleApp1.Program/MyClass::'<Name>k__BackingField'
  IL_0007：ret // 从函数返回
} // end of method MyClass::set_Name

// MyClass 的构造函数
.method public hidebysig specialname rtspecialname
        instance void.ctor()cil managed
{
  // Code size       8(0x8)
  .maxstack  8 // 评价堆栈的最大深度
  IL_0000：ldarg.0 // 把第一个参数(this)存入评价堆栈
  // 从评价堆栈取出对象,并调用基类(Object)的构造函数
  IL_0001：call       instance void [System.Runtime]System.Object::.ctor()
  IL_0006：nop // 什么都不做
  IL_0007：ret // 从函数返回
} // end of method MyClass::.ctor

// 属性的定义
.property instance string Name()
{
  // 标识 getter 对应的方法
  .get instance string ConsoleApp1.Program/MyClass::get_Name()
  // 标识 setter 对应的方法
  .set instance void ConsoleApp1.Program/MyClass::set_Name(string)
} // end of property MyClass::Name
} // end of class MyClass

.method private hidebysig static void  Main()cil managed
{
  .entrypoint // 主函数
  // Code size       32(0x20)
  .maxstack  2 // 评价堆栈的最大深度
```

```
.locals init(class ConsoleApp1.Program/MyClass V_0)// 本地变量的定义
IL_0000: nop // 什么都不做
// 生成 MyClass 类型的对象实例,并存入评价堆栈
IL_0001: newobj  instance void ConsoleApp1.Program/MyClass::.ctor()
IL_0006: stloc.0 // 从评价堆栈取出值,并设置到序号为 0 的本地变量
IL_0007: ldloc.0 // 从序号为 0 的本地变量读取值,并存入评价堆栈
IL_0008: ldstr "hello" // 把字符串对象 "hello"存入评价堆栈
// 从评价堆栈取出对象与参数,并调用对象的指定方法,这里调用的是自动生成的设置
    属性值方法
IL_000d: callvirt instance void ConsoleApp1.Program/MyClass::set_Name(string)
IL_0012: nop // 什么都不做
IL_0013: ldloc.0 // 从序号为 0 的本地变量读取值,并存入评价堆栈
// 从评价堆栈取出对象,并调用对象的指定方法,这里调用的是自动生成的获取属性值
// 方法
// 方法的返回值会存入评价堆栈
IL_0014: callvirt    instance string ConsoleApp1.Program/MyClass::get_Name()
// 从评价堆栈取出参数,并调用 Console.WriteLne 方法
IL_0019: call        void [System.Console]System.Console::WriteLine(string)
IL_001e: nop // 什么都不做
IL_001f: ret // 从函数返回
} // end of method Program::Main
```

第 3 节　流程控制

程序在执行过程中需要各种各样的条件判断,在 C#中它们由 if、else、for、do 和 while 等关键字实现,使用这些关键字可以控制程序的流程,而本节会介绍流程控制在 IL 中是如何实现的,并给出相应的代码例子。

2.3.1　IL 流程控制

在 IL 中,流程控制指令包括跳转指令、switch 指令、用于异常块的退出、结束和返回指令。在跳转指令中又可以分为无条件跳转指令、有条件跳转指令和比较跳转指令。

无条件跳转指令接收一个参数,这个参数代表跳转到的 IL 指令所在的偏移值,无条件转移指令不会向评价堆栈存入值,也不会从评价堆栈取出值。下面是 IL 中的无条件转移指令:

- br：跳转到指定的偏移值的 IL 指令;
- br.s：如果偏移值比较小,可以使用这条指令减少生成的 IL 代码大小。

有条件指令与无条件指令的区别是,有条件跳转指令会从评价堆栈取出一个值,

并且根据这个值判断是否要执行跳转,如果不执行跳转,那么程序会继续执行相邻的下一条 IL 指令。下面是 IL 中的有条件跳转指令:

- brfalse、brnull 与 brzero:如果值为 0 则执行跳转;
- brfalse.s、brnull.s 与 brzeor.s:上述指令的短格式;
- brtrue、brinst:如果值不为 0,则执行跳转;
- brtrue.s、brinst.s:上述指令的短格式。

比较跳转指令从评价堆栈取出两个值,然后根据指令类型比较这两个值,并在成立时执行跳转,不成立时继续执行相邻的下一条指令。下面是 IL 中的比较跳转指令:

- beq:如果两个值相等,则执行跳转;
- beq.s:beq 的短格式;
- bne.un:如果两个值不相等,则执行跳转;
- bne.un.s:bne.un 的短格式;
- bge:如果值 1 大于或等于值 2,则执行跳转;
- bge.s:bge 的短格式;
- bge.un:如果无符号的值 1 大于或等于值 2,则执行跳转;
- bge.un.s:bge.un 的短格式;
- bgt:如果值 1 大于值 2,则执行跳转;
- bgt.s:bgt 的短格式;
- bgt.un:如果无符号的值 1 大于值 2,则执行跳转;
- bgt.un.s:bgt.un 的短格式;
- ble:如果值 1 小于或等于值 2,则执行跳转;
- ble.s:ble 的短格式;
- ble.un:如果无符号的值 1 小于或等于值 2,则执行跳转;
- ble.un.s:ble.un 的短格式;
- blt:如果值 1 小于值 2,则执行跳转;
- blt.s:blt 的短格式;
- blt.un:如果无符号的值 1 小于值 2,则执行跳转;
- blt.un.s:blt.un 的短格式。

switch 指令使用了跳转表(Jump Table),该指令的第一个参数使用 4 字节无符号整数表示分支个数,接下来 N 个参数指定目标分支的偏移量,switch 指令会从评价堆栈取出值并根据各个分支的条件进行跳转。

- switch offset label1 label2 label3...:根据各个分支的条件进行跳转。

ret 指令用于从一个方法返回,如果方法具有返回值,那么在调用 ret 指令的时候,评价堆栈上必须存在一个返回值类型的值,ret 指令会从评价堆栈取出值,然后把它作为返回结果。

2.3.2 常见的流程控制C#代码与IL代码对比

以下是常见的流程控制C#代码与IL代码对比,可以参考上一小节的例子和前文的介绍来理解各条指令的意义。此外,C#编译器在使用Release模式与Debug模式编译时会生成不同的IL代码,使用Release模式生成的IL代码更精简,但因为要兼容所有平台和照顾程序集的二进制兼容性,在C#编译器中能做的优化非常有限,更多的优化将在.NET运行时的JIT编译器中完成。第8章会对JIT编译器执行的优化详细介绍。

1. if - else

C#代码:

```
private static void Main()
{
    var a = 1;
    if(a == 0)
    {
        Console.WriteLine("a is 0");
    }
    else if(a == 1)
    {
        Console.WriteLine("a is 1");
    }
    else
    {
        Console.WriteLine("a is other");
    }
}
```

IL代码(使用Debug模式编译):

```
.method private hidebysig static void Main()cil managed
{
    .entrypoint // 主函数
    // Code size   63(0x3f)
    .maxstack  2 // 评价堆栈的最大深度
    .locals init(int32 V_0,
             bool V_1,
             bool V_2)// 本地变量的定义

    // 为了便于理解,每个基础块(中间不发生跳转,也不包含跳转目标的块)之间都会用分割
    // 线隔开
```

// 第 8 章会更详细地介绍基础块的概念

// ==
IL_0000: nop // 什么都不做
IL_0001: ldc.i4.1 // 把常量 1 存入评价堆栈
IL_0002: stloc.0 // 从评价堆栈取出一个值,设置到序号为 0 的本地变量
IL_0003: ldloc.0 // 读取序号为 0 的本地变量,把值存入评价堆栈
IL_0004: ldc.i4.0 // 把常量 0 存入评价堆栈
IL_0005: ceq // 从评价堆栈取出两个值,比较是否相等,并把结果存入评价堆栈
IL_0007: stloc.1 // 从评价堆栈取出一个值,设置到序号为 1 的本地变量
IL_0008: ldloc.1 // 读取序号为 1 的本地变量,把值存入评价堆栈
// 从评价堆栈读取一个值,判断值是否等于 false,如果等于,则跳转到 IL_001a 标签所在
// 的 IL 指令
IL_0009: brfalse.s IL_001a

// ==
IL_000b: nop // 什么都不做
IL_000c: ldstr "a is 0" // 把字符串对象"a is 0"存入评价堆栈
// 调用 Console.WriteLine 方法,参数从评价堆栈取出
IL_0011: call void [System.Console]System.Console::WriteLine(string)
IL_0016: nop // 什么都不做
IL_0017: nop // 什么都不做
IL_0018: br.s IL_003e // 无条件跳转到 IL_003e 标签所在的 IL 指令

// ==
IL_001a: ldloc.0 // 读取序号为 0 的本地变量,把值存入评价堆栈
IL_001b: ldc.i4.1 // 把常量 1 存入评价堆栈
IL_001c: ceq // 从评价堆栈取出两个值,比较是否相等,并把结果存入评价堆栈
IL_001e: stloc.2 // 从评价堆栈取出一个值,设置到序号为 2 的本地变量
IL_001f: ldloc.2 // 读取序号为 2 的本地变量,把值存入评价堆栈
// 从评价堆栈读取一个值,判断值是否等于 false,如果等于,则跳转到 IL_0031 标签所在
// 的 IL 指令
IL_0020: brfalse.s IL_0031

// ==
IL_0022: nop // 什么都不做
IL_0023: ldstr "a is 1" // 把字符串对象 "a is 1"存入评价堆栈
// 调用 Console.WriteLine 方法,参数从评价堆栈取出
IL_0028: call void [System.Console]System.Console::WriteLine(string)
IL_002d: nop // 什么都不做
IL_002e: nop // 什么都不做
IL_002f: br.s IL_003e // 无条件跳转到 IL_003e 标签所在的 IL 指令

// ==
IL_0031： nop // 什么都不做
IL_0032： ldstr "a is other" // 把字符串对象"a is other"存入评价堆栈
// 调用 Console.WriteLine 方法，参数从评价堆栈取出
IL_0037： call void [System.Console]System.Console::WriteLine(string)
IL_003c： nop // 什么都不做
IL_003d： nop // 什么都不做
// 从评价堆栈取出一个值，设置到序号为 1 的本地变量
// ==
IL_003e： ret // 从函数返回
} // end of method Program::Main

IL 代码（使用 Release 模式编译）：

.method private hidebysig static void Main() cil managed
{
　.entrypoint // 主函数
　// Code size 42(0x2a)
　.maxstack 2 // 评价堆栈的最大深度
　.locals init(int32 V_0) // 本地变量的定义

　// ==
　IL_0000： ldc.i4.1 // 把常量 1 存入评价堆栈
　IL_0001： stloc.0 // 从评价堆栈取出一个值，设置到序号为 0 的本地变量
　IL_0002： ldloc.0 // 读取序号为 0 的本地变量，把值存入评价堆栈
　// 从评价堆栈取出一个值，判断是否为 true（不等于 0），如果是，则跳转到 IL_0010 标签所
　// 在的 IL 指令
　IL_0003： brtrue.s IL_0010

　// ==
　IL_0005： ldstr "a is 0" // 把字符串对象"a is 0"存入评价堆栈
　// 调用 Console.WriteLine 方法，参数从评价堆栈取出
　IL_000a： call void [System.Console]System.Console::WriteLine(string)
　IL_000f： ret // 从函数返回

　// ==
　IL_0010： ldloc.0 // 读取序号为 0 的本地变量，把值存入评价堆栈
　IL_0011： ldc.i4.1 // 把常量 1 存入评价堆栈
　// 从评价堆栈取出两个值并作为无符号数比较，如果两个值不相等，则跳转到 IL_001f 标
　// 签所在的 IL 指令
　IL_0012： bne.un.s IL_001f

```
// ================================================
IL_0014:   ldstr "a is 1"  // 把字符串对象"a is 1"存入评价堆栈
// 调用 Console.WriteLine 方法,参数从评价堆栈取出
IL_0019:   call void [System.Console]System.Console::WriteLine(string)
IL_001e:   ret  // 从函数返回


// ================================================
IL_001f:   ldstr "a is other"  // 把字符串对象"a is other"存入评价堆栈
// 调用 Console.WriteLine 方法,参数从评价堆栈取出
IL_0024:   call void [System.Console]System.Console::WriteLine(string)
IL_0029:   ret  // 从函数返回
} // end of method Program::Main
```

2. for

C#代码:

```csharp
private static void Main()
{
    for(var x = 0; x < 100; ++x)
    {
        Console.WriteLine(x);
    }
}
```

IL 代码(使用 Release 模式编译):

```
.method private hidebysig static void Main()cil managed
{
  .entrypoint
  // Code size 20(0x14)
  .maxstack 2
  .locals init(int32 V_0)


  // ================================================
  IL_0000:   ldc.i4.0  // 把常量 0 存入评价堆栈
  IL_0001:   stloc.0   // 从评价堆栈取出一个值,并设置到序号为 0 的本地变量
  IL_0002:   br.s IL_000e  // 无条件跳转到 IL_000e 标签所在的 IL 指令


  // ================================================
  IL_0004:   ldloc.0  // 读取序号为 0 的本地变量,并存入评价堆栈
  // 调用 Console.WriteLine 方法,参数从评价堆栈取出
  IL_0005:   call void [System.Console]System.Console::WriteLine(int32)
  IL_000a:   ldloc.0  // 读取序号为 0 的本地变量,并存入评价堆栈
```

IL_000b: ldc.i4.1 // 把常量1存入评价堆栈
IL_000c: add // 从评价堆栈取出两个值,计算它们相加的值并存入评价堆栈
IL_000d: stloc.0 // 从评价堆栈取出一个值,并设置到序号为0的本地变量

// ===
IL_000e: ldloc.0 // 读取序号为0的本地变量,并存入评价堆栈
IL_000f: ldc.i4.s 100 // 把常量100存入评价堆栈
// 从评价堆栈取出两个值并作为有符号数比较,如果值1小于值2,则跳转到IL_0004标
// 签所在的IL指令
IL_0011: blt.s IL_0004

// ===
IL_0013: ret // 从函数返回
} // end of method Program::Main

3. while

C#代码:

```
private static void Main()
{
    var a = 1;
    var b = 100;
    while(a < b)
    {
        Console.WriteLine(a);
        a += a;
    }
}
```

IL代码(使用Release模式编译):

```
.method private hidebysig static void Main()cil managed
{
    .entrypoint // 主函数
    // Code size    22(0x16)
    .maxstack  2 // 评价堆栈的最大深度
    .locals init(int32 V_0, int32 V_1)// 本地变量的定义

    // ===================================================
    IL_0000: ldc.i4.1 // 把常量1存入评价堆栈
    IL_0001: stloc.0 // 从评价堆栈取出一个值,并设置到序号为0的本地变量
    IL_0002: ldc.i4.s  100 // 把常量100存入评价堆栈
    IL_0004: stloc.1 // 从评价堆栈取出一个值,并设置到序号为1的本地变量
```

IL_0005: br.s IL_0011 // 无条件跳转到 IL_0011 标签所在的 IL 指令

// ===
IL_0007: ldloc.0 // 读取序号为 0 的本地变量,并存入评价堆栈
// 调用 Console.WriteLine 方法,参数从评价堆栈取出
IL_0008: call void [System.Console]System.Console::WriteLine(int32)
IL_000d: ldloc.0 // 读取序号为 0 的本地变量,并存入评价堆栈
IL_000e: ldloc.0 // 读取序号为 0 的本地变量,并存入评价堆栈
IL_000f: add // 从评价堆栈取出两个值,计算它们相加的值并存入评价堆栈
IL_0010: stloc.0 // 从评价堆栈取出一个值,并设置到序号为 0 的本地变量

// ===
IL_0011: ldloc.0 // 读取序号为 0 的本地变量,并存入评价堆栈
IL_0012: ldloc.1 // 读取序号为 1 的本地变量,并存入评价堆栈
// 从评价堆栈取出两个值并作为有符号数比较,如果值 1 小于值 2,则跳转到 IL_0007 标
// 签所在的 IL 指令
IL_0013: blt.s IL_0007

// ===
IL_0015: ret // 从函数返回
} // end of method Program::Main

4. do - while

可以比较以下例子和上面的例子生成的 IL 代码有什么不同。
C#代码:

```
private static void Main()
{
    var a = 1;
    var b = 100;
    do
    {
        Console.WriteLine(a);
        a += a;
    } while(a < b);
}
```

IL 代码(使用 Release 模式编译):

```
.method private hidebysig static void Main()cil managed
{
  .entrypoint // 主函数
  // Code size 20(0x14)
```

.maxstack 2 // 评价堆栈的最大深度
.locals init(int32 V_0, int32 V_1)// 本地变量的定义

// ==
IL_0000： ldc.i4.1 // 把常量 1 存入评价堆栈
IL_0001： stloc.0 // 从评价堆栈取出一个值，并设置到序号为 0 的本地变量
IL_0002： ldc.i4.s 100 // 把常量 100 存入评价堆栈
IL_0004： stloc.1 // 从评价堆栈取出一个值，并设置到序号为 1 的本地变量

// ==
IL_0005： ldloc.0 // 读取序号为 0 的本地变量，并存入评价堆栈
// 调用 Console.WriteLine 方法，参数从评价堆栈取出
IL_0006： call void [System.Console]System.Console::WriteLine(int32)
IL_000b： ldloc.0 // 读取序号为 0 的本地变量，并存入评价堆栈
IL_000c： ldloc.0 // 读取序号为 0 的本地变量，并存入评价堆栈
IL_000d： add // 从评价堆栈取出两个值，计算它们相加的值并存入评价堆栈
IL_000e： stloc.0 // 从评价堆栈取出一个值，并设置到序号为 0 的本地变量
IL_000f： ldloc.0 // 读取序号为 0 的本地变量，并存入评价堆栈
IL_0010： ldloc.1 // 读取序号为 1 的本地变量，并存入评价堆栈
// 从评价堆栈取出两个值并作为有符号数比较，如果值 1 小于值 2，则跳转到 IL_0005 标
// 签所在的 IL 指令
IL_0011： blt.s   IL_0005

// ==
IL_0013： ret // 从函数返回
} // end of method Program::Main

5. switch

C#代码：

```
private static void Main()
{
    var a = 1;
    switch(a)
    {
        case0：
            Console.WriteLine("a is 0");
            break;
        case1：
            Console.WriteLine("a is 1");
            break;
        case2：
```

```
                Console.WriteLine("a is 2");
            break;
            case3:
                Console.WriteLine("a is 3");
            break;
            default:
                Console.WriteLine("a is other");
            break;
    }
}
```

IL 代码(使用 Release 模式编译):

```
.method private hidebysig static void Main()cil managed
{
  .entrypoint // 主函数
  // Code size 81(0x51)
  .maxstack  1 // 评价堆栈的最大深度
  .locals init(int32 V_0) // 本地变量的定义


  // ===================================================
  IL_0000:  ldc.i4.1 // 把常量 1 存入评价堆栈
  IL_0001:  stloc.0 // 从评价堆栈取出一个值,并设置到序号为 0 的本地变量
  IL_0002:  ldloc.0 // 读取序号为 0 的本地变量,并存入评价堆栈
  IL_0003:  switch   // 从评价堆栈取出一个值,并根据值跳转到对应的标签所在的 IL 指令
              IL_001a, // 值为 0 时跳转到的标签
              IL_0025, // 值为 1 时跳转到的标签
              IL_0030, // 值为 2 时跳转到的标签
              IL_003b)// 值为 3 时跳转到的标签


  // ===================================================
  IL_0018:  br.s IL_0046 // 无条件跳转到 IL_0046 标签所在的 IL 指令


  // ===================================================
  IL_001a:  ldstr "a is 0" // 把字符串对象"a is 0"存入评价堆栈
  // 调用 Console.WriteLine 方法,参数从评价堆栈取出
  IL_001f:  call void [System.Console]System.Console::WriteLine(string)
  IL_0024:  ret // 从函数返回


  // ===================================================
  IL_0025:  ldstr "a is 1" // 把字符串对象"a is 1"存入评价堆栈
  // 调用 Console.WriteLine 方法,参数从评价堆栈取出
  IL_002a:  call void [System.Console]System.Console::WriteLine(string)
```

IL_002f: ret // 从函数返回

// ==
IL_0030: ldstr "a is 2" // 把字符串对象"a is 2"存入评价堆栈
// 调用 Console.WriteLine 方法，参数从评价堆栈取出
IL_0035: call void [System.Console]System.Console::WriteLine(string)
IL_003a: ret // 从函数返回

// ==
IL_003b: ldstr "a is 3" // 把字符串对象"a is 3"存入评价堆栈
// 调用 Console.WriteLine 方法，参数从评价堆栈取出
IL_0040: call void [System.Console]System.Console::WriteLine(string)
IL_0045: ret // 从函数返回

// ==
IL_0046: ldstr "a is other" // 把字符串对象"a is other"存入评价堆栈
// 调用 Console.WriteLine 方法，参数从评价堆栈取出
IL_004b: call void [System.Console]System.Console::WriteLine(string)
IL_0050: ret // 从函数返回
} // end of method Program::Main

注意，如果 switch 的 case 数量比较少，C♯编译器会使用 if-else 代替 switch，如果把这个例子中的 case 2 和 case 3 删除，就可以看到 IL 代码中不再使用 switch 指令，尽管生成的 IL 代码与第一个例子中的 IL 代码会有一些细节上的不同。

第 3 章

x86 汇编入门

程序在计算机上执行的方式主要有两种，第一种是把程序编译到机器码并执行（编译执行），第二种是使用现有程序解释自定义格式并执行（解释执行）。.NET 程序采用的方式介于这两种方式之间，首先会使用公共语言运行时解析中间代码（MSIL），然后把中间代码编译到机器码并执行。

学习机器码与表现机器码使用的汇编语言，对理解 .NET 程序的执行原理以及内部机制的实现方式会有很大帮助，不同计算机架构的机器码与汇编语言都不一样，目前个人计算机使用最广泛的架构是 Intel 的 x86 架构和 AMD 的 x86-64 架构，本章对这两个架构做基础讲解。

阅读本章的前提知识点如下：
- 理解 CPU 与内存等计算机组成部分的用处；
- 理解二进制、十进制和十六进制数值之间的转换。

第 1 节　汇编与机器码

3.1.1　理解汇编语言与机器码

在阅读下面的章节前，首先需要理解什么是汇编语言和机器码，可以用一句话来总结：

机器码是计算机可以理解的二进制编码，汇编语言是表现机器码使用的文本语言。

可惜的是，这句话不能给我们一个清晰的印象，因为我们看不到二进制编码与文本语言实际的样子，就像我们听说大象是一个庞大的动物但无法确定它到底有多大一样。

我们需要看到机器码与汇编语言实际的样子，但因为现有的架构通过几十年的发展已经变得非常复杂，拿现有的架构讲解会比较难以理解。本书尝试从一个新的角度来迈出这一步，会通过设计一个非常简单的计算机架构以及指令集来帮读者理解机器码与汇编语言的本质。

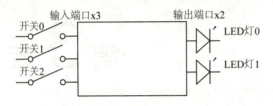

图 3.1 如何根据开关控制 LED 灯状态

首先准备一个简单的问题,假设有 3 个开关和 2 个 LED 灯,如果任意 2 个开关为开,则灯 0 灭且灯 1 亮,否则灯 0 亮且灯 1 灭。如果把 3 个开关和 2 个 LED 灯连到一个设备中,如图 3.1 所示,试想一下应该如何设计这个设备?

有电路设计基础的可能会想到创建真伪表和设计逻辑门,这样做实现起来时间短且成本低,也是行业几十年来惯用的做法。但这样做的缺点是不能很好地使其适应需求改变,如果把问题中的"任意 2 个开关为开"变为"所有开关为开",则必须修改硬件才能满足新的需求。

为了适应多变的需求,可以设计一个可编程的设备,把逻辑储存在可修改的内存中,然后让 CPU 从内存读取逻辑并执行,如图 3.2 所示,这样的设备就是计算机。

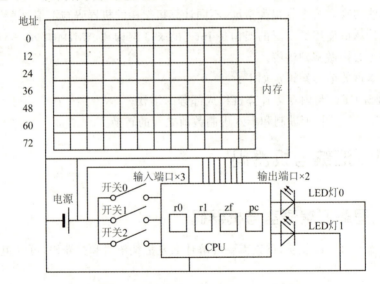

图 3.2 连接到开关与 LED 灯到计算机

这台计算机缺乏很多细节,例如内存可以储存什么内容,CPU 可以执行什么操作,这些细节又称为这个计算机的架构,接着定义这个架构的具体细节:

- 内存包含 84 个可以储存数值的单元,每个单元可以储存 0~255 之间的数值。
- 内存中保存的数值可以代表数据,也可以代表 CPU 可执行的机器码。
- CPU 包含 4 个可以储存数值的单元,在 CPU 中储存数值的单元又称寄存器 (Register):

① 4 个寄存器的名称分别是 r0、r1、zf、pc;

② 寄存器 r0、r1 是通用寄存器,可存储数值范围是 0～255;
③ 寄存器 zf 是标志寄存器,用于条件判断,可存储数值 0 或 1;
④ 寄存器 pc 是程序计数器,可存储数值范围是 0～255。
- CPU 可以把内存中指定地址的数值复制到寄存器 r0 或 r1。
- CPU 可以把寄存器 r0 或 r1 中的数值复制到内存中的指定地址。
- CPU 可以读取开关的状态,并保存到寄存器 r0 或 r1,开时值为 1,关时值为 0。
- CPU 可以根据寄存器 r0 或 r1 的值设置 LED 灯的状态,值为 0 时灯灭,值为 1 时灯亮。
- CPU 运行时会不断地以寄存器 pc 的值作为内存地址,从内存读取机器码并执行:

寄存器 pc 的值会随着指令的执行发生变化。

这台计算机做什么取决于保存在内存中的机器码,修改工作内容不需要修改硬件,只需要修改内存中的值。把数据和机器码同时保存在内存中的架构就是著名的冯·诺依曼架构,这样的架构可以适应各种需求的变化。

已知计算机的工作内容依赖于机器码,机器码保存在内存中,那么机器码的格式应该如何定义呢? 因为内存只能保存数值,机器码(Machine Code)只能通过数值的形式保存,机器码中的 1 个到多个数值可以代表 1 条指令(Instruction)。指令就是指示 CPU 执行某项操作的命令,指令是 CPU 执行操作时不可分割的最小单元,一个计算机架构支持的所有指令的集合又称指令集(Instruction Set)。

为了更容易理解,我们设计的这台计算机固定使用 3 个数值代表 1 条指令,第 1 个数值代表指令类型,第 2 个数值代表操作目标,第 3 个数值代表操作来源,如图 3.3 所示。

图 3.3 指令的格式

因为机器码使用数值保存,而编写和阅读大量的数字是一件非常繁琐的事情,机器码通常有对应的文本语言,这样的语言又称汇编语言(Assembly Language),使用汇编语言编写的代码称为汇编代码(Assembly Code),汇编代码中代表指令的语句又称汇编指令,它们的对应关系是双向的,汇编指令可以转换到机器码指令,机器码指令也可以转换到汇编指令。

计算机可运行的指令数量通常很多,但它们可以按格式归纳。例如,"从内存地址 1 读取值到寄存器 r0"与"从内存地址 2 读取值到寄存器 r1"是两条不同的指令,它们可以归纳到格式"从内存读取值到寄存器",这样的格式又称指令格式。

接下来定义这台计算机支持的指令集,也就是这台计算机支持什么样的指令格式。在以下指令格式中 reg 代表寄存器,mem 表示内存地址,imm 代表即时数也就是嵌入在指令中的常量,port 代表输入或输出的端口。

① 类型 1:从内存读取值到寄存器

汇编指令格式:load reg,mem;

汇编指令例子:load r0,8;

机器码例子:1 0 8。

② 类型2:写入寄存器的值到内存

汇编指令格式:store mem,reg;

汇编指令例子:store 9,r1;

机器码例子:2 9 1。

③ 类型3:设置寄存器的值为即时数

汇编指令格式:set reg,imm;

汇编指令例子:set r1,5;

机器码例子:3 1 5。

④ 类型4:计算两个寄存器的相加值(目标+=来源)

汇编指令格式:add reg,reg;

汇编指令例子:add r0,r1;

机器码例子:4 0 1。

⑤ 类型5:比较两个寄存器并设置寄存器 zf,相等时为1否则为0

汇编指令格式:cmp reg,reg;

汇编指令例子:cmp r0,r1;

机器码例子:5 0 1。

⑥ 类型6:寄存器 zf 等于1时跳转到目标地址,否则什么都不做

汇编指令格式:jz mem;

汇编指令例子:jz 27;

机器码例子:6 27 0。

⑦ 类型7:无条件跳转到目标地址

汇编指令格式:jmp mem;

汇编指令例子:jmp 21;

机器码例子:7 21 0。

⑧ 类型8:从输入端口读取值到寄存器

汇编指令格式:in reg,port;

汇编指令例子:in r1,p2;

机器码例子:8 1 2。

⑨ 类型9:写入寄存器的值到输出端口

汇编指令格式:out port,reg;

汇编指令例子:out p0,r1;

机器码例子:9 0 1。

这些指令组合起来可以解决各种各样的问题,包括这一小节开始部分提出的问

题。实现 3 个开关中任意 2 个开关为开决定哪个 LED 灯亮和哪个 LED 灯灭,可以从 3 个输入端口读取值然后计算相加值是否等于 2,再结合条件跳转指令设置输出端口,因为输入有 3 个但可以保存输入的寄存器只有 2 个,在读取时还需要把值暂存到内存中。解决这个问题的汇编代码如下:

```
begin:

    in r0, p0        ;从输入端口 0 读取值到寄存器 r0
    store 0, r0      ;写入寄存器 r0 的值到内存地址 0
    in r0, p1        ;从输入端口 1 读取值到寄存器 r0
    store 1, r0      ;写入寄存器 r0 的值到内存地址 1
    in r0, p2        ;从输入端口 2 读取值到寄存器 r0
    store 2, r0      ;写入寄存器 r0 的值到内存地址 2

    set r0, 0        ;设置寄存器 r0 的值为 0
    load r1, 0       ;从内存地址 0 读取值到寄存器 r1
    add r0, r1       ;设置寄存器 r0 等于寄存器 r0 加寄存器 r1
    load r1, 1       ;从内存地址 1 读取值到寄存器 r1
    add r0, r1       ;设置寄存器 r0 等于寄存器 r0 加寄存器 r1
    load r1, 2       ;从内存地址 2 读取值到寄存器 r1
    add r0, r1       ;设置寄存器 r0 等于寄存器 r0 加寄存器 r1
    set r1, 2        ;设置寄存器 r0 的值为 2
    cmp r0, r1       ;比较寄存器 r0 和寄存器 r1,并设置寄存器 zf,相等时为 1 否则为 0
    jz when_equal    ;寄存器 zf 等于 1 时跳转到标签所在地址,否则什么都不做

    set r0, 1        ;设置寄存器 r0 的值为 1
    set r1, 0        ;设置寄存器 r1 的值为 0
    jmp final        ;无条件跳转到标签所在地址

when_equal:
    set r0, 0        ;设置寄存器 r0 的值为 0
    set r1, 1        ;设置寄存器 r1 的值为 1

final:
    out p0, r0       ;写入寄存器 r0 的值到输出端口 0
    out p1, r1       ;写入寄存器 r1 的值到输出端口 1
    jmp begin        ;无条件跳转到标签所在地址
```

要让计算机执行以上的逻辑需要把汇编代码转换到机器码,并且机器码需要保存到内存中的某个位置,在这里我们决定保存机器码到内存地址 12,然后设置寄存器 pc 的初始值为 12,这样计算机会从内存地址 12 读取第一条指令并执行。编码到内存中的机器码以及各个寄存器的初始值如图 3.4 所示。

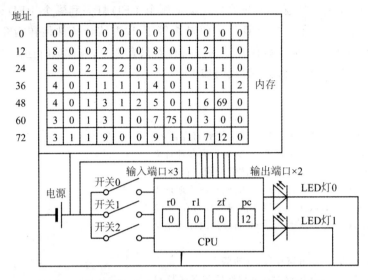

图 3.4　编码到内存中的机器码以及各个寄存器的初始值

接下来模拟这一段机器码的运行,并跟踪运行过程中内存以及各个寄存器的变化。假设开关 0 的状态为开,开关 1 的状态为关,开关 2 的状态为开,执行机器码时内存以及各个寄存器的变化如图 3.5 所示,执行到最后一条指令时会跳转到第一条指令所在的地址,并且灯 0 的状态为灭,灯 1 的状态为亮。

到这里我们自己设计的计算机已经完成任务了,如果您可以理解这台计算机的工作方式,那么就已经做好阅读后续章节的准备了。现实中存在的计算机架构有 x86、x86-64、ARM、MIPS 等,个人计算机大多数使用 x86 或 x86-64,移动设备大多数使用 ARM,而国产的龙芯则是 MIPS,这些架构的指令集都不一样,但是工作方式与我们在这一小节设计的计算机相差不大。

3.1.2　RISC 与 CISC

计算机的指令集可以按设计思想分为精简指令集 RISC(Reduced Instruction Set Computer)与复杂指令集 CISC(Complex Instruction Set Computer)。RISC 通过简化指令集让单条指令的执行时间更短,CISC 通过丰富指令集让单条指令可以做的事情更多。通常执行单条指令 RISC 比 CISC 更快,但是 CISC 一条指令可以实现 RISC 多条指令的功能。x86 与 x86-64 属于 CISC,ARM、MIPS 与这一小节设计的指令集属于 RISC。

3.1.3　流水线

虽然指令在外部看上去不可分割,但 CPU 内部在执行指令时会分为多个步骤,例如执行这一小节设计的指令可以分为以下 5 步:

汇编代码	机器码			前4个内存单元				CPU寄存器			
								r0	r1	zf	pc
初始状态	初始状态			0	0	0	0	0	0	0	12
in r0, p0	8	0	0	0	0	0	0	1	0	0	15
store 0, r0	2	0	0	1	0	0	0	1	0	0	18
in r0, p1	8	0	1	1	0	0	0	0	0	0	21
store 1, r0	2	1	0	1	0	0	0	0	0	0	24
in r0, p2	8	0	2	1	0	0	0	1	0	0	27
store 2, r0	2	2	0	1	0	1	0	1	0	0	30
set r0, 0	3	0	0	1	0	1	0	0	0	0	33
load r1, 0	1	1	0	1	0	1	0	0	1	0	36
add r0, r1	4	0	1	1	0	1	0	1	1	0	39
load r1, 1	1	1	1	1	0	1	0	1	0	0	42
add r0, r1	4	0	1	1	0	1	0	1	0	0	45
load r1, 2	1	1	2	1	0	1	0	1	1	0	48
add r0, r1	4	0	1	1	0	1	0	2	1	0	51
set r1, 2	3	1	2	1	0	1	0	2	2	0	54
cmp r0, r1	5	0	1	1	0	1	0	2	2	1	57
jz 69	6	69	0	1	0	1	0	2	2	1	69
set r0, 0	3	0	0	1	0	1	0	0	2	1	72
set r1, 1	3	1	1	1	0	1	0	0	1	1	75
out p0, r0	9	0	0	1	0	1	0	0	1	1	78
out p1, r1	9	1	1	1	0	1	0	0	1	1	81
jmp 12	7	12	0	1	0	1	0	0	1	1	12

图 3.5　执行机器码时内存以及各寄存器的变化

- 读取指令；
- 解码指令；
- 执行指令；
- 访问内存；
- 写入寄存器。

现代的 CPU 为了提高执行指令的性能,会使用流水线(Pipeline)机制来执行这些步骤,例如在解码第一条指令时同时读取第二条指令,然后执行第一条指令时同时解码第二条指令,如下表所列(下表引用自 Wikipedia 词条 Instruction_pipelining)。

指令/ 时钟周期	1	2	3	4	5	6	7
1	读取 指令	解码 指令	执行 指令	访问 内存	写入 寄存器		
2		读取 指令	解码 指令	执行 指令	访问 内存	写入 寄存器	
3			读取 指令	解码 指令	执行 指令	访问 内存	写入 寄存器
4				读取 指令	解码 指令	执行 指令	访问 内存
5					读取 指令	解码 指令	执行 指令

复杂的指令集可以细分到更多的步骤,例如英特尔的 i7-6700K CPU 可以细分到 16 个步骤。流水线机制有一个特点是,当遇到条件性跳转时会无法准确判断接下来的指令是什么。为了解决这个问题,现代的 CPU 会使用分支预测机制,关于这个机制可以参考本章第 5 小节的说明。现代的编译器包括 .NET 中的 JIT 编译器都会考虑流水线机制与分支预测机制来生成性能更好的机器码。

第 2 节　内　存

3.2.1　位与字节

在前一小节设计的计算机中内存有多个单元,每个单元可以储存一个数值,而在现实中内存的每个单元也可以储存一个数值,但只能储存 0 或者 1,这样的单元又称记忆单元(Memory Cell)。储存更大的数值需要同时使用多个记忆单元,使用的记忆单元越多,可以储存的数值种类就越多。通常把 1 个记忆单元可以储存的值称为位(Bit),把 8 个记忆单元可以储存的值称为字节(Byte),把 16 个记忆单元可以储存的值称为双字节(Word),把 32 个记忆单元可以储存的值称为四字节(Dword),如图 3.6 所示。

不同数量的记忆单元可以储存的数值种类如下:

- 1 个记忆单元:2 种;
- 2 个记忆单元:2 的 2 次方等于 4 种;

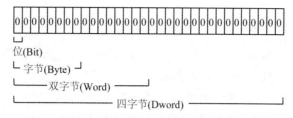

图 3.6 记忆单元与可以储存的值

- 4 个记忆单元：2 的 4 次方等于 16 种；
- 8 个记忆单元：2 的 8 次方等于 256 种；
- 16 个记忆单元：2 的 16 次方等于 65 536 种；
- 32 个记忆单元：2 的 32 次方等于 4 294 967 296 种。

因为数值有正数、负数和浮点数等之分，在储存数值时需要对数值的类型进行假设，然后根据类型决定可以储存的范围。不考虑负数的整数称为无符号数（Unsigned Integer），8 个记忆单元可以储存 256 种无符号数，范围为 0～255（包含 255）；而考虑负数的整数称为有符号数（Signed Integer），储存有符号数时一个常见的做法是，把其中一个记忆单元当作符号位表示正负。8 个记忆单元可以储存 256 种有符号数，范围是 -128～127（包含 127）。这里可以看到，8 个记忆单元可以储存的无符号数与有符号数种类相等，但范围不一样。

记忆单元的内容通常使用十六进制表现，这是因为 4 个记忆单元可以保存的数值刚好是 16 种，也就是十六进制的每一位可以表现 4 个记忆单元的状态，例如 255 在十六进制中是 0xff，65 535 在十六进制中是 0xffff，4 294 967 295 在十六进制中是 0xffffffff。在表现内存中的某段内容时，常用的记法是用十六进制表示每个字节的内容然后用空格隔开，表现一个字节的内容可以用 00～ff，表现两个字节的内容可以用 00 00～ff ff，表现四个字节的内容可以用 00 00 00 00～ff ff ff ff。

在 .NET 中不同数值类型有不同的字节数量与范围，如下表所列。

类　型	字节数	符　号	最小值	最大值
byte	1	无	0	0xff(255)
sbyte	1	有	-0x80(-128)	0x7f(127)
ushort	2	无	0	0xffff(65535)
short	2	有	-0x8000(-32768)	0x7fff(32767)
uint	4	无	0	0xffffffff
int	4	有	-0x80000000	0x7fffffff
ulong	8	无	0	0xffffffffffffffff
long	8	有	-0x8000000000000000	0x7fffffffffffffff

3.2.2 负数的表现

因为相同的字节数量既可以表示有符号数也可以表示无符号数,CPU 并不知道储存在内存中的内容代表什么,同样的四个字节既可能表示无符号的正数,也可能表示有符号的负数,那么执行算术运算的时候要如何区分它们呢?

很多计算机架构(包括 x86)在表现有符号数时使用了二补数(2's Complement)的方式,这种方式的最大特征是 CPU 在执行加减运算时可以无需考虑有无符号(乘除仍需要),同一条指令可以用在有符号整数,也可以用在无符号整数。

二补数的规则总结如下:
- 最高位(也称符号位)为 0 时代表正数或 0,为 1 时代表负数;
- 把正数转换到负数的方法是反转所有位然后加 1;
- 把负数转换到正数的方法是反转所有位然后加 1(与正数转负数的方法一样)。

以 1 个字节(8 个记忆单元)为例,数值的二进制表现如下表所列,可以根据此表检验以上的规则。

数值(有符号)	数值(无符号)	二进制表现
1	1	00000001
2	2	00000010
3	3	00000011
4	4	00000100
5	5	00000101
−1	255	11111111
−2	254	11111110
−3	253	11111101
−4	252	11111100
−5	251	11111011

二补数的特性是执行加减运算时可以无需考虑有无符号,例如计算有符号数"−3+1=−2"的二进制表现,与计算无符号数"253+1=254"的二进制表现完全一样。实际在汇编中可以使用相同的指令执行无符号数与有符号数的加减运算,上述示例如下:

```
  11111101
+ 00000001
---------
  11111110
```

3.2.3 小端与大端

因为储存数值可以使用多个字节,字节如何排列成了一个问题,例如在.NET中储存 int 类型的数值需要使用 4 个字节,那么储存十六进制数值 0x12345678 时应该如何排列这 4 个字节,是 12 34 56 78 还是 78 56 34 12?

在 x86 中,这 4 个字节分别是 78 56 34 12,数字的低位排在前面,这种储存格式叫做小端法(Little Endian);而在另外的一些架构例如 ARM 中则是 12 34 56 78,数字的高位排在前面,这种储存格式叫做大端法(Big Endian)。因为不同架构采取的排列方式不一致,在网络上传输数据时通常会统一使用大端法,例如 TCP/IP 协议中的端口号、序列号码和确认号码等都使用大端法,平台在接收到 TCP/IP 封包后需要转换到当前架构对应的排列再读取里面的内容,如果架构使用大端法,那么就无需转换;如果架构使用小端法,则需要反转字节的排列才能读取。

值得注意的是 .NET 的 BitConverter 类支持转换数值到字节数组,但使用的排列根据当前的平台而定,转换到的字节数组有可能使用大端法,也有可能使用小端法。判断当前平台是否使用小端法可以访问静态字段 BitConverter.IsLittleEndian,使用小端法时它的值为 true,使用大端法时它的值为 false。如果需要在不同的平台间传输二进制数据,并且使用 BitConverter 类序列化数据,那么就需要统一使用大端法或者小端法,如果不统一就会出现 Windows 服务器序列化的数据在 Windows-RT 客户端上无法反序列化的情况。

3.2.4 内存地址

访问内存中的数据需要使用内存地址(Memory Address),内存地址用于表示"从内存中的第几个字节开始"读取或写入。内存地址从 0 开始,例如 CPU 从物理内存地址 8 开始读取 1 字节,表示 CPU 从内存的第 65 个记忆单元开始向后读取 8 个记忆单元;CPU 从物理内存地址 32 开始读取 4 字节,表示 CPU 从内存的第 257 个记忆单元开始向后读取 32 个记忆单元,以此类推。

因为内存地址可以用数值表现,它可以保存在内存或寄存器中。32 位的 CPU 规定了内存地址使用 32 个记忆单元(4 字节)储存,64 位的 CPU 规定了内存地址使用 64 个记忆单元(8 字节)储存,如图 3.7 所示,图中的内存地址 8 开始的 4 个字节储存了数值 4,它可以用于表现内存地址,指向的地址开始的 4 个字节储存了数值 0x12345678。

在一些高级语言中,保存内存地址的变量又称为指针(Pointer),指针实质上就是一个数值,而 CPU 无法区分数值是普通数值还是内存地址,也无法得知应该从该地址开始访问多少个字节。是否需要把数值当作内存地址使用,以及当作内存地址使用时应该访问此后的多少个字节,都需要在程序编译到的机器码中明确指定。

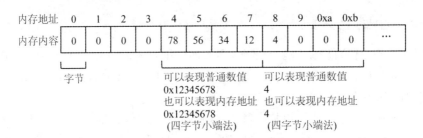

图 3.7 保存在内存中的内存地址

3.2.5 虚拟内存

我们通常需要在同一台计算机上运行多个程序,如何在同一个内存空间中同时储存多个程序的数据是一个问题。解决这个问题的机制有很多,使用最广泛的机制是虚拟内存(Virtual Memory)。虚拟内存机制简单来说就是让 CPU 对内存地址做手脚,例如程序 A 执行"从内存地址 0x1020 开始写入 4 字节"指令时,CPU 可以从物理内存地址 0x2020 开始写入;而程序 B 执行"从内存地址 0x1020 开始写入 4 字节"指令时,CPU 可以从物理内存地址 0x4020 开始写入。尽管程序 A 与程序 B 访问虚拟内存的指令相同,但是它们互不干扰,如图 3.8 所示。

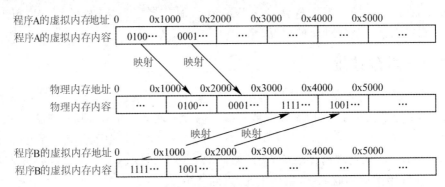

图 3.8 程序 A 与程序 B 的虚拟内存范围对应的物理内存范围

在启用虚拟内存时,每个程序都有不同的虚拟内存空间,可以自由访问预先定好的内存地址,而实际保存在物理内存的地址则交给操作系统与 CPU 管理。虚拟内存中的内容不仅可以保存在物理内存中,而且可以保存在硬盘中,也就是所谓的分页文件(Swap)。当物理内存不足时,操作系统可以把一部分内容转移到硬盘上的分页文件,下次使用到该部分内容时再从分页文件转移回物理内存。

虚拟内存的实现可通过分段管理和分页管理,x86 可以同时使用分段管理与分页管理,x86-64 默认废除了分段管理而只使用分页管理。

1. 分段管理（Memory Segmentation）

x86 中有六个分段用的寄存器，它们分别是 cs、ds、ss、es、fs 和 gs 寄存器，这些寄存器用于储存内存基址，例如程序可以执行从"es 寄存器储存的内存基址＋0x100 写入 4 字节数值"这样的指令。

在默认情况下，CPU 读取机器码时使用 cs（Code Segment）寄存器的值作为内存基址，读写普通数据时会使用 ds（Data Segment）寄存器的值作为内存基址，读写堆栈内容时使用 ss（Stack Segment）寄存器的值作为内存基址，剩下的 es、fs 和 gs 寄存器可以根据需要在程序中明确使用。

在 x86 中，分段和分页可以组合使用，CPU 会先通过分段寄存器储存的内存基址加指令中的相对地址计算虚拟内存的绝对地址，再通过分页机制计算物理内存的绝对地址。在 x86-64 中，cs、ds、ss 和 es 寄存器只能保存 0，也就是在默认情况下，指令中的相对地址就是虚拟内存的绝对地址，剩余的 fs 与 gs 寄存器可以根据需要在程序中明确使用，一般这两个寄存器会用于实现线程本地储存（Thread Local Storage）。

2. 分页管理（Memory Paging）

分页管理把内存按固定的大小划分为多个页（Page），在 x86 和 x86-64 中一页的大小是 4 KB（4 096 字节），比如 4 GB 内存可以分为 1 048 576 页。操作系统会把虚拟内存中的页跟物理内存中的页进行关联。举例来说，如果指定程序 A 的虚拟内存的第 0 页对应物理内存的第 1 页，第 1 页对应物理内存的第 2 页，如图 3.9 所示，程序 A 访问虚拟内存地址 0x1000 时会映射到物理内存地址 0x2000，访问 0x1020 时会映射到 0x2020，访问 0x1040 时会映射到 0x2040。

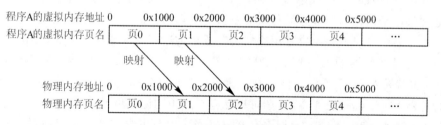

图 3.9　程序 A 的虚拟内存页对应的物理内存页

操作系统可以选择只映射虚拟内存中实际使用的页，例如图 3.9 中的页 2 目前没有对应的物理内存页，这时如果访问页 2 中的内容就会产生缺页中断（Page Fault），操作系统接收到缺页中断后会判断是否应该为页 2 分配对应的物理内存页，如果程序之前已经分配过包含页 2 的虚拟内存空间，那么就为页 2 分配对应的物理内存页，然后让程序继续运行，否则通知程序发生了内存访问异常。

因为分页管理比分段管理灵活很多，主流的操作系统都选择了只使用分页管理。因为虚拟内存的实现非常复杂，本节只解释了最小限度的内容，读者只需要理解一般程序中访问的内存地址是虚拟内存地址，对应的物理内存地址由操作系统内核和

CPU 管理即可。

3.2.6 了解虚拟内存的实现

如果对虚拟内存的实现有兴趣,可以搜索以下关键词的相关资料:
- 实模式(Real Mode)与保护模式(Protected Mode);
- 缺页中断(Page Fault);
- LDT 与 GDT 结构;
- TLB 缓存;
- 多段页表结构(x86:PD+PT、x86-64:PML4+PDP+PD+PT)。

此外还可以阅读 Intel 的文档【Intel® 64 and IA-32 Architectures Developer's Manual:Vol. 3A】中第 3 章 Protected-Mode Memory Management 和第 4 章 Paging 的内容,文档的地址:https://www.intel.com/content/dam/www/public/us/en/documents/manuals/64-ia-32-architectures-software-developer-vol-3a-part-1-manual.pdf。

第 3 节 寄存器

3.3.1 通用寄存器

如本章第 1 节提到的,寄存器(Register)是 CPU 内部存取数值的单元,因为寄存器在 CPU 内部,访问寄存器远远快于访问内存,但寄存器的数量有限,所以寄存器通常只用于储存当前程序运行中需要参与运算的数值。

寄存器中可以由程序决定用途的寄存器称为通用寄存器(General Purpose Register),通用寄存器的大小根据 CPU 而定,例如 x86 是 32 位架构,通用寄存器有 32 位,也就是由 32 个可以储存 0 或 1 的记忆单元组成;而 x86-64 是 64 位架构,通用寄存器有 64 位,也就是由 64 个可以储存 0 或 1 的记忆单元组成。

在 x86 和 x86-64 中,通用寄存器可以当作位数更少的寄存器使用,例如 64 位寄存器可以当作 32 位寄存器使用,32 位寄存器可以当作 16 位寄存器使用。当作位数更少的寄存器使用时,其余的记忆单元会被忽略。举例来说,x86 中的 32 位通用寄存器 eax 可以当作 16 位通用寄存器 ax 使用,写入寄存器 ax 时只会修改低 16 位,高 16 位会保持原值,如图 3.10 所示。

x86(32 位)的通用寄存器如下表所列。

32 位	低 16 位	高 8 位	低 8 位
eax	ax	ah	al
ebx	bx	bh	bl

续表

32 位	低 16 位	高 8 位	低 8 位
ecx	cx	ch	cl
edx	dx	dh	dl
esi	si	—	—
edi	di	—	—
esp	sp	—	—
ebp	bp	—	—

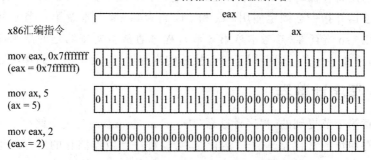

图 3.10　修改 32 位寄存器中的 16 位寄存器

x86－64（64 位）的通用寄存器如下表所列。

64 位	低 32 位	低 16 位	高 8 位	低 8 位
rax	eax	ax	ah	al
rbx	ebx	bx	bh	bl
rcx	ecx	cx	ch	cl
rdx	edx	dx	dh	dl
rsi	esi	si	—	—
rdi	edi	di	—	—
rsp	esp	sp	—	—
rbp	ebp	bp	—	—
r8	r8d	r8w	—	r8b
r9	r9d	r9w	—	r9b
r10	r10d	r10w	—	r10b
r11	r11d	r11w	—	r11b
r12	r12d	r12w	—	r12b
r13	r13d	r13w	—	r13b
r14	r14d	r14w	—	r14b
r15	r15d	r15w	—	r15b

当 64 位寄存器 rax 被当作 32 位寄存器 eax、16 位寄存器 ax、8 位寄存器 ah 和 al 使用时,其记忆单元范围如图 3.11 所示。

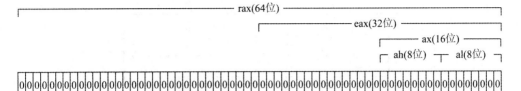

图 3.11 当作位数更少的寄存器使用时记忆单元的范围

虽然通用寄存器可以由程序决定其用途,但部分通用寄存器有约定的作用,例如乘法和除法运算指令会固定使用 eax 和 edx 寄存器(参考本章第 4 节),栈操作指令会固定使用 esp 寄存器(参考本章第 6 节),程序通常需要按约定的规则使用这些通用寄存器,例如 esp 寄存器会用于储存栈顶的内存地址,而不用于储存一般的数值。

3.3.2 程序计数器

如本章第 1 节提到的,程序计数器(Program Counter)是用于储存下一条执行指令所在内存地址的寄存器。CPU 运行时,会从程序计数器储存的内存地址开始读取指令,然后修改程序计数器到相邻下一条指令的地址,再执行指令。

在 x86 中 eip 寄存器会作为程序计数器使用,而在 x86-64 中 rip 寄存器会作为程序计数器使用,作为程序计数器使用的寄存器大小与通用寄存器一样,eip 寄存器的长度为 32 位,rip 寄存器的长度为 64 位。

指令可以按是否修改程序计数器分为三类。第一类不修改程序计数器,比如算术运算指令和内存访问指令等(参考本章第 4 节),这类指令执行完以后 CPU 会执行相邻的下一条指令;第二类一定修改程序计数器,包括无条件跳转指令(参考本章第 5 节)、函数调用指令与返回指令等(参考本章第 6 节),这类指令执行完以后 CPU 会根据修改后的程序计数器执行下一条指令;第三类可能修改程序计数器,包括条件性跳转指令(参考本章第 5 节),这类指令执行时会参考标志寄存器(Flags Register)判断是否要修改,如果不修改则 CPU 执行相邻的下一条指令,如果修改则 CPU 根据修改后的程序计数器执行下一条指令。

3.3.3 标志寄存器

标志寄存器(Flags Register)是用于储存标志的特殊寄存器,标志包括上一次运算结果是否等于 0、运算结果是否发生溢出、运算时是否发生进位或借位等。本章第 1 节介绍的 zf 寄存器就是标志寄存器,而与本章第 1 节中的标志寄存器不同的是,x86 和 x86-64 的标志寄存器可以储存多个标志。

x86 中的标志寄存器名称是 eflags,有 32 位,可以分别保存不同的标志,而 x86-

64 中标志寄存器的名称是 rflags,有 64 位,低 32 位保存的标志与 eflags 相同,高 32 位没有保存任何标志,属于预留位。eflags 寄存器中保存的标志名称和位置如图 3.12 所示,空白的位是没有保存标志的预留位。

31	30	29	28	27	26	25	24	23	22	21	20	19	18	17	16	15	14	13	12	11	10	9	8	7	6	5	4	3	2	1	0
									ID	VIP	VIF	AC	VM	RF		NT	IOPL		OF	DF	IF	TF	SF	ZF		AF		PF		CF

图 3.12　eflags 寄存器中保存的标志名称与位置

标志寄存器通常不会直接修改或读取,而是作为运算指令的副作用修改,或者作为条件性跳转指令的条件读取,修改和读取的标志根据指令而定。因为标志比较多,接下来只说明本书涉及到的标志,它们也是实现条件性跳转必须使用的标志。

1. 进位标志

进位标志(CF,Carry Flag)用于表示运算时是否发生了进位或借位,发生时为 1,否则为 0。比如当 eax 寄存器的值为 0xffff0000,ebx 寄存器的值为 0x10001 时,执行"eax 寄存器加等于 ebx 寄存器"指令后寄存器的变化如图 3.13 所示。

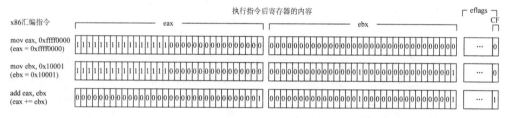

图 3.13　设置进位标志的指令例子

计算 0xffff0000+0x10001 的二进制表现如下所示,可以看到结果一共有 33 位,但 CPU 寄存器只有 32 位,所以结果的低 32 位会保存到目标寄存器,并且进位标志等于 1。

```
  11111111111111110000000000000000
+ 00000000000000010000000000000001
  --------------------------------
 100000000000000000000000000000001
```

进位标志可以用于比较无符号数值的大小。比如判断 A 是否小于 B 时可以执行 A 减去 B 的指令,如果 A 小于 B 则需要借位,执行指令后进位标志会等于 1;如果 A 不小于 B 则不需要借位,执行指令后进位标志会等于 0。下一条指令可以通过读取进位标志判断 A 是否小于 B。

2. 零标志

零标志(ZF,Zero Flag)用于表示运算结果是否等于 0,等于 0 时为 1,否则为 0。例如 eax 寄存器的值为 0xffff0000,ebx 寄存器的值为 0xffff0000 时,执行"eax 寄存器减等于 ebx 寄存器"指令后寄存器的变化如图 3.14 所示。

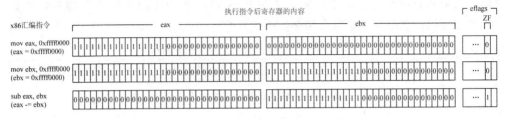

图 3.14　设置零标志的指令例子

零标志可以用于测试两个值是否相等或者布尔值是否为真。比如判断 A 是否等于 B 时可以执行 A 减去 B 的指令，如果 A 等于 B 则结果为 0，执行指令后零标志等于 1；如果 A 不等于 B 则结果不为 0，执行指令后零标志等于 0。下一条指令可以通过读取零标志判断 A 是否等于 B。测试布尔值时可以让布尔值与自身执行二进制与运算，结果等于布尔值自身，也就是说如果布尔值为真则零标志为 0，为假则零标志为 1。

3. 符号标志

符号标志（SF，Sign Flag）用于表示运算结果的最高位（符号位）是否等于 1，等于 1 时为 1，否则为 0。换句话说，如果把运算结果当作有符号整数，为正数或 0 时符号标志为 0，为负数时符号标志为 1。比如 eax 寄存器的值为 −3（等于无符号数 0xfffffffd），ebx 寄存器的值为 1 时，执行"eax 寄存器减等于 ebx 寄存器"指令后寄存器的变化如图 3.15 所示。

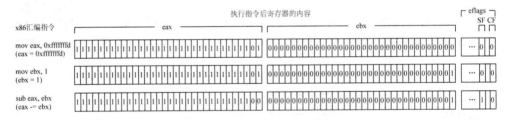

图 3.15　设置符号标志的指令例子

前面提到的进位标志可以用于比较无符号数值的大小，而符号标志可以用于比较有符号数值的大小。比如判断 A 是否小于 B 时可以执行 A 减去 B，如果结果为负且没有溢出，则符号标志等于 1 且溢出标志等于 0。下一条指令即可判断 A 小于 B。为什么需要同时判断溢出标志会在本章第 5 节说明。

4. 溢出标志

溢出标志（OF，Overflow Flag）用于表示运算结果是否发生正溢出或负溢出，发生时为 1，否则为 0。例如 eax 寄存器的值为 0x7fffffff，ebx 寄存器的值为 1 时，执行"eax 寄存器加等于 ebx 寄存器"指令后寄存器的变化如图 3.16 所示。

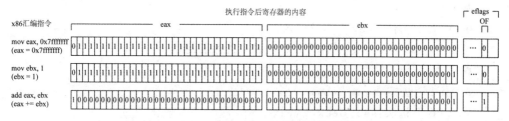

图 3.16　设置溢出标志的指令例子

　　溢出标志在确定不会发生溢出时一定为 0，例如正数加负数或者正数减正数。溢出标志只对有符号数有意义，判断无符号数的运算是否溢出应该参考进位标志而不是此标志。

5. 更多寄存器

　　除了上述寄存器外，x86 还有很多寄存器，本节没有提到的寄存器如下表所列。

寄存器名称	寄存器一览
控制寄存器	cr0、cr1、cr2、cr3、cr4、cr5、cr6、cr7
除错寄存器	dr0、dr1、dr2、dr3、dr4、dr5、dr6、dr7
浮点数寄存器	st0、st1、st2、st3、st4、st5、st6、st7
SSE 扩展寄存器	xmm0、xmm1、xmm2、xmm3、xmm4、xmm5、xmm6、xmm7
分段寄存器	cs、ds、ss、es、fs、gs
任务寄存器	tr
分页寄存器	gdtr、ldtr
中断处理表寄存器	idtr

　　关于它们的说明可以阅读 Intel 的文档【Intel 64 and IA－32 Architectures Developer's Manual：Vol. 3A】中第 2 章 System Architecture Overview 的内容，文档的地址请参考本章第 2 节的结尾部分。

第 4 节　基础指令

3.4.1　汇编指令记法

　　从这一小节开始将讲解 x86 中实际使用的指令，因为历史原因，x86 架构的汇编语言记法主要有两种，分别是 Intel 记法和 AT&T 记法。下面是这两种记法的例子。

　　指令内容：设置 eax 寄存器的值等于 3；
- 机器码：b8 03 00 00 00；

- Intel 记法:mov eax,3;
- AT&T 记法:mov $3,%eax。

指令内容:设置 eax 寄存器的值等于 ebx 寄存器的值:

- 机器码:29 d8;
- Intel 记法:sub eax,ebx;
- AT&T 记法:sub %ebx,%eax。

尽管这两种记法的语法不同,但它们对应的机器码是相同的,作用也是相同的。Intel 记法更多的是用在 Windows 上编写的程序,而 AT&T 记法更多的是用在类 Unix 系统(Linux 与 OSX 等)上编写的程序。Intel 记法把操作目标放在左边,操作来源放在右边,而 AT&T 记法则相反;Intel 记法不要求寄存器与常量添加前缀,而 AT&T 记法要求;Intel 记法对内存地址的表示格式也与 AT&T 记法不一样。因为 Intel 记法的可读性更好,本书中的 x86 汇编代码统一使用 Intel 记法。

3.4.2 汇编指令格式

本章第 1 节提到的指令格式用于表示指令接收什么类型的参数,并执行什么类型的操作。举例来说,x86 中的汇编指令"mov eax,1"与"mov ebx,2"的指令格式都是"mov reg32,imm32"。

指令格式中包括了不同的参数类型,其中 reg 表示寄存器、imm 表示立即数、r/m 表示寄存器或立即数、内存地址,参数类型后添加数字表示拥有的位数,例如 reg32 表示 32 位寄存器(部分文档会缩写为 r32),imm16 表示 16 位立即数。下面是一些指令格式的例子:

- 指令格式:mov reg32,reg32;
- 指令内容:设置目标 32 位寄存器的值等于来源 32 位寄存器的值;
- 使用该格式的命令:

  mov eax,ebx:设置 eax 寄存器的值等于 ebx 寄存器的值;

  mov eax,ecx:设置 eax 寄存器的值等于 ecx 寄存器的值;

- 指令格式:mov reg32,imm32;
- 指令内容:设置目标 32 位寄存器的值等于 32 位立即数;
- 使用该格式的命令:

  mov eax,6a:设置 eax 寄存器的值等于数值 0x6a;

  mov ecx,6b:设置 ecx 寄存器的值等于数值 0x6b;

- 指令格式:mov r/m32,imm32;
- 指令内容:设置目标寄存器或内存地址指向的值等于 32 位立即数;
- 使用该格式的命令:

  mov dword ptr [eax+80],6a:设置内存地址"寄存器 eax 的值+0x80"开始的 4 个字节等于数值 0x6a;

mov eax, 6a;设置寄存器 eax 等于数值 0x6a。

"mov eax, 6a"这条指令的格式既可以是"mov reg32, imm32",也可以是"mov r/m32, imm32",实际上这条指令可以用两种不同的格式编码并产生两种不同的机器码,但执行效果完全相同。为了生成更短的机器码,编译器通常会使用"mov reg32, imm32"格式。

- 使用格式"mov reg32, imm32"产生的机器码:b8 6a 00 00 00;
- 使用格式"mov r/m32, imm32"产生的机器码:c7 c0 6a 00 00 00。

参数类型 r/m 是一个比较特殊的类型,它可以用于表示寄存器、立即数或内存地址,表示内存地址时支持固定的计算式,例如[寄存器]、[寄存器+立即数]、[寄存器+寄存器]、[寄存器+寄存器*因子+立即数],因子可以是 1、2、4、8,内存地址是它们的计算结果,r/m 类型的参数的例子如下:

- [edx]:内存地址寄存器 edx 的值;
- [ecx+80]:内存地址寄存器 ecx 的值+0x80;
- [ecx+edx]:内存地址寄存器 ecx 的值+寄存器 edx 的值;
- [ecx+edx*2+80]:内存地址寄存器 ecx 的值+寄存器 edx 的值*2+0x80;
- [ecx+edx*4+80]:内存地址寄存器 ecx 的值+寄存器 edx 的值*4+0x80;
- [ecx+edx*8+80]:内存地址寄存器 ecx 的值+寄存器 edx 的值*8+0x80。

关于 r/m 类型的机器码编码规则可以参考本节结尾部分给出的链接。

3.4.3 汇编指令简写

部分汇编指令可以根据参数自动推测出位数,例如"mov ebx, eax"指令的来源和目标是 32 位,"mov bx, ax"指令的来源和目标是 16 位,"mov bl, al"指令的来源和目标是 8 位,这种情况下不需要在指令中明确标记位数;但部分汇编指令无法根据参数自动推测出位数,例如"mov [eax+80], 6a"指令,这条指令无法确定应该把数值 6a 写到内存地址开始的多少个字节中,这样的指令需要明确标记位数,例如写到内存地址开始的 4 个字节中使用"mov dword ptr [eax+80], 6a"指令,写到内存地址开始的 2 个字节中使用"mov word ptr [eax+80], 6a"指令,写到内存地址开始的 1 个字节中使用"mov byte ptr [eax+80], 6a"指令。

针对内存地址的位数标记如下表所列,其执行效果如图 3.17 所示。

位数标记	含 义
byte ptr	读取或写入内存地址开始的 1 个字节
word ptr	读取或写入内存地址开始的 2 个字节
dword ptr	读取或写入内存地址开始的 4 个字节
qword ptr	读取或写入内存地址开始的 8 个字节

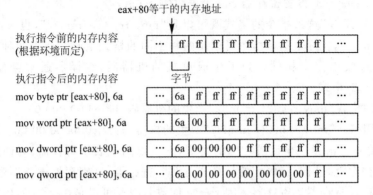

图 3.17 使用不同位数标记的指令执行效果

如果可以从参数推测出位数,那么位数标记可以省略,例如以下两条指令的意义相同:

- mov [eax+80], ebx
- mov dword ptr [eax+80], ebx

除了位数标记以外,访问内存地址基于的分段寄存器也是可以省略的部分,如本章第 2 节提到的,访问内存中的数据时默认会基于分段寄存器 ds,分段寄存器的标记可以省略,例如以下三条指令的意义相同:

- mov [eax+80], ebx
- mov dword ptr [eax+80], ebx
- mov dword ptr ds:[eax+80], ebx

3.4.4 基础汇编指令

接下来介绍的是 x86 中常用的指令,这些指令用于操作内存与寄存器的值,因为篇幅有限,这里只能介绍一部分命令,如果想了解更多指令,可以参考本节结尾给出的链接。

1. mov 指令——复制数值

还记得第一节我们自己设计的 set、load 和 store 指令吗?在 x86 中这三种操作都统一由 mov 指令完成,mov 指令有来源和目标两个参数,执行时把来源的数值复制到目标,来源可以是立即数、寄存器或内存地址,目标可以是寄存器或内存地址,但来源和目标不能同时为内存地址,mov 指令支持的格式如下表所列。

指令格式	指令例子	例子意义
mov reg, imm	mov eax, 1	设置 eax 等于 1
mov reg, reg	mov eax, ebx	设置 eax 等于 ebx
mov reg, r/m	mov eax, [ebx+80]	设置 eax 等于内存地址"ebx+80"指向的 4 字节数值

续表

指令格式	指令例子	例子意义
mov r/m, imm	mov dword ptr [7fff8000], 1	设置内存地址 7fff8000 指向的 4 字节数值等于 1
mov r/m, reg	mov [ecx+edx*8+80], eax	设置内存地址"ecx+edx*8+80"指向的 4 字节数值等于 eax

表格中的指令格式没有明确标记位数,例如"mov reg32，imm32"、"mov reg16，imm16"与"mov reg8，imm8",这是因为把所有带位数的指令格式列出来会让表格很庞大,也不方便阅读,因此接下来介绍指令时列出的指令格式都会忽略位数。

执行 mov 指令后寄存器与内存内容变化的例子如图 3.18 所示。

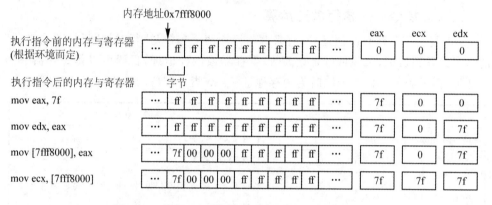

图 3.18 执行 mov 指令后寄存器与内存内容的变化

2. add 指令——执行加法运算

add 指令用于执行加法运算,有来源和目标两个参数,执行时把来源和目标相加的结果设置到目标,来源可以是立即数、寄存器或内存地址,目标可以是寄存器或内存地址,但来源与目标不能同时为内存地址。add 指令支持的格式如下表所列。

指令格式	指令例子	例子意义
add reg, imm	add eax, 1	设置 eax 加等于 1
add reg, reg	add eax, ebx	设置 eax 加等于 ebx
add reg, r/m	add eax, [ebx+80]	设置 eax 加等于内存地址"ebx+80"指向的 4 字节数值
add r/m, imm	add dword ptr [7fff8000], 1	设置内存地址 7fff8000 指向的 4 字节数值加等于 1
add r/m, reg	add [ecx+edx*8+80], eax	设置内存地址"ecx+edx*8+80"指向的 4 字节数值加等于 eax

展示执行 add 指令后寄存器变化的例子如图 3.19 所示。此外,add 指令还会根

据运算结果设置标志寄存器,参考本章第3节的说明。

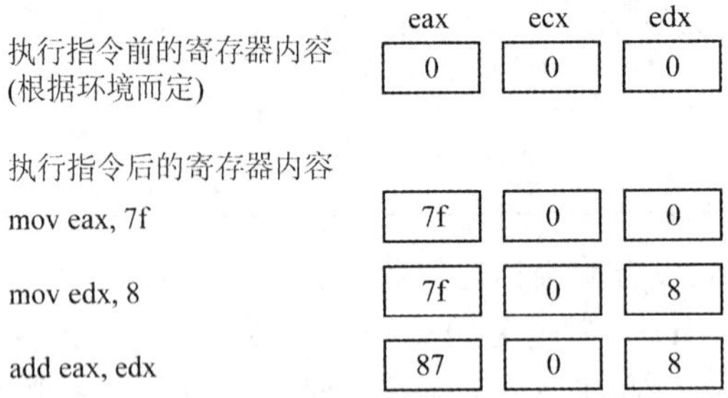

	eax	ecx	edx
执行指令前的寄存器内容(根据环境而定)	0	0	0
执行指令后的寄存器内容 mov eax, 7f	7f	0	0
mov edx, 8	7f	0	8
add eax, edx	87	0	8

图 3.19 执行 add 指令后寄存器的变化

3. sub 指令——执行减法运算

sub 指令用于执行减法运算,有来源与目标两个参数,执行时把"目标减去来源"的结果设置到目标,来源可以是立即数、寄存器或内存地址,目标可以是寄存器或内存地址,但来源与目标不能同时为内存地址。sub 指令支持的格式如下表所列。

指令格式	指令例子	例子意义
sub reg, imm	sub eax, 1	设置 eax 减等于 1
sub reg, reg	sub eax, ebx	设置 eax 减等于 ebx
sub reg, r/m	sub eax, [ebx+80]	设置 eax 减等于内存地址"ebx+80"指向的 4 字节数值
sub r/m, imm	sub dword ptr [7fff8000], 1	设置内存地址 7fff8000 指向的 4 字节数值减等于 1
sub r/m, reg	sub [ecx+edx*8+80], eax	设置内存地址"ecx+edx*8+80"指向的 4 字节数值减等于 eax

执行 sub 指令后寄存器变化的例子如图 3.20 所示。与 add 指令一样,sub 指令会根据运算结果设置标志寄存器。

	eax	ecx	edx
执行指令前的寄存器内容(根据环境而定)	0	0	0
执行指令后的寄存器内容 mov eax, 7f	7f	0	0
mov edx, 9	7f	0	9
sub eax, edx	76	0	9

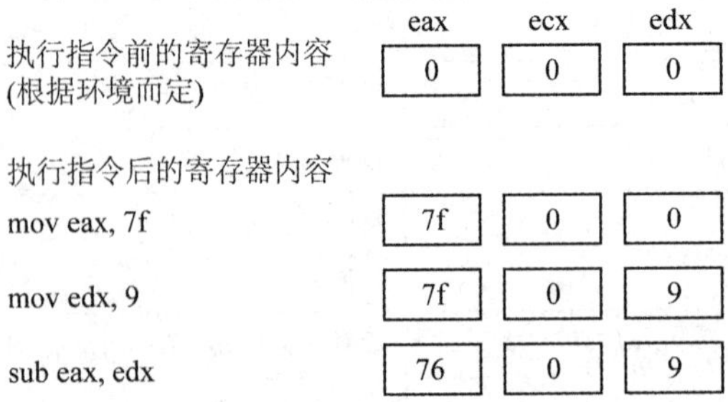

图 3.20 执行 sub 指令后寄存器的变化

4. mul 指令——执行无符号乘法运算

mul 指令用于执行无符号乘法运算,只有一个来源参数,目标固定为 edx 寄存器和 eax 寄存器,来源乘以 eax 寄存器结果的低 32 位保存到 eax 寄存器,高 32 位保存到 edx 寄存器。mul 指令支持的格式如下表所列。

指令格式	指令例子	例子意义
mul r/m	mul 2	设置 eax 乘等于 2,高 32 位保存到 edx
	mul ebx	设置 eax 乘等于 ebx,高 32 位保存到 edx
	mul dword ptr [ebx+80]	设置 eax 乘等于内存地址"ebx+80"指向的 4 字节数值,高 32 位保存到 edx

执行 mul 指令后寄存器变化的例子如图 3.21 所示,与其他算术运算指令一样,mul 指令根据运算结果设置标志寄存器。

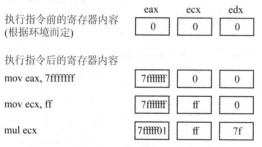

图 3.21 执行 mul 指令后寄存器的变化

5. imul 指令——执行有符号乘法运算

imul 指令用于执行有符号乘法运算,支持以下三种格式,第一种格式的计算方式与 mul 指令一样;第二种格式会把来源乘以目标结果的低 32 位保存到目标,高 32 位不保存;第三种格式会把两个来源相乘结果的低 32 位保存到目标,高 32 位不保存。imul 指令支持的格式如下表所列。

指令格式	指令例子	例子意义
imul r/m	imul 2	设置 eax 乘等于 2,高 32 位保存到 edx
	imul ebx	设置 eax 乘等于 ebx,高 32 位保存到 edx
	imul dword ptr [ebx+80]	设置 eax 乘等于内存地址"ebx+80"指向的 4 字节数值,高 32 位保存到 edx
imul reg, r/m	imul edx, 2	设置 edx 乘等于 2,高 32 位不保存
	imul edx, ebx	设置 edx 乘等于 ebx,高 32 位不保存
	imul edx, [ebx+80]	设置 edx 乘等于内存地址"ebx+80"指向的 4 字节数值,高 32 位不保存
imul reg, r/m, imm	imul edx, [eax+6a], 8	设置 edx 等于内存地址"eax+6a"指向的 4 字节数值乘以 8 的结果,高 32 位不保存

imul 指令与 mul 指令的区别在于，imul 指令会考虑负数，如果结果是负数则高位填充二进制 1，请参考本章第 2 节对负数的说明。因为低 32 位没有区别，第二种格式和第三种格式可以同时用于执行无符号乘法运算。

执行 imul 指令后寄存器变化的例子如图 3.22 所示，与其他算术运算指令一样，imul 指令会根据运算结果设置标志寄存器。

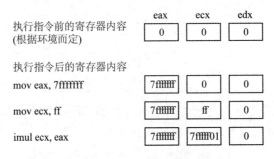

	eax	ecx	edx
执行指令前的寄存器内容 (根据环境而定)	0	0	0
执行指令后的寄存器内容			
mov eax, 7fffffff	7fffffff	0	0
mov ecx, ff	7fffffff	ff	0
imul ecx, eax	7fffffff	7fffff01	0

图 3.22　执行 imul 指令后寄存器的变化

6. div 指令——执行无符号除法运算

div 指令用于执行无符号除法运算，只有一个来源参数，目标固定为 edx 寄存器和 eax 寄存器，以 edx 寄存器作为高 32 位，eax 寄存器作为低 32 位的数值除以来源的结果保存到 eax 寄存器，余数保存到 edx 寄存器。div 指令支持的格式如下表所列。

指令格式	指令例子	例子意义
div r/m	div 6	设置 eax 除等于 6，余数保存到 edx
	div ecx	设置 eax 除等于 ecx，余数保存到 edx
	div dword ptr [edx+80]	设置 eax 除等于内存地址 "edx+80" 指向的 4 字节数值，余数保存到 edx

执行 div 指令后寄存器变化的例子如图 3.23 所示，与其他算术运算指令一样，div 指令会根据运算结果设置标志寄存器。

	eax	ecx	edx
执行指令前的寄存器内容 (根据环境而定)	0	0	0
执行指令后的寄存器内容			
mov edx, 7f	0	0	7f
mov eax, 7fffff06	7fffff06	0	7f
div ff	7fffffff	0	5

图 3.23　执行 div 指令后寄存器的变化

7. idiv 指令——执行有符号乘法运算

idiv 指令用于执行有符号乘法运算,只有一个来源参数,目标固定为 edx 寄存器和 eax 寄存器,以 edx 寄存器作为高 32 位,eax 寄存器作为低 32 位的数值除以来源的结果会保存到 eax 寄存器,余数会保存到 edx 寄存器。idiv 指令支持的格式如下表所列。

指令格式	指令例子	例子意义
idiv r/m	idiv 6	设置 eax 除等于 6,余数保存到 edx
	idiv ecx	设置 eax 除等于 ecx,余数保存到 edx
	idiv dword ptr [edx+80]	设置 eax 除等于内存地址"edx+80"指向的 4 字节数值,余数保存到 edx

idiv 指令与 div 指令的区别在于 idiv 指令考虑负数,执行前如果只设置了 eax 寄存器,则需要使用接下来介绍的 cdq 指令把 eax 寄存器的符号位扩展到 edx 寄存器。

执行 idiv 指令后寄存器变化的例子如图 3.24 所示,与其他算术运算指令一样,idiv 指令根据运算结果设置标志寄存器。在这个例子中执行的运算是"-16/6 等于-2 余-4",x86 在计算余数时会让余数满足"商 * 除数 + 余数 = 被除数"。

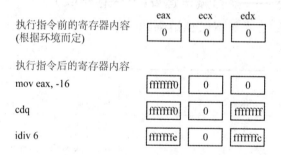

图 3.24 执行 idiv 指令后寄存器的变化

8. cdq 指令——扩展符号位

部分指令会把 edx 与 eax 寄存器结合起来当作一个 64 位的数值,如下表所列。把结合起来的数值当作有符号数时需要考虑符号位的问题,如果只设置了低 32 位,也就是只设置了 eax 寄存器,则需要把符号位扩展到高 32 位,也就是 edx 寄存器。

edx 寄存器的值	eax 寄存器的值	结合后的 64 位有符号数值
0	1	1
7f	ffffffff	7fffffffff
ffffffff	fffffffe	-2

cdq 指令不带参数,执行时会把 eax 寄存器的符号位扩展到 edx 寄存器,如果符号位为 1 则设置 edx 寄存器为 0xffffffff,否则设置 edx 寄存器为 0。执行 cdq 指令后寄存器变化的例子如图 3.25 所示。

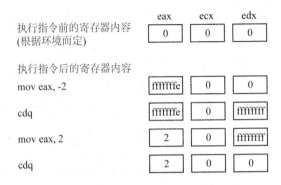

图 3.25 执行 cdq 指令后寄存器的变化

类似 cdq 指令的还有 cwq 指令和 cqo 指令。cwq 指令把 ax 寄存器的符号位扩展到 dx 寄存器,cqo 指令把 rax 寄存器的符号位扩展到 rdx 寄存器,cqo 指令只能在 x86-64 上使用。

9. cmp 指令——执行减法运算(不保存结果)

cmp 指令实质上就是不保存结果的 sub 指令,cmp 指令支持的格式如下表所列。

指令格式	指令例子	例子意义
cmp reg, imm	cmp eax, 1	执行 eax 减 1 的运算,但不保存结果
cmp reg, reg	cmp eax, ebx	执行 eax 减 ebx 的运算,但不保存结果
cmp reg, r/m	cmp eax, [ebx+80]	执行 eax 减内存地址"ebx+80"指向的 4 字节数值的运算,但不保存结果
cmp r/m, imm	cmp dword ptr [7fff8000], 1	执行内存地址 7fff8000 指向的 4 字节数值减 1 的运算,但不保存结果
cmp r/m, reg	cmp [ecx+edx*8+80], eax	执行内存地址"ecx+edx*8+80"指向的 4 字节数值减 eax 的运算,但不保存结果

执行 cmp 指令时相减的结果不会保存在目标中,也就是只影响标志寄存器,cmp 指令从它的名称(Compare 的缩写)可以看出这个指令一般用于数值比较,详细的例子可以在本章第 5 节看到。

10. and 指令——执行二进制与运算

and 指令用于执行二进制与运算,有来源和目标两个参数,执行时把来源和目标二进制与运算的结果设置到目标,来源可以是立即数、寄存器或内存地址,目标可以是寄存器或内存地址,但来源和目标不能同时为内存地址。and 指令支持的格式如下表所列。

指令格式	指令例子	例子意义
and reg, imm	and eax, 1	设置 eax 等于 eax 二进制与 1 的结果
and reg, reg	and eax, ebx	设置 eax 等于 eax 二进制与 ebx 的结果
and reg, r/m	and eax, [ebx+80]	设置 eax 等于 eax 二进制与内存地址"ebx+80"指向的 4 字节数值的结果
and r/m, imm	and dword ptr [7fff8000], 1	设置内存地址 7fff8000 指向的 4 字节数值等于自身二进制与 1 的结果
and r/m, reg	and [ecx+edx*8+80], eax	设置内存地址"ecx+edx*8+80"指向的 4 字节数值等于自身二进制与 eax 的结果

执行 and 指令后寄存器变化的例子如图 3.26 所示,与其他算术运算指令一样,and 指令会根据运算结果设置标志寄存器。

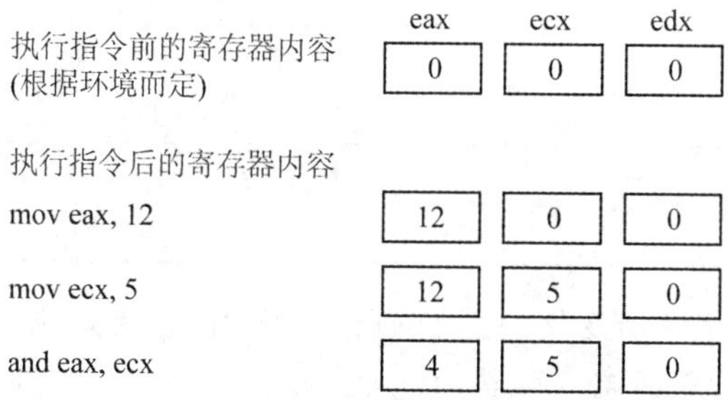

	eax	ecx	edx
执行指令前的寄存器内容(根据环境而定)	0	0	0
执行指令后的寄存器内容			
mov eax, 12	12	0	0
mov ecx, 5	12	5	0
and eax, ecx	4	5	0

图 3.26 执行 and 指令后寄存器的变化

11. test 指令——执行二进制与运算(不保存结果)

test 指令实质上就是不保存结果的 and 指令,test 指令支持的格式如下表所列。

指令格式	指令例子	例子意义
test reg, imm	test eax, 1	执行 eax 二进制与 1 的运算,但不保存结果
test reg, reg	test eax, ebx	执行 eax 二进制与 ebx 的运算,但不保存结果
test reg, r/m	test eax, [ebx+80]	执行 eax 二进制与内存地址"ebx+80"指向的 4 字节数值的运算,但不保存结果
test r/m, imm	test dword ptr [7fff8000], 1	执行内存地址 7fff8000 指向的 4 字节数值二进制与 1 的运算,但不保存结果
test r/m, reg	test [ecx+edx*8+80], eax	执行内存地址"ecx+edx*8+80"指向的 4 字节数值二进制与 eax 的运算,但不保存结果

执行 test 指令时二进制与运算的结果不会保存在目标中,也就是只影响标志寄存器,test 指令通常用于测试布尔值是否成立或者数值是否包含指定的二进制标志,例如执行"test eax,eax"后检查零标志(ZF)可知 eax 寄存器是否为 0(false),详细的例子可以在本章第 5 节看到。

12. or 指令——执行二进制或运算

or 指令用于执行二进制或运算,有来源和目标两个参数,执行时把来源和目标二进制或运算的结果设置到目标,来源可以是立即数、寄存器或内存地址,目标可以是寄存器或内存地址,但来源和目标不能同时为内存地址。or 指令支持的格式如下表所列。

指令格式	指令例子	例子意义
or reg, imm	or eax, 1	设置 eax 等于 eax 二进制或 1 的结果
or reg, reg	or eax, ebx	设置 eax 等于 eax 二进制或 ebx 的结果
or reg, r/m	or eax, [ebx+80]	设置 eax 等于 eax 二进制或内存地址"ebx+80"指向的 4 字节数值的结果
or r/m, imm	or dword ptr [7fff8000], 1	设置内存地址 7fff8000 指向的 4 字节数值等于自身二进制或 1 的结果
or r/m, reg	or [ecx+edx*8+80], eax	设置内存地址"ecx+edx*8+80"指向的 4 字节数值等于自身二进制或 eax 的结果

执行 or 指令后寄存器变化的例子如图 3.27 所示,与其他算术运算指令一样,or 指令根据运算结果设置标志寄存器。

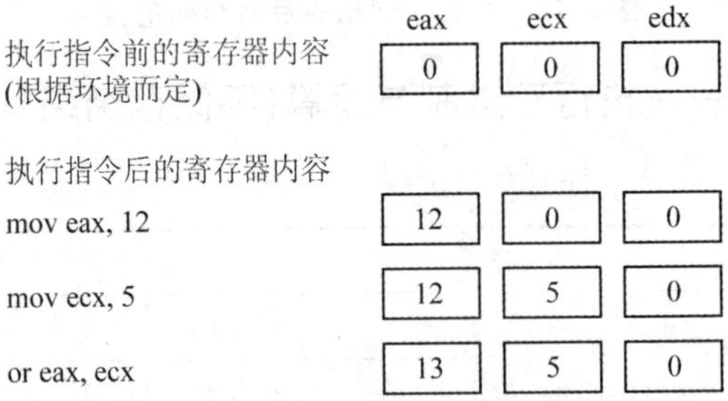

图 3.27 执行 or 指令后寄存器的变化

13. xor 指令——执行二进制异或运算

xor 指令用于执行二进制异或运算,有来源和目标两个参数,执行时把来源和目标二进制异或运算的结果设置到目标,来源可以是立即数、寄存器或内存地址,目标可以是寄存器或内存地址,但来源和目标不能同时为内存地址,xor 指令支持的格式如下表所列。

指令格式	指令例子	例子意义
xor reg, imm	xor eax, 1	设置 eax 等于 eax 异或 1 的结果
xor reg, reg	xor eax, ebx	设置 eax 等于 eax 异或 ebx 的结果
xor reg, r/m	xor eax, [ebx+80]	设置 eax 等于 eax 异或内存地址"ebx+80"指向的 4 字节数值的结果
xor r/m, imm	xor dword ptr[7fff8000], 1	设置内存地址 7fff8000 指向的 4 字节数值等于自身异或 1 的结果
xor r/m, reg	xor [ecx+edx*8+80], eax	设置内存地址"ecx+edx*8+80"指向的 4 字节数值等于自身异或 eax 的结果

执行 xor 指令后寄存器变化的例子如图 3.28 所示,与其他算术运算指令一样,xor 指令会根据运算结果设置标志寄存器。

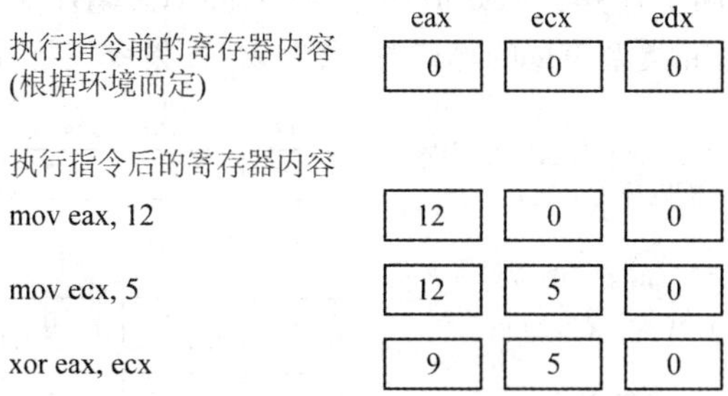

	eax	ecx	edx
执行指令前的寄存器内容(根据环境而定)	0	0	0
执行指令后的寄存器内容			
mov eax, 12	12	0	0
mov ecx, 5	12	5	0
xor eax, ecx	9	5	0

图 3.28　执行 xor 指令后寄存器的变化

14. nop 指令——不做任何事情

nop 指令不带参数,执行后没有任何效果(除了程序计数器会变化外)。nop 指令的机器码是 90,只有一个字节,通常用于生成机器码时推迟指令的位置或逆向修改程序时覆盖多余的字节。nop 指令实质上是"xchg eax, eax"指令(交换 eax 与 eax 寄存器的内容),它们的机器码相同。执行 nop 指令后寄存器不发生变化的例子如图 3.29 所示。

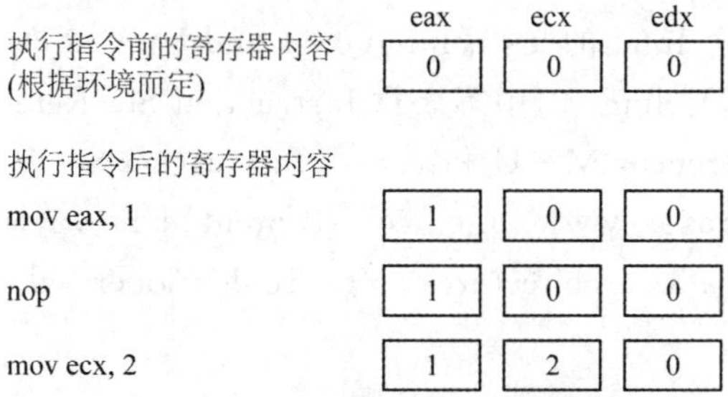

	eax	ecx	edx
执行指令前的寄存器内容(根据环境而定)	0	0	0
执行指令后的寄存器内容			
mov eax, 1	1	0	0
nop	1	0	0
mov ecx, 2	1	2	0

图 3.29　执行 nop 指令后寄存器不发生变化

15. lea 指令——加载(计算)有效地址

lea(Load Effective Address)指令利用 r/m 类型的参数计算内存地址并作为数值保存到目标寄存器,例如"mov eax,[ecx+edx*8+80]"指令会从内存地址"ecx+edx*8+0x80"开始读取 4 个字节并复制到 eax 寄存器,如果不想读取内存而只想计算"ecx+edx*8+0x80",可以使用 lea 指令,"lea eax,[ecx+edx*8+80]"指令会把"ecx+edx*8+0x80"的计算结果保存到 eax 寄存器。lea 指令支持的格式如下表所列。

指令格式	指令例子	例子意义
lea reg, r/m	lea eax, [ecx+edx*8+80]	设置 eax 等于"ecx+edx*8+80"

执行 lea 指令后寄存器变化的例子如图 3.30 所示,lea 指令不仅可以用于计算内存地址,而且可以用于计算普通数值,当.NET 的 JIT 编译器在 x86 和 x86-64 架构上遇到可以使用 r/m 类型表现的算式时,会生成 lea 指令代替普通的算术运算指令。

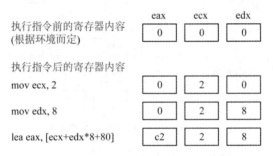

图 3.30 执行 lea 指令后寄存器的变化

3.4.5 更多指令

如果想了解更多的 x86 和 x86-64 指令,可以参考两个网站:http://ref.x86asm.net 和 https://c9x.me/x86,第一个网站收录的指令列表非常齐全,第二个网站对各条指令有非常详细的讲解(包括伪代码)。

此外还可以阅读 Intel 的文档【Intel® 64 and IA-32 Architectures Software Developer's Manual Volume 2】中第 3 章 Instruction Set Reference,A-L,第 4 章 Instruction Set Reference,M-U 和第 5 章 Instruction Set Reference,V-Z 的内容,文档的地址:https://www.intel.com/content/dam/www/public/us/en/documents/manuals/64-ia-32-architectures-software-developer-instruction-set-reference-manual-325383.pdf。

3.4.6 机器码的编码方式

在本章第 1 节设计的机器码固定使用 3 个数值表示 1 个指令,并且编码方式非常简单,而 x86 和 x86-64 的指令长度不是固定的,编码方式也比较复杂。如果想了解 x86 和 x86-64 机器码的编码方式,可以参考 Intel 的文档【Intel® 64 and IA-32 Architectures Software Developer's Manual Volume 2】中第 2 章 Instruction Format 的内容,文档的地址同上。

第 5 节 流程控制

3.5.1 流程控制实现

在编写程序时通常需要让某段代码只在条件成立时运行,或者让某段代码反复执行一定的次数,在 C# 中可以使用 if、else、for、do 和 while 等流程控制关键字实现,但这些关键字只存在于高级语言中,计算机并不认识它们。那么流程控制应该如何转换到计算机可以识别的形式呢?在机器码中流程控制通过跳转指令实现,跳转指令的作用是修改 CPU 的程序计数器,使得下一条执行的指令从指定的地址开始读取。

跳转指令可以分为无条件跳转指令和条件性跳转指令。条件性跳转指令会参考标志寄存器中的一个或多个标志,并且在条件成立时修改程序计数器到指定的地址,也就是使得下一条执行的指令从指定地址开始读取,而条件不成立时则什么都不做,也就是下一条执行的指令是跳转指令相邻的下一条指令。因此,汇编中实现条件判断通常需要两条指令,第一条是可以影响标志寄存器的指令,例如比较指令和运算指令;第二条是条件性跳转指令,用于读取标志寄存器并判断是否应该修改程序计数器到指定的地址。

无条件跳转指令和条件性跳转指令配合起来可以实现高级语言中的 if-else,如图 3.31 所示,图中的 jge 指令表示大于或等于(Greater or Equal)时的跳转。

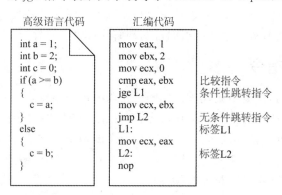

图 3.31 汇编代码中实现 if-else 的例子

为了易于理解,这个例子假设变量 a 储存在 eax 寄存器中,变量 b 储存在 ebx 寄存器中,变量 c 储存在 ecx 寄存器中,在实际的程序中变量可能会储存在别的寄存器或栈上。此外,这个例子中的 if 与 else 下的代码顺序在汇编语言中是相反的,在汇编语言中 else 下的代码在上面,if 下的代码在下面。在汇编语言中实现流程控制时代码顺序结构和高级语言代码有一定的区别,可以通过查看本节结尾的其他例子确认这一点。

因为指令所在的内存地址通常在生成汇编代码时不能确定,要等到将汇编代码转成机器码时才能确定,汇编语言习惯使用标签来代表某条指令所在的内存地址。图 3.32 中的 L1 和 L2 就是标签,L1 代表"mov ecx, eax"指令,L2 代表 nop 指令转换到机器码后所在的内存地址。

内存地址 (根据环境而定)	机器码	汇编代码
0x7fff8000	b8 01 00 00 00	mov eax, 1
0x7fff8005	bb 02 00 00 00	mov ebx, 2
0x7fff800a	b9 00 00 00 00	mov ecx, 0
0x7fff800f	39 d8	cmp eax, ebx
0x7fff8011	7d 04	jge L1
0x7fff8013	89 d9	mov ecx, ebx
0x7fff8015	eb 02	jmp L2
		L1:
0x7fff8017	89 c1	mov ecx, eax
		L2:
0x7fff8019	90	nop

图 3.32 汇编代码转换到机器码的例子

这个例子的机器码中的跳转指令使用的是相对地址,相对地址表示基于相邻的下一条指令所在的内存地址,例如 jge 指令对应的机器码中的 04 代表跳转目标是"0x7fff8013+0x04=0x7fff8017",而 jmp 指令对应的机器码中的 02 代表跳转目标是"0x7fff8017+0x02=0x7fff8019"。这是因为 jge 指令开始执行时,CPU 程序计数器的值是 0x7fff8013,而 jmp 指令开始执行时,CPU 程序计数器的值是 0x7fff8017,可以参考本章第三节对程序计数器的说明理解为什么会这样。

3.5.2 比较指令

如前面提到的,汇编中实现条件判断通常需要两条指令,第一条是可以影响标志寄存器的指令,例如比较指令和运算指令;第二条是条件性跳转指令,用于读取标志寄存器并判断是否应该修改程序计数器到指定的地址。在本章第 4 节已经了解过 add、sub、mul 和 div 等运算指令,也了解过 cmp 和 test 等比较指令,接下来再详细了解 cmp 和 test 指令的工作方式。

1. cmp 指令——执行减法运算(不保存结果)

cmp 指令是不保存结果的减法运算,执行时只会影响标志寄存器,影响的标志寄存器包括:

- 进位标志(CF)：表示运算时是否发生进位或借位；
- 零标志(ZF)：表示运算结果是否等于 0；
- 符号标志(SF)：运算结果的最高位(符号位)是否等于 1；
- 溢出标志(OF)：表示运算结果是否发生正溢出或负溢出。

可以比较调用 cmp 指令时传入的两个数值分别相等、小于和大于的情况，相等的情况如图 3.33 所示，因为相减结果等于 0，零标志(ZF)设置为 1，其他条件不成立的标志设置为 0。

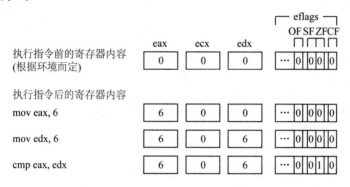

图 3.33 调用 cmp 指令时传入的目标数值等于来源数值的情况

小于的情况如图 3.34 所示，因为运算发生了借位，且运算结果的最高位等于 1，进位标志(CF)和符号标志(SF)会设置为 1，其他条件不成立的标志设置为 0。注意，CPU 并不知道数值是有符号数还是无符号数，只有程序才知道，因为比较有符号数与无符号数是否小于参考的标志不一样，因此需要使用不同的条件性跳转指令，后面会详细说明。

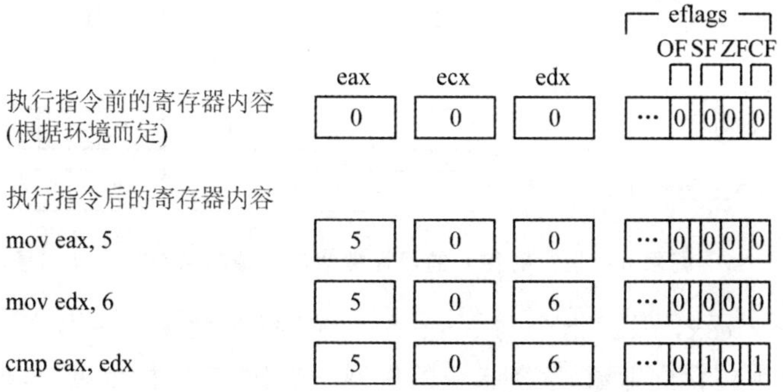

图 3.34 调用 cmp 指令时传入的目标数值小于来源数值的情况

大于的情况如图 3.35 所示，在这个例子中，上面提到的标志条件都不成立，所以它们都设置为 0。

可以看到这三种情况会让标志寄存器中的标志拥有不同的值，也就是说，条件性跳转指令可以通过标志寄存器判断两个数值的大小关系，这就是计算机中数值大小

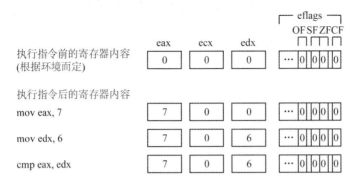

图 3.35　调用 cmp 指令时传入的目标数值大于来源数值的情况

比较判断的实现。

2. test 指令——执行二进制与运算(不保存结果)

test 指令是不保存结果的二进制与运算,执行时只会影响标志寄存器,影响的标志寄存器包括零标志(ZF)和符号标志(SF)。因为二进制与运算不会进位、借位或溢出,进位标志(CF)和溢出标志(OF)在执行 test 指令后会设置为 0。

test 指令通常用于比较数值是否为 0 或为负数,或者指定位是否为 1(如果数值用各个位储存不同的标志)。比较数值是否为 0 可以在调用 test 指令时传入储存数值的寄存器,且来源与目标寄存器相同,如果为 0 则零标志(ZF)设置为 1,如图 3.36 所示。

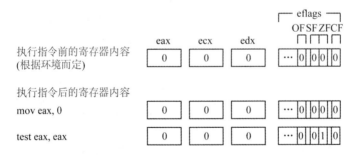

图 3.36　调用 test 指令时传入的目标数值与来源数值都等于 0 的情况

图中的"test eax, eax"指令与"cmp eax, 0"指令效果是一样的,但因为"test eax, eax"指令不包含立即数,这条指令的机器码会比 cmp 指令更短,现代的编译器包括 .NET 中的 JIT 编译器都会倾向于生成更短的机器码,也就是比较数值本身是否为 0 时会倾向使用 test 指令。

同样的,比较数值是否为负数可以传入储存数值的寄存器,且来源与目标寄存器相同,如果为负数则符号标志(SF)设置为 1,如图 3.37 所示。

比较数值的某个位是否为 1 可以传入储存数值的寄存器和立即数,立即数可以有一个或多个位为 1,如果数值和立即数的任意一个位同时为 1,则零标志(ZF)设置

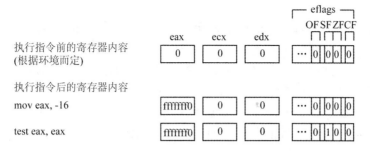

图 3.37　调用 test 指令时传入的目标数值与来源数值都小于 0 的情况

为 0，如图 3.38 所示。

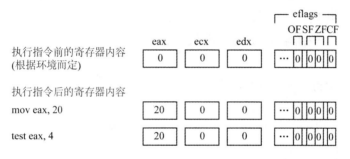

图 3.38　调用 test 指令时传入的目标数值与来源数值某个位同时为 1 的情况

3.5.3　跳转指令

跳转指令分为无条件跳转指令和条件性跳转指令，它们都只接收一个参数，这个参数就是跳转条件成立时下一条执行的指令所在的内存地址，这个地址可以是绝对地址或相对地址。绝对地址需要先把地址保存到寄存器或者内存再传给跳转指令，而相对地址则可以使用立即数，相对地址会基于相邻的下一条指令所在的内存地址计算。以无条件跳转指令 jmp 为例，jmp 指令支持的格式如下表所列。

指令格式	说　　明
jmp imm	相对地址，立即数
jmp r/m	绝对地址，只能为寄存器或内存地址

手动编写汇编代码时通常不会把内存地址作为数值直接写到跳转指令中，而是使用前面提到的标签；而反汇编工具把机器码转换到汇编代码时会从相对地址计算出绝对地址然后显示该绝对地址。可以参考图 3.32 处的说明理解相对地址的计算方式。

1. jmp——无条件跳转

jmp 指令不会检查标志寄存器，而是直接跳转到目标地址，以下是 jmp 指令的

例子:
- jmp 7fff0016(跳转到指定地址,转换到机器码时使用相对地址);
- jmp eax(跳转到 eax 寄存器中的地址);
- jmp dword ptr [eax](跳转到 eax 寄存器中的内存地址指向的 4 字节的地址)。

因为跳转的本质是修改程序计数器,下一次读取指令时从目标地址读取,所以上面的指令可以看作是修改 eip 寄存器的指令,也就是等同于下面的指令:
- add eip,4(假设相邻的下一条指令在内存地址 0x7fff0012);
- mov eip,eax;
- mov eip,dword ptr [eax]。

因为 x86 不允许直接访问 eip 寄存器,所以上面的指令在 x86 中不存在,仍然需要使用 jmp 等指令实现跳转。

2. je/jz——相等(equal)时跳转

- 条件:ZF==1;
- 说明:零标志(ZF)为 1 时跳转;
- 别称:jz(z=Zero Flag)。

je 指令可以用于比较两个数值是否相等,汇编代码如下:

```
cmp eax, ebx
je 目标地址
```

如果 eax 与 ebx 寄存器的值相等,相减的结果为 0,零标志(ZF)为 1,je 指令执行跳转;如果 eax 与 ebx 寄存器的值不相等,相减的结果不为 0,零标志(ZF)为 0,je 指令不执行跳转,CPU 继续执行相邻的下一条指令。因为有符号数与无符号数相等时相减的结果都为 0,判断是否相等可以不考虑是有符号数还是无符号数。

je 指令也可以用于比较值是否为零,汇编代码如下:

```
test eax, eax
je 目标地址
```

如果 eax 寄存器的值等于 0,零标志(ZF)为 1,je 指令执行跳转。je 指令还有一个别名是 jz,手动编写比较值是否为 0 的汇编指令时可以用 jz 代替 je,让语义更加清晰。

3. jne/jnz——不相等(not equal)时跳转

- 条件:ZF==0;
- 说明:零标志(ZF)为 0 时跳转;
- 别称:jnz(z=Zero Flag)。

jne 指令的条件与 je 指令相反,jne 指令可以用于比较两个数值是否不相等,也可以用于测试值是否不为零。

4. jb/jnae/jc——无符号数小于(below)时跳转

- 条件:CF==1；
- 说明:进位标志(CF)为1时跳转；
- 别称:jnae(不大于或等于)、jc(c=Carry Flag)。

jb 指令可以用于比较无符号数是否小于,汇编代码如下：

```
cmp eax, ebx
jb 目标地址
```

如果 eax 的值小于 ebx 寄存器,相减时借位,进位标志(CF)为1,jb 指令执行跳转；如果 eax 的值不小于 ebx 寄存器,相减时不借位,进位标志(CF)为0,jb 指令不执行跳转,CPU 继续执行相邻的下一条指令。

注意 jb 指令只适用于无符号数,举例来说,如果 eax 寄存器的值是负数,ebx 是正数,因为负数在二进制中的最高位会为1,而正数为0,负数减正数不需要借位,进位标志(CF)一定为0,这时 jb 指令就不能正确判断有符号数是否小于了。

5. jbe/jna——无符号数小于或等于(below or equal)时跳转

- 条件:CF==1||ZF==1；
- 说明:进位标志(CF)为1或零标志(ZF)为1时跳转；
- 别称:jna(不大于)。

从条件可以看出,jbe 指令混合了 jb 指令和 je 指令的条件,只要进位标志(CF)和零标志(ZF)任意一个为1即执行跳转,所以 jbe 指令可以在比较结果小于或等于时跳转。同 jb 指令,jbe 指令只适用于无符号数。

6. ja/jnbe——无符号数大于(above)时跳转

- 条件:CF==0 && ZF==0；
- 说明:进位标志(CF)为0且零标志(ZF)为0时跳转；
- 别称:jnbe(不小于或等于)。

ja 指令的条件与 jbe 指令相反,也就是不小于也不等于时跳转,换句话来说就是大于时跳转。同 jbe 指令,ja 指令只适用于无符号数。

7. jae/jnb/jnc——无符号数大于或等于(above or equal)时跳转

- 条件:CF==0；
- 说明:进位标志(CF)为0时跳转；
- 别称:jnb(不小于)、jnc(c=Carry Flag)。

jae 指令的条件与 jb 指令相反,也就是不小于时跳转,也就是大于或等于时跳转。同 jb 指令,jae 指令只适用于无符号数。

8. jl/jnge——有符号数小于(less)时跳转

- 条件:SF!=OF；

- 说明:符号标志(SF)不等于溢出标志(OF)时跳转;
- 别称:jnge(不大于或等于)。

jl 指令可以用于比较有符号数是否小于,汇编代码如下:

cmp eax, ebx
jl 目标地址

为什么符号标志(SF)不等于溢出标志(OF)可以表示有符号数小于呢?来分析一下所有情况。首先比较指令 cmp 会执行减法运算,如果没有发生正溢出或负溢出,A 减 B 的结果为负表示 A 小于 B,这时符号标志(SF)为 1,而溢出标志(OF)为 0,比较有符号数小于时没有发生溢出的例子如下表所列。

目标数值	来源数值	相减结果	符号标志	溢出标志
2	3	-1(小于)	1	0
-1	2	-3(小于)	1	0
3	2	1(大于)	0	0
2	-1	3(大于)	0	0
1	1	0(等于)	0	0

再分析一下发生正溢出或者负溢出的情况,正溢出会发生在正数减负数(即正数加正数)时,而负溢出会发生在负数减正数(负数加负数)时,以 32 位有符号数为例,发生正溢出与负溢出的例子如下表所列。

目标数值	来源数值	相减结果	符号标志	溢出标志
0x7fffffff	-3	-0x7ffffffe(大于)	1	1
-0x80000000	3	0x7ffffffd(小于)	0	1

可以看到当溢出标志(OF)为 1 时,符号标志(SF)为 1 表示正溢出,为 0 表示负溢出,因为负数一定小于正数,发生负溢出时可以判断有符号数的比较结果是小于,而发生正溢出时可以判断是大于。因为判断依据以数值为有符号数作为前提,jl 指令只适用于有符号数。

9. jle/jng——有符号数小于或等于(less or equal)时跳转

- 条件:SF!=OF||ZF==1;
- 说明:符号标志(SF)不等于溢出标志(OF)或零标志(ZF)为 1 时跳转;
- 别称:jng(不大于)。

从条件可以看出 jle 指令混合了 jl 指令和 je 指令的条件,所以 jle 指令可以在比较结果小于或等于时跳转。同 jl 指令,jle 指令只适用于有符号数。

10. jg/jnle——有符号数大于(greater)时跳转

- 条件:SF==OF && ZF==0;

- 说明:符号标志(SF)等于溢出标志(OF)且零标志(ZF)为 0 时跳转;
- 别称:jnle(不小于或等于)。

jg 指令的条件与 jle 指令相反,也就是不小于也不等于时跳转,也就是大于时跳转。同 jle 指令,jg 指令只适用于有符号数。

11. jge/jnl——有符号数大于或等于(greater or equal)时跳转

- 条件:SF==OF;
- 说明:符号标志(SF)等于溢出标志(OF)时跳转;
- 别称:jnl(不小于)。

jge 指令的条件与 jl 指令相反,也就是大于或等于时跳转。同 jl 指令,jge 指令只适用于有符号数。

12. 其他条件性跳转指令

x86 中除了上面介绍的跳转指令外,还有 js(s=Sign Flag)、jns、jo(o=Overflow Flag)和 jno 等跳转指令,可以通过指令名称推测出条件与它们的作用。

3.5.4 其他流程控制

在本节的开头讲了如何使用跳转指令在汇编语言中实现 if-else,最后来看看如何实现其他流程控制。在汇编语言中实现流程控制没有唯一的代码,同样的高级语言代码经过不同的编译器或者使用不同的编译选项可以生成不同结构的汇编代码,它们的执行效果相同但性能与机器码的长度会有差别,编译器会根据需要选择性能更好、长度更短或者更容易被调试的结构。

为了易于理解,以下的例子假设变量 a 储存在 eax 寄存器中,变量 b 储存在 ebx 寄存器中,变量 c 储存在 ecx 寄存器中,在实际的程序中变量可能会储存在别的寄存器或栈上。

1. for

在汇编中实现 for 的实质就是创建一个循环,然后再设置跳出循环的条件,简单的 for 循环例子如下:

```
int a = 0;
for(int c = 0; c < 100; ++c)
{
    a += c;
}
```

这个例子可以生成以下汇编代码,汇编代码中的";"代表注释开始,";"开始后到行结束的部分都是注释:

```
mov eax, 0          ;设置变量 a 等于 0
mov ecx, 0          ;设置变量 c 等于 0
```

```
L1:
cmp ecx, 100        ; 比较变量c与100
jge L2              ; 大于或等于时跳转到L2标签所在的位置
add eax, ecx        ; 设置变量a加等于变量c
add ecx, 1          ; 设置变量c加等于1
jmp L1              ; 无条件跳转到L1标签所在的位置
L2:
nop                 ; 循环结束后的指令
```

也可以换一种结构生成以下汇编代码,.NET Core 的 JIT 编译器比较倾向于这种形式:

```
mov eax, 0          ; 设置变量a等于0
mov ecx, 0          ; 设置变量c等于0
jmp L2              ; 无条件跳转到L2标签所在的位置
L1:
add eax, ecx        ; 设置变量a加等于变量c
add ecx, 1          ; 设置变量c加等于1
L2:
cmp ecx, 100        ; 比较变量c与100
jl L1               ; 小于时跳转到L1标签所在的位置
nop                 ; 循环结束后的指令
```

2. while

因为 for 循环可以转换为 while 循环,它们生成的代码结构基本相同,while 循环例子由上面的 for 循环转换得来,如下所示:

```
int a = 0;
int c = 0;
while(c < 100)
{
    a += c;
    c += 1;
}
```

这个例子与 for 循环的例子生成的汇编代码一模一样:

```
mov eax, 0          ; 设置变量a等于0
mov ecx, 0          ; 设置变量c等于0
jmp L2              ; 无条件跳转到L2标签所在的位置
L1:
add eax, ecx        ; 设置变量a加等于变量c
add ecx, 1          ; 设置变量c加等于1
L2:
```

```
cmp ecx, 100        ;比较变量 c 与 100
jl L1               ;小于时跳转到 L1 标签所在的位置
nop                 ;循环结束后的指令
```

3. do-while

do-while 循环的特点是,在第一次进入循环时不做判断,确保循环最少被执行一次。do-while 循环的例子如下:

```
int a = 0;
int c = 0;
do
{
    a += c;
    c += 1;
}
while(c < 100)
```

这个例子可以生成以下汇编代码,对比 while 循环生成的汇编代码可以发现,只是少了循环开始时跳转到判断部分的跳转指令:

```
mov eax, 0          ;设置变量 a 等于 0
mov ecx, 0          ;设置变量 c 等于 0
L1:
add eax, ecx        ;设置变量 a 加等于变量 c
add ecx, 1          ;设置变量 c 加等于 1
cmp ecx, 100        ;比较变量 c 与 100
jl L1               ;小于时跳转到 L1 标签所在的位置
nop                 ;循环结束后的指令
```

3.5.5 分支预测

现代的 CPU 支持分支预测(Branch Prediction)机制,分支预测器会根据历史结果判断某一个条件性跳转指令的条件是否成立,如果某一个条件性跳转指令的条件经常成立,那么 CPU 下一次遇到这条指令时会预测跳转执行;而如果某一个条件性跳转指令的条件经常不成立,那么 CPU 下一次遇到这条指令时会预测跳转不执行。

分支预测的目的是提高 CPU 流水线(参考本章第 1 节)的工作效率,以下的汇编代码包含了条件性跳转指令"je L1",如果这条指令的条件经常成立,那么 CPU 会判断接下来的指令是"mov eax, dword ptr [7fff0008]",也就是在"je L1"指令没有完全执行完毕之前就会添加从内存地址 0x7fff0008 读取数据的任务,等待"je L1"指令完全执行完毕后,如果预测成功则此前从内存地址 0x7fff0008 读取的数据可以马上复制到寄存器 eax 中,但如果预测不成功则需要抛弃已读取的数据并重新从内存地址 0x7fff0004 读取。

```
cmp dword ptr [7fff0000], 1    ;比较内存地址 7fff0000 指向的数值与即时数 1
je L1                           ;相等时跳转到 L1 标签所在的位置
mov eax, dword ptr [7fff0004]   ;复制内存地址 7fff0004 指向的数值到寄存器 eax
jmp L2                          ;无条件跳转到 L2 标签所在的位置
L1:
mov eax, dword ptr [7fff0008]   ;复制内存地址 7fff0008 指向的数值到寄存器 eax
L2:
nop                             ;条件判断后的指令
```

分支预测的实现有很多种,简单的有饱和计数器(Saturating Counter)。饱和计数器在 CPU 内部用计数器记录某一个条件性跳转指令的条件成立的可能性,如果实际成立则给计数器加 1,不成立则给计数器减 1,预测时判断计数器的大小是否大于一定值。复杂的有两级自适应分支预测(Two-level Adaptive Predictor),在内部会记录此前一定次数的结果并根据结果预测,如果跳转条件是"是否成立"以一定模式重复,例如"成立-成立-不成立-成立-成立-不成立",并且记录的结果次数是 2 次,那么分支预测器会记住"成立-成立"之后是"不成立","成立-不成立"之后是"成立","不成立-成立"之后是"成立",此后如果仍按此模式重复,则每一次都能预测成功。

因为 CPU 内部用于记录分支历史的缓冲区容量有限,对于没有记录的条件性跳转指令 CPU 通常会预测条件不成立,部分编程语言与编译器利用了这一点,提供了语言扩展让开发者给 CPU 提示某个条件性跳转是否大概率成立。例如使用 GCC 编译器编译 C 语言代码时,可以使用"__builtin_expect",如下面的代码提示"x>0"大概率成立:

```c
extern int y;

int calc(int x)
{
    if(__builtin_expect(x > 0, 1))
    {
        return y + x;
    }
    return y - x;
}
```

这个函数在 x86 中可以生成以下汇编指令:

```
push ebp                        ;函数进入时的处理,下一节说明
mov ebp, esp                    ;函数进入时的处理,下一节说明
mov eax, dword ptr [ebp + 8]    ;复制第一个参数到 eax 寄存器
cmp eax, 0                      ;比较 eax 寄存器与即时数 0
```

```
        jle L1                                      ;小于或等于时跳转到 L1 标签所在的位置
        add eax, dword ptr [全局变量 y 所在地址]       ;设置 eax 寄存器加等于全局变量 y
        jmp L2                                      ;无条件跳转到 L2 标签所在的位置
    L1:
        mov edx, dword ptr [全局变量 y 所在地址]       ;复制全局变量 y 到 edx 寄存器
        sub edx, eax                                ;设置 edx 寄存器减等于 eax 寄存器
        mov eax, edx                                ;设置 eax 寄存器等于 edx 寄存器
    L2:
        mov esp, ebp                                ;函数离开时的处理,下一节说明
        pop ebp                                     ;函数离开时的处理,下一节说明
        ret                                         ;从函数返回,返回值储存在 eax 寄存器
```

"__builtin_expect"也可以用于提示条件大概率不成立,如下面的代码中提示"x>0"大概率不成立:

```c
extern int y;

int calc(int x)
{
    if(__builtin_expect(x > 0, 0))
    {
        return y + x;
    }
    return y - x;
}
```

这个函数在 x86 中可以生成以下汇编指令(与上面的汇编指令对比,可以看到大概率会在跳转后执行的代码,放在了跳转条件不成立的分支中,并且编译器会尽量减少该分支中的指令数量):

```
        push ebp                                    ;函数进入时的处理,下一节说明
        mov ebp, esp                                ;函数进入时的处理,下一节说明
        mov edx, dword ptr [ebp + 8]                ;复制第一个参数到 edx 寄存器
        cmp edx, 0                                  ;比较 edx 寄存器与即时数 0
        jg L1                                       ;大于时跳转到 L1 标签所在的位置
        mov eax, dword ptr [全局变量 y 所在地址]       ;复制全局变量 y 到 eax 寄存器
        sub eax, edx                                ;设置 eax 寄存器减等于 edx 寄存器
        jmp L2                                      ;无条件跳转到 L2 标签所在的位置
    L1:
        mov eax, dword ptr [全局变量 y 所在地址]       ;复制全局变量 y 到 eax 寄存器
        add eax, edx                                ;设置 eax 寄存器加等于 edx 寄存器
    L2:
```

```
mov esp, ebp                          ;函数离开时的处理,下一节说明
pop ebp                               ;函数离开时的处理,下一节说明
ret
```

目前 .NET Framework(4.7)与 .NET Core(2.1)尚未支持类似 GCC 的"__builtin_expect"分支预测提示功能,但在 CoreCLR 的源代码仓库已经有人提起了这项功能(♯6024),在将来有可能允许在 .NET 中利用这项功能做更深层次的性能优化。

第 6 节 函数调用

3.6.1 栈结构

在编写程序时通常需要复用一些逻辑,例如求一个列表中所有数值的平均数、判断一个字符串是否包含指定的子字符串等,把这些逻辑封装到函数(Function)中可以让程序代码更加简洁和易于维护。那在汇编代码中函数是如何表现,又是如何调用的呢? 在具体了解函数之前,先了解一种叫栈(Stack)的结构。栈是一个用于储存多个元素的结构,支持添加元素和取出元素两种操作,越往后添加的元素越先取出,添加新元素时会放在栈顶,取出元素时也会从栈顶取出,如图 3.39 所示。

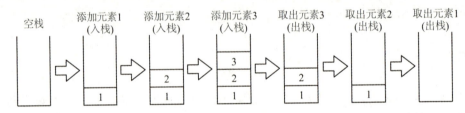

图 3.39 栈结构的示例

因为每个函数都需要保存独自的数据,例如参数与本地变量等,栈结构的特征使得它很适合保存这些数据,利用栈结构保存函数数据的例子如图 3.40 所示,当前运行中的函数,也就是最后被调用的函数的数据会在栈顶。

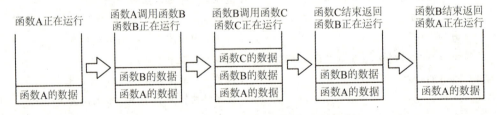

图 3.40 使用栈结构保存函数数据的示例

保存各个函数数据的区域也叫帧(Frame),图 3.40 中一开始有 1 个函数 A 的帧,函数 A 调用函数 B 后有 2 个帧,函数 B 调用函数 C 后有 3 个帧,函数 C 返回后剩

下 2 个帧,函数 B 返回后剩下 1 个帧。使用栈结构使得函数数据的分配与释放处理变得非常简单,并且还可以支持调用链跟踪(Stack Backtrace),例如当前运行函数 C 时,可以通过分析栈的内容得知调用函数 C 的是函数 B,调用函数 B 的是函数 A。.NET 运行时的 GC 与异常处理等机制都需要依赖调用链跟踪功能。

在 x86 中,程序中的每个线程都会在内存中预留一块空间作为栈空间,这块空间最大的地址称为栈底(Stack Bottom),最小的地址称为栈边界(Stack Bound),而位于栈底与栈边界之间用于记录"最后一个添加到栈的元素的所在地址"的地址称为栈顶(Stack Top),如图 3.41 所示。

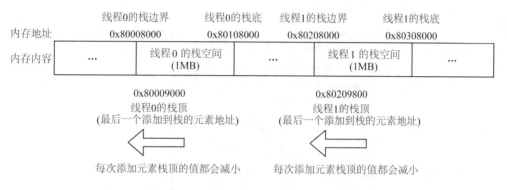

图 3.41 栈底、栈边界与栈顶的示例

如果不断地往栈添加元素,栈顶的值会越来越小,当小于栈边界时就会发生栈溢出(Stack Overflow),表示栈空间不能储存更多的元素了。栈溢出通常发生在调用层数过深的时候,例如 A 调用 B 调用 C 调用 D 调用 E 调用……一直调用到栈空间用尽为止。

接下来看下栈空间中具体包含了什么内容,假设在 x86 上运行的某个程序的某个线程中函数 A 调用函数 B 调用函数 C,且函数 A 有 0 个参数、2 个本地变量,函数 B 有 0 个参数、2 个本地变量,函数 C 有 2 个参数、1 个本地变量,当前运行函数 C 时栈空间的具体内容如图 3.42 所示。

在 x86 中每个线程对应的栈顶地址会保存在线程对应的 esp 寄存器中,而 ebp 寄存器则保存进入函数时 esp 寄存器的值,所以 esp 寄存器又称栈寄存器(Stack Pointer Register),ebp 寄存器又称帧寄存器(Frame Pointer Register)。程序每次向栈添加元素都需要让 esp 寄存器减去元素的大小,而从栈取出元素则需要让 esp 寄存器加上元素的大小,添加和删除元素可以使用 push 或 pop 指令,也可以直接修改 esp 寄存器。

1. push 指令

push 指令添加一个元素到栈顶,元素大小与通用寄存器的长度一样,例如 x86 中是 4 个字节,x86-64 中是 8 个字节,push 指令支持的格式如下表所列。

指令格式	指令例子	指令意义
push reg	push eax	添加 eax 保存的数值到栈顶
push imm	push ffff0000	添加 ffff0000 到栈顶
push r/m	push dword ptr [eax+80]	添加内存地址"eax+80"指向的 4 字节数值到栈顶

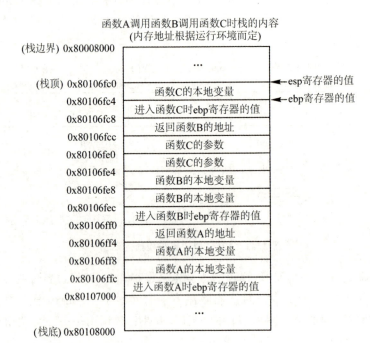

图 3.42　函数 A 调用函数 B 调用函数 C 时,栈空间的具体内容

执行 push 指令后寄存器与内存内容变化的例子如图 3.43 所示。

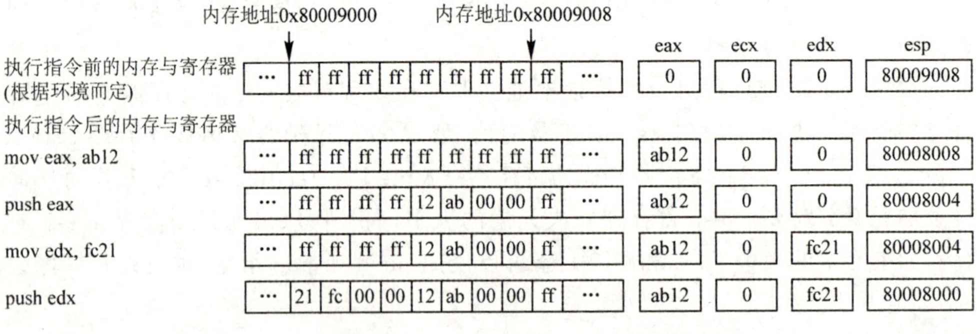

图 3.43　执行 push 指令后寄存器与内存内容的变化

push 指令可以用 sub 指令和 mov 指令代替,比如以下两段汇编代码的执行效果相同:

```
push eax                    ; 添加 eax 寄存器的值到栈顶
sub esp, 4                  ; 栈顶减少 4
mov dword ptr [esp], eax    ; 复制 eax 寄存器的值到栈顶向后 4 字节的空间
```

2. pop 指令

pop 指令从栈顶取出一个元素，元素大小与通用寄存器的长度一样，pop 指令支持的格式如下表所列。

指令格式	指令例子	指令意义
pop reg	pop ecx	从栈顶取出数值并保存到 ecx
pop r/m	pop dword ptr [ecx+80]	从栈顶取出数值并保存到内存地址 ecx+80 指向的 4 字节空间

执行 pop 指令后寄存器与内存内容变化的例子如图 3.44 所示。

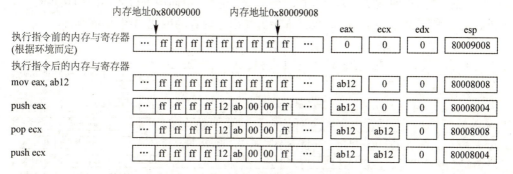

图 3.44 执行 pop 指令后寄存器与内存内容的变化

pop 指令可以用 add 指令与 mov 指令代替，比如以下两段汇编代码的执行效果相同：

```
pop eax                       ; 从栈顶取出值到 eax 寄存器
mov eax, dword ptr [esp]      ; 复制栈顶向后的 4 字节到 eax 寄存器
add esp, 4                    ; 栈顶增加 4
```

3.6.2 函数调用

要理解 x86 中的函数调用，首先要了解函数会生成怎样的汇编代码，以下面的函数为例，它会接收一个参数并返回加 1 后的值：

```
int add(int x)
{
    int y = x + 1;
    return y;
}
```

这个函数可以生成以下汇编代码,不同的编译器和编译选项在不同的平台上生成的汇编代码可能不一样,这里的汇编代码只是其中的一种:

```
push ebp                          ; 复制进入函数时 ebp 寄存器的值到栈
mov ebp, esp                      ; 复制进入函数时 esp 寄存器的值到 ebp 寄存器
sub esp, 4                        ; 分配本地变量所需的空间,一个 int 等于 4 字节
mov ecx, dword ptr [ebp + 8]      ; 把第一个参数复制到 ecx 寄存器
add ecx, 1                        ; 设置 ecx 寄存器加等于 1
mov dword ptr [ebp - 4], ecx      ; 设置第一个本地变量等于 ecx 寄存器
mov eax, dword ptr [ebp - 4]      ; 设置 eax 寄存器等于第一个本地变量
mov esp, ebp                      ; 恢复进入函数时 esp 寄存器的值
pop ebp                           ; 恢复进入函数时 ebp 寄存器的值
ret                               ; 从函数返回(后述详细说明)
```

在汇编代码中可以看到参数从栈传入,并且返回值通过 eax 寄存器传出,这是 x86 上的规定,也叫调用规范(Calling Convention)。不同的平台有不同的调用规范,稍后会详细讲解。执行 add 函数时寄存器与内存内容的变化如图 3.45 所示。

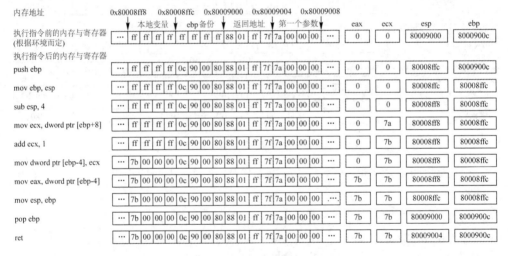

图 3.45 执行 add 函数时寄存器与内存内容的变化

在图中可以看到进入函数时会备份 esp 寄存器和 ebp 寄存器的值,离开函数前会恢复它们到进入函数时的状态,并且减去 esp 寄存器后 esp 到 ebp 之间的空间会用于储存本地变量,那么 ret 指令起到了什么作用,栈上的返回地址又是什么呢?想要理解 ret 指令与函数地址,需要了解函数是如何调用的。以下面的函数为例,它会调用 add 函数并保存返回值到本地变量:

```
void example()
{
    int y = add(0x7a);
```

}

这个函数可以生成以下汇编代码：

```
push ebp                        ; 复制进入函数时 ebp 寄存器的值到栈
mov ebp, esp                    ; 复制进入函数时 esp 寄存器的值到 ebp 寄存器
sub esp, 4                      ; 分配本地变量所需的空间，一个 int 等于 4 字节
push 7a                         ; 添加调用函数时的第一个参数到栈
call add                        ; 调用 add 函数
                                ; 机器码中会转换为 add 函数所在的内存地址
add esp, 4                      ; 恢复 esp 寄存器到添加参数前的状态
mov dword ptr [ebp-4], eax      ; 复制返回值到第一个本地变量
mov esp, ebp                    ; 恢复进入函数时 esp 寄存器的值
pop ebp                         ; 恢复进入函数时 ebp 寄存器的值
ret                             ; 从函数返回（详细说明后述）
```

执行 example 函数时寄存器和内存内容的变化如图 3.46 所示。

内存地址	0x80009000	0x80009004	0x80009008	0x8000900c	0x80009010	eax	ecx	esp	ebp
	↓返回地址	↓第一个参数	本地变量	ebp备份					
执行指令前的内存与寄存器（根据环境而定）	··· ff ff ff ff	ff ff ff ff	ff ff ff ff	ff ff ff ff	ff ff ff ff ···	0	0	80009010	8000901c
执行指令后的内存与寄存器									
push ebp	··· ff ff ff ff	ff ff ff ff	ff ff ff ff	1c 90 00 80	···	0	0	8000900c	8000901c
mov ebp, esp	··· ff ff ff ff	ff ff ff ff	ff ff ff ff	1c 90 00 80	···	0	0	8000900c	8000900c
sub esp, 4	··· ff ff ff ff	ff ff ff ff	ff ff ff ff	1c 90 00 80	···	0	0	80009008	8000900c
push 7a	··· ff ff ff ff	7a 00 00 00	ff ff ff ff	1c 90 00 80	···	0	0	80009004	8000900c
call add	··· 88 01 ff 7f	7a 00 00 00	ff ff ff ff	1c 90 00 80	···	7b	7b	80009004	8000900c
add esp, 4	··· 88 01 ff 7f	7a 00 00 00	ff ff ff ff	1c 90 00 80	···	7b	7b	80009008	8000900c
mov dword ptr [ebp-4], eax	··· 88 01 ff 7f	7a 00 00 00	7b 00 00 00	1c 90 00 80	···	7b	7b	80009008	8000900c
mov esp, ebp	··· 88 01 ff 7f	7a 00 00 00	7b 00 00 00	1c 90 00 80	···	7b	7b	8000900c	8000900c
pop ebp	··· 88 01 ff 7f	7a 00 00 00	7b 00 00 00	1c 90 00 80	···	7b	7b	80009010	8000901c
ret	··· 88 01 ff 7f	7a 00 00 00	7b 00 00 00	1c 90 00 80	···	7b	7b	80009014	8000901c

图 3.46　执行 example 函数时寄存器与内存内容的变化

在图 3.46 中可以看到调用函数前会使用 push 指令添加参数到栈，调用函数使用 call 指令，调用函数后使用 add 指令恢复 esp 寄存器到添加参数前的状态。调用函数使用的 call 指令有两个作用，第一个是添加相邻下一条指令所在的内存地址到栈，第二个是跳转到目标函数的内存地址，也就是 call 指令等同于以下两条指令：

```
push 相邻下一条指令所在的内存地址
jmp 目标函数的内存地址
```

以图 3.46 为例，图中的返回地址 0x7fff0188 就是指令 "add esp, 4" 所在的地址。如果已经了解了 call 指令的作用，那么应该就可以猜出 ret 指令的作用，ret 指

令会从栈取出返回地址然后跳转到该地址,等同于以下的指令,但因为 x86 不能直接操作 eip 寄存器,以下指令不能写在汇编代码中:

```
pop eip
```

1. 调用链跟踪

现在重新看一下图 3.45 和图 3.46,思考下如果线程 0 正在运行函数 add,然后线程 1 停止了线程 0 并获取了线程 0 当前所有寄存器的值,线程 1 是否可以得知线程 0 当前调用的是什么函数,并且找到所有的调用来源呢?

假设程序的元数据包含了所有函数的入口点地址和机器码大小,线程 1 可以通过读取程序计数器也就是 eip 寄存器的值找到下一条执行指令的地址,再通过元数据得知这条指令属于函数 add,然后从内存地址"ebp 寄存器的值+4"可以获取返回地址,再通过元数据得知返回地址属于函数 example,之后从内存地址"ebp 寄存器的值"可以获取上一个函数的 ebp 寄存器的值,以此类推可以获取到所有的调用来源。这样的处理称为调用链跟踪(Stack Backtrace),如果觉得文本描述比较难以理解,可以参考以下伪代码:

```
callchain = new list();
callchain.add(get_function(context.eip));
ebp = context.ebp;
while(ebp != 0)
{
    return_address = dereference(ebp + 4);
    callchain.add(get_function(return_address));
    ebp = dereference(ebp);
}
```

调用链跟踪可以针对当前线程,例如抛出异常的时候构建调用链信息,也可以针对其他已停止的线程,在第 6 章可以了解到调用链跟踪在异常处理中的作用,在第 7 章可以了解到调用链跟踪如何辅助 GC 实现根对象扫描。实现调用链跟踪时还会碰到一些额外的问题,例如线程刚好停在第一条指令 push ebp,这时就无法通过 ebp 寄存器的值来分析返回地址,并且部分指令地址可能没有对应包含元数据的函数,所以实际上实现调用链跟踪的代码会比上面的伪代码逻辑复杂很多。

2. 省略帧寄存器

在阅读前面函数生成的汇编代码时可以发现,每次进入与离开函数都用 ebp 寄存器(帧寄存器,Frame Pointer Register)保存与恢复 esp 寄存器(栈寄存器)的值有些多余,如果不使用帧寄存器,汇编代码可以省略如下:

```
sub esp, 4                    ; 分配本地变量所需的空间,一个 int 等于 4 字节
mov ecx, dword ptr [ebp+8]    ; 把第一个参数复制到 ecx 寄存器
```

```
add ecx, 1                      ;设置 ecx 寄存器加等于 1
mov dword ptr [ebp-4], ecx      ;设置第一个本地变量等于 ecx 寄存器
mov eax, dword ptr [ebp-4]      ;设置 eax 寄存器等于第一个本地变量
add esp, 4                      ;恢复进入函数时 esp 寄存器的值
ret                             ;从函数返回
```

那编译器为什么不这样做呢？这是因为 x86 标准的调用规范要求使用帧寄存器保存进入函数时栈寄存器的值，使得实现调用链跟踪有通用标准的方法。而 x86-64 的调用规范中则不再要求使用帧寄存器，所以在 x86-64 中编译器可以生成以上代码，实际 .NET Core 的 JIT 编译器在 x86-64 平台上以 Release 模式编译函数时可以省略帧寄存器。省略帧寄存器后，调用链跟踪需要通过别的方法实现，比如在函数元数据中记录函数什么位置栈寄存器会发生什么变化，从而推算出返回地址在哪里。

3.6.3　enter 与 leave 指令

x86 提供了 enter 与 leave 指令用于简写函数进入和离开时备份和恢复栈寄存器的逻辑，比如以下两段汇编代码的执行效果相同：

```
enter 4, 0
;中间的指令……
leave
ret


push ebp
mov ebp, esp
sub esp, 4
;中间的指令……
mov esp, ebp
pop ebp
ret
```

因为 enter 指令有性能问题，一般编译器不会使用这个指令，而 leave 指令（机器码 c9）没有性能问题，所以部分编译器会用它代替 "mov esp, ebp" 和 pop ebp 指令（机器码 89 ec 5d），以缩短机器码的长度。

3.6.4　调用规范

调用规范（Calling Convention）用于规定函数与函数之间应该如何交换数据，包括参数与返回值如何传递，哪些寄存器在调用函数后可能会变化，哪些寄存器在调用函数后保证维持原值。不同的平台有不同的调用规范，且一个平台上可能有多个调用规范，因为拥有不同调用规范的函数不能直接互相调用，程序中一般会统一使用一

个调用规范。x86中标准的调用规范是cdecl,主流的编译器在x86中编译程序都会使用这个调用规范,它规定参数通过栈传递,返回值通过eax寄存器传递,在这一节看到的汇编代码使用的调用规范都是cdecl。

调用规范cdecl规定返回值只能有一个,但参数可以有多个。如果参数有多个,它们要求从低地址到高地址排列,也就是后面的参数需要先入栈,前面的参数需要后入栈,以下是一个接收多个参数的函数:

```
int sum(int x, int y)
{
    return x + y;
}
```

这个函数可以生成以下汇编代码:

```
push ebp                         ; 添加进入函数时 ebp 寄存器的值到栈顶
mov ebp, esp                     ; 复制进入函数时 esp 寄存器的值到 ebp 寄存器
mov edx, dword ptr [ebp + 8]     ; 复制第一个参数到 edx 寄存器
mov eax, dword ptr [ebp + c]     ; 复制第二个参数到 eax 寄存器
                                 ; (返回值通过 eax 寄存器传递)
add eax, edx                     ; 计算相加的值(返回值是相加值)
leave                            ; 恢复进入函数时 ebp 寄存器和 esp 寄存器的状态
ret                              ; 从函数返回
```

调用这个函数的汇编代码如下,注意参数的添加顺序:

```
push 2           ; 把第二个参数添加到栈
push 1           ; 把第一个参数添加到栈
call sum         ; 调用 sum 函数
add esp, 8       ; 恢复 esp 寄存器到添加参数前的状态
mov ecx, eax     ; 把返回结果复制到 ecx 寄存器
```

调用规范还规定了调用函数后寄存器是否可能发生变化,调用函数后可能会变化的寄存器称作调用者保存寄存器(Caller Saved Registers),调用函数后保证维持原值的寄存器称作被调用者保存寄存器(Callee Saved Registers),如果函数需要修改被调用者保存寄存器,在离开函数前必须恢复寄存器到进入函数时的值。调用规范cdecl规定调用者保存寄存器包括eax、ecx和edx寄存器,被调用者保存寄存器包括ebx、ebp、edi和esi寄存器。

x86中的调用规范还有fastcall,这个调用规范要求前两个参数通过ecx和edx寄存器传递,其余的参数通过栈传递,例如上面的sum函数使用fastcall调用规范调用时可以生成以下汇编代码:

```
push ebp                         ; 添加进入函数时 ebp 寄存器的值到栈顶
mov ebp, esp                     ; 复制进入函数时 esp 寄存器的值到 ebp 寄存器
```

```
mov eax, ecx              ;复制第一个参数到 eax 寄存器
add eax, edx              ;设置 eax 寄存器加等于第二个参数
leave                     ;恢复进入函数时 ebp 寄存器和 esp 寄存器的状态
ret                       ;从函数返回
```

调用这个函数的汇编代码如下:

```
mov ecx, 1                ;把第一个参数复制到 ecx 寄存器
mov edx, 2                ;把第二个参数复制到 edx 寄存器
call sum                  ;调用 sum 函数
mov ecx, eax              ;把返回结果复制到 ecx 寄存器
```

而在 x86-64 中,Windows 系统的程序主要使用 Microsoft x64 Calling Convention 调用规范,类 Unix 系统(Linux 与 OSX 等)的程序主要使用 System V AMD64 ABI 调用规范。Microsoft x64 Calling Convention 调用规范要求前 4 个参数通过 rcx、edx、r8、r9 寄存器传递,其余的参数通过栈传递,而 System V AMD64 ABI 调用规范要求前 6 个参数通过 rdi、rsi、rdx、rcx、r8 和 r9 寄存器传递,其余的参数通过栈传递,这两个调用规范都要求返回值通过 rax 寄存器传递。

.NET Core 程序会根据平台与操作系统使用不同的调用规范,具体如下表所列。

平台	位数	操作系统	调用规范
x86	32	Windows	fastcall
x86	32	类 Unix	cdecl
x86-64	64	Windows	Microsoft x64 Calling Convention
x86-64	64	类 Unix	System V AMD64 ABI

第 7 节　系统调用

3.7.1　系统调用简介

我们编写的用户程序通常不直接与硬件交互,例如用户程序会从某个路径读取文件而不是读取硬盘的某个扇区,会与某个 IP 与 TCP 端口建立连接而不是发送指令给网卡,与硬件交互的功能通常由操作系统实现,并且操作系统会把这些功能抽象化然后提供接口给用户程序调用,这些接口又称系统调用(System Call)。

主流的 CPU 架构为了提高安全性会把当前执行代码分为不同的模式,模式按等级拥有不同的权限,最高等级的模式称为特权模式,最低等级的模式称为用户模式。在 x86 中有 ring0、ring1、ring2 和 ring3 四种模式,ring0 模式是特权模式,ring3

模式是用户模式,ring1 模式和 ring 2 模式的权限介于特权模式与用户模式之间,为了简化权限模型和支持更多平台,主流的操作系统包括 Windows 和 Linux 在 x86 上只会使用 ring0 模式和 ring3 模式。

运行在用户模式的用户程序在发起系统调用时,CPU 会把模式切换到特权模式然后运行操作系统内核的代码,运行完成后再切换回用户模式然后继续运行用户程序的代码。因为发起系统调用的代码比较复杂,操作系统一般会提供包装类库供用户程序调用,例如 Windows 上的 WinAPI 与 Linux 上的 glibc、musl libc 等,用户程序打开文件可以调用 CreateFile 或 fopen 函数而无需直接发起打开文件的系统调用。

接下来看下如何在汇编代码中直接发起系统调用,以下的例子基于 Linux 系统编写,支持在 Ubuntu 发行版上使用 GCC 程序编译,其中以"."开始的指令是伪指令,伪指令只在转换汇编代码到机器码的过程中使用。通过这些例子可以了解用户程序如何与操作系统交互,但若理解它们有一定的难度,可以跳过,对阅读后面的章节没有影响。

3.7.2 在 x86 上发起系统调用(软中断)

在 x86 上发起系统调用最通用的办法是使用 int 指令发起软中断,在 Linux 上使用中断号 0x80,在 Windows 上使用 0x21 等多个中断号,CPU 在遇到软中断时会根据中断号跳转到操作系统预先注册的处理地址。以下是在 Linux 上输出"Hello World!"到屏幕的汇编代码,保存为 main.S 并使用 gcc -m32 main.S 命令即可编译:

```
.intel_syntax noprefix      ; 使用 Intel 记法

.data                       ; 以下内容放在可执行程序的 data(数据)节
hello_string:               ; 标签,指向字符串开头的地址
    .ascii "Hello World!\n" ; 字符串内容
len:                        ; 标签,指向数值开头的地址
    .long len - hello_string ; 4 个字节的数值常量
                            ; 值是两个标签之间的距离(字符串长度)

.text                       ; 以下内容放在可执行程序的 text(代码)节
.global main                ; 指示 main 标签是一个对外可见的符号(函数)
main:                       ; 标签,指向下一条指令开头的地址
    push ebp                ; 添加进入函数时 ebp 寄存器的值到栈顶
    mov ebp, esp            ; 复制进入函数时 esp 寄存器的值到 ebp 寄存器

    mov edx, len            ; 第三个参数,字符串的长度
    lea ecx, hello_string   ; 第二个参数,字符串的地址
```

```
        mov ebx, 1              ;第一个参数,1 代表标准输出(stdout)
        mov eax, 4              ;系统调用类型,4 代表写入文件(__NR_write)
        int 0x80                ;通过软中断发起系统调用

        mov eax, 0              ;设置 main 函数的返回值为 0
        leave                   ;恢复进入函数时 ebp 寄存器和 esp 寄存器的状态
        ret                     ;从函数返回
```

3.7.3　在 x86 上发起系统调用(sysenter)

通过软中断发起系统调用的性能消耗比较大,从 i586 开始的 x86 CPU 支持了 sysenter 指令,可以用于实现性能更好的系统调用。以下是使用 sysenter 指令在 Linux 上输出"Hello World!"到屏幕的汇编代码,保存为 main.S 并使用 gcc -m32 main.S 命令即可编译:

```
    .intel_syntax noprefix      ;使用 Intel 记法

    .data                       ;以下内容放在可执行程序的 data(数据)节
    hello_string:               ;标签,指向字符串开头的地址
        .ascii "Hello World!\n" ;字符串内容
    len:                        ;标签,指向数值开头的地址
        .long len - hello_string ;4 个字节的数值常量
                                ;值是两个标签之间的距离(字符串长度)

    .text                       ;以下内容放在可执行程序的 text(代码)节
    .global main                ;指示 main 标签是一个对外可见的符号(函数)
    main:                       ;标签,指向下一条指令开头的地址
        push ebp                ;添加进入函数时 ebp 寄存器的值到栈顶
        mov ebp, esp            ;复制进入函数时 esp 寄存器的值到 ebp 寄存器

        mov edx, len            ;第三个参数,字符串的长度
        lea ecx, hello_string   ;第二个参数,字符串的地址
        mov ebx, 1              ;第一个参数,1 代表标准输出(stdout)
        mov eax, 4              ;系统调用类型,4 代表写入文件(__NR_write)
        call get_selfaddr       ;sysenter 离开时会执行 ret
                                ;这里先把下一条指令所在的地址添加到栈顶
                                ;再添加偏移让栈顶中的地址
                                ;等于 sysenter_ret 标签的地址
                                ;这里不能直接使用 push sysenter_ret
                                ;因为部分发行版默认启用了 PIC 机制
                                ;指令的绝对地址不能在编译时确定

    get_selfaddr:
```

```
        add dword ptr [esp], sysenter_ret - get_selfaddr
        push ecx                        ; sysenter 离开时会执行 pop ecx
        push edx                        ; sysenter 离开时会执行 pop edx
        push ebp                        ; sysenter 离开时会执行 pop ebp
        mov ebp, esp                    ; sysenter 离开时会执行 mov esp, ebp
        sysenter                        ; 通过 sysenter 指令发起系统调用

sysenter_ret:
        mov eax, 0                      ; 设置 main 函数的返回值为 0
        leave                           ; 恢复进入函数时 ebp 寄存器和 esp 寄存器的状态
        ret                             ; 从函数返回
```

3.7.4　在 x86-64 上发起系统调用(syscall)

x86-64 架构提供了新的 syscall 指令,与前面两种方式相比,syscall 指令的性能最好且使用最简单。以下是使用 syscall 指令在 Linux 上输出"Hello World!"到屏幕的汇编代码,保存为 main.S 并使用 gcc main.S 命令即可编译:

```
        .intel_syntax noprefix          ; 使用 Intel 记法

        .data                           ; 以下内容放在可执行程序的 data(数据)节
hello_string:                           ; 标签,指向字符串开头的地址
        .ascii "Hello World!\n"         ; 字符串内容
len:                                    ; 标签,指向数值开头的地址
        .long len - hello_string        ; 4 个字节的数值常量
                                        ; 值是两个标签之间的距离(字符串长度)

        .text                           ; 以下内容放在可执行程序的 text(代码)节
        .global main                    ; 指示 main 标签是一个对外可见的符号(函数)
main:                                   ; 标签,指向下一条指令开头的地址
        push rbp                        ; 添加进入函数时 rbp 寄存器的值到栈顶
        mov rbp, rsp                    ; 复制进入函数时 rsp 寄存器的值到 rbp 寄存器

        mov rdx, len[rip]               ; 第三个参数,字符串的长度(相对程序计数器的
                                        ; 偏移)
        lea rsi, hello_string[rip]      ; 第二个参数,字符串的地址(相对程序计数器的
                                        ; 偏移)
        mov rdi, 1                      ; 第一个参数,1 代表标准输出(stdout)
        mov rax, 1                      ; 系统调用类型,1 代表写入文件(sys_write)
                                        ; 注意与 int/sysenter 指令使用的值不一样
        syscall                         ; 通过 syscall 指令发起系统调用
```

```
mov rax, 0              ;设置 main 函数的返回值为 0
leave                   ;恢复进入函数时 rbp 寄存器和 rsp 寄存器的状态
ret                     ;从函数返回
```

第 8 节 内存屏障

3.8.1 乱序执行

我们在阅读前面章节时，可能会很自然地觉得 CPU 执行指令是按顺序一条一条执行的，但现代的 CPU 为了更高的执行效率，在内部可以不按顺序执行它们，这项机制称为乱序执行（Out-Of-Order Execution）。

参考以下汇编代码：

```
mov dword ptr [0x8000], 1   ;设置内存地址 0x8000 所在的空间开始的 4 字节为 1
add eax, 2                  ;设置 eax 寄存器的值为 2
```

CPU 在执行第一条指令时会向内存发出写请求，而这个请求不是立刻完成的，请求内存读写需要的时间比执行一条指令要长很多，CPU 如果等待写请求完成就会闲置一定的时间，而分析第二条指令可知它不依赖第一条指令的执行结果，所以 CPU 可以在等待写请求完成之前先去执行第二条指令，这样可以提高 CPU 的工作效率。

下面是一个稍微复杂的例子，例子中在执行第 3 条指令时第 1 条指令必须已完成，执行第 4 条指令时第 2 条指令必须已完成，除此之外的执行顺序 CPU 可以任意安排。不同架构的安排方式不一样，例如 x86 架构的限制比较大，只能把指令顺序打乱为 1 3 2 4，而 ARM 架构的限制比较小，可以把指令顺序打乱为 1 2 4 3、2 1 3 4、2 4 1 3。不支持乱序执行或限制比较大的架构可以称为拥有强内存模型（Strong Memory Model），而支持乱序执行且限制比较小的架构可以称为拥有弱内存模型（Weak Memory Model）。

```
mov dword ptr [0x8000], 1       ;设置内存地址 0x8000 所在的空间开始的 4 字节为 1
mov dword ptr [0x8004], 2       ;设置内存地址 0x8004 所在的空间开始的 4 字节为 2
mov eax, dword ptr [0x8000]     ;从内存地址 0x8000 所在的空间读取 4 字节到 eax
mov ebx, dword ptr [0x8004]     ;从内存地址 0x8004 所在的空间读取 4 字节到 ebx
```

虽然 CPU 可以不按顺序执行指令，但是执行效果与按顺序执行保证相同，至少在单个逻辑核心上是这样，那么在多个逻辑核心上又是怎样的情况呢？下面是一个经典的例子，用于说明多个逻辑核心上乱序执行带来的问题：

储存在内存中的变量 a 与变量 b 初始值是 0，且两个逻辑核心同时执行以下的代码，逻辑核心 2 执行完毕后变量 x 与 y 的值是多少？

```
逻辑核心 1        逻辑核心 2
a=1；            x=b；
b=1；            y=a；
```

在拥有强内存模型的 CPU 中，x 与 y 的值可以是 0 0、0 1、1 1，但在拥有弱内存模型的 CPU 中，x 与 y 的值还可以是 1 0。因为变量之间看上去没有联系，所以逻辑核心 1 可以让变量 b 比变量 a 先写入，逻辑核心 2 可以让变量 y 比变量 x 先读取，最终导致出现违反常理的结果。在编写多线程程序时，乱序执行可能会带来严重问题（具体可见后面双检锁的例子），而用于解决这个问题的就是内存屏障（Memory Barrier）。

3.8.2 内存屏障简介

在说明 CPU 架构的文档中，从内存读取数据的指令一般称为 load 指令，向内存写入数据的指令一般称为 store 指令，而在访问内存的指令之间插入内存屏障可以防止前后的指令调换执行顺序。内存屏障分为读屏障、写屏障、混合屏障三种，读屏障可以防止前后的 load 指令调换执行顺序，写屏障可以防止前后的 store 指令调换执行顺序，混合屏障可以防止前后的 load 与 store 指令调换执行顺序。

参考以下五条指令，在拥有弱内存模型的 CPU 中，指令 A 与 B 可以调换顺序，指令 C 与 D 也可以调换顺序，但是因为有读屏障，指令 A、B 与 C、D 之间不可以调换顺序：

```
load 指令 A
load 指令 B
读屏障
load 指令 C
load 指令 D
```

前面提到的经典例子添加内存屏障后如下所示，这时无论是拥有强内存模型还是弱内存模型的 CPU 都保证不会出现"x 为 1 且 y 为 0"的情况，读屏障与写屏障通常需要成对使用，可以思考一下为什么。

```
逻辑核心 1        逻辑核心 2
a=1；            x=b；
写屏障；         读屏障；
b=1；            y=a；
```

x86 是拥有强内存模式的架构，支持乱序执行但对指令顺序的限制比较严格，在 x86 中读屏障对应 lfence 指令，写屏障对应 sfence 指令，混合屏障对应 mfence 指令，并且对指令的执行顺序做了以下规定（引用自 Intel's Software Developers Manual，volume 3－8.2.2）：

- load 指令之间不能调换顺序。

- store 指令不能与之前的 load 指令调换顺序。
- store 指令之间不能调换顺序，除非：
  ① 使用 cflushopt 指令；
  ② 使用绕过缓存的指令（例如 movnti, movntq 等）；
  ③ 使用字符串操作指令（例如 movs, stos 等）。
- load 指令可以与之前的 store 指令调换顺序，如果访问的内存位置不同。
- load 指令与 store 指令不能与 I/O 指令、带 locked 的指令或序列化指令调换顺序。
- load 指令前面有读屏障（lfence）或者混合屏障（mfence）时，不能调到它们之前执行。
- store 指令前面有读屏障（lfence）、写屏障（sfence）或者混合屏障（mfence）时，不能调到它们之前执行。
- lfence 指令前面有 load 指令时，不能把 lfence 指令调到它之前。
- sfence 指令前面有 store 指令时，不能把 sfence 指令调到它之前。
- mfence 指令前面有 load 指令或 store 指令时，不能把 mfence 指令调到它们之前。

3.8.3 双检锁

双检锁（Double Checked Locking）模式是一个在多线程程序中实现单例（Singleton）的模式，而乱序执行会给不完善的双检锁实现带来问题，参考以下使用 C♯ 编写的双检锁代码：

```
public class MyClass
{
    public int x;

    private static MyClass _instance;
    private static readonly object _lock = newobject();

    private MyClass()
    {
        x = 1;
    }

    public static MyClass GetInstance()
    {
        if(_instance == null)
        {
```

```
            lock(_lock)
            {
                if(_instance == null)
                {
                    _instance = newMyClass();
                }
            }
        }
        return _instance;
    }
}
```

试想一下,多个线程同时执行GetInstance().x时的结果,它看上去一定是1,但在拥有弱内存模型的CPU中部分线程有可能是0。例如在逻辑核心1的线程调用GetInstance函数时发现"_instance"等于null,然后执行"_instance = new MyClass()",而在逻辑核心2的线程调用GetInstance时发现"_instance"不等于null,然后返回"_instance",它们执行的汇编代码如下所示:

逻辑核心1　　　　　　　　　　　　逻辑核心2

call 分配对象内存的函数　　　　　mov eax,[_instance 所在的内存地址]

mov [eax+字段 x 的偏移值],1　　mov edx,[eax+字段 x 的偏移值]

mov [_instance 所在的内存地址],eax

在拥有弱内存模型的CPU中不相关的store指令可以调换执行顺序,如果逻辑核心1中的第2条指令与第3条指令调换了执行顺序,并且实际运行时机如下所示时,逻辑核心2的结果(ecx寄存器的值)为0:

逻辑核心1　　　　　　　　　　　　逻辑核心2

call 分配对象内存的函数

mov [_instance 所在的内存地址],eax

　　　　　　　　　　　　　　　　mov eax,[_instance 所在的内存地址]

　　　　　　　　　　　　　　　　mov edx,[eax+字段 x 的偏移值]

mov [eax+字段 x 的偏移值],1

为了解决乱序执行问题,很多.NET与Java的书籍都提倡在声明"_instance"变量时使用volatile关键字,这是因为在.NET与Java中访问带volatile关键字的变量会自动添加混合屏障。解决这个问题依赖的是写入"_instance"前插入的混合屏障,而在部分语言例如C和C++中,volatile关键字并不带混合屏障,在这些语言中使用volatile并不能解决这个问题。

解决乱序执行问题除了使用volatile关键字外,还可以使用.NET提供的Interlocked.MemoryBarrier函数,这个函数在编译到机器码时会自动转换到当前平台的混合屏障指令,使用Interlocked.MemoryBarrier函数后的双检锁代码如下:

```csharp
public class MyClass
{
    public int x;

    private static MyClass _instance;
    private static readonly object _lock = new object();

    private MyClass()
    {
        x = 1;
    }

    public static MyClass GetInstance()
    {
        if(_instance == null)
        {
            lock(_lock)
            {
                if(_instance == null)
                {
                    var instance = new MyClass();
                    Interlocked.MemoryBarrier();
                    _instance = instance;
                }
            }
        }
        return _instance;
    }
}
```

因为 x86 与 x86-64 拥有强内存模型，store 指令的执行顺序不能调换，在这些平台上使用 .NET 编写双检锁时不使用以上的解决方案也可以正常运行，但随着 .NET Core 开始支持 ARM 等拥有弱内存模型的硬件架构，编写跨平台的程序时需要理解乱序执行带来的问题以及这些问题的解决方法。

第 4 章

编译与调试 CoreCLR

了解 .NET 内部实现的最好方式是阅读 .NET 的实现源代码,在 .NET Core 面世之前,.NET 有 SSCLI、Portable.NET 和 Mono 等开源实现,它们帮助了很多人,但各方面仍然与 .NET Framework 有一定的差距。而 .NET Core 面世之后,我们终于有了一个成熟稳定、高性能且受微软官方支持的开源实现,阅读 .NET Core 的源代码是一件非常有意义的事情。

深入理解 .NET Core 的源代码需要实际编译和运行它们,本章将介绍如何在 Windows 与 Linux 上编译和运行 .NET Core 的开源运行时 CoreCLR 的源代码,也会介绍各种调试器的基本使用方法。

阅读本章的前提知识点如下:
- 了解 Visual Studio 等开发工具的使用;
- 了解基础的 C、C++ 语言知识;
- 已阅读并基本理解第 3 章(x86 汇编入门)的内容。

如果觉得没有做好阅读 CoreCLR 源代码的准备可以跳过这一章,事实上理解本书的内容不要求读者阅读 CoreCLR 的源代码,也不要求读者实际编译和运行 CoreCLR,只是拥有这些技能对理解 .NET 内部实现会有很大帮助。

第 1 节　在 Windows 上编译 CoreCLR

4.1.1　准备编译环境

因为本书基于 .NET Core 2.1 讲解,这一节将会介绍 CoreCLR 2.1 在 Windows 上的编译方法。编译 CoreCLR 2.1 需要 Windows 7 SP1 以上,并且需要 Visual Studio 2015 Update 3 或者 Visual Studio 2017。以下介绍的方法在 Windows 10(1803)与 Visual Studio 2017(15.8.7)上检验过,通用于更新的 Windows 10 与 Visual Studio 2017 版本。

1. 安装 VisualStudio 2017

可以单击网址:https://visualstudio.microsoft.com/downloads 下载安装 Visual Studio 2017,个人使用可以下载免费的社区版。

安装 Visual Studio 2017 时需要勾选以下组件：

(1) .NET 桌面开发

可选组件：.NET Framework 4 - 4.6 开发工具。

(2) 使用 C++的桌面开发

可选组件：① VC++ 2017 版本 15.7 v14.14 最新 v141 工具；

② Windows 10 SDK(最新版本)；

③ 用于 CMake 的 Visual C++工具。

(3) .NET Core 跨平台开发

如果已经安装过 Visual Studio 2017 但是没有钩选它们，可以打开开始菜单中的 Visual Studio Installer 或者重新运行安装程序修改安装的组件。

2. 安装 CMake

CMake 是一个开源的跨平台项目编译工具，可以单击网址：https://cmake.org/download 下载安装，如果没有特殊要求请下载 msi 安装包。官方目前使用的版本是 3.9.3，请下载相同或更高的版本。

安装时请勾选 Add CMake to the system PATH for all users 选项，如果没有请重新安装或者手动添加 CMake.exe 的所在目录(默认是 C:\Program Files(x86)\CMake\bin 或 C:\Program Files\CMake\bin)到环境变量 Path，添加环境变量的方法如下：

- 右击此电脑(Windows 7 是计算机)→更多→属性；
- 单击高级系统设置；
- 切换到高级分页；
- 单击环境变量；
- 在用户变量下的 Path 中添加 CMake.exe 的所在目录。

3. 安装 Python

Python 是一个开源的跨平台脚本语言，可以单击网址：https://www.python.org/downloads 下载安装，如果没有特殊要求请下载 msi 安装包。官方目前使用的版本是 2.7.9，请下载相同或更高的版本。

注意 Python 的 3.x 版本与 2.x 版本相差非常大，目前编译 CoreCLR 用哪个版本都可以，为了与官方使用的版本一致推荐下载 2.7.x 开头且在 2.7.9 以上的版本。

安装时请激活 Add python.exe to Path 选项，如果没有请重新安装或者手动添加 C:\Python27(如果安装 Python 3.x 则是不同的路径)到环境变量 Path，方法与前面介绍的一样。

4.1.2 下载 CoreCLR 源代码

CoreCLR 在 Github 上的仓库地址：https://github.com/dotnet/coreclr。

下载 CoreCLR 源代码有两种方法，第一种是通过网页直接下载，第二种是通过 git 下载。第一种方法比较简单，步骤如下：

- 用浏览器打开仓库地址；
- 单击 releases；
- 找到 .NET Core 2.1.x 开头的版本；
- 单击 Source code(zip) 下载并解压缩。

第二种方法需要先安装 git，git 是一个开源的版本管理工具，可以单击网址：https://git-scm.com 下载安装。

安装 git 后从开始菜单打开 Git Bash，然后执行以下命令可以复制 CoreCLR 仓库到本地：

git clone https://github.com/dotnet/coreclr

如果想复制到指定目录下可以先执行 cd 命令切换目录，或者通过文件浏览器进入指定目录并打开右键菜单的 Git Bash。

CoreCLR 仓库拥有所有历史版本的记录，并且当前分支是最新的开发版本，如果要编译 2.1 版本的 CoreCLR，还需要执行以下命令切换到 2.1 版本所属的分支：

cd coreclr
git checkout release/2.1

使用 git 下载的好处是随时都可以增量更新到最新版本，更新可以使用以下命令：

cd /d "coreclr 文件夹的所在路径"
git pull

4.1.3　编译 CoreCLR

如果已经安装好编译所需要的工具，并且已经下载 CoreCLR 的源代码，就可以开始编译了。从开始菜单打开 Windows 命令提示符(cmd.exe)，然后执行以下命令即可：

cd /d "coreclr 文件夹的所在路径"
build.cmd

编译完成后可以在 bin\Product\Windows_NT.x64.Debug 找到输出文件，其中的 CoreRun.exe 就是可用于运行 .NET Core 程序的主程序文件。build.cmd 命令默认使用 Debug 模式编译，这可以让编译出来的 CoreCLR 支持输出除错日志，并且可以使用调试工具调试 CoreCLR 自身。如果想使用 Release 模式编译，请执行以下的命令：

cd /d "coreclr 文件夹的所在路径"

```
build.cmd -release
```

使用 Release 模式编译后可以在 bin\Product\Windows_NT.x64.Release 找到输出文件。

4.1.4 使用编译出来的 CoreCLR

到这里我们就有了自己编译的 CoreCLR,但使用它运行现有的 .NET Core 程序还差一步,运行 .NET Core 程序不仅需要运行时(CoreCLR)还需要基础类库也就是以 System 开头的 dll,这些 dll 可以通过编译 CoreFX 项目得到,也可以使用现成的文件。编译 CoreFX 项目的方法与 CoreCLR 基本一样,从仓库地址:https://github.com/dotnet/corefx 下载并运行 build.cmd 命令即可。

如果想省去编译的时间,可以使用现成的文件,安装 .Net Core 2.1.5 的 SDK (v2.1.403)后,可以在 C:\Program Files\dotnet\shared\Microsoft.NETCore.App\2.1.5 找到这些 dll 文件。把这些 dll 文件复制到 CoreCLR 的所在目录,也就是复制到 bin\Product\Windows_NT.x64.Debug 即可。注意复制时需要跳过已存在的文件,复制后可以看到 System.Runtime.dll 和 CoreRun.exe 文件在同一个目录下。

如果没有现成的 .NET Core 程序,可以使用以下命令创建一个新的:

```
mkdir D:\ConsoleApp
cd /d D:\ConsoleApp
dotnet new console
dotnet build -c Release
```

创建出来的程序在路径 D:\ConsoleApp\bin\Release\netcoreapp2.1\ConsoleApp.dll,如果路径中的目录名称不是 netcoreapp2.1,请检查 D:\ConsoleApp\ConsoleApp.csproj 中的 TargetFramework 设置项是否是 netcoreapp2.1。如果创建成功,接下来可以使用 CoreCLR 的主程序 CoreRun.exe 运行 .NET Core 程序,命令如下:

```
cd /d "coreclr 文件夹的所在路径"
cd bin\Product\Windows_NT.x64.Debug
CoreRun.exe D:\ConsoleApp\bin\Release\netcoreapp2.1\ConsoleApp.dll
```

如果程序执行成功,那么恭喜已经完成本节的目标,下一节将会介绍如何在 Windows 上调试自己编译出来的 CoreCLR。

4.1.5 最新的编译文档

这一小节介绍的编译方法可能不适用于新的 CoreCLR 版本,可以参考 Github 上 CoreCLR 仓库中的最新文档,地址:https://github.com/dotnet/coreclr/blob/master/Documentation/building/windows-instructions.md。

注意：微软把 .NET Core 5.0 以后的代码移动到了新的仓库中，如果要编译 5.0 以后的源代码请参考以下链接：

https://github.com/dotnet/runtime;

https://github.com/dotnet/runtime/blob/master/docs/workflow/windows-requirements.md;

https://github.com/dotnet/runtime/blob/master/docs/workflow/building/coreclr/README.md。

第 2 节　在 Windows 上调试 CoreCLR

4.2.1　使用 Visual Studio 调试 CoreCLR

调试自己编译出来的 CoreCLR 有几种方法，其中最简单的方法是使用 Visual Studio 调试。Visual Studio 支持给 CoreCLR 的源代码下断点、逐步运行并查看各个本地变量的值，操作方式与平时调试 .NET 程序相差不大，所以非常方便。

进入 CoreCLR 文件夹下的 bin\obj\Windows_NT.x64.Debug 目录后，可以找到 CoreCLR.sln 文件，双击它即可用 Visual Studio 打开，如果安装了多个版本的 Visual Studio，请选择编译 CoreCLR 使用的版本，按上一节的步骤编译则选择 Visual Studio 2017。打开后可以看到多个项目，右击 INSTALL 项目，然后单击"设为启动项目"，再打开 INSTALL 项目的属性窗口，然后在左边的分类中选择"配置属性→调试"，按下面的内容设置，如图 4.1 所示。

图 4.1　INSTALL 项目的属性设置

- 命令：$(SolutionDir)..\..\Product\Windows_NT.$(Platform).$(Configuration)\CoreRun.exe；
- 命令参数：.NET Core 程序路径，例如 D:\ConsoleApp\bin\Release\netcoreapp2.1\ConsoleApp.dll；
- 工作目录：$(SolutionDir)..\..\Product\Windows_NT.$(Platform).$(Configuration)。

设置后可以按下 F5 快捷键启动 INSTALL 项目，如果成功运行 .NET Core 程序就代表设置没有问题，接下来就可以开始调试了。调试 CoreCLR 前可以在感兴趣的函数下断点，例如想了解 CoreCLR 的启动过程可以在 cee_crossgen 项目下找到 ceemain.cpp 文件，再找到 EEStartup 函数，然后按下 F9 快捷键设置断点，再按下 F5 快捷键启动项目，如果成功，可以看到程序停在 EEStartup 函数，如图 4.2 所示。

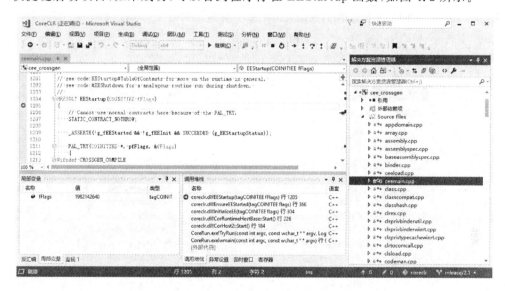

图 4.2　程序停在 CoreCLR 内部的 EEStartup 函数

使用 Visual Studio 调试 CoreCLR 的方法与调试一般 .NET 程序差不多，我们可以下断点、步进（执行单行代码或单条汇编指令，遇到函数时进入函数内部）、步过（执行单行代码或单条汇编指令，遇到函数时进入函数内部）和查看本地变量内容等，但是理解里面的处理需要很多知识，可以在阅读完本书后调试感兴趣的部分来分析里面的逻辑。

4.2.2　使用 WinDbg 调试 CoreCLR

除了使用 Visual Studio 外，还可以使用 WinDbg 调试 CoreCLR。WinDbg 是微软给高级开发者提供的一个调试工具，可以调试 Windows 内核、用户程序与内存转储等，与 Visual Studio 相比，WinDbg 更偏向于分析原生程序和查找底层的错误。目前 WinDbg 有两个版本，一个是在 Windows SDK 中的传统版本，一个是在 Windows 商店中的预览版本，这两个版本的差别比较大，因为传统版本稳定且有更多人使用，这一节我们只了解一下传统版本的安装与使用方法。

传统版本的 WinDbg 可以通过 Windows SDK 安装，Windows SDK 的下载地址：https://developer.microsoft.com/en-us/windows/downloads/windows-10-sdk。

安装程序提供了很多组件选项，如果只需要 WinDbg，可以只安装组件 Debugging Tools for Windows，安装后可以在开始菜单的 Windows Kits 目录下找到 Windbg 程序的快捷方式，WinDbg 程序根据平台分成了不同的快捷方式，如果要调试在 64 位 Windows 上编译的 CoreCLR 需要选择 WinDbg(x64)。

打开 WinDbg 后，选择"File - Open Executable"可以打开选择可执行文件的窗口，请在这个窗口选择 CoreCLR 的主程序 bin\obj\Windows_NT.x64.Debug\CoreRun.exe，然后在窗口下方的 Arguments 选项填写 .NET Core 程序路径，例如 D:\ConsoleApp\bin\Release\netcoreapp2.1\ConsoleApp.dll，然后在 Start directory 选项填写 bin\obj\Windows_NT.x64.Debug 的完整目录，如图 4.3 所示。

图 4.3　WinDbg 选择可执行文件的设置

打开后可以看到出现了一个新的窗口，这个窗口分为两部分，上面的文本框用于输出文本信息，下面的文本框用于输入命令，在下面的文本框输入"?"并按下回车，可以看到上面的文本框输出了 WinDbg 中的常用命令，如图 4.4 所示。

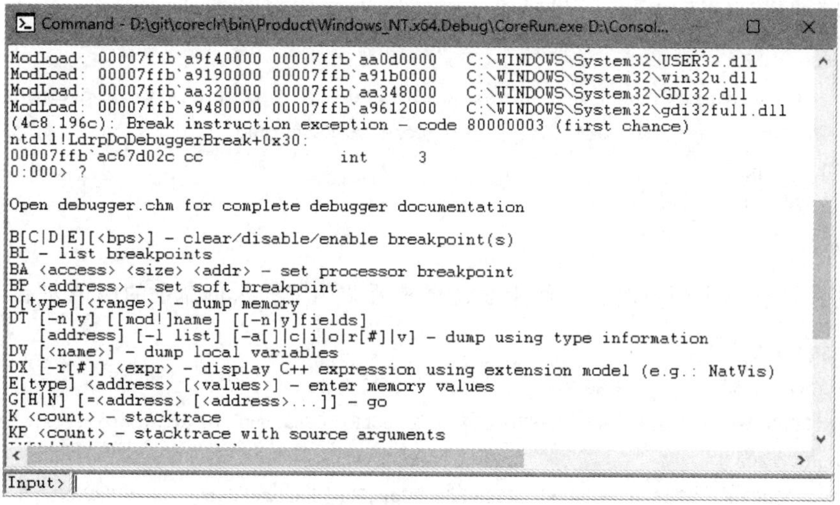

图 4.4 WinDbg 运行命令与查看命令输出的窗口

WinDbg 打开程序后会让程序停止在入口点，使用 g 命令可以让程序继续运行，如果没有触发断点，程序会一直运行到结束，程序运行到结束后可以使用 q 命令结束调试。

接下来可以重新打开 CoreRun.exe 然后添加断点，添加断点使用的是 bp 命令（breakpoint），执行"bp CoreCLR!EEStartup"命令，再执行 g 命令可以让程序停在 EEStartup 函数。执行命令的例子如下：

```
0:000 > bp CoreCLR!EEStartup
Bp expression 'CoreCLR!EEStartup' could not be resolved, adding deferred bp
0:000 > g
ModLoad: 00007ffb`a9aa0000  00007ffb`a9acd000   C:\WINDOWS\System32\IMM32.DLL
*** WARNING: Unable to verify checksum for D:\git\coreclr\bin\Product\Windows_NT.x64.Debug\CoreCLR.dll
ModLoad: 00007ffb`760e0000  00007ffb`77689000   D:\git\coreclr\bin\Product\Windows_NT.x64.Debug\CoreCLR.dll
ModLoad: 00007ffb`aab10000  00007ffb`aac61000   C:\WINDOWS\System32\ole32.dll
ModLoad: 00007ffb`a9a40000  00007ffb`a9a91000   C:\WINDOWS\System32\SHLWAPI.dll
ModLoad: 00007ffb`9b8f0000  00007ffb`9b8fa000   C:\WINDOWS\SYSTEM32\VERSION.dll
ModLoad: 00007ffb`a83c0000  00007ffb`a83e5000   C:\WINDOWS\SYSTEM32\bcrypt.dll
Breakpoint 0 hit
CoreCLR!EEStartup:
00007ffb`761a2490 894c2408        mov     dword ptr [rsp + 8],ecx ss:0000001d`1997e320 = 7758ab54
```

添加断点后可以使用 bl 命令查看断点列表，使用 bc 断点序号（例如 bc 0）可以

删除已有的断点,使用"bc*"可以删除所有断点。执行命令的例子如下:

```
0:000 > bl
     0 e Disable Clear   00007ffb`761a2490 [d:\git\coreclr\src\vm\ceemain.cpp @
      1205]    0001(0001) 0:**** CoreCLR!EEStartup
0:000 > bc 0
0:000 > bl
0:000 >
```

程序停在某个断点时可以使用 k 命令查看调用链。执行命令的例子如下:

```
0:000 > k
 # Child-SP          RetAddr           Call Site
00 0000001d`1997e318 00007ffb`761a3739 CoreCLR!EEStartup [d:\git\coreclr\src\vm\cee-
main.cpp @ 1205]
01 0000001d`1997e320 00007ffb`761a5fec CoreCLR!EnsureEEStarted + 0x229 [d:\git\
coreclr\src\vm\ceemain.cpp @ 366]
02 0000001d`1997e480 00007ffb`761b9b38 CoreCLR!InitializeEE + 0x2c [d:\git\coreclr\
src\vm\ceemain.cpp @ 304]
03 0000001d`1997e4b0 00007ffb`761b994c CoreCLR!CorRuntimeHostBase::Start + 0x168 [d:\
git\coreclr\src\vm\corhost.cpp @ 226]
*** WARNING: Unable to verify checksum for CoreRun.exe
04 0000001d`1997e5c0 00007ff7`48e6522d CoreCLR!CorHost2::Start + 0x1cc [d:\git\
coreclr\src\vm\corhost.cpp @ 184]
05 0000001d`1997e6e0 00007ff7`48e66d6b CoreRun!TryRun + 0x77d [d:\git\coreclr\src\
coreclr\hosts\corerun\corerun.cpp @ 467]
06 0000001d`1997f970 00007ff7`48efc144 CoreRun!wmain + 0x14b [d:\git\coreclr\src\
coreclr\hosts\corerun\corerun.cpp @ 696]
07 0000001d`1997fa10 00007ff7`48efc064 CoreRun!invoke_main + 0x34 [f:\dd\vctools\crt\
vcstartup\src\startup\exe_common.inl @ 91]
08 0000001d`1997fa50 00007ff7`48efbf2e CoreRun!__scrt_common_main_seh + 0x124 [f:\dd\
vctools\crt\vcstartup\src\startup\exe_common.inl @ 283]
09 0000001d`1997fab0 00007ff7`48efc1b9 CoreRun!__scrt_common_main + 0xe [f:\dd\vc-
tools\crt\vcstartup\src\startup\exe_common.inl @ 326]
0a 0000001d`1997fae0 00007ffb`aa473034 CoreRun!wmainCRTStartup + 0x9 [f:\dd\vctools\
crt\vcstartup\src\startup\exe_wmain.cpp @ 17]
0b 0000001d`1997fb10 00007ffb`ac621551 KERNEL32!BaseThreadInitThunk + 0x14
0c 0000001d`1997fb40 00000000`00000000 ntdll!RtlUserThreadStart + 0x21
```

如果想查看所有可以通过函数名称下断点的函数,可以先使用"x*!"命令查看有哪些模块,再使用"x 模块名称!*"命令查看模块导出表中的所有函数,例如使用"x CoreCLR!*"命令可以查看 CoreCLR 模块导出表中的所有函数。

程序停在断点后可以逐步执行程序,逐步执行程序使用的是 p 命令或 t 命令,p

命令是步过命令(执行单步,不进入调用函数内部),t 命令是步进命令(执行单步,进入调用函数内部)。为了方便调试,如果不在命令文本框输入内容而是直接按下回车,WinDbg 会重复执行最后一次执行的命令,因此可以先使用 p 命令或 t 命令,然后反复按下回车执行,如图 4.5 所示。

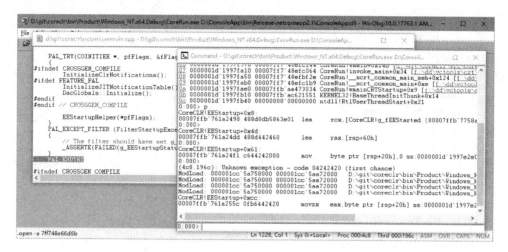

图 4.5　WinDbg 逐步执行原生函数的代码

如果想查看当前所有本地变量的值,可以使用 dv 命令。执行命令的例子如下:

```
0:000 > dv
         fFlags = 0n1982142640(No matching enumerant)
```

注意这个命令只适用于有除错信息的原生函数,对于没有除错信息的原生函数或者托管方法,这个命令不会输出有用的信息。

4.2.3　在 WinDbg 中使用 SOS 扩展

WinDbg 调试 .NET 程序时还可以使用 SOS(Son of Strike)扩展,SOS 扩展是微软提供用于在调试 .NET 程序时获取运行时内部信息的调试器插件,可以获取的信息包括托管堆中的对象列表、线程列表、对象信息、类型信息和方法信息等。加载与使用 SOS 扩展需要在 CoreCLR 模块载入后,可以按以下顺序执行命令加载:

```
bp CoreCLR!EEStartup
g
.loadby sos coreclr
```

SOS 扩展加载成功后可以使用"!help"命令查看可用的命令列表。执行命令的例子如下:

```
0:000 > !help
```

SOS is a debugger extension DLL designed to aid in the debugging of managed
programs. Functions are listed by category, then roughly in order of
importance. Shortcut names for popular functions are listed in parenthesis.
Type "!help <functionname>" for detailed info on that function.

```
Object Inspection                       Examining code and stacks
------------------------                ------------------------
DumpObj(do)                             Threads
DumpArray(da)                           ThreadState
DumpAsync                               IP2MD
DumpStackObjects(dso)                   U
DumpHeap                                DumpStack
DumpVC                                  EEStack
GCRoot                                  CLRStack
ObjSize                                 GCInfo
FinalizeQueue                           EHInfo
PrintException(pe)                      BPMD
TraverseHeap                            COMState


Examining CLR data structures           Diagnostic Utilities
------------------------                ------------------------
DumpDomain                              VerifyHeap
EEHeap                                  VerifyObj
Name2EE                                 FindRoots
SyncBlk                                 HeapStat
DumpMT                                  GCWhere
DumpClass                               ListNearObj(lno)
DumpMD                                  GCHandles
Token2EE                                GCHandleLeaks
EEVersion                               FinalizeQueue(fq)
DumpModule                              FindAppDomain
ThreadPool                              SaveModule
DumpAssembly                            ProcInfo
DumpSigElem                             StopOnException(soe)
DumpRuntimeTypes                        DumpLog
DumpSig                                 VMMap
RCWCleanupList                          VMStat
DumpIL                                  MinidumpMode
DumpRCW                                 AnalyzeOOM(ao)
DumpCCW


Examining the GC history                Other
```

HistInit	FAQ
HistRoot	
HistObj	
HistObjFind	
HistClear	

前面看到的 bp 命令可以给原生函数下断点,但这个命令并不适用于托管方法,给托管方法下断点需要使用 SOS 扩展提供的"!bpmd"命令,命令有两个参数,第一个参数是函数所在的 dll 名称,第二个参数是函数名称,以添加 .NET Core 程序中 Main 函数的断点为例。执行命令的例子如下:

```
0:000 > !bpmd ConsoleApp.dll ConsoleApp.Program.Main
Adding pending breakpoints...
0:000 > g
(25b0.191c): Unknown exception - code 04242420 (first chance)
ModLoad: 0000024d`f96e0000 0000024d`f9a02000   D:\git\coreclr\bin\Product\Windows_NT.x64.Debug\System.Private.CoreLib.dll
ModLoad: 0000024d`f96e0000 0000024d`f9a02000   D:\git\coreclr\bin\Product\Windows_NT.x64.Debug\System.Private.CoreLib.dll
ModLoad: 0000024d`f96e0000 0000024d`f9a02000   D:\git\coreclr\bin\Product\Windows_NT.x64.Debug\System.Private.CoreLib.dll
ModLoad: 0000024d`f96e0000 0000024d`f9a02000   D:\git\coreclr\bin\Product\Windows_NT.x64.Debug\System.Private.CoreLib.dll
(25b0.191c): CLR notification exception - code e0444143 (first chance)
ModLoad: 00007ffd`8a8a0000 00007ffd`8adcf000   D:\git\coreclr\bin\Product\Windows_NT.x64.Debug\clrjit.dll
ModLoad: 0000024d`df4f0000 0000024d`df4f8000   D:\ConsoleApp\bin\Release\netcoreapp2.1\ConsoleApp.dll
(25b0.191c): CLR notification exception - code e0444143 (first chance)
ModLoad: 00007ffd`b3e20000 00007ffd`b3e2d000   D:\git\coreclr\bin\Product\Windows_NT.x64.Debug\system.runtime.dll
(25b0.191c): CLR notification exception - code e0444143 (first chance)
ModLoad: 00007ffd`9f8b0000 00007ffd`9f8d7000   D:\git\coreclr\bin\Product\Windows_NT.x64.Debug\system.console.dll
(25b0.191c): CLR notification exception - code e0444143 (first chance)
(25b0.191c): CLR notification exception - code e0444143 (first chance)
JITTED ConsoleApp!ConsoleApp.Program.Main(System.String[])
Setting breakpoint: bp 00007FFD291429A0 [ConsoleApp.Program.Main(System.String[])]
Breakpoint 1 hit
00007ffd`291429a0 4883ec28        sub     rsp,28h
```

添加断点后使用 g 命令继续运行程序,会停在托管方法 Main 转换到汇编代码后的第一条指令，这时使用"uf."命令可以查看完整的汇编代码。执行命令的例子如下：

```
0:000 > uf .
00007ffd'291429a0 4883ec28              sub     rsp,28h
00007ffd'291429a4 48b9103136f14d020000  mov rcx,24DF1363110h
00007ffd'291429ae 488b09                mov     rcx,qword ptr [rcx]
00007ffd'291429b1 e852fcffff            call    00007ffd'29142608
00007ffd'291429b6 90                    nop
00007ffd'291429b7 4883c428              add     rsp,28h
00007ffd'291429bb c3                    ret
```

逐步执行汇编指令使用的命令与前面介绍的一样，可以使用 p 命令步过与 t 命令步进。执行命令的例子如下：

```
0:000 > p
00007ffd'291429a4 48b9103136f14d020000 mov rcx,24DF1363110h
0:000 >
00007ffd'291429ae 488b09                mov     rcx,qword ptr [rcx] ds:0000024d'f1363110
                                                 = 0000024de1387ea0
0:000 >
00007ffd'291429b1 e852fcffff            call    00007ffd'29142608
```

在 WinDbg 中列出托管方法的本地变量可以使用 SOS 扩展提供的"!DumpStackObjects"命令，执行命令的例子如下，这个命令只能列出引用类型的本地变量，且不包含变量名称：

```
0:000 > !DumpStackObjects
OS Thread Id: 0x191c(0)
RSP/REG          Object            Name
rcx              0000024de1387ea0 System.String    Hello World!
000000D1FD37D1E0 0000024de1387e88 System.String[]
000000D1FD37D318 0000024de1387e88 System.String[]
000000D1FD37D928 0000024de1387e88 System.String[]
000000D1FD37D930 0000024de1387e88 System.String[]
000000D1FD37D988 0000024de1387e88 System.String[]
000000D1FD37DF30 0000024de1387ea0 System.String    Hello World!
000000D1FD37E168 0000024de1387e88 System.String[]
000000D1FD37E240 0000024de1387e88 System.String[]
000000D1FD37E248 0000024de1387e88 System.String[]
```

查看每个对象的详细信息可以使用 SOS 扩展提供的"!DumpObj"命令，会输出对象的类型以及各个字段的值。执行命令的例子如下：

```
0:000 > !DumpObj 0000024de1387ea0
Name:          System.String
MethodTable:   00007ffd291f8fc8
EEClass:       00007ffd291ec240
Size:          50(0x32)bytes
File:          D:\git\coreclr\bin\Product\Windows_NT.x64.Debug\System.Private.Core-
Lib.dll
String:        Hello World!
Fields:
      MT            Field     Offset      Type VT        Attr          Value Name
00007ffd291ba598    400026c    8       System.Int32    1 instance       12 _stringLength
00007ffd291b3e88    400026d    c       System.Char     1 instance       48 _firstChar
00007ffd291f8fc8    400026e    70      System.String   0 shared         static Empty
>> Domain:Value   0000024ddf319350:NotInit <<
```

WinDbg 与 SOS 扩展还有很多命令，因为篇幅关系这一节只说明了最基本的使用方法，如果想了解更多的命令可以参考网站：http://windbg.info/doc/1-common-cmds.html，也可以阅读市面上专门讲解如何使用 WinDbg 调试 .NET 程序的书籍。此外本书的附录 D 对 SOS 扩展中的命令有更详细的介绍，包括各个命令的功能和使用例子。

4.2.4 更方便地调试托管方法对应的汇编代码

在 WinDbg 中使用非官方提供的 SOSEX 扩展可以在调试 .NET 程序时同时查看托管方法的源代码，下载地址：http://www.stevestechspot.com。遗憾的是这个扩展目前只能在调试 .NET Framework 程序时使用，需要等作者更新才可以支持 .NET Core 程序。

如果只是想查看托管方法对应的汇编代码，并查看执行各个指令时寄存器与内存的变化，可以使用 Visual Studio 自带的反汇编窗口，比使用 WinDbg 要简单很多，并且不要求自己编译 CoreCLR，具体方法请参考第 8 章第 1 节。

第 3 节　在 Linux 上编译 CoreCLR

1. 准备编译环境

这一节将介绍 CoreCLR 2.1 在 Linux 上的编译方法，因为 Linux 有很多发行版，这一节只介绍微软官方编译 CoreCLR 使用的发行版 Ubuntu。编译 CoreCLR 2.1 需要 Ubuntu 14.04 或以上版本，但因为 Ubuntu 14.04 已在 2019 年 4 月停止支持，推荐使用 Ubuntu 16.04 或 Ubuntu 18.04。以下介绍的方法在 Ubuntu 16.04.5 上检验过，通用于更新的 Ubuntu 版本。

在 Linux 上编译 CoreCLR 需要安装 C++编译器 Clang 和各种依赖的类库,在 Linux 上安装软件一般通过包管理器,Ubuntu 使用的包管理器是 apt,在命令行中执行以下命令即可安装编译所需要的工具以及类库:

```
sudoapt-get install cmake llvm-3.9 clang-3.9 lldb-3.9 \
liblldb-3.9-dev libunwind8 libunwind8-dev gettext libicu-dev \
liblttng-ust-dev libcurl4-openssl-dev libssl-dev libnuma-dev \
libkrb5-dev git
```

此外,Ubuntu 自带了编译 CoreCLR 所需的 Python,所以不需要额外安装。

2. 下载 CoreCLR 源代码

下载 CoreCLR 源代码的方法与 Windows 一样,在 Linux 上推荐使用 git 下载,执行命令如下:

```
git clone https://github.com/dotnet/coreclr
cd coreclr
git checkout release/2.1
```

下载后可以使用以下命令随时更新到最新的版本:

```
cd "coreclr 文件夹的所在路径"
git pull
```

3. 编译 CoreCLR

如果已经安装好编译所需要的工具,并且已经下载 CoreCLR 的源代码,就可以开始编译了。编译 CoreCLR 的命令如下,与 Windows 不同的是 Linux 上执行的脚本名称是 build.sh 而不是 build.cmd:

```
cd "coreclr 文件夹的所在路径"
./build.sh
```

编译完成后可以在 bin/Product/Linux.x64.Debug 找到输出文件,其中的 corerun 就是可用于运行 .NET Core 程序的主程序文件。build.sh 脚本默认使用 Debug 模式编译,这可以让编译出来的 CoreCLR 支持输出除错日志,并且可以使用调试工具调试 CoreCLR 自身。如果想使用 Release 模式编译,请执行以下的命令:

```
cd "coreclr 文件夹的所在路径"
./build.sh -release
```

使用 Release 模式编译后可以在 bin/Product/Linux.x64.Release 找到输出文件。

4. 使用编译出来的 CoreCLR

到这里我们就有了自己编译的 CoreCLR,但使用它运行现有的 .NET Core 程序还差一步，运行 .NET Core 程序不仅需要运行时(CoreCLR)还需要基础类库也就是以 System 开头的 dll，这些 dll 可以通过编译 CoreFX 项目得到，也可以使用现成的文件。编译 CoreFX 项目的方法与 CoreCLR 基本一样，从仓库地址：https://github.com/dotnet/corefx 下载并运行 build.sh 脚本即可。

如果想省去编译的时间，可以使用现成的文件，安装 .Net Core 2.1.5 的 SDK (v2.1.403)后可以在"/usr/share/dotnet/shared/Microsoft.NETCore.App/2.1.5"找到这些 dll 文件，把这些 dll 文件复制到 CoreCLR 所在的目录，也就是复制到"bin/Product/Linux.x64.Debug"即可。复制可以使用以下命令，复制后可以看到 System.Runtime.dll 和 corerun 文件在同一个目录下：

```
cd "coreclr 文件夹的所在路径"
cd bin/Product/Linux.x64.Debug
cp -n /usr/share/dotnet/shared/Microsoft.NETCore.App/2.1.5/* .
ls
```

如果没有现成的 .NET Core 程序，可以使用以下命令创建一个新的：

```
mkdir ~/ConsoleApp
cd ~/ConsoleApp
dotnet new console
dotnet build -c Release
```

创建出来的程序在路径"~/ConsoleApp/bin/Release/netcoreapp2.1/ConsoleApp.dll"，如果路径中的目录名称不是 netcoreapp2.1 请检查"~/ConsoleApp/ConsoleApp.csproj"中的 TargetFramework 设置项是否是 netcoreapp2.1。如果创建成功，接下来可以使用 CoreCLR 的主程序 corerun 运行 .NET Core 程序，命令如下：

```
cd "coreclr 文件夹的所在路径"
cd bin/Product/Linux.x64.Debug
./corerun ~/ConsoleApp/bin/Release/netcoreapp2.1/ConsoleApp.dll
```

如果程序执行成功，那么恭喜您已经完成了本节的目标，下一节将介绍如何在 Linux 上调试自己编译出来的 CoreCLR。

5. 最新的编译文档

这一节介绍的编译方法可能不适用于新的 CoreCLR 版本，可以参考 Github 上 CoreCLR 仓库中的最新文档，网址：https://github.com/dotnet/coreclr/blob/master/Documentation/building/linux-instructions.md。此文档还包含了其他 Linux 发行版的编译环境配置方法和交叉编译 ARM 版本的方法。

注意：微软把 .NET Core 5.0 以后的代码移动到了新的仓库中，如果要编译 5.0 以后的源代码请参考以下链接：

https://github.com/dotnet/runtime;

https://github.com/dotnet/runtime/blob/master/docs/workflow/linux-requirements.md;

https://github.com/dotnet/runtime/blob/master/docs/workflow/building/coreclr/linux-instructions.md。

第4节 在Linux上调试CoreCLR

4.4.1 使用LLDB调试CoreCLR

在Linux上调试自己编译出来的CoreCLR最推荐的方法是使用LLDB,这个调试工具和编译CoreCLR使用的Clang编译器都属于LLVM项目,它使用相对简单并且支持微软提供的SOS扩展。安装LLDB可以使用以下命令,如果已经执行过上一节的操作那么就已经安装过LLDB,不需要重新安装:

sudo apt-get install lldb-3.9

以上一节使用自己编译的CoreCLR运行.NET Core程序的命令为例,使用LLDB调试只需要在目标命令前添加lldb-3.9,完整命令例子如下:

cd "coreclr文件夹的所在路径"
cd bin/Product/Linux.x64.Debug
lldb-3.9 ./corerun ~/ConsoleApp/bin/Release/netcoreapp2.1/ConsoleApp.dll

以上命令执行后会出现LLDB的交互界面,与本章第2节介绍的WinDbg相似,LLDB会接收输入的命令,执行操作然后输出文本。LLDB执行后默认不会自动运行程序,可以使用r(run)命令运行程序,执行命令的例子如下:

(lldb)r
Process 1491 launched: './corerun'(x86_64)
Hello World!
Process 1491 exited with status = 0(0x00000000)

r命令在程序结束后可以再次使用,不需要重新运行LLDB。
添加断点和查看断点列表可以使用b(breakpoint)命令,以CoreCLR中的EEStartup函数为例,添加断点和查看断点列表的命令如下:

(lldb)b EEStartup
Breakpoint 1: where = libcoreclr.so`EEStartup(tagCOINITEE) + 34 at ceemain.cpp:1209, address = 0x00007ffff5ec0bf2
(lldb)b
Current breakpoints:

1: name = 'EEStartup', locations = 1
　　1.1: where = libcoreclr.so`EEStartup(tagCOINITEE) + 34 at ceemain.cpp:1209, address = 0x00007ffff5ec0bf2, unresolved, hit count = 0

如果在运行 LLDB 后不执行 r 命令，而是先添加断点后看到"Breakpoint 1: no locations(pending)"信息，这是因为函数所在的模块未加载所以内存地址未知，LLDB 会在模块实际加载时自动定位函数的内存地址，所以在运行程序前添加断点也可以正常工作。删除已添加的断点可以使用"br del 断点序号"命令，执行命令的例子如下：

(lldb)br del 1
1 breakpoints deleted; 0 breakpoint locations disabled.
(lldb)b
No breakpoints currently set.

添加断点后可以使用 r 命令运行程序，程序会一直运行直到触发断点，执行命令的例子如下：

(lldb)b EEStartup
Breakpoint 1: no locations(pending).
WARNING: Unable to resolve breakpoint to any actual locations.
(lldb)r
Process 1586 launched: './corerun'(x86_64)
1 location added to breakpoint 1
Process 1586 stopped
* thread #1: tid = 1586, 0x00007ffff5ec0bf2 libcoreclr.so`EEStartup(fFlags = COINITEE_DEFAULT) + 34 at ceemain.cpp:1209, name = 'corerun', stop reason = breakpoint 1.1
　　frame #0: 0x00007ffff5ec0bf2 libcoreclr.so`EEStartup(fFlags = COINITEE_DEFAULT) + 34 at ceemain.cpp:1209
　　1206　　// Cannot use normal contracts here because of the PAL_TRY.
　　1207　　STATIC_CONTRACT_NOTHROW;
　　1208
-> 1209　　_ASSERTE(!g_fEEStarted && !g_fEEInit && SUCCEEDED(g_EEStartupStatus));
　　1210
　　1211　　PAL_TRY(COINITIEE *, pfFlags, &fFlags)
　　1212　　{

程序停在断点后使用 c(continue)命令可以继续运行程序，直到触发下一个断点，如果没有触发下一个断点则程序会一直运行到结束，执行命令的例子如下：

(lldb)c
Process 1586 resuming
Hello World!
Process 1586 exited with status = 0(0x00000000)

逐步执行程序可以使用n(next)命令和s(step)命令,n命令是步过命令(执行单步,不进入调用函数内部),s命令是步进命令(执行单步,进入调用函数内部)。为了方便调试,如果不输入命令内容而是直接按下回车,LLDB会重复执行最后一次执行的命令,所以可以先使用n命令或s命令,然后反复按下回车执行。执行命令的例子如下:

```
(lldb)r
Process 1629 launched: './corerun'(x86_64)
Process 1629 stopped
* thread #1: tid = 1629, 0x00007ffff5ec0bf2 libcoreclr.so`EEStartup(fFlags = COINITIEE_DEFAULT) + 34 at ceemain.cpp:1209, name = 'corerun', stop reason = breakpoint 1.1
     frame #0: 0x00007ffff5ec0bf2 libcoreclr.so`EEStartup(fFlags = COINITIEE_DEFAULT) + 34 at ceemain.cpp:1209
   1206         // Cannot use normal contracts here because of the PAL_TRY
   1207         STATIC_CONTRACT_NOTHROW;
   1208
-> 1209         _ASSERTE(!g_fEEStarted && !g_fEEInit && SUCCEEDED(g_EEStartupStatus));
   1210
   1211         PAL_TRY(COINITIEE *, pfFlags, &fFlags)
   1212         {
(lldb)n
Process 1629 stopped
* thread #1: tid = 1629, 0x00007ffff5ec0c45 libcoreclr.so`EEStartup(fFlags = COINITIEE_DEFAULT) + 117 at ceemain.cpp:1211, name = 'corerun', stop reason = step over
     frame #0: 0x00007ffff5ec0c45 libcoreclr.so`EEStartup(fFlags = COINITIEE_DEFAULT) + 117 at ceemain.cpp:1211
   1208
   1209         _ASSERTE(!g_fEEStarted && !g_fEEInit && SUCCEEDED(g_EEStartupStatus));
   1210
-> 1211         PAL_TRY(COINITIEE *, pfFlags, &fFlags)
   1212         {
   1213 #ifndef CROSSGEN_COMPILE
   1214             InitializeClrNotifications();
(lldb)
Process 1629 stopped
* thread #1: tid = 1629, 0x00007ffff5ec0c49 libcoreclr.so`EEStartup(fFlags = COINITIEE_DEFAULT) + 121 at ceemain.cpp:1223, name = 'corerun', stop reason = step over
     frame #0: 0x00007ffff5ec0c49 libcoreclr.so`EEStartup(fFlags = COINITIEE_DEFAULT) + 121 at ceemain.cpp:1223
   1220
   1221             EEStartupHelper(*pfFlags);
   1222         }
```

```
-> 1223     PAL_EXCEPT_FILTER(FilterStartupException)
   1224     {
   1225         // The filter should have set g_EEStartupStatus to a failure HRESULT.
   1226         _ASSERTE(FAILED(g_EEStartupStatus));
```

如果想查看当前所有本地变量的值，可以使用"fr v(frame variable)"命令，执行命令的例子如下。注意 n 命令、s 命令和"fr v"命令只适用于有除错信息的原生函数，对于没有除错信息的原生函数或者托管方法，不应该使用这些命令。

```
(lldb)fr v
(COINITIEE)fFlags = COINITEE_DEFAULT
(COINITIEE *)__param = 0x00007fffffffdda4
((anonymous class))tryBlock = {}
(const bool)isFinally = false
((anonymous class))finallyBlock = {}
(EXCEPTION_DISPOSITION)disposition = 32767
((anonymous class))exceptionFilter = {
  disposition = 0x00007ffff5cc8925
  __param = 0x00007fffffffddb0
}
(PAL_SEHException &)ex = 0x00007ffff6d37dc0: {
  ExceptionPointers = {
    ExceptionRecord = 0x0000000000000001
    ContextRecord = 0x0000000000624530
  }
  TargetFrameSp = 0
  RecordsOnStack = false
}
```

4.4.2　在 LLDB 中使用 SOS 扩展

与 WinDbg 一样，LLDB 在调试 .NET 程序时还可以使用 SOS(Son of Strike) 扩展，SOS 扩展是微软提供用于在调试 .NET 程序时获取运行时内部信息的调试器插件，可以获取的信息包括托管堆中的对象列表、线程列表、对象信息、类型信息和方法信息等。加载和使用 SOS 扩展需要在 CoreCLR 模块载入后，按以下顺序执行命令加载：

- plugin load libsosplugin.so：加载 SOS 扩展；
- process launch - s：运行程序，与 r 命令的区别是程序会停在入口点；
- process handle - s false SIGUSR1 SIGUSR2：设置不捕捉指定信号，它们在运行时内部用于劫持线程；
- b LoadLibraryExW：添加断点，需要运行到这里才能使用 SOS 扩展中的功能；
- c：继续运行程序直到触发断点；
- br del 1：删除断点避免重复触发；
- sos Help：执行 SOS 扩展中的命令，查看可用的命令列表。

在 LLDB 中加载 SOS 扩展的步骤比较复杂，如果不想每次都重复以上的命令，可以在启动 LLDB 时通过"-o"参数传入它们，可以把以下内容保存到一个 sh 文件然后每次都执行它：

```
#!/usr/bin/env sh
lldb-3.9 \
    -o "plugin load libsosplugin.so" \
    -o "process launch -s" \
    -o "process handle -s false SIGUSR1 SIGUSR2" \
    -o "b LoadLibraryExW" \
    -o "c" \
    -o "br del 1" \
    -o "sos Help" \
    ./corerun ~/ConsoleApp/bin/Release/netcoreapp2.1/ConsoleApp.dll
```

实际执行效果如下：

```
(lldb)plugin load libsosplugin.so
(lldb)process launch -s
Process 1720 launched: './corerun'(x86_64)
(lldb)process handle -s false SIGUSR1 SIGUSR2
NAME         PASS   STOP   NOTIFY
=========    =====  =====  ======
SIGUSR1      true   false  true
SIGUSR2      true   false  true
(lldb)b LoadLibraryExW
Breakpoint 1: no locations(pending).
WARNING: Unable to resolve breakpoint to any actual locations.
(lldb)c
1 location added to breakpoint 1
Process 1720 resuming
Process 1720 stopped
  * thread #1: tid = 1720, 0x00007ffff659f8b3 libcoreclr.so`::LoadLibraryExW(lpLib-
FileName = u"/home/ubuntu/coreclr/bin/Product/Linux.x64.Debug/libclrjit.so", hFile =
0x0000000000000000, dwFlags = 0) + 35 at module.cpp:214, name = 'corerun', stop reason =
breakpoint 1.1
        frame #0: 0x00007ffff659f8b3 libcoreclr.so`::LoadLibraryExW(lpLibFileName = u"/
home/ubuntu/coreclr/bin/Product/Linux.x64.Debug/libclrjit.so", hFile = 0x00000000000
```

```
00000, dwFlags = 0) + 35 at module.cpp:214
        211         IN / * Reserved * / HANDLE hFile,
        212         IN DWORD dwFlags)
        213     {
->      214         if(dwFlags != 0)
        215         {
        216             // UNIXTODO: Implement this
        217             ASSERT("Needs Implementation!!!");

(lldb)br del 1
1 breakpoints deleted; 0 breakpoint locations disabled.
(lldb)sos Help
-----------------------------------------------------------
SOS is a debugger extension DLL designed to aid in the debugging of managed
programs. Functions are listed by category, then roughly in order of
importance. Shortcut names for popular functions are listed in parenthesis.
Type "soshelp <functionname>" for detailed info on that function.


Object Inspection                   Examining code and stacks
----------------------              -----------------------
DumpObj(dumpobj)                    Threads(clrthreads)
DumpArray                           ThreadState
DumpStackObjects(dso)               IP2MD(ip2md)
DumpHeap(dumpheap)                  u(clru)
DumpVC                              DumpStack(dumpstack)
GCRoot(gcroot)                      EEStack(eestack)
PrintException(pe)                  ClrStack(clrstack)
                                    GCInfo
                                    EHInfo
                                    bpmd(bpmd)


Examining CLR data structures       Diagnostic Utilities
----------------------              -----------------------
DumpDomain                          VerifyHeap
EEHeap(eeheap)                      FindAppDomain
Name2EE(name2ee)                    DumpLog(dumplog)
DumpMT(dumpmt)
DumpClass(dumpclass)
DumpMD(dumpmd)
Token2EE
DumpModule(dumpmodule)
DumpAssembly
```

DumpRuntimeTypes

DumpIL(dumpil)

DumpSig

DumpSigElem

Examining the GC history	Other
HistInit(histinit)	FAQ
HistRoot(histroot)	CreateDump(createdump)
HistObj (histobj)	Help(soshelp)
HistObjFind(histobjfind)	
HistClear(histclear)	

与 WinDbg 不一样，在 LLDB 中执行 SOS 扩展的命令需要添加 sos 前缀，并且需要注意大小写，部分命令提供了不需要 sos 前缀的缩写，例如执行 soshelp 命令等于执行 sos Help 命令，执行 clrthreads 命令等于执行 sos Threads 命令。

前面看到的 b 命令可以给原生函数下断点，但这个命令并不适用于托管方法，给托管方法下断点需要使用 SOS 扩展提供的"sos bpmd(breakpoint managed)"命令，命令有两个参数，第一个参数是函数所在的 dll 名称，第二个参数是函数名称。以添加 .NET Core 程序中 Main 函数的断点为例，执行命令的例子如下：

```
(lldb)sos bpmd ConsoleApp.dll ConsoleApp.Program.Main
Adding pending breakpoints...
(lldb)c
JITTED ConsoleApp!ConsoleApp.Program.Main(System.String[])
Setting breakpoint: breakpoint set - - address 0x00007FFF7D7121C0 [ConsoleApp.Program.Main(System.String[])]
Process 1720 resuming
Process 1720 stopped
  * thread #1: tid = 1720, 0x00007fff7d7121c0, name = 'corerun', stop reason = breakpoint 3.1
    frame #0: 0x00007fff7d7121c0
->  0x7fff7d7121c0: pushq  %rax
    0x7fff7d7121c1: movabsq $ 0x7fff6c001068, %rdi    ; imm = 0x7FFF6C001068
    0x7fff7d7121cb: movq   (%rdi), %rdi
    0x7fff7d7121ce: callq  0x7fff7d711e30
```

逐步执行汇编指令可以使用 ni(next instruction)命令和 si(step instruction)命令，ni 命令是汇编指令步过命令，si 命令是汇编指令步进命令，前面介绍的步过与步进命令后面加上 i 就可适用于汇编指令。执行命令的例子如下：

```
(lldb)ni
```

```
(lldb)Process 1720 stopped
  * thread #1: tid = 1720, 0x00007fff7d7121c1, name = 'corerun', stop reason = instruc-
tion step over
    frame #0: 0x00007fff7d7121c1
->  0x7fff7d7121c1: movabsq $ 0x7fff6c001068, % rdi    ; imm = 0x7FFF6C001068
    0x7fff7d7121cb: movq   (% rdi), % rdi
    0x7fff7d7121ce: callq  0x7fff7d711e30
    0x7fff7d7121d3: nop
(lldb)
(lldb)Process 1720 stopped
  * thread #1: tid = 1720, 0x00007fff7d7121cb, name = 'corerun', stop reason = instruc-
tion step over
    frame #0: 0x00007fff7d7121cb
->  0x7fff7d7121cb: movq   (% rdi), % rdi
    0x7fff7d7121ce: callq  0x7fff7d711e30
    0x7fff7d7121d3: nop
    0x7fff7d7121d4: addq   $ 0x8, % rsp
```

与 WinDbg 一样，LLDB 不能直接看到托管方法对应的源代码和按名称列出本地变量，可以通过 SOS 扩展来查看相关的信息。使用"sos u ＄rip"命令可以看到当前托管方法对应的完整汇编代码，以及汇编指令对应源代码中的哪一行，执行命令的例子如下：

```
(lldb)sos u $ rip
Normal JIT generated code
ConsoleApp.Program.Main(System.String[])
Begin 00007FFF7D7121C0, size 19

/home/ubuntu/ConsoleApp/Program.cs @ 9:
00007fff7d7121c0 50                          push    rax
00007fff7d7121c1 48bf6810006cff7f0000 movabs  rdi, 0x7fff6c001068
>>> 00007fff7d7121cb 488b3f                  mov     rdi, qword ptr [rdi]
00007fff7d7121ce e85dfcffff                  call    0x7fff7d711e30(System.Console.Write-
                                             Line(System.String), mdToken: 0000000006000087)

/home/ubuntu/ConsoleApp/Program.cs @ 10:
00007fff7d7121d3 90                          nop
00007fff7d7121d4 4883c408                    add     rsp, 0x8
00007fff7d7121d8 c3                          ret
```

注意此命令输出的汇编代码是 Intel 记法，而 LLDB 默认输出的汇编代码是 AT&T 记法，可参考第 3 章第 4 节对这两种记法的说明。

而列出托管方法的本地变量可以使用 SOS 扩展提供的 sos DumpStackObjects 命令，执行命令的例子如下，这个命令只能列出引用类型的本地变量，并且不包含变量名称：

```
(lldb)sos DumpStackObjects
OS Thread Id: 0x6b8(1)
RSP/REG            Object              Name
00007FFFFFFFD3E0   00007fff5c01a238    System.String[]
00007FFFFFFFD6B8   00007fff5c01a238    System.String[]
00007FFFFFFFD708   00007fff5c01a238    System.String[]
00007FFFFFFFD710   00007fff5c01a238    System.String[]
00007FFFFFFFD740   00007fff5c01a238    System.String[]
00007FFFFFFFDA30   00007fff5c01a238    System.String[]
00007FFFFFFFDB90   00007fff5c01a238    System.String[]
00007FFFFFFFDBA8   00007fff5c01a250    System.String     Hello World!
00007FFFFFFFDBE8   00007fff5c01a238    System.String[]
00007FFFFFFFDEE0   00007fff5c01a238    System.String[]
00007FFFFFFFDEE8   00007fff5c01a238    System.String[]
00007FFFFFFFDEF0   00007fff5c01a238    System.String[]
```

查看每个对象的详细信息可以使用 SOS 扩展提供的 sos DumpObj 命令，会输出对象的类型以及各个字段的值。执行命令的例子如下：

```
(lldb)sos DumpObj 00007fff5c01a250
Name:          System.String
MethodTable:   00007fff7d3e8650
EEClass:       00007fff7c20fbf8
Size:          50(0x32)bytes
File:          /home/ubuntu/coreclr/bin/Product/Linux.x64.Debug/System.Private.Core-
               Lib.dll
String:        Hello World!
Fields:
      MT            Field       Offset   Type VT        Attr         Value Name
00007fff7d3ec310    40001aa     8        System.Int32   1 instance      12 _stringLength
00007fff7d3e9790    40001ab     c        System.Char    1 instance      48 _firstChar
00007fff7d3e8650    40001ac     40       System.String  0 shared    static Empty
    >> Domain:Value 0000000000669720:NotInit <<
```

除了 SOS 扩展中的命令外，也可以使用 LLDB 自带的 p 命令查看表达式的评价结果，表达式需要使用 C++语言编写。执行命令的例子如下，这个例子查看了字符串对象中"_stringLength"字段的内容：

```
(lldb)p *(int*)(0x00007fff5c01a250+8)
(int) $ 2 = 12
```

此外还可以使用 memory read 命令查看内存中的内容。执行命令的例子如下，这个例子查看了字符串对象在堆上的内容：

```
(lldb)memory read -s 1 -c 64 00007fff5c01a250
0x7fff5c01a250: 50 86 3e 7d ff 7f 00 00 0c 00 00 00 48 00 65 00   P.>}........H.e.
0x7fff5c01a260: 6c 00 6c 00 6f 00 20 00 57 00 6f 00 72 00 6c 00   l.l.o. .W.o.r.l.
0x7fff5c01a270: 64 00 21 00 00 00 00 00 00 00 00 00 00 00 00 00   d.!.............
0x7fff5c01a280: 00 00 00 00 00 00 00 00 00 00 00 00 00 00 00 00   ................
```

LLDB 与 SOS 扩展还有很多命令, 因为篇幅关系这一节只说明了最基本的使用方法, 如果想了解更多的 LLDB 命令, 可以参考网站: https://lldb.llvm.org/tutorial.html 和 https://lldb.llvm.org/lldb-gdb.html。此外本书的附录 D 会对 SOS 扩展中的命令做出更详细的介绍, 包括各个命令的功能和使用例子。

第 5 章

异常处理实现

程序在执行的过程中可能会遇到很多意外的情况,例如对象为空、文件打开失败和数据格式不对等,这些情况可能由不正确的代码逻辑、环境配置和用户输入等因素触发。如何处理好这些情况并减少它们带来的影响,是软件开发者必须考虑的问题。

处理意外情况传统的做法是使用通过函数的返回值报告处理过程中是否发生错误,并且通过线程本地变量(errno/GetLastError)储存最后一次发生错误的原因。这样做的好处是实现非常简单且开销小,但会增加开发者编写代码的负担,并且容易因为开发者的疏忽而导致错误被忽略。

很多编程语言提供了另外一种做法,即使用异常(Exception)来报告错误。使用异常来报告错误支持统一捕捉并处理指定代码区域内发生的所有错误,可以减少代码量并标准化错误处理流程,但实现异常处理需要编译器和运行时的支持,例如编译器需要生成异常处理使用的数据,运行时需要在异常发生时读取和分析这些数据确定在什么地方处理,实现起来比较复杂。本章将讲解 .NET Core 中异常机制的实现原理,以及异常处理对性能的影响。

阅读本章的前提知识点如下:
- 了解 C♯语言中异常处理的语法;
- 已阅读并基本理解第 2 章(MSIL 入门)的内容;
- 已阅读并基本理解第 3 章(x86 汇编入门)的内容。

第 1 节　异常处理简介

5.1.1　通过返回值报告错误与通过异常报告错误的区别

在传统的程序例如 C 语言编写的程序中,代码会通过函数的返回值报告判断是否发生错误,并且通过线程本地变量储存最后一次发生错误的原因,例如 Windows 系统的 GetLastError 函数和类 Unix 系统(Linux 与 OSX 等)的 errno 宏都可以用于获取最后一次发生错误的原因。这样做实现简单并且开销小,但是会带来以下的问题:
- 每次调用可能发生错误的函数都需要检查返回值,容易导致错误被忽略;

- 传递详细的错误信息需要自定义结构体;
- 如果错误无法在当前函数中处理,需要将错误继续传递到上层,而记录传递路径与保持错误的详细信息不容易;
- 如果一个不会发生错误的函数在代码重构后,变得有可能会发生错误,则需要修改函数签名(例如通过返回值传递是否成功)以及所有调用该函数的代码。

异常处理(Exception Handling)机制的出现解决了这些问题。异常处理独立于控制流程之外,某个范围内发生的所有错误都可以统一捕捉并处理,并且报告错误不需要通过返回值。可以参考图 5.1 理解传统的错误处理与使用异常处理错误的区别。

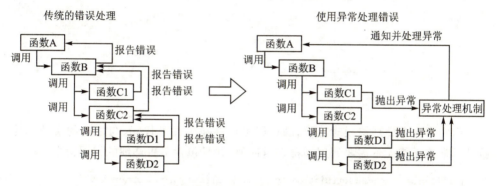

图 5.1 传统的错误处理与使用异常处理错误的区别

还可以参考以下代码,TryGetInt 函数会尝试从 Dictionary <string, string>对象获取指定键对应的字符串,将字符串转换到 int,再返回转换后的 int 值,如果指定键没有对应的字符串或者字符串转换到 int 类型失败,则通过返回值把错误传递给上一层。

```
public static bool TryGetInt(
Dictionary <string, string> dict, string key, out int result)
{
    string strValue;
    if(!dict.TryGetValue(key, out strValue))
    {
        result = 0;
        return false;
    }
    int intValue;
    if(!int.TryParse(strValue, out intValue))
    {
        result = 0;
```

```csharp
        return false;
    }
    result = intValue;
    return true;
}

public static void Example(Dictionary <string, string> dict, string key)
{
    var success = TryGetInt(dict, key, outvar result);
    if(success)
    {
        Console.WriteLine(result);
    }
    else
    {
        Console.WriteLine("Get int failed");
    }
}
```

而使用异常处理错误时,前面的代码可以转换为以下代码,与之前的实现相比,通过异常传递错误不需要调用端检查返回值,并且包含了更详细的错误信息:

```csharp
public static int GetInt(Dictionary <string, string> dict, string key)
{
    string strValue;
    if(!dict.TryGetValue(key, out strValue))
    {
        throw new KeyNotFoundException( $ "Key {key} does not exist");
    }
    int intValue;
    if(!int.TryParse(strValue, out intValue))
    {
        throw new FormatException(
            $ "String {strValue} can't be converted to an integer");
    }
    return intValue;
}

public static void Example(Dictionary <string, string> dict, string key)
{
    try
    {
        Console.WriteLine(GetInt(dict, key));
```

```
        }
        catch(Exception ex)
        {
            Console.WriteLine("Get int failed: {0}", ex);
        }
    }
```

使用异常处理错误的一个特征是,如果不处理错误,错误会自动传递到上一层。前面的 GetInt 函数还可以简化为以下的代码,dict[key] 和 int.Parse 在失败时抛出的异常会自动传递给调用端:

```
public static int GetInt(Dictionary<string, string> dict, string key)
{
    returnint.Parse(dict[key]);
}
```

虽然异常处理机制有很多好处,但实现这个机制不是一件简单的事情,并且异常发生时的处理成本非常高,因此很多时候开发者仍会选择使用返回值来报告错误。

5.1.2 .NET 中的异常处理

在 .NET 中,异常处理由 try 块、catch 块、catch 过滤器(when)和 finally 块组成,并且支持多层嵌套。try 块中的代码无论是否抛出异常,在结束后都会执行 finally 块的代码,而如果抛出异常,.NET 运行时会根据 catch 块中指定的异常类型以及 catch 过滤器的返回结果找到对应的 catch 块,然后把异常对象传递给该 catch 块,并恢复程序的运行。

要理解异常处理的实现,可以首先了解一下 .NET 中异常结构在程序中的保存方式。.NET 程序中的每个托管函数都会有对应的异常处理表(Exception Handling Table,部分文档会简称为 EH Table),异常处理表记录了 try 块、catch 块、catch 过滤器以及 finally 块的范围与它们的对应关系,以下面使用 C# 编写的函数为例:

```
public static void Example()
{
    try
    {
        Console.WriteLine("Try outer");
        try
        {
            Console.WriteLine("Try inner");
        }
        catch(Exception)
        {
```

```
            Console.WriteLine("Catch Exception inner");
        }
    }
    catch(ArgumentException)
    {
        Console.WriteLine("Catch ArgumentException outer");
    }
    catch(Exception)
    {
        Console.WriteLine("Catch Exception outer");
    }
    finally
    {
        Console.WriteLine("Finally outer");
    }
}
```

这个函数转换到的 IL 代码如下，转换使用的工具是 ildasm，因为 ildasm 工具默认会根据异常处理表给 IL 代码添加注解然后隐藏异常处理表的信息，转换时还需要取消 Expand try/catch 选项：

```
.method public hidebysig static void Example() cil managed
{
  .entrypoint
  // Code size       96(0x60)
  .maxstack  1
  IL_0000:  nop
  IL_0001:  nop
  IL_0002:  ldstr      "Try outer"
  IL_0007:  call       void [System.Console]System.Console::WriteLine(string)
  IL_000c:  nop
  IL_000d:  nop
  IL_000e:  ldstr      "Try inner"
  IL_0013:  call       void [System.Console]System.Console::WriteLine(string)
  IL_0018:  nop
  IL_0019:  nop
  IL_001a:  leave.s    IL_002c  // 里层的 try 结束后跳到 IL_002c
  IL_001c:  pop
  IL_001d:  nop
  IL_001e:  ldstr      "Catch Exception inner"
  IL_0023:  call       void [System.Console]System.Console::WriteLine(string)
  IL_0028:  nop
```

```
IL_0029:   nop
IL_002a:   leave.s     IL_002c  // 里层的 catch 结束后跳到 IL_002c
IL_002c:   nop
IL_002d:   leave.s     IL_004f  // 外层的 try 结束后跳到 IL_004f
IL_002f:   pop
IL_0030:   nop
IL_0031:   ldstr       "Catch ArgumentException outer"
IL_0036:   call        void [System.Console]System.Console::WriteLine(string)
IL_003b:   nop
IL_003c:   nop
IL_003d:   leave.s     IL_004f  // 外层的第一个 catch 结束后到 IL_004f
IL_003f:   pop
IL_0040:   nop
IL_0041:   ldstr       "Catch Exception outer"
IL_0046:   call        void [System.Console]System.Console::WriteLine(string)
IL_004b:   nop
IL_004c:   nop
IL_004d:   leave.s     IL_004f  // 外层的第二个 catch 结束后跳到 IL_004f
IL_004f:   leave.s     IL_005f  // 外层的 try-catch-catch 结束后
                                // 跳转到 IL_005f
IL_0051:   nop
IL_0052:   ldstr       "Finally outer"
IL_0057:   call        void [System.Console]System.Console::WriteLine(string)
IL_005c:   nop
IL_005d:   nop
IL_005e:   endfinally
IL_005f:   ret
IL_0060:
// Exception count 4
.try IL_000d to IL_001c catch [System.Runtime]System.Exception handler IL_001c to IL_002c
.try IL_0001 to IL_002f catch [System.Runtime]System.ArgumentException handler IL_002f to IL_003f
.try IL_0001 to IL_002f catch [System.Runtime]System.Exception handler IL_003f to IL_004f
.try IL_0001 to IL_0051 finally handler IL_0051 to IL_005f
} // end of method Program::Example
```

IL 代码中的最后 4 行就是这个函数的异常处理表，这 4 行的意义如下：

- 从 IL_000d 到 IL_001c 间代码发生的 System.Exception 异常，由 IL_001c 到 IL_002c 间的代码处理；
- 从 IL_0001 到 IL_002f 间代码发生的 System.ArgumentException 异常，由

IL_002f 到 IL_003f 间的代码处理；
- 从 IL_0001 到 IL_002f 间代码发生的 System.Exception 异常，由 IL_003f 到 IL_004f 间的代码处理；
- 从 IL_0001 到 IL_0051 间代码无论是否发生异常，都应在结束后执行自 IL_0051 至 IL_005f 间的代码。

在发生异常时，.NET 运行时会检索异常处理表匹配是否存在对应的 catch 块或 finally 块，检索时会按储存的顺序并在找到对应 catch 块时停止。例如 IL_0013 处的代码抛出异常时，虽然异常处理表中 4 项范围都包含了 IL_0013，但 .NET 运行时只会使用第一项，也就是跳转到 IL_001c 处的代码处理异常。此外，通过观察最后一条记录，可以发现编译到 IL 后"try ｛ ｝catch ｛ ｝finally ｛ ｝"形式会被转换为"try ｛ try ｛ ｝catch ｛ ｝ ｝finally ｛ ｝"形式，它们的意义一样。

在实际运行 .NET 程序时，JIT 编译器会把 IL 代码转换为机器码，并根据"IL 代码对应的异常处理表"生成"机器码对应的异常处理表"，内容与前文提到的相似，只是把"IL 代码偏移值"换为"机器码所在的内存地址"，具体的结构可以参考第 8 章第 21 节。.NET 运行时会根据机器码对应的异常处理表处理异常，处理的方式会在接下来的章节介绍。

第 2 节　用户异常的触发

5.2.1　用户异常

.NET 中的异常可以按触发方式分为用户异常和硬件异常，其中用户异常是程序代码主动请求 .NET 运行时抛出的异常。用户异常的触发不依赖于硬件和操作系统提供的机制，最常见的场景是在托管代码中使用 IL 指令 throw 抛出异常对象，除此之外用户异常还会在以下场景触发。

- 调用 .NET 运行时内部函数抛出异常，比如：从托管堆分配对象时内存不足会抛出 OutOfMemoryException，转换对象类型时类型不匹配会抛出 InvalidCastException，分配数组对象时长度为负数会抛出 OverflowException；
- JIT 编译时自动插入抛出异常的代码，比如：针对 checked 块内执行的算术运算插入检测溢出并抛出 OverflowException 的代码，针对数组成员的访问插入检测数组索引越界并抛出 IndexOutOfRangeException 的代码。

接下来会讲解这些场景下触发用户异常的实现，虽然实现上有一些不同，但最终都会把异常对象交给 .NET 内部的异常处理入口，交给异常处理入口之后的处理会在本章第 4 节介绍。

5.2.2 通过 throw 关键词抛出异常

首先先观察使用 throw 关键词抛出异常的 C♯ 代码转换到 IL 代码和汇编代码后的内容,以下是一段抛出异常的 C♯ 代码:

```
public static void Example()
{
    throw new ArgumentException("Something is wrong");
}
```

代码中的 Example 函数经过 Release 模式编译后生成以下 IL 代码,可以看到这段 IL 代码首先调用 newobj 指令创建了一个 ArgumentException 类型的对象,然后调用 throw 指令抛出异常对象:

```
.method public hidebysig static void Example() cil managed
{
    .entrypoint
    // Code size       11 (0xb)
    .maxstack  8
    IL_0000:  ldstr      "Something is wrong"
    IL_0005:  newobj     instance void [System.Runtime]System.ArgumentException::.ctor(string)
    IL_000a:  throw
} // end of method Program::Example
```

这段 IL 代码在 64 位 Windows 上经过 .NET Core 2.1 的 JIT 编译器编译后生成以下汇编代码,可以看到在汇编代码中调用了三次 .NET 运行时的内部函数和一次异常对象的构造函数,调用函数时使用 rcx 和 rdx 寄存器传入参数,而返回值保存在 rax 寄存器,可以参考第 3 章第 6 节理解汇编代码中的函数调用。

```
G_M6007_IG01:
IN000d: 000000 push    rsi
; 备份进入函数时 rsi 寄存器的值到栈
IN000e: 000001 sub     rsp, 32
; 减少栈顶的值,分配本地变量空间


G_M6007_IG02:
IN0001: 000005 mov     rcx, 0x7FEDD2FF388
; 设置函数的第一个参数为 ArgumentException 的类型信息
IN0002: 00000F call    CORINFO_HELP_NEWSFAST
; 调用 .NET 运行时的内部函数从托管堆分配对象
IN0003: 000014 mov     rsi, rax
; 把返回结果(异常对象的地址)保存到 rsi 寄存器
IN0004: 000017 mov     ecx, 143
```

```
; 设置函数的第一个参数为字符串常量的 ID
IN0005: 00001C mov        rdx, 0x7FE78723E68
; 设置函数的第二个参数为字符串常量所属的模块地址
IN0006: 000026 call       CORINFO_HELP_STRCNS
; 调用.NET 运行时的内部函数获取字符串对象
IN0007: 00002B mov        rdx, rax
; 设置函数的第二个参数为返回结果(字符串对象的地址)
IN0008: 00002E mov        rcx, rsi
; 设置函数的第一个参数为异常对象的地址
IN0009: 000031 call       System.ArgumentException:.ctor(ref):this
; 调用异常对象的构造函数
IN000a: 000036 mov        rcx, rsi
; 设置函数的第一个参数为异常对象的地址
IN000b: 000039 call       CORINFO_HELP_THROW
; 调用.NET 运行时的内部函数抛出异常
IN000c: 00003E int3
; 这条指令正常情况下永远不会执行,如果执行则会通知调试器
```

这段汇编代码中,主要的处理可以分为分配托管异常对象与抛出托管异常对象,分配对象的处理会在之后的第 7 章详细讲解,抛出托管异常对象会调用 CORINFO_HELP_THROW 函数,对应 CoreCLR 中的 IL_Throw 函数。

.NET 运行时有一些专门提供给托管代码调用的内部函数,它们又称为 JIT 帮助函数(JIT Helper)。这些函数使用原生代码编写,可能会抛出原生异常,抛出的原生异常会通过平台提供的异常处理机制传递到 .NET 内部的异常处理入口,并转换到托管异常然后交给托管代码处理。

IL_Throw 函数属于 JIT 帮助函数之一,这个函数会先把传入的托管异常包装为原生异常,然后在 Windows 上调用 RaiseException 函数、在类 Unix 系统上使用 C++ 的 throw 关键词抛出原生异常,这些异常通过平台提供的异常处理机制传递到 .NET 内部的 ProcessCLRException 函数,这个函数就是异常处理入口,如图 5.2 所示。

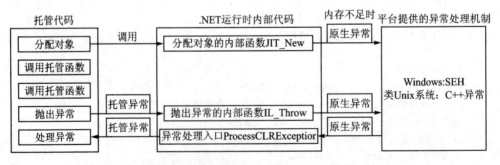

图 5.2　托管异常与原生异常的传递流程

把托管异常包装到原生异常再抛出的好处是，它们可以传递给同一个异常处理入口并共用相同的逻辑，异常处理入口之后的逻辑会在本章第 4 节介绍。

5.2.3　调用 .NET 运行时内部函数抛出异常

托管代码在运行过程中有时需要调用 .NET 运行时的内部函数（JIT 帮助函数），例如从托管堆分配对象和转换对象类型等，调用这些内部函数在某些情况下会抛出异常，例如内存不足时抛出 OutOfMemoryException 异常，对象类型不匹配时抛出 InvalidCastException 异常。与图 5.2 中描述的流程一样，这些异常会通过平台提供的异常处理机制传递到 .NET 内部的异常处理入口并继续处理。

5.2.4　JIT 编译时自动插入抛出异常的代码

除上述情况外，还有一种情况可以触发用户异常：JIT 编译器根据传入的 IL 代码自动插入检查错误并抛出异常的指令。例如编译需要检测溢出的算术运算时，JIT 编译器会自动插入检查结果是否溢出并在溢出时抛出 OverflowException 异常的指令；编译访问数组成员的代码时，JIT 编译器会自动插入检查索引是否越界并在越界时抛出 IndexOutOfRangeException 的指令。

可以参考以下代码了解 JIT 编译器插入了什么指令，以下是一段在 checked 块中执行数值运算的 C# 代码：

```csharp
private static int a = 0x7fffffff;

public static void Example()
{
    int b = checked(a + 1);
}
```

代码中的 Example 函数经过 Release 模式编译后生成以下 IL 代码：

```
.method public hidebysig static void Example() cil managed
{
  .entrypoint
  // Code size       9(0x9)
  .maxstack  8
  IL_0000:  ldsfld     int32 ConsoleApplication.Program::a
  IL_0005:  ldc.i4.1
  IL_0006:  add.ovf
  IL_0007:  pop
  IL_0008:  ret
} // end of method Program::Example
```

可以看到执行加法运算时使用的 IL 指令是 add.ovf，带 ovf（overflow）后缀的

IL 指令表示执行后应该检查运算结果是否溢出。

这段 IL 代码在 64 位 Windows 上经过 .NET Core 2.1 的 JIT 编译器编译后生成以下汇编代码：

```
G_M6007_IG01:
IN0009: 000000 sub        rsp, 40
; 减少栈顶的值，分配本地变量空间


G_M6007_IG02:
IN0001: 000004 mov        rcx, 0x7FE7C3C45C8
; 设置函数的第一个参数为类型所属的模块地址
IN0002: 00000E mov        edx, 1
; 设置函数的第二个参数为类型的 ID
IN0003: 000013 call       CORINFO_HELP_GETSHARED_NONGCSTATIC_BASE
; 确保类型中的静态变量已初始化
IN0004: 000018 mov        eax, dword ptr [reloc classVar[0x7c3c5290]]
; 复制静态变量的值到 eax 寄存器
IN0005: 00001E add        eax, 1
; 设置 eax 寄存器的值加等于 1
IN0006: 000021 jo         SHORT G_M6007_IG04
; 溢出标志等于 1 时跳转到标签所在的地址，参考第 3 章第 5 节


G_M6007_IG03:
IN000a: 000023 add        rsp, 40
; 恢复栈顶到进入函数时的值
IN000b: 000027 ret
; 从函数返回


G_M6007_IG04:
IN0007: 000028 call       CORINFO_HELP_OVERFLOW
; 调用 .NET 运行时的内部函数抛出异常
IN0008: 00002D int3
; 这条指令正常情况下永远不会执行，如果执行则会通知调试器
```

这段汇编代码先从全局变量读取数值，然后执行加法运算，再通过 x86 的 jo 指令判断运算结果是否发生正溢出或负溢出，发生时跳转到标签 G_M6007_IG04 所在的地址，不发生时继续执行相邻的下一条指令。标签 G_M6007_IG04 处的指令调用 CORINFO_HELP_OVERFLOW，对应 CoreCLR 中的 JIT_Overflow 函数。

JIT_Overflow 函数专门用于抛出 OverflowException 异常，因为相同的处理在 .NET 程序中有很多，把抛出异常的处理合并到这个函数可以减少 JIT 编译器插入的指令数量，并且不需要每次都从托管堆分配异常对象。同样的，数组索引越界时会

使用 CoreCLR 内部的 JIT_RngChkFail 函数抛出 IndexOutOfRangeException 异常。

5.2.5　CoreCLR 中的相关代码

如果对上述提到的内部函数的代码感兴趣，可以参考以下链接。

IL_Throw 函数的代码地址：https://github.com/dotnet/coreclr/blob/v2.1.5/src/vm/jithelpers.cpp#L4790；

JIT_Overflow 函数的代码地址：https://github.com/dotnet/coreclr/blob/v2.1.5/src/vm/jithelpers.cpp#L4989；

JIT_RngChkFail 函数的代码地址：https://github.com/dotnet/coreclr/blob/v2.1.5/src/vm/jithelpers.cpp#L4899。

此外，JIT 编译时自动插入抛出异常代码的处理会在第 8 章详细介绍。

第 3 节　硬件异常的触发

5.3.1　硬件异常

硬件异常指 CPU 执行机器码指令出现异常后，由 CPU 通知操作系统，操作系统再通知进程触发的异常，如图 5.3 所示。举例来说，在 x86 平台上读取或写入内存地址失败（虚拟内存地址所在页没有对应物理内存页，参考第 3 章第 2 节）将触发缺页中断（Page Fault），CPU 会查找操作系统预先注册的中断处理表（Interrupt Descriptor Table，简称 IDT，可以通过 lidt 指令注册），然后调用缺页中断对应的处理器，之后操作系统判断是哪一个进程触发缺页中断，如果进程已分配的虚拟内存空间包含该虚拟内存页，那么就给该虚拟内存页分配对应的物理内存页，否则通知进程发生了内存访问异常，通知的方式因操作系统而异，后面会更详细地介绍。

图 5.3　硬件异常触发的流程

与用户异常相比，硬件异常不需要使用额外的代码判断是否应该触发异常，因为判断由硬件实现，使用硬件异常处理某些错误可以生成更小的机器码，并且减少跳转分支的数量。在 .NET 中硬件异常处理会在以下场景触发：

- 访问 null 对象的字段时抛出 NullReferenceException 异常；
- 调用 null 对象的方法时抛出 NullReferenceException 异常；

● 执行整数的除法运算出现零除时抛出 DivideByZeroException 异常。

接下来了解一下这些场景下触发硬件异常的实现，.NET 运行时捕捉到硬件异常后会包装为异常对象，然后交给 .NET 内部的异常处理入口，交给异常处理入口之后的处理会在本章第 4 节介绍。

5.3.2 访问 null 对象的字段时抛出异常

在 .NET 程序中，如果一个引用类型的对象为 null，访问它的成员或者调用它的方法会触发 NullReferenceException 异常。设想一下如果不使用硬件异常，则需要每次访问前都使用分支判断是否为 null，如以下代码：

```
if(obj == null)
{
    throw new NullReferenceException();
}
```

使用分支判断的方式容易理解，实现也比较简单，但因为 .NET 中引用类型的对象使用频率很高，插入这样的检查代码会让机器码变得非常庞大，并且添加过多的分支会影响 CPU 流水线与分支预测机制的效率（参考第 3 章第 1 节与第 5 节的描述）。因此，主流的 .NET 运行时检查对象是否为 null 不会使用分支判断，而是使用硬件异常检测，接下来了解一下使用硬件异常检测的具体实现。

以下是一段可以触发 NullReferenceException 异常的 C♯ 代码，它访问了 null 对象的字段：

```
public class MyClass
{
    public int MyMember;
}

private static MyClass obj = null;

private static void Example()
{
    Console.WriteLine(obj.MyMember);
}
```

代码中的 Example 函数经过 Release 模式编译后生成以下 IL 代码，可以看到 IL 代码中不包含使用分支判断对象是否为 null 与抛出 NullReferenceException 异常的指令：

```
.method private hidebysig static void Example()cil managed
{
    .entrypoint
```

```
// Code size        16(0x10)
.maxstack   8
IL_0000:  ldsfld      class ConsoleApp1.Program/MyClass ConsoleApp1.Program::obj
IL_0005:  ldfld       int32 ConsoleApp1.Program/MyClass::MyMember
IL_000a:  call        void [System.Console]System.Console::WriteLine(int32)
IL_000f:  ret
} // end of method Program::Example
```

这段 IL 代码在 64 位 Windows 上经过 .NET Core 2.1 的 JIT 编译器编译后生成以下汇编代码，可以看到汇编代码中也不包含使用分支判断对象是否为 null 与抛出 NullReferenceException 异常的指令：

G_M6007_IG01:

IN0008: 000000 sub   rsp, 40

; 减少栈顶的值，分配本地变量空间

G_M6007_IG02:

IN0001: 000004 mov   rcx, 0x7FE7D6C45D0

; 设置函数的第一个参数为类型所属的模块地址

IN0002: 00000E mov   edx, 1

; 设置函数的第二个参数为类型的 ID

IN0003: 000013 call   CORINFO_HELP_GETSHARED_NONGCSTATIC_BASE

; 确保类型中的静态变量已初始化

IN0004: 000018 mov   rcx, gword ptr [12862980H]

; 复制静态变量的值到 rcx 寄存器

IN0005: 000020 mov   ecx, dword ptr [rcx + 8]

; 从内存地址 rcx + 8 指向的空间复制 4 个字节到 ecx 寄存器

IN0006: 000023 call   System.Console:WriteLine(int)

; 调用 System.Console.WriteLine 函数

IN0007: 000028 nop

; 什么都不做

G_M6007_IG03:

IN0009: 000029 add   rsp, 40

; 恢复栈顶到进入函数时的值

IN000a: 00002D ret

; 从函数返回

IN0005 处的指令 "mov ecx, dword ptr [rcx+8]" 的意思是从内存地址 "rcx 寄存器＋8" 指向的空间复制 4 个字节到 ecx 寄存器，rcx 寄存器是对象 obj 的地址，8 是字段 MyMember 的偏移值，4 是字段 MyMember 的大小。因为对象 obj 等于 null，null 在程序内部使用数值 0 表现，所以这条指令会从内存地址 "0+8" 也就是 8 读取数据。

因为虚拟内存地址 8 所在的虚拟内存页没有对应的物理内存页,CPU 执行到 IN0005 处的指令时读取内存失败,然后 CPU 会通知操作系统发生硬件异常(例如 x86 上触发缺页中断),之后操作系统判断进程没有分配过该虚拟内存页,就会通知进程发生了内存访问异常。

在 Windows 系统上,操作系统会检查进程是否已注册 SEH 异常处理器,如果已注册则调用处理器,否则结束进程的运行。而在类 Unix 系统(Linux 与 OSX 等)上,操作系统发送 SIGSEGV 信号给进程,进程检查是否已注册该信号的处理器,如果已注册则调用处理器,否则结束进程的运行。可以看看在 C 语言中如何注册这些处理器,它们与 CoreCLR 中注册处理器使用的方式相同。

以下是 Windows 系统上注册 SEH 异常处理器的例子,"*ptr=1"语句会触发内存访问异常,操作系统会调用预先注册的 MyVectoredExceptionHandler 函数处理异常。与 .NET 运行时不同的是,这里捕捉到异常后只是简单地使用 longjmp 跳回原来的代码,而 .NET 运行时捕捉到异常后会交给异常处理入口。

```c
#include"stdafx.h"
#include <Windows.h>
#include <setjmp.h>

void* gVectoredExceptionHandler = NULL;
jmp_buf gRecoverPoint;

LONG WINAPI MyVectoredExceptionHandler(
PEXCEPTION_POINTERS pExceptionInfo)
{
    if(pExceptionInfo->ExceptionRecord->ExceptionCode ==
    STATUS_ACCESS_VIOLATION)
    {
        fprintf(stderr, "catched access violation\n");
        longjmp(gRecoverPoint, 1);
    }
    return EXCEPTION_CONTINUE_SEARCH;
}

int main()
{
        gVectoredExceptionHandler = AddVectoredExceptionHandler(
        TRUE,(PVECTORED_EXCEPTION_HANDLER)MyVectoredExceptionHandler);

    if(setjmp(gRecoverPoint) == 0)
```

```
    {
        int *  ptr = NULL;
        * ptr = 1;
    }
    else
    {
        printf("recover success\n");
    }
    return0;
}
```

以下是 Linux 系统上注册 SIGSEGV 信号处理器的例子,"*ptr=1"语句会触发内存访问异常,操作系统会发送 SIGSEGV 信号给进程,进程会调用预先注册的 sigsegv_handler 函数处理信号。同 Windows 的例子,这里捕捉到信号后只是简单地使用 longjmp 跳回原来的代码。

```
# include <signal.h>
# include <stdio.h>
# include <stdlib.h>
# include <setjmp.h>

jmp_buf recover_point;

static void sigsegv_handler(int sig, siginfo_t * si, void * context)
{
    fprintf(stderr, "catched sigsegv\n");
    longjmp(recover_point, 1);
}

int main()
{
    struct sigaction action;
    action.sa_handler = NULL;
    action.sa_sigaction = sigsegv_handler;
    action.sa_flags = SA_SIGINFO;
    sigemptyset(&action.sa_mask);
    if(sigaction(SIGSEGV, &action, NULL)! = 0)
    {
        perror("bind signal handler failed");
        abort();
    }
```

```
        if(setjmp(recover_point) == 0)
        {
            int * ptr = NULL;
            * ptr = 1;
        }
        else
        {
            printf("recover success\n");;
        }
        return0;
    }
```

为什么进程不可以访问虚拟内存地址 8 呢？这是因为进程在访问虚拟内存前需要向操作系统申请分配该空间，例如申请 0x7fff0000～0x7fff8000 的空间需要映射到物理内存，0x7fff8000～0x7fff8128 的空间需要影射到文件等，而地址太低的空间，例如 0～0x7fff 的空间是不允许申请的，所以访问虚拟内存地址 8 一定会失败。

那么访问一个拥有很大偏移值的字段时会发生什么呢？例如访问一个很大的对象的最后一个字段，这个字段的偏移值是 0x10000，上面的"mov ecx, dword ptr [rcx+8]"指令会变为"mov ecx, dword ptr [rcx+10000H]"指令，这时即使 rcx 寄存器等于 0，访问内存地址 0x10000 仍然有可能访问成功，并且读取到的内容是毫无关联的数据。

对于一个拥有很大偏移值的字段，访问字段值的指令不能保证在对象为 null 时触发硬件异常，.NET 运行时遇到这种情况会插入一条额外的指令用于主动检测，汇编代码如下所示，这段汇编代码的第二条指令就是额外插入的指令，如果第二条指令执行没有发生硬件异常，那么就可以保证对象不为 null：

```
mov rcx, gword ptr [12862980H]      ; 复制静态变量的值到 rcx 寄存器
cmp dword ptr [rcx], ecx            ; 从内存地址 rcx 指向的空间读取 4 个字节
                                    ; 并与 ecx 寄存器作比较
mov ecx, dword ptr [rcx + 10000H]   ; 从内存地址 rcx + 0x10000 指向的空间
                                    ; 复制 4 个字节到 ecx 寄存器
```

5.3.3　调用 null 对象的方法时抛出异常

以下是一段可以触发 NullReferenceException 异常的 C♯ 代码，可以观察这段代码生成的汇编代码，了解 .NET 如何在访问对象方法时检测对象是否为 null。

```
public class MyClass
{
    public void MyMethod()
    {
```

```
            Console.WriteLine(this);
        }
    }

    private static MyClass obj = null;

    private static void Example()
    {
        obj.MyMethod();
    }
```

代码中的 Example 函数经过 Release 模式编译后生成以下 IL 代码，与前面访问成员字段的例子一样，IL 代码中不包含使用分支判断对象是否为 null 和抛出 NullReferenceException 异常的指令。

```
.method private hidebysig static void  Example() cil managed
{
  .entrypoint
  // Code size       11 (0xb)
  .maxstack  8
  IL_0000:  ldsfld     class ConsoleApp1.Program/MyClass ConsoleApp1.Program::obj
  IL_0005:  callvirt   instance void ConsoleApp1.Program/MyClass::MyMethod()
  IL_000a:  ret
} // end of method Program::Example
```

这段 IL 代码在 64 位 Windows 上经过 .NET Core 2.1 的 JIT 编译器编译后生成以下汇编代码，同样的，汇编代码中也不包含使用分支判断对象是否为 null 和抛出 NullReferenceException 异常的指令。

```
G_M53850_IG01:
IN0008: 000000 sub         rsp, 40
; 减少栈顶的值，分配本地变量空间


G_M53850_IG02:
IN0001: 000004 mov         rcx, 0x7FE7D6D45D0
; 设置函数的第一个参数为类型所属的模块地址
IN0002: 00000E mov         edx, 1
; 设置函数的第二个参数为类型的 ID
IN0003: 000013 call        CORINFO_HELP_GETSHARED_NONGCSTATIC_BASE
; 确保类型中的静态变量已初始化
IN0004: 000018 mov         rcx, gword ptr [12762980H]
; 复制静态变量的值到 rcx 寄存器
IN0005: 000020 mov         eax, dword ptr [rcx]
```

```
; 从内存地址 rcx 指向的空间复制 4 个字节到 eax 寄存器
IN0006: 000022 call      System.Console:WriteLine(ref)
; 调用 System.Console.WriteLine 函数
; 这里内联了 MyMethod 函数,且 this 位于 rcx
IN0007: 000027 nop
; 什么都不做

G_M53850_IG03:
IN0009: 000028 add       rsp, 40
; 恢复栈顶到进入函数时的值
IN000a: 00002C ret
; 从函数返回
```

CPU 执行到 IN0005 处的指令"mov eax, dword ptr [rcx]"时,会通知操作系统发生硬件异常,这是一条额外插入的指令,用于主动检测对象是否为 null。与访问对象字段时的检测不一样,访问对象字段时如果字段偏移值小于一定值,可以在读取字段值时检测,不需要额外插入指令,而调用对象方法时如果不确定对象是否为 null,则总需要插入额外的指令主动检测。

5.3.4 对整数进行零除时的处理

以下是一段可以触发 DivideByZeroException 异常的 C♯代码,可以看下这段代码生成的汇编代码,了解 .NET 如何在进行除法运算时检测是否出现零除。

```
private static int a = 0;

private static void Example()
{
    Console.WriteLine(100 / a);
}
```

代码中的 Example 函数经过 Release 模式编译后生成以下 IL 代码,与前面的两种情况一样,IL 代码中不包含使用分支判断数值是否为 0 和抛出 DivideByZeroException 异常的指令。

```
.method private hidebysig static void Example()cil managed
{
  .entrypoint
  // Code size       14(0xe)
  .maxstack  8
  IL_0000:  ldc.i4.s   100
  IL_0002:  ldsfld     int32 ConsoleApp1.Program::a
  IL_0007:  div
```

```
    IL_0008:  call        void [System.Console]System.Console::WriteLine(int32)
    IL_000d:  ret
} // end of method Program::Example
```

这段 IL 代码在 64 位 Windows 上经过 .NET Core 2.1 的 JIT 编译器编译后生成以下汇编代码,同样的,汇编代码中也不包含使用分支判断数值是否为 0 与抛出 DivideByZeroException 异常的指令。

```
G_M6007_IG01:
IN000c: 000000 sub        rsp, 40
; 减少栈顶的值,分配本地变量空间


G_M6007_IG02:
IN0001: 000004 mov        eax, 100
; 设置寄存器 eax 等于 100
IN0002: 000009 mov        dword ptr [TEMP_01 rsp+24H], eax
; 复制寄存器 eax 的值到内存地址 rsp + 0x24 指向的内容
; rsp + 0x24 属于本地变量空间,也就是复制到本地变量
IN0003: 00000D mov        rcx, 0x7FE7D6B45C8
; 设置函数的第一个参数为类型所属的模块地址
IN0004: 000017 mov        edx, 1
; 设置函数的第二个参数为类型的 ID
IN0005: 00001C call       CORINFO_HELP_GETSHARED_NONGCSTATIC_BASE
; 确保类型中的静态变量已初始化
IN0006: 000021 mov        eax, dword ptr [TEMP_01 rsp+24H]
; 从内存地址 rsp + 0x24 指向的内容复制 4 个字节到 eax 寄存器
IN0007: 000025 cdq
; 把 eax 寄存器的最高位扩展到 edx 寄存器
IN0008: 000026 idiv       edx:eax, dword ptr [reloc classVar[0x7d6b5290]]
; 计算 edx 寄存器与 eax 寄存器组成的 64 位数值除以全局变量
; 结果保存到 eax 寄存器,余数保存到 edx 寄存器
IN0009: 00002C mov        ecx, eax
; 设置函数的第一个参数为相除的结果
IN000a: 00002E call       System.Console:WriteLine(int)
; 调用 System.Console.WriteLine 函数
IN000b: 000033 nop
; 什么都不做


G_M6007_IG03:
IN000d: 000034 add        rsp, 40
; 恢复栈顶到进入函数时的值
IN000e: 000038 ret
```

;从函数返回

CPU 执行到 IN0008 处的指令"idiv edx:eax, dword ptr [reloc classVar[0x7d6b5290]]"时,会通知操作系统发生硬件异常,与前面两种情况不同的是异常类型不是内存访问异常,而是零除异常。Windows 系统上捕捉零除异常与内存访问异常一样使用 SEH 异常处理器,而类 Unix 系统则需要注册 SIGFPE 信号处理器。注意零除异常仅在执行整数的除法运算时发生,执行浮点数的除法运算不会发生零除异常。

5.3.5　CoreCLR 中的相关代码

如果对 CoreCLR 中捕捉硬件异常的代码感兴趣,可以参考以下链接:

Windows 系统上注册 SEH 异常处理器的代码地址:https://github.com/dotnet/coreclr/blob/v2.1.5/src/vm/excep.cpp#L8303;

Windows 系统上 SEH 异常处理器函数的代码地址:https://github.com/dotnet/coreclr/blob/v2.1.5/src/vm/excep.cpp#L8066;

类 Unix 系统上注册信号处理器的代码地址:https://github.com/dotnet/coreclr/blob/v2.1.5/src/pal/src/exception/signal.cpp#L246;

类 Unix 系统上 SIGSEGV 与 SIGFPE 信号处理器函数的代码地址:https://github.com/dotnet/coreclr/blob/v2.1.5/src/pal/src/exception/signal.cpp#L457 和 https://github.com/dotnet/coreclr/blob/v2.1.5/src/pal/src/exception/signal.cpp#L380。

此外,CoreCLR 中定义了一个值,规定访问对象字段时偏移值大于多少需要插入主动检测是否为 null 的指令,定义的代码地址:https://github.com/dotnet/coreclr/blob/v2.1.5/src/vm/jitinterface.h#L19。目前在 Windows 系统上这个值是 32767(0x7fff),在类 Unix 系统上这个值是 2 047(如果内存每页大小是 4K)。

第 4 节　异常处理实现

5.4.1　异常处理的过程

当程序发生错误时,需要及时对错误进行处理,然后让程序继续运行或终止并退出。在使用返回值报告错误时,错误的处理逻辑可以嵌入在程序逻辑中,不需要运行时的支持。而在使用异常报告错误时,错误需要在程序的流程之外进行处理,我们无法通过返回值来判断函数的调用是否成功,只能通过指定一处地方来告诉运行时:若发生错误,请跳转到此处处理。

在 .NET 中,运行时处理异常主要实现以下两个功能:

- 执行清理操作——调用沿途的 finally 块;
- 恢复程序运行——调用对应的 catch 块并跳转到 catch 块之后的代码。

异常处理实现

具体来说,.NET 运行时处理异常需要实现以下四个操作:
- 捕捉异常并获取抛出异常的位置;
- 通过调用链跟踪获取抛出异常的函数与所有调用来源;
- 获取函数元数据中的异常处理表;
- 枚举异常处理表调用对应的 finally 块与 catch 块。

本节将介绍这些操作的具体实现。

5.4.2　捕捉异常并获取抛出异常的位置

处理异常的第一步是捕捉异常并获取抛出异常的位置,本章第 2 节与第 3 节已经介绍过抛出用户异常与硬件异常的实现,捕捉异常在不同平台上的处理稍有不同,但最终都会传递到异常处理入口。抛出异常的位置实质上是抛出异常时程序计数器的值,对于用户异常,抛出异常的位置处于 .NET 运行时内部,而对于硬件异常,抛出异常的位置等于执行失败的指令地址,通常在托管代码中。

在 Windows 系统上,用户异常会直接到达异常处理入口,异常处理入口的第一个参数类型是 PEXCEPTION_RECORD,这个参数包含了抛出异常时程序计数器的值 ExceptionAddress 与异常的类型代号 ExceptionCode。而硬件异常先到达 SEH 异常处理器,处理器的第一个参数类型是 PEXCEPTION_POINTERS,这个参数包含了前述的 PEXCEPTION_RECORD 对象,这个对象会传给异常处理入口。Windows 系统上捕捉异常的具体流程与抛出异常的位置如图 5.4 所示。

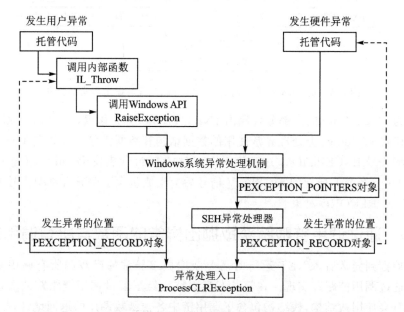

图 5.4　Windows 系统上捕捉异常的具体流程与抛出异常的位置

在类 Unix 系统（Linux 与 OSX 等）上，.NET Core 运行时使用包装代码（fcall 或 qcall）把内部函数包装在 C++ 的 try-catch 块中，用户异常作为 C++ 异常抛出并捕捉，捕捉到异常后运行时会把异常包装为 PEXCEPTION_RECORD 对象并传到异常处理入口。而硬件异常先触发对应的信号处理器，信号处理器的第三个参数是"ucontext_t *"类型，记录了异常发生时的上下文信息，即各个 CPU 寄存器（包括程序计数器）的值，信号处理器会根据上下文信息修改当前使用的栈空间到发生异常时的栈空间，然后根据信号类型生成 PEXCEPTION_RECORD 对象并传到异常处理入口。类 Unix 系统上捕捉异常的流程与抛出异常的位置如图 5.5 所示。

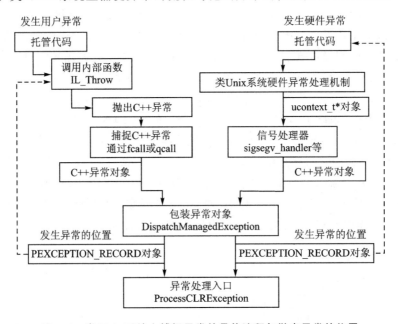

图 5.5　类 Unix 系统上捕捉异常的具体流程与抛出异常的位置

因为 .NET Core 的大部分代码由 .NET Framework 移植，类 Unix 系统上处理异常会模拟 Windows 上处理异常使用的数据结构和类型代号。例如在 Windows 上异常类型代号 EXCEPTION_ACCESS_VIOLATION 代表发生 null 对象访问异常，而在类 Unix 系统上捕捉到 SIGSEGV 信号后会生成包含这个异常类型代号的 PEXCEPTION_RECORD 对象。

5.4.3　通过调用链跟踪获取抛出异常的函数与所有调用来源

在捕捉到异常后，.NET 运行时需要获取抛出异常的函数和所有调用来源，这项操作通过调用链跟踪实现。在第 3 章第 6 节已经了解过调用链跟踪的实现原理，程序运行会使用栈结构，栈结构包含了调用链中各个函数调用的返回地址，扫描栈内容找到这些返回地址并定位函数就是调用链跟踪的过程，如图 5.6 所示。

从图 5.6 可以看到，距离上一个函数的返回地址的大小是不固定的，每个帧都有

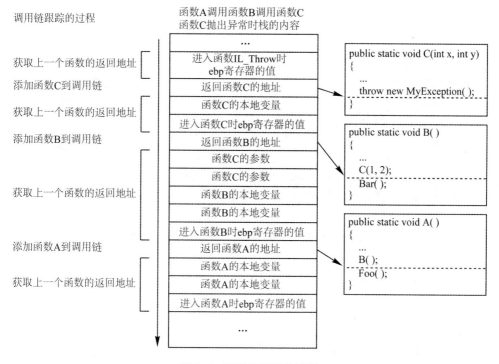

图 5.6 调用链跟踪的过程

可能不一样,这个大小在 x86 平台上可以通过 ebp 寄存器确定,那么在允许不使用 rbp 寄存器保存函数进入时栈顶的 x86－64 平台上应该如何确定?.NET 运行时会借助函数对应的元数据计算函数的帧大小,并找到上一个函数的返回地址,流程如下:

- 根据函数 C 的返回地址定位到函数 C;
- 根据函数 C 的元数据计算函数 C 的帧大小,并找到上一个函数的返回地址;
- 根据函数 B 的返回地址定位到函数 B;
- 根据函数 B 的元数据计算函数 B 的帧大小,并找到上一个函数的返回地址;
- 根据函数 A 的返回地址定位到函数 A;
- 根据函数 A 的元数据计算函数 A 的帧大小,并找到上一个函数的返回地址;
- 上一个函数的返回地址不属于可跟踪的范围,结束跟踪。

使用以上流程处理的前提是可以获取函数的元数据,而 .NET 允许托管函数与非托管函数互相调用,托管函数的元数据通过 JIT 编译器生成并由运行时管理,非托管函数没有元数据,那么托管函数与非托管函数互相调用时应该如何实现调用链跟踪呢?.NET 的托管线程对象中有一个列表专门记录托管函数与非托管函数之间的切换,调用链跟踪会先枚举这个列表,然后再扫描栈内容,这样就可以跳过没有元数据的非托管函数,如图 5.7 所示。

托管函数的元数据格式可以参考第 8 章第 20 节与第 21 节。

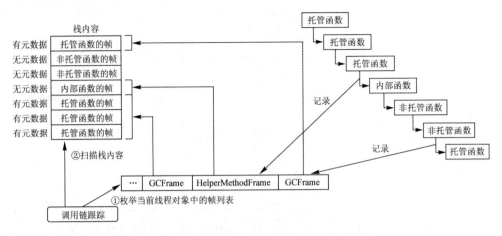

图 5.7 托管函数与非托管函数互相调用的例子

5.4.4 获取函数元数据中的异常处理表

在获取抛出异常的函数与所有调用来源后，.NET 运行时需要获取它们的异常处理表，异常处理表同样在托管函数的元数据中，本章第 1 节已经介绍过 IL 代码对应的异常处理表，而处理异常时使用的是机器码对应的异常处理表，它们的结构基本一样，如图 5.8 所示。

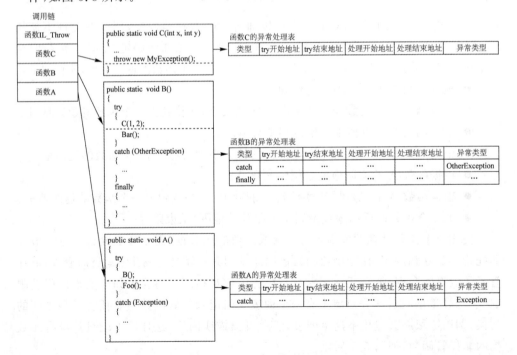

图 5.8 异常处理表的例子

机器码对应的异常处理表的具体格式同样可以参考第 8 章第 20 节与第 21 节。

5.4.5　枚举异常处理表调用对应的 finally 块与 catch 块

在获取抛出异常的函数与所有调用来源,以及它们的异常处理表后,.NET 运行时就有足够的信息从异常恢复了。接下来 .NET 运行时会根据这些信息执行以下两个步骤:

- 步骤一:遍历调用链,尝试找到对应的 catch 块;
- 步骤二:回滚调用链,调用沿途的 finally 块与最终的 catch 块,然后跳转到 catch 块之后的代码。

以图 5.8 为例,从异常恢复的具体流程如下:

- 遍历调用链:
  ① 检索函数 C 的异常处理表,异常处理表为空;
  ② 检索函数 B 的异常处理表,发现对应的 finally 块;
  ③ 检索函数 A 的异常处理表,发现对应的 catch 块,结束遍历。
- 回滚调用链:
  ① 调整栈顶,移除函数 C 的帧;
  ② 调用函数 B 中的 finally 块;
  ③ 调整栈顶,移除函数 B 的帧;
  ④ 调用函数 A 中的 catch 块;
  ⑤ 跳转到 catch 块之后的地址。
- 回到程序的正常流程。

5.4.6　重新抛出异常的处理

在异常恢复的过程中,如果 finally 块或 catch 块的代码抛出异常,程序会再次进入异常处理入口然后重新开始上面的处理,此时调用链会丢失。以图 5.8 的函数 B 为例,如果函数 B 的 finally 块的代码抛出异常,那么函数 A 捕捉到的异常将来自函数 B 而非函数 C。如果是有意重新抛出异常,并且想防止调用链丢失,可以使用无参数的 throw 关键字或者 ExceptionDispatchInfo.Capture(ex).Throw() 函数,这样抛出异常的原始来源可以传递到上层函数。以下 C# 代码展示了三种不同的重新抛出异常方法所包含的调用链信息的区别:

```
using System;
using System.Runtime.ExceptionServices;

namespace ConsoleApp1
{
    public class Program
```

```csharp
{
    private static void C()
    {
        throw new Exception("abc");
    }

    private static void B()
    {
        C();
    }

    private static void A()
    {
        try
        {
            B();
        }
        catch(Exception ex)
        {
            // 三种不同的重新抛出异常方法
            // 1. throw ex
            // 2. throw
            // 3. ExceptionDispatchInfo.Capture(ex).Throw()
        }
    }

    private static void Main(string[] args)
    {
        try
        {
            A();
        }
         catch(Exception ex)
        {
            // 显示重新抛出的异常信息,包含调用链跟踪信息
            Console.WriteLine(ex);
        }
    }
}
```

第一种方法的输出结果如下,可以看到调用链信息中第一个函数是 B 而不是 C:

```
System.Exception: abc
   at ConsoleApp1.Program.B() in D:\ConsoleApp1\Program.cs:line 25
   at ConsoleApp1.Program.A() in D:\ConsoleApp1\Program.cs:line 33
```

第二种方法的输出结果如下,可以看到调用链是完整的,就如同没有使用 catch 捕捉过异常一样:

```
System.Exception: abc
   at ConsoleApp1.Program.C() in D:\ConsoleApp1\Program.cs:line 10
   at ConsoleApp1.Program.B() in D:\ConsoleApp1\Program.cs:line 17
   at ConsoleApp1.Program.A() in D:\ConsoleApp1\Program.cs:line 33
```

第三种方法的输出结果如下,可以看到不仅显示了完整的调用链,而且显示了重新抛出异常的位置所在的调用链。这种方法常用于把函数放到其他地方执行,记录发生的异常并重新抛出,在接下来的第 6 章第 12 节可以看到这种方法的一个实用例子。

```
System.Exception: abc
   at ConsoleApp1.Program.C() in D:\ConsoleApp1\Program.cs:line 10
   at ConsoleApp1.Program.B() in D:\ConsoleApp1\Program.cs:line 17
   --- End of stack trace from previous location where exception was thrown ---
   at ConsoleApp1.Program.B() in D:\ConsoleApp1\Program.cs:line 25
   at ConsoleApp1.Program.A() in D:\ConsoleApp1\Program.cs:line 33
```

5.4.7 CoreCLR 中的相关代码

如果对 CoreCLR 中处理异常的代码感兴趣,可以参考以下链接。

异常处理入口的代码地址:

https://github.com/dotnet/coreclr/blob/v2.1.5/src/vm/exceptionhandling.cpp#L814;

类 Unix 系统上内部函数的包装代码(fcall 或 qcall)地址:

// 把内部函数包装在 try-catch 并捕捉 PAL_SEHException 的宏
https://github.com/dotnet/coreclr/blob/v2.1.5/src/vm/exceptmacros.h#L302
// FCall 的宏,嵌入了包装代码的宏
https://github.com/dotnet/coreclr/blob/v2.1.5/src/vm/fcall.h#L610
// QCall 的宏,嵌入了包装代码的宏
https://github.com/dotnet/coreclr/blob/v2.1.5/src/vm/qcall.h#L133

类 Unix 系统上把信号类型转换为 Windows 异常类型代号的代码地址:

https://github.com/dotnet/coreclr/blob/v2.1.5/src/pal/src/thread/context.cpp#L664;

调用链跟踪的实现代码地址:

//线程对象提供的调用链跟踪接口

https://github.com/dotnet/coreclr/blob/v2.1.5/src/vm/stackwalk.cpp#L899

// 枚举线程对象中帧列表的函数

https://github.com/dotnet/coreclr/blob/v2.1.5/src/vm/stackwalk.cpp#L1174

// 扫描栈内容的并回滚上下文中单帧的函数

https://github.com/dotnet/coreclr/blob/v2.1.5/src/vm/eetwain.cpp#L4012

检索异常处理表的代码地址：

https://github.com/dotnet/coreclr/blob/v2.1.5/src/vm/exceptionhandling.cpp#L2747；

根据异常处理表从异常恢复的代码地址：

// 调用 finally 块的代码

https://github.com/dotnet/coreclr/blob/v2.1.5/src/vm/exceptionhandling.cpp#L3218

// 调用 catch 块的代码

https://github.com/dotnet/coreclr/blob/v2.1.5/src/vm/exceptionhandling.cpp#L1177

// 跳转到 catch 块之后的地址的代码

https://github.com/dotnet/coreclr/blob/v2.1.5/src/vm/exceptionhandling.cpp#L1236

第5节　异常处理对性能的影响

对比不同方式处理错误的性能

至此，我们已经了解 .NET 中异常处理的实现原理，处理异常基于编译时生成的函数元数据，程序运行过程中不需要在进入 try 块前记录额外的信息（换句话来说，进入 try 块没有代价），理论上只要不抛出异常，使用 try-catch 语句是没有性能影响的。尽管实际上，包含异常处理表的函数在编译时会禁用某些代码优化，导致性能比一般函数稍低一些。

那么在抛出异常时，性能会受到多大影响呢？为了测量影响程度，我们可以设计一个性能测试用例，以下的例子循环调用了某个可能发生错误的函数一亿次，并且分别测试使用返回值报告错误与使用异常报告错误在不同的错误发生频率下所花费的时间。

代码一：使用返回值处理错误的代码，默认为每处理 100 次返回一次错误。

```
using System;
using System.Diagnostics;
using System.Runtime.CompilerServices;

namespace ConsoleApp1
{
```

```csharp
internal static class Program
{
    // 每处理多少次返回一次错误
    private static int ReturnErrorInterval = 100;
    // 发生错误的总次数
    private static int ErrorCount = 0;

    // 防止被测试的函数内联
    [MethodImpl(MethodImplOptions.NoInlining)]
    private static bool MayReturnError(int x)
    {
        if (x % ReturnErrorInterval == 0)
        {
            return false;
        }
        return true;
    }

    private static void Main(string[] args)
    {
        var stopWatch = new Stopwatch();
        stopWatch.Start();
        for (int x = 0; x < 100000000; ++x)
        {
            if (!MayReturnError(x))
            {
                ++ErrorCount;
            }
        }
        stopWatch.Stop();
        Console.WriteLine(ErrorCount);
        Console.WriteLine(stopWatch.Elapsed.TotalSeconds);
    }
}
```

代码二：使用异常处理错误的代码，默认为每处理 100 次抛出一次异常。

```csharp
using System;
using System.Diagnostics;
using System.Runtime.CompilerServices;

namespace ConsoleApp1
```

```csharp
{
    internal static class Program
    {
        // 每处理多少次抛出一次异常
        private static int ThrowExceptionInterval = 100;
        // 发生错误的总次数
        private static int ErrorCount = 0;

        private class MyException : Exception { }

        // 防止被测试的函数内联
        [MethodImpl(MethodImplOptions.NoInlining)]
        private static void MayThrowException(int x)
        {
            if(x % ThrowExceptionInterval == 0)
            {
                throw new MyException();
            }
        }

        private static void Main(string[] args)
        {
            var stopWatch = newStopwatch();
            stopWatch.Start();
            for(int x = 0; x < 100000000; ++x)
            {
                try
                {
                    MayThrowException(x);
                }
                catch(MyException)
                {
                    ++ErrorCount;
                }
            }
            stopWatch.Stop();
            Console.WriteLine(ErrorCount);
            Console.WriteLine(stopWatch.Elapsed.TotalSeconds);
        }
    }
}
```

测试使用的环境如下:
- CPU:Intel I3-4030U;
- 内存:8G;
- 系统:Windows 10(1803);
- .NET Core 版本:2.1.5;
- 编译模式:Release;
- 花费时间取值方式:测量 5 次取平均值。

两种方式在不同的错误发生频率下所花费的时间如下表所列。

处理方式/ 错误发生频率	1/100	1/1 000	1/10 000	1/100 000	1/1 000 000	1/10 000 000
使用返回值 报告错误花费的时间/s	1.01	1.00	1.00	0.99	0.97	0.97
使用异常 报告错误花费的时间/s	35.88	4.83	1.55	1.15	1.12	1.08

整合到图表后如图 5.9 所示,从图表中可以观察到当异常抛出的频率较高时对性能的影响较大;但达到每 100000 次循环抛出 1 次异常后,性能基本与使用返回值处理持平。因此,可以得出以下结论:若函数只会在使用不当(传入空参数)、实现不正确(数组访问越界)或者运行环境配置不正确(配置文件不存在)时发生错误,则可以使用异常报告错误以简化逻辑;若函数可能在一般的执行路径中频繁发生错误(从队列取出任务时队列为空),或者错误可以由不受控制的第三方来源触发(客户端传入的字符串参数长度不足),那么最好使用返回值报告错误以减少性能开销。

使用返回值处理错误与使用异常处理错误的性能对比

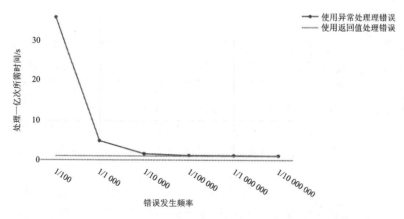

图 5.9 对比两种方式在不同的错误发生频率下所花费的时间

第 6 章

多线程实现

让计算机同时执行多个任务是一个非常普遍的需求,然而计算机的 CPU 逻辑核心数是有限的,解决如何在有限的核心上执行多个任务的机制就是多线程机制。主流的操作系统包括 Windows、Linux 与 OSX 等支持在有限的核心上运行成千上万个线程,每个线程都可以执行不同的任务,并且线程之间可以使用同步机制协同工作。

由操作系统管理的线程称为原生线程,.NET 基于原生线程搭建了一套线程模型,使得托管代码可以基于这套线程模型运行,这些由 .NET 管理的线程称为托管线程。在本章将会讲解原生线程的实现原理、托管线程与原生线程的关系以及各种同步机制的实现和使用方式。

阅读本章的前提知识点如下:
- 了解 C♯语言中操作线程的接口(Thread 类型);
- 已阅读并基本理解第 3 章(x86 汇编入门)的内容。

第 1 节　原生线程

6.1.1　原生线程简介

主流的操作系统使用多线程机制实现了在计算机上同时运行多个任务,在多线程机制中,每一个线程都负责执行一个任务,操作系统负责安排线程的创建、运行、切换和终止,这些由操作系统管理的线程称为原生线程(Native Thread)。任务执行时通常需要访问一些资源,例如文件与网络连接等,操作系统使用了进程(Process)来管理这些资源,进程与线程是一对多的关系,属于同一个进程的线程拥有相同的虚拟内存空间,可以共享内存中的数据、打开的文件和网络连接等资源,它们的关系如图 6.1 所示。

在第 3 章已经了解过,CPU 中的逻辑核心包含了多个寄存器,每个逻辑核心会根据程序计数器从内存读取指令并执行,单个逻辑核心在同一时间只能执行一段机器码。因为机器码实质上是某个任务的处理内容,换句话说,单个逻辑核心在同一时间只能执行一个线程对应的任务。为了实现多个线程同时运行的效果,线程需要在

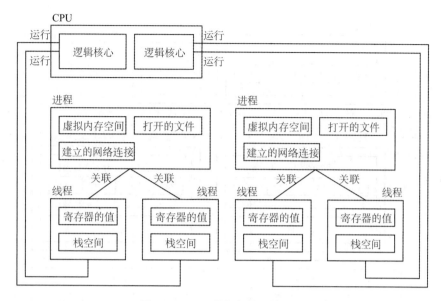

图 6.1 CPU、进程与线程的关系

逻辑核心上轮流运行,并且每个线程只能运行一段有限的时间,从一个线程切换到另一个线程有以下两种方式:

- 主动切换,线程对应的任务主动要求暂停线程的运行:
  ① 例如读取文件需要等待硬盘回应,此时任务主动要求暂停运行,待读取完成再继续。
  ② 例如获取线程锁时,若锁已被其他线程获取则任务主动要求暂停运行,待锁释放再继续。
- 被动切换,线程运行超过一定时间后操作系统强制切换到下一个线程:
  ① 强制切换的处理称为抢占(Preemption);
  ② 线程在被抢占前允许运行的最大时间称为时间片(Time Slice);
  ③ 抢占机制需要基于硬件计时器(例如 APIC Timer)实现。

6.1.2 上下文切换

在操作系统中,用于保存某一时间点上 CPU 各个寄存器的值的数据结构称为上下文(Context),而线程之间的切换称为上下文切换(Context Switch),每个线程都有关联的上下文数据,用于保存切换前各个寄存器的值。上下文切换实质上就是保存当前寄存器的值到切换前线程关联的上下文数据中,然后从切换后线程关联的上下文数据中读取值到寄存器(包括程序计数器),如图 6.2 所示。

以下例子展示了单个逻辑核心上切换线程时发生的处理:

- (线程 0)执行任务对应的指令;
- (线程 0)执行任务对应的指令;

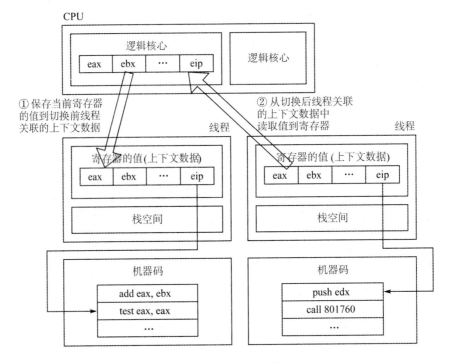

图 6.2 上下文切换的实现

- （CPU）收到硬件计时器发出的中断，调用中断处理器；
- （操作系统）检查是否应该抢占线程；
- （操作系统）保存寄存器的值到线程 0 的上下文数据；
- （操作系统）获取下一个可运行的线程；
- （操作系统）设置硬件计时器；
- （操作系统）从线程 1 的上下文数据读取寄存器的值；
- （线程 1）执行任务对应的指令；
- （线程 1）执行任务对应的指令。

上下文切换是一个成本比较高的操作，其中包含了显式成本和隐式成本，显式成本指的是保存各个寄存器的值到内存与从内存读取各个寄存器的值的成本，寄存器的数量越多成本就越高；而隐式成本指的是 CPU 缓存失效的成本，如果切换的来源线程与目标线程不属于同一个进程，那么它们就拥有不同的虚拟内存空间，需要同时切换页表（Page Table），切换页表将导致进程中所有用户空间的缓存都失效（内核空间的虚拟内存地址可以在多个进程中共享，所以不一定失效），下一次从内存读取值就不会命中 CPU 缓存。同一个进程内的线程之间切换只有显式成本，而不同进程的线程之间切换会有显式成本＋隐式成本（部分资料中也称这样的切换为进程上下文切换），这些成本会对性能带来比较大的影响。减少上下文切换的次数是优化程序性能的一种手段,本章提到的自旋锁与异步操作都可以帮助减少上下文切换的发生。

6.1.3 线程调度

安排线程之间切换的机制称为线程调度(Thread Scheduling)机制,线程调度负责安排待运行队列中的线程在逻辑核心上轮流运行;把等待不可用资源的线程放入资源对应的等待线程队列;资源可用后,把等待资源的线程放入待运行队列,使得各个线程可以协同工作,如图6.3所示。

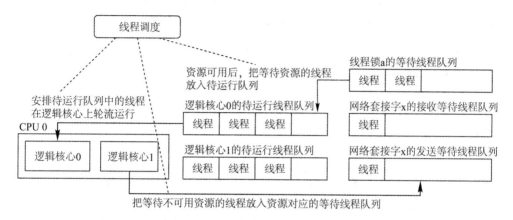

图6.3 线程调度的工作

多线程机制在不同的操作系统上有不同实现,本节介绍的是通用于各个平台的基本实现原理,实际上操作系统中的实现比这一节介绍的复杂很多,例如考虑处理是否可中断,切换权限等级,给线程分配不同的优先度等。

6.1.4 栈空间

每个原生线程都需要在内存中使用一块空间作为栈空间,栈空间用于保存函数使用的数据,例如参数、本地变量和返回地址等,栈空间在线程创建时由操作系统分配,线程结束后由操作系统回收。栈空间最大的地址称为栈底(Stack Bottom),最小的地址称为栈边界(Stack Bound),而位于栈底与栈边界之间用于记录"最后一个添加到栈的元素的所在地址"的地址称为栈顶(Stack Top),如图6.4所示。

栈顶的地址会保存在栈寄存器中,在 x86 平台上是 esp 寄存器,在 x86-64 平台上是 rsp 寄存器,而栈底与栈边界的地址则保存在由操作系统管理的原生线程对象中。因为栈寄存器属于上下文的一部分,上下文切换会同时切换当前使用的栈空间。第3章第6节对栈空间的结构、内容、访问方式有详细的介绍,可以参考该章节。

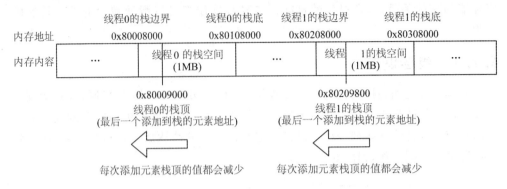

图 6.4　栈底、栈边界与栈顶的示例

第 2 节　托管线程

6.2.1　托管线程简介

因为多线程机制在不同的操作系统上有不同的实现，.NET 基于原生线程搭建了一套线程模型，使得托管代码在不同平台上可以基于相同的线程模型运行，这些由 .NET 管理的线程称为托管线程（Managed Thread）。托管线程与原生线程原则上可以是多对多的关系，即一个托管线程可以轮流在多个原生线程上运行，一个原生线程可以轮流运行多个托管线程。但目前的 .NET Framework（4.7）与 .NET Core（2.1）中托管线程只能运行在一个原生线程上，并不支持切换，也就是托管线程与原生线程实际上是 0..1 对 0..1 的关系。

托管线程可以在 .NET 运行时内部或者托管代码创建，每个托管线程都有对应的托管线程对象（Thread 对象），托管线程运行后，托管线程对象会与原生线程关联（设置到原生线程的线程本地储存），换句话说，关联托管线程对象的原生线程就是托管线程，如图 6.5 所示。

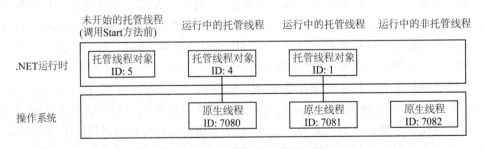

图 6.5　托管线程对象与原生线程的关联

6.2.2 托管线程对象

托管线程对象会在以下情况下创建,对于第一种情况,.NET 运行时会在调用 Start 方法后创建新的原生线程然后关联托管线程对象;对于第二种情况,.NET 运行时会同时创建新的托管线程对象与原生线程并关联它们;对于最后两种情况,.NET 运行时会创建新的托管线程对象并关联到当前运行的原生线程。

- 托管代码新建 System.Threading.Thread 类型的对象;
- .NET 运行时创建内部使用的托管线程;
- 非托管代码在原生线程上首次调用托管代码;
- .NET 程序运行并在主线程调用 Main 函数。

托管线程对象包含以下数据结构,因为托管代码需要使用这些数据结构,托管代码必须在托管线程上执行,如果非托管代码在原生线程上调用托管代码,则需要先创建托管线程对象并关联后才能调用,即上述的最后两种情况。

- 线程本地储存(参考本章第 4 节);
- 托管函数与非托管函数的切换记录(参考第 5 章第 4 节);
- 分配上下文(Allocation Context,参考第 7 章第 3 节与第 4 节);
- 执行上下文(ExecutionContext,参考本章第 12 节);
- 同步上下文(SynchronizationContext,参考本章第 13 节)。

此外,.NET 运行时会把所有托管线程对象记录到一个内部列表结构,使用这个列表结构可以枚举当前所有托管线程。GC 执行垃圾回收时亦需要借助这个列表结构扫描根对象(各个托管线程中的本地变量),这部分的处理会在第 7 章第 5 节和第 6 节说明。

6.2.3 创建托管线程的例子

.NET 运行时提供了标准的线程操作接口,可以在不同的平台上执行创建线程、等待线程结束、设置线程为后台线程、创建线程锁和等待线程锁等操作。使用 C♯ 代码创建线程并等待线程返回的例子如下:

```csharp
using System;
using System.Threading;
using System.Collections.Generic;

namespace ConsoleApp1
{
    internal static class Program
    {
        private static void ThreadProc()
        {
```

```csharp
        // 线程中的处理
        for(var x = 0; x < 20; ++x)
        {
            Console.WriteLine(
                "({0})thread {1}: {2}",
                DateTime.Now,
                Thread.CurrentThread.ManagedThreadId,
                x);
            Thread.Sleep(1000);
        }
    }

    private static void Main()
    {
        var threads = new List<Thread>();
        for(var x = 0; x < 5; ++x)
        {
            // 创建线程对象
            var thread = newThread(ThreadProc);
            // 开始线程
            thread.Start();
        }
        foreach(var thread in threads)
        {
            // 等待线程结束
            thread.Join();
        }
    }
}
```

这个例子创建了5个托管线程,这5个托管线程每隔1 s就会向控制台输出一行日志,并在20 s后结束,而主线程会等待这5个线程结束后再退出程序。

6.2.4 前台线程与后台线程

上述的例子调用了Thread.Join方法等待线程结束,那么不调用这个方法时,主线程是否仍会等待它们结束再退出程序呢? 在.NET中线程分为前台线程和后台线程,程序退出前会等待所有前台线程结束后再退出,而通过System.Threading.Thread类型创建的托管线程默认是前台线程,所以上述例子即使不调用Thread.Join方法,主线程仍然会等待它们结束再退出程序。

设置一个线程是前台线程还是后台线程,可以设置Thread.IsBackground属性,这个属性需要在线程开始前,即调用 Start 方法前设置,设置为 true 时表示创建后台线程,设置为 false 时表示创建前台线程。在 C# 中创建后台线程的例子如下：

```csharp
using System;
using System.Threading;
using System.Collections.Generic;

namespace ConsoleApp1
{
    internal static class Program
    {
        private static void ThreadProc()
        {
            // 线程中的处理
            for(var x = 0; x < 20; ++x)
            {
                Console.WriteLine(
                    "({0})thread {1}: {2}",
                    DateTime.Now,
                    Thread.CurrentThread.ManagedThreadId,
                    x);
                Thread.Sleep(1000);
            }
        }

        private static void Main()
        {
            var threads = new List<Thread>();
            for(var x = 0; x < 5; ++x)
            {
                // 创建线程对象
                var thread = newThread(ThreadProc);
                // 设置线程为后台线程
                thread.IsBackground = true;
                // 开始线程
                thread.Start();
            }
            Thread.Sleep(5000);
            // 在这里,主线程不会等待后台线程结束,而是直接退出程序
        }
    }
}
```

6.2.5 CoreCLR 中的相关代码

如果对 CoreCLR 中管理线程的代码感兴趣，可以参考以下链接。

托管线程的类型定义代码地址：

// C++ 中的定义
https://github.com/dotnet/coreclr/blob/v2.1.5/src/vm/threads.h#L195
// C# 中的定义
https://github.com/dotnet/coreclr/blob/v2.1.5/src/mscorlib/src/System/Threading/Thread.cs

创建线程的代码地址：

// Windows 系统上使用 CreateThread 函数
https://github.com/dotnet/coreclr/blob/v2.1.5/src/vm/threads.cpp#L2384
// 类 Unix 系统上使用 pthread_create 函数
https://github.com/dotnet/coreclr/blob/v2.1.5/src/pal/src/thread/thread.cpp#L732

保存当前线程对应的托管线程对象的代码地址：

//使用原生的线程本地变量保存托管线程对象
https://github.com/dotnet/coreclr/blob/v2.1.5/src/vm/threads.inl#L27
https://github.com/dotnet/coreclr/blob/v2.1.5/src/vm/threads.cpp#L307

等待线程结束的代码地址：

// Windows 系统上使用 WaitForSingleObjectEx
https://github.com/dotnet/coreclr/blob/v2.1.5/src/vm/threads.cpp#L371
// 类 Unix 系统上使用信号量模拟（内部是 pthread_cond_t）
https://github.com/dotnet/coreclr/blob/v2.1.5/src/pal/src/thread/thread.cpp#L850
https://github.com/dotnet/coreclr/blob/v2.1.5/src/pal/src/thread/thread.cpp#L912

此外，在 .NET 中托管线程有两种模式，分别是抢占模式（Preemptive Mode）和合作模式（Cooperative Mode），由于内容较多，这两种模式的说明将放在下一节。

第 3 节 抢占模式与合作模式

在 .NET 中托管线程有两种模式，分别是抢占模式和合作模式，区分这两种模式主要是为了 GC 的实现。GC 在执行垃圾回收时，需要找出所有存活的对象并清理没有被引用的对象，让执行扫描与清理对象的 GC 线程与有可能会分配对象或改变对象间引用关系的其他线程同时运行比较难以实现。通常 GC 在运行过程中需要停止其他线程的运行，保证对象间引用关系在 GC 运行过程中不会改变，但粗暴地停止线程会带来很多问题，例如线程获取了某个 .NET 运行时内部的线程锁后变为停止状态,然后 GC 线程在处理过程中需要获取同一个锁,就会导致死锁的发生。

.NET 为了让线程可以更安全地配合 GC 的工作,引入了抢占模式和合作模式。处于合作模式的线程可以自由地访问托管堆上的对象,如分配对象或修改对象之间的引用关系;而处于抢占模式的线程则不能访问托管堆上的对象,如果需要访问必须等待 GC 结束并切换到合作模式。因为托管代码随时需要访问托管堆,所以托管代码必须在合作模式下运行,而非托管代码则没有这个限制,进入抢占模式后,托管代码会暂停运行,而非托管代码可以继续做与 .NET 对象无关的处理。

.NET 中的 GC 在运行过程中会根据需要切换其他线程的模式,所以在 .NET 中 GC 停止某个线程运行实质上就是 GC 切换某个线程到抢占模式,GC 恢复某个线程运行实质上就是 GC 切换某个线程到合作模式,具体在什么时候切换会在第 7 章详细介绍。

6.3.1 切换模式的实现

抢占模式和合作模式之间的切换可以分为主动切换和被动切换,主动切换指线程切换自身的模式,例如托管代码通过 P/Invoke 或 QCall 调用非托管代码时切换到抢占模式,返回托管代码时再切换到合作模式;而被动切换指一个线程切换另一个线程的模式,例如 GC 切换其他线程到抢占模式。

主动切换的实现比较简单,从合作模式切换到抢占模式只需要修改托管线程对象中的一个标记,不需要做额外的处理;而从抢占模式切换到合作模式需要检查表示是否正在运行 GC 的全局变量,如果正在运行则休眠到 GC 结束后再切换。

被动切换的实现比较复杂,原因是从合作模式切换到抢占模式时,必须让线程停在 GC 安全点(GC Safepoint)。JIT 编译器在生成托管函数的汇编代码时会同时生成元数据,元数据包含了 GC 信息,GC 信息指示了线程运行到某条指令时,哪些位置有引用类型的对象,这些对象会作为根对象扫描。因为包含引用类型的对象位置在运行过程中会不断改变,如果针对每一条指令生成 GC 信息将会消耗大量的内存,所以 JIT 编译器在生成 GC 信息时可以只挑选一部分执行点(执行某条指令时的状态)生成,这些执行点就是 GC 安全点,如图 6.6 所示。

JIT 编译器将根据托管函数的大小决定是否为每一条指令生成 GC 信息,如果一个托管函数中所有执行点都是 GC 安全点,那么这个函数可以称为完全可中断(Fully Interruptible)函数,否则称为部分可中断(Partially Interruptible)函数。因为 GC 扫描根对象时需要使用调用链跟踪(参考第 3 章第 5 节),例如函数 A 调用函数 B 调用函数 C 时,需要同时获取函数 A、B、C 的 GC 信息,所以 JIT 编译器会保证调用其他托管函数前的执行点是 GC 安全点,如图 6.6 中标记为 GC 安全点的执行点。

实现被动切换的第一步是实际暂停线程运行,.NET 运行时在 Windows 系统上暂停线程运行调用 SuspendThread 函数,调用后目标线程将直接暂停运行,暂停运行后通过 GetThreadContext 函数可以获取到包括程序计数器的上下文信息;而在类

图 6.6 GC 安全点的例子

Unix(Linux 与 OSX 等)系统上会发送信号 SIGRTMIN(用户自定义信号)到目标线程,目标线程收到信号后会中断运行并调用预先设置的信号处理器,信号处理器中可以获取包括程序计数器的上下文信息。

第二步是分析线程是否停在 GC 安全点,.NET 运行时会从上下文信息中获取程序计数器的值,然后通过程序计数器定位对应的托管函数,再分析托管函数的元数据判断停止的位置是否是 GC 安全点。如果成功定位对应的托管函数,而且停止的位置是 GC 安全点,那么就可以重定向线程到一个内部函数,内部函数会做出以下处理:

- 切换模式到抢占模式;
- 切换模式到合作模式,切换完毕需要等待 GC 结束;
- 恢复运行原来的代码。

如果无法定位对应的托管函数(线程正在执行非托管代码),或者当前执行点非

GC 安全点,则不能重定向线程到内部函数,此时 .NET 运行时会使用"返回地址劫持"技术。返回地址劫持会对线程进行调用链跟踪,并替换最近的一个返回地址到 .NET 运行时的内部函数,再恢复线程的运行,待线程从当前函数中返回时,就会返回到替换后的地址,之后的处理流程与上述相同。

返回地址劫持有一个问题,部分函数可能会运行很长的时间再返回,也有可能一直不返回。为了解决这个问题,JIT 编译器在生成部分可中断函数时会检测代码中的循环,并在循环开始或末尾插入检查 GC 运行状态的代码(参考第 8 章第 7 节)。因为通过 JIT 编译器插入代码只适用于托管函数,非托管函数在主动切换到合作模式后,必须在短时间内切换回来,否则会导致 GC 花费在切换线程上的时间变长,在使用 C++ 等语言编写互操作类库时应该注意这一点。

6.3.2 CoreCLR 中的相关代码

如果对 CoreCLR 中切换抢占模式与合作模式的代码感兴趣,可以参考以下链接。

主动切换到抢占模式的函数代码地址:

https://github.com/dotnet/coreclr/blob/v2.1.5/src/vm/threads.h#L2131

主动切换到合作模式的函数地址:

https://github.com/dotnet/coreclr/blob/v2.1.5/src/vm/threads.h#L2065
// GC 运行中无法切换到合作模式,需要等待 GC 结束
https://github.com/dotnet/coreclr/blob/v2.1.5/src/vm/threadsuspend.cpp#L2980

暂停线程运行的函数代码地址:

//切换其他线程到抢占模式使用的函数
https://github.com/dotnet/coreclr/blob/v2.1.5/src/vm/threadsuspend.cpp#L4432
// 类 Unix 系统上发送信号
https://github.com/dotnet/coreclr/blob/v2.1.5/src/vm/threadsuspend.cpp#L4574
// 类 Unix 系统上处理信号
https://github.com/dotnet/coreclr/blob/v2.1.5/src/pal/src/exception/signal.cpp#L684
// 暂停线程后的处理
https://github.com/dotnet/coreclr/blob/v2.1.5/src/vm/threadsuspend.cpp#L7416
// 先切换到抢占模式,再切换到合作模式的函数
https://github.com/dotnet/coreclr/blob/v2.1.5/src/vm/threadsuspend.cpp#L3525
// 返回地址劫持的代码
https://github.com/dotnet/coreclr/blob/v2.1.5/src/vm/threadsuspend.cpp#L7464

第 4 节 线程本地储存

线程本地储存(Thread Local Storage,简称 TLS)机制用于实现按线程隔离的

线程本地变量,对于同一个线程本地变量,各个线程分别有独立的值,修改的值只对修改的线程可见。图 6.7 和图 6.8 展示了普通变量与线程本地变量的区别。

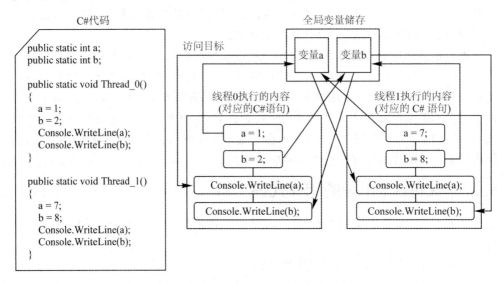

图 6.7　多个线程访问相同的普通全局变量

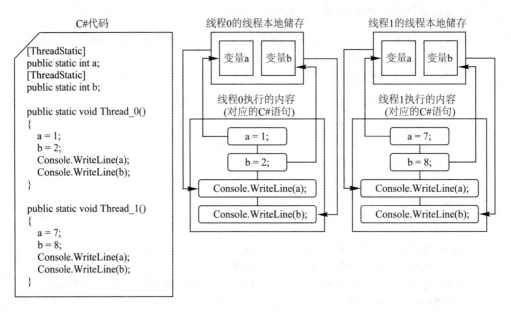

图 6.8　多个线程访问相同的线程本地变量

线程本地储存可以分为原生实现和托管实现,原生实现指的是调用操作系统提供的接口访问原生线程对应的线程本地储存,而托管实现指的是调用 .NET 提供的接口访问托管线程对应的线程本地储存。

在 x86 和 x86-64 平台上操作系统会使用分段寄存器(例如 gs 寄存器)储存指

向原生线程数据的地址,因为分段寄存器属于上下文的一部分,切换线程时会同时切换分段寄存器,使得每个原生线程都可以访问独立的原生线程数据,从而定位到关联的线程本地储存。在 Windows 系统上,原生线程本地变量可以通过 TlsAlloc 函数分配、TlsGetValue 函数读取、TlsSetValue 函数写入;而在类 Unix(Linux 与 OSX 等)系统上,原生线程本地变量可以通过 pthread 类库的 pthread_key_create 函数分配、pthread_getspecific 函数读取和 pthread_setspecific 函数写入。

.NET 运行时使用了原生的线程本地变量保存当前原生线程对应的托管线程对象,每个托管线程对象都会关联一块空间用作线程本地储存。托管代码获取托管的线程本地变量需要先获取托管线程对象,再从关联的空间中获取储存的地址,具体流程将在接下来的内容介绍。

6.4.1 ThreadStatic Attribute 属性的实现

在 .NET 中标记了[ThreadStatic]属性的全局变量就是托管线程本地变量。以下是一个 C♯ 中使用托管线程本地变量的例子,多个线程可以同时调用 Handle 函数,因为变量 LastErrorCode 的值会分别保存在各个线程的本地储存,读写它们的值可以不受其他线程的干扰。

```
[ThreadStatic]
internal static int LastErrorCode;

internal static void InternalHandle(string value)
{
    LastErrorCode = (value == null)? 1 : 0;
}

public static void Handle(string value)
{
    InternalHandle(value);
    if(LastErrorCode != 0)
    {
        Console.WriteLine("Error: " + LastErrorCode);
    }
}
```

在 .NET 中,每个托管线程对象都关联一个 TLB(Thread Local Block)表,TLB 表以 AppDomain ID 为索引保存 TLM(Thread Local Module)表,TLM 表以模块 ID 为索引保存托管线程本地储存空间的开始地址。当 .NET 运行时加载一个程序集时,会枚举程序集中的模块与模块中的全局变量,然后按是否线程本地变量分成两部分,非线程本地变量会保存在 AppDomain 对应的高频堆(High Frequency Heap)

中；而线程本地变量只计算偏移值，储存空间会在首次访问时分配。图6.9展示了托管线程本地储存的结构和线程本地变量的访问流程。

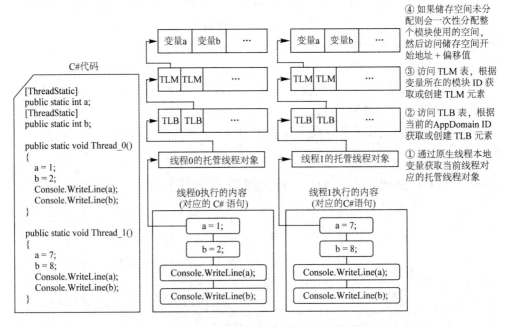

图6.9 托管线程本地储存的结构与线程本地变量的访问流程

对于访问线程本地变量的托管代码，JIT编译器会转换为对.NET运行时内部函数的调用，内部函数会返回线程本地储存空间的开始地址，接下来的指令将根据"储存空间开始地址＋偏移值"访问线程本地变量。设置线程本地变量的代码在64位Windows系统上编译生成的汇编代码如下：

```
mov rcx, 0x7FE7BD745E8       ;第一个参数是变量所在模块 ID
mov edx, 1                   ;第二个参数是变量所在类型 ID
call CORINFO_HELP_GETSHARED_NONGCTHREADSTATIC_BASE_NOCTOR
                             ;获取线程本地储存空间的开始地址
mov dword ptr [rax + 28], 1  ;设置开始地址 + 偏移值指向的空间等于 1
```

CORINFO_HELP_GETSHARED_NONGCTHREADSTATIC_BASE_NOCTOR函数对应CoreCLR中的JIT_GetSharedNonGCThreadStaticBase函数，而0x28则是该线程本地变量在线程本地储存空间中的偏移值。

6.4.2 ThreadLocal类的实现

System.Threading.ThreadLocal类是一个由C#编写的托管线程本地变量包装类，使用这个包装类可以随时新建线程本地变量，而无需提前定义标记[ThreadStatic]属性的全局变量。上述例子使用ThreadLocal类以后可以重写如下：

```
public static readonly ThreadLocal <int> LastErrorCode =
new ThreadLocal <int>();

public static void InternalHandle(string value)
{
    LastErrorCode.Value = (value == null)? 1 : 0;
}

public static void Handle(string value)
{
    InternalHandle(value);
    if(LastErrorCode.Value != 0)
    {
        Console.WriteLine("Error: " + LastErrorCode.Value);
    }
}
```

ThreadLocal 类在内部定义了以下全局变量,它们管理了所有 ThreadLocal 实例储存的值:

```
[ThreadStatic]
private static LinkedSlotVolatile[] ts_slotArray;

[ThreadStatic]
private static FinalizationHelper ts_finalizationHelper;

private static IdManager s_idManager = new IdManager();
```

数组 ts_slotArray 用于储存各个 ThreadLocal 实例在各个线程中的值,而 IdManager 用于管理数组的索引值。ThreadLocal 实例在创建时会从 IdManager 获取一个独立的索引值,访问 Value 属性时会存取 ts_slotArray[索引值]。

因为 ThreadLocal 实例有可能会被回收,而线程有可能会结束,ThreadLocal 类的实现需要考虑清理工作。为了实现实例回收后清理,每个 ThreadLocal 实例都会保存一个双向链表,用于记录所有实际存取过的 ts_slotArray 元素,实例回收时将调用 ThreadLocal.Dispose,这个函数会根据链表重置元素中的值为默认值,并把索引值还给 IdManager。而为了实现线程结束后清理,变量 ts_finalizationHelper 的析构函数会枚举数组 ts_slotArray,重置元素中的值为默认值,并把元素从关联的双向链表中删除。

图 6.10 是两个 ThreadLocal 实例在三个线程中访问了值以后的结构,图 6.11 是第一个 ThreadLocal 实例被回收后的结构,图 6.12 是线程 1 结束后的结构,可以结合上述说明理解实例回收后与线程结束后结构的变化。

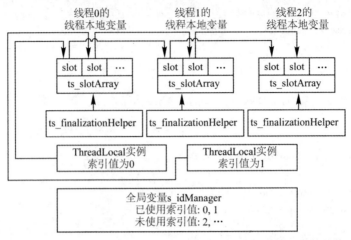

图 6.10 两个 ThreadLocal 实例在三个线程中访问了值以后的结构

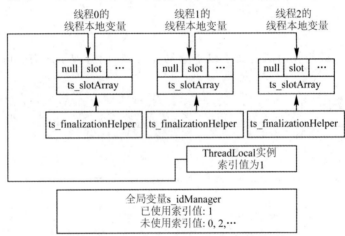

图 6.11 第一个 ThreadLocal 实例被回收后的结构

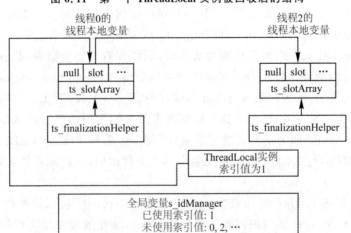

图 6.12 线程 1 结束后的结构

6.4.3　CoreCLR 中的相关代码

如果对 CoreCLR 中管理线程本地储存的代码感兴趣，可以参考以下链接。
保存当前线程对应的托管线程对象的代码地址：

//使用原生的线程本地变量保存托管线程对象
https://github.com/dotnet/coreclr/blob/v2.1.5/src/vm/threads.inl#L27
https://github.com/dotnet/coreclr/blob/v2.1.5/src/vm/threads.cpp#L307

JIT_GetSharedNonGCThreadStaticBase 函数的代码地址：

https://github.com/dotnet/coreclr/blob/v2.1.5/src/vm/jithelpers.cpp#L1850

定义与关联 ThreadLocalBlock 的代码地址：

// ThreadLocalBlock 的定义
https://github.com/dotnet/coreclr/blob/v2.1.5/src/vm/threadstatics.h#L455
// 托管线程对象中保存的 TLB 表
https://github.com/dotnet/coreclr/blob/v2.1.5/src/vm/threads.h#L199

定义与关联 ThreadLocalModule 的代码地址：

// ThreadLocalModule 的定义
https://github.com/dotnet/coreclr/blob/v2.1.5/src/vm/threadstatics.h#L39
// TLB 中的 TLM 表
https://github.com/dotnet/coreclr/blob/v2.1.5/src/vm/threadstatics.h#L460

计算全局变量偏移值的代码地址：

//按全局变量类型分别计算偏移值的代码
https://github.com/dotnet/coreclr/blob/v2.1.5/src/vm/ceeload.cpp#L2058
// 判断是否标记 ThreadStaticAttribute 属性的代码
https://github.com/dotnet/coreclr/blob/v2.1.5/src/vm/staticallocationhelpers.inl#L122

第 5 节　原子操作

6.5.1　原子操作简介

在多线程环境中，因为多个线程可能会同时访问同一个资源，我们需要使用一些方式来保证访问不发生冲突，其中最基础的方式就是原子操作（Atomic Operation）。原子操作指的是不可分割且与其他原子操作互斥的操作，原子操作修改状态要么成功且状态改变，要么失败且状态不变，并且外部只能观察到修改前或修改后的状态，修改中途的状态不能被观察到。

使用原子操作的一个简单例子是计数器(Counter),例如编写一个使用多线程处理不同的文件,并且需要实时输出当前处理完毕数量合计的程序时,可以定义一个整数类型的全局变量,各个线程每处理完一个文件就递增一次,然后定时输出这个全局变量的值。这里的递增操作必须是原子操作,否则无法保证数量合计准确。要理解其原因,可以先了解递增操作的实现,因为全局变量保存在内存中,递增操作可以分为以下步骤,相关图示如图 6.13 所示。

- 从内存读取值到 CPU 寄存器;
- 通过加法器递增 CPU 寄存器的值;
- 保存 CPU 寄存器的值到内存。

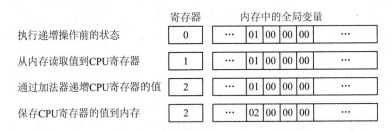

图 6.13　递增操作执行时 CPU 寄存器与内存的变化

因为原子操作不可分割,多个线程同时执行原子的递增操作时步骤不可以发生交叉,以下是两个线程同时执行递增操作时,不发生交叉的执行步骤,相关图示如图 6.14 所示。

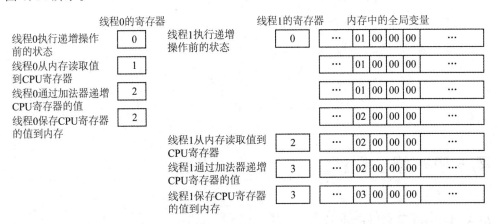

图 6.14　两个线程同时执行递增操作时,不发生交叉的执行步骤

- 线程 0 从内存读取值到 CPU 寄存器;
- 线程 0 通过加法器递增 CPU 寄存器的值;
- 线程 0 保存 CPU 寄存器的值到内存;
- 线程 1 从内存读取值到 CPU 寄存器;

- 线程1通过加法器递增CPU寄存器的值；
- 线程1保存CPU寄存器的值到内存。

如果多个线程同时执行非原子的递增操作，那么步骤则有可能发生交叉，以下是两个线程同时执行递增操作时发生交叉的执行步骤，相关图示如图6.15所示。可以看到发生交叉时虽然递增操作执行了两次，但内存中的数值只增加了1，如果应用到上述的例子则无法保证数量合计准确。

- 线程0从内存读取值到CPU寄存器；
- 线程1从内存读取值到CPU寄存器；
- 线程0通过加法器递增CPU寄存器的值；
- 线程0保存CPU寄存器的值到内存；
- 线程1通过加法器递增CPU寄存器的值；
- 线程1保存CPU寄存器的值到内存。

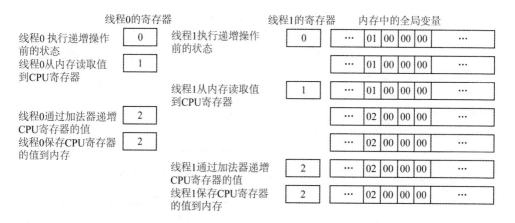

图6.15　两个线程同时执行递增操作时，发生交叉的执行步骤

原子的递增操作在不同的平台上有不同的实现方法，例如x86平台上提供的add指令可以同时实现递增操作中的三个步骤，使得它们不可分割。如果全局变量的数值在内存地址0x7fff1008，则可以使用以下指令递增它的值：

add dword ptr [0x7fff1008], 1
;机器码：83 05 08 10 ff 7f 01

add指令可以在单个逻辑核心上保证递增操作是原子操作。因为在单个逻辑核心上同一时间只能运行一个线程，线程之间切换需要通过上下文切换，而上下文切换只能发生在两条指令之间，不能发生在单条指令执行途中，所以单个逻辑核心上同一时间只有一个线程可以运行add指令，并且只有指令执行完毕以后才能切换到其他线程，如图6.16所示。

而在多个逻辑核心上，普通的add指令无法保证递增操作是原子操作，因为

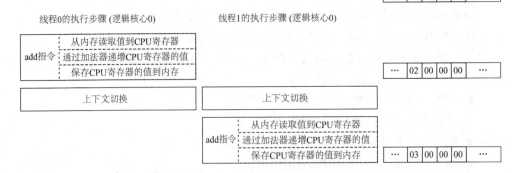

图 6.16　两个线程在同一个逻辑核心上同时执行 add 指令

CPU 在执行指令时,会在核心内部拆分为多个步骤执行,如果在不同的核心同时运行的线程同时执行 add 指令,则步骤可能会发生交叉,如图 6.17 所示。

图 6.17　两个线程在不同逻辑核心上同时执行 add 指令

在多个逻辑核心上保证递增操作是原子操作可以使用带 lock 前缀的 add 指令,lock 前缀保证了操作同一内存地址的指令不能在多个逻辑核心上同时执行,添加了 lock 前缀的 add 指令如下。在 x86 平台上执行的原子操作都会依赖此前缀(除了部分指令如 xchg 默认保证原子外):

```
lock add [0x7fff1008], 1
; 机器码: f0 83 05 08 10 ff 7f 01
```

原子操作包含了以下分类(上述的计数器例子属于第一个分类):
- 读—修改—写(Read-Modify-Write):读取目标的值,修改并写回目标;
- 获取—添加(Fetch-And-Add):读取目标的值,修改并写回目标,返回修改前的值(某些包装此操作的函数可能会返回修改后的值,这是通过返回"修改前的值+添加值"实现的);
- 测试—设置(Test-And-Set):修改目标的值,返回修改前的值;
- 比较—交换(Compare-And-Swap):如果目标的值与指定的值相等,则修改到另一个值并返回修改前的值,否则返回现有的值。

某些平台例如 ARM 的指令集比较简单，没有提供直接实现"读—修改—写"和"获取—添加"操作的指令，它们可以使用"比较—交换"操作代替实现。使用"比较—交换"操作实现的原子递增操作步骤如下：

- 从内存读取值到寄存器 r0；
- 把寄存器 r0 加 1 的值保存到寄存器 r1；
- 比较内存中的值和寄存器 r0，相等时替换内存中的值到寄存器 r1 的值并返回替换前的值，否则返回现有的值；
- 比较返回值和寄存器 r0，相等时继续执行，否则跳转到第一个步骤。

6.5.2 .NET 中的原子操作

在 .NET 中，System.Threading.Interlocked 类提供了用于执行原子操作的函数，这些函数接收引用参数（ref），也就是变量的内存地址，然后针对该内存地址中的值执行原子操作。

System.Threading.Interlocked 类包含了以下函数：

(1) Increment

Interlocked.Increment 函数执行的原子操作属于"获取—添加（Fetch-And-Add）"分类，执行后变量的值增加 1，返回值是增加后的值，即增加前的值加 1，例子如下：

```
public static int x = 0;

public static void Example()
{
    // 两个线程同时执行此函数会输出 1 2 或 2 1
    // 全局变量 x 最终的值为 2
    int y = Interlocked.Increment(ref x);
    Console.WriteLine(y);
}
```

(2) Decrement

Interlocked.Decrement 函数执行的原子操作同样属于"获取—添加（Fetch-And-Add）"分类，执行后变量的值减少 1，返回值是减少后的值，即减少前的值减 1，例子如下：

```
public static int x = 0;

public static void Example()
{
    // 两个线程同时执行此函数会输出 -1 -2 或 -2 -1
    // 全局变量 x 最终的值为 -2
```

```
        int y = Interlocked.Decrement(ref x);
        Console.WriteLine(y);
}
```

(3) Add

Interlocked.Add 函数执行的原子操作属于"获取—添加(Fetch-And-Add)"分类,执行后变量的值加等于第二个参数的值(At=B),返回值是增加后的值,即增加前的值加第二个参数的值,例子如下:

```
public static int x = 0;

public static void Example()
{
        // 两个线程同时执行此函数会输出 2 4 或 4 2
        // 全局变量 x 最终的值为 4
        int y = Interlocked.Add(ref x, 2);
        Console.WriteLine(y);
}
```

(4) Exchange

Interlocked.Exchange 函数执行的原子操作属于"测试—设置(Test-And-Set)"分类,执行后变量的值修改为第二个参数的值,返回值是修改前的值,例子如下:

```
public static int x = 0;

public static void Example()
{
        // 两个线程同时执行此函数会输出 0 1 或 1 0
        // 全局变量 x 最终的值为 1
        int y = Interlocked.Exchange(ref x, 1);
        Console.WriteLine(y);
}
```

(5) CompareExchange

Interlocked.CompareExchange 函数执行的原子操作属于"比较—交换(Compare-And-Swap)"分类,执行时如果变量的值等于第三个参数的值,则修改为第二个参数的值并返回修改前的值,否则返回现有的值。以下例子演示了怎样使用 CompareExchange 函数代替 Increment 函数:

```
public static int x = 0;

public static void Example()
```

```csharp
{
    // 两个线程同时执行此函数会输出 1 2 或 2 1
    // 全局变量 x 最终的值为 2
    int y;
    while(true)
    {
        y = x;
        int oldX = Interlocked.CompareExchange(ref x, y + 1, y);
        if(oldX == y)
        {
            break;
        }
    }
    Console.WriteLine(y + 1);
}
```

(6) Read

从内存地址读取数值的操作通常是原子的,除了在 32 位平台上读取 64 位的数值,例如 .NET 中 long 类型的数值外。因为 32 位平台上访问 64 位数值需要使用多条指令分别访问高 32 位和低 32 位,默认情况下它们不是原子的,Interlocked.Read 函数可以在 32 位平台上读取 64 位数值,这个函数需要与其他原子操作配合使用,例子如下:

```csharp
public static long x = 0;

public static void Thread_0()
{
    // 一个线程执行此函数
    Interlocked.Exchange(ref x, 0x7aaabbbbccccdddd);
}

public static void Thread_1()
{
    // 另一个线程执行此函数
    // 输出只能是 0 或者 7aaabbbbccccdddd
    // 不可能是 7aaabbbb00000000 或者 ccccdddd
    long y = Interlocked.Read(ref x);
    Console.WriteLine("{0:x}", 0x7aaabbbbccccdddd);
}
```

此外,System.Threading.Interlocked 类提供了用于防止指令乱序执行的 MemoryBarrier 函数,JIT 编译器会在使用此函数的位置插入内存屏障,关于内存屏障请参考第 3 章第 8 节。

6.5.3 无锁算法

上述的原子操作都是很简单的基础操作，目标只有单个值，如果要把一连串操作变为一个原子操作则需要使用线程锁或无锁算法（Lock Free Algorithm）。线程锁可以把指定区域中的所有操作变为一个原子操作而无需改动操作的内容，具有很强的通用性；而无锁算法则不使用线程锁，而是修改操作的内容使得它们满足原子操作的条件。

举例来说，如果要同时递增两个计数器，并且获取递增后的值，可以使用以下的无锁算法：

```
public class DualCounter
{
    public int A { get; }
    public int B { get; }

    public DualCounter(int a, int b)
    {
        A = a;
        B = b;
    }
}

// 同时递增两个计数器，并且获取递增后的值
public static DualCounter Increment(ref DualCounter counter)
{
    DualCounter oldValue, newValue;
    do
    {
        oldValue = counter;
        newValue = new DualCounter(oldValue.A + 1, oldValue.B + 1);
    }
    while(Interlocked.CompareExchange(ref counter, newValue, oldValue) != oldValue);
    return newValue;
}

public static DualCounter Counter = new DualCounter(0, 0);

public static void IncrementCounters()
{
    // 两个线程同时执行此函数会输出 1,1 2,2 或 2,2 1,1
```

```
    // 全局变量 Counter 最终的值为 2,2
    var result = Increment(ref Counter);
    Console.WriteLine("{0},{1}", result.A, result.B);
}
```

例子中的 Increment 函数把两个计数器保存到一个不变对象（Immutable Object）中，每次递增都会替换整个对象，两个计数器增加的值与调用 Increment 函数的次数一定相同，并且返回值不受其他线程操作途中的影响。

原子读取两个计数器的值可以使用以下代码，把 Counter 对象复制到本地变量 c 可以保证此后访问 A 成员与 B 成员使用同一个对象：

```
public static void PrintCounters()
{
    var c = Counter;
    Console.WriteLine("{0},{1}", c.A, c.B);
}
```

上述的无锁算法不一定比使用线程锁快，因为每次修改值都需要调用 new 关键字分配内存，如果修改次数多则成本会很高。因为编写一个高性能的无锁算法比较有难度，.NET 提供了一些线程安全的数据类型，这些数据类型大量应用了无锁算法来提升访问速度（在部分情况下仍需要线程锁），这些数据类型如下：

(1) System.Collections.Concurrent.ConcurrentBag
线程安全且无序的集合类，取出值的顺序与添加值的顺序没有一定联系。
(2) System.Collections.Concurrent.ConcurrentDictionary<TKey, TValue>
线程安全的词典类，可以用于代替 Dictionary<TKey, TValue>。
(3) System.Collections.Concurrent.ConcurrentQueue
线程安全且有序的集合类，先添加的值先取出（FIFO），可以用于代替 Queue<T>。
(4) System.Collections.Concurrent.ConcurrentStack
线程安全且有序的集合类，后添加的值先取出（LIFO），可以用于代替 Stack<T>。

6.5.4　CoreCLR 中的相关代码

如果对 CoreCLR 中实现原子操作的代码感兴趣，可以参考以下链接。
System.Threading.Interlocked 类的代码地址：

https://github.com/dotnet/coreclr/blob/v2.1.5/src/mscorlib/src/System/Threading/Interlocked.cs

定义原子操作相关内部函数的代码地址：

```
// 定义导出的内部函数
```
https://github.com/dotnet/coreclr/blob/v2.1.5/src/vm/ecalllist.h#L954
```
// 原子操作相关内部函数所在文件
```

https://github.com/dotnet/coreclr/blob/v2.1.5/src/vm/comutilnative.cpp

以 Release 模式编译时，JIT 编译器把内部函数调用优化为汇编指令的代码地址：

//转换内部函数调用到 GT_LOCKADD、GT_XADD、GT_XCHG 类型的语法树节点
https://github.com/dotnet/coreclr/blob/v2.1.5/src/jit/importer.cpp#L3464
// 在 x86 或 x86-64 平台上根据语法树节点生成汇编指令
https://github.com/dotnet/coreclr/blob/v2.1.5/src/jit/codegenxarch.cpp#L3550

如果对 .NET Core 中使用无锁算法的数据类型代码感兴趣，可以参考以下链接。

System.Collections.Concurrent.ConcurrentBag 类的代码地址：

https://github.com/dotnet/corefx/blob/v2.1.5/src/System.Collections.Concurrent/src/System/Collections/Concurrent/ConcurrentBag.cs

System.Collections.Concurrent.ConcurrentDictionary 类的代码地址：

https://github.com/dotnet/coreclr/blob/v2.1.5/src/mscorlib/src/System/Collections/Concurrent/ConcurrentDictionary.cs

System.Collections.Concurrent.ConcurrentQueue 类的代码地址：

https://github.com/dotnet/coreclr/blob/v2.1.5/src/mscorlib/src/System/Collections/Concurrent/ConcurrentQueue.cs

System.Collections.Concurrent.ConcurrentStack 类的代码地址：

https://github.com/dotnet/coreclr/blob/v2.1.5/src/mscorlib/src/System/Collections/Concurrent/ConcurrentStack.cs

第 6 节　自旋锁

6.6.1　线程锁

在上一节已经了解到在多线程环境中，多个线程可能会同时访问同一个资源，为了避免访问发生冲突，可以根据访问操作的复杂程度采取不同的措施。原子操作适用于简单的单个操作，无锁算法适用于相对简单的一连串操作，而线程锁适用于复杂的一连串操作。线程锁有获取锁（Acquire）和释放锁（Release）两个操作，在获取锁之后和释放锁之前进行的操作保证在同一时间只有一个线程执行，操作内容无需改变，所以线程锁具有很强的通用性。线程锁有不同的种类，这一节介绍的是自旋锁，其他类型的线程锁会在接下来的章节介绍。

6.6.2 使用 Thread.SpinWait 实现自旋锁

自旋锁(Spinlock)是最简单的线程锁,基于前一节介绍的"测试—设置(Test - And - Set)"原子操作实现。它使用一个数值来表示锁是否已经被获取,0 表示未被获取,1 表示已被获取。获取锁时会先使用"测试—设置"原子操作设置数值为 1,然后检查修改前的值是否为 0,如果为 0 则代表获取成功,否则继续重试直到成功为止;释放锁时会设置数值为 0,其他正在获取锁的线程会在下一次重试时成功获取。使用"测试—设置"原子操作的原因是,它可以保证当多个线程同时把数值 0 修改到 1 时,只有一个线程可以观察到修改前的值为 0,其他线程则观察到修改前的值为 1。

C♯代码中使用 Thread.SpinWait 实现自旋锁的例子如下:

```csharp
private static int _lock = 0;
private static int _counterA = 0;
private static int _counterB = 0;

public static void IncrementCounters()
{
    // 获取锁
    while(Interlocked.Exchange(ref _lock, 1)! = 0)
    {
        Thread.SpinWait(1);
    }

    // 保护区域开始
    ++ _counterA;
    ++ _counterB;
    // 保护区域结束

    // 释放锁
    Interlocked.Exchange(ref _lock, 0);
}

public static void GetCounters(out int counterA, out int counterB)
{
    // 获取锁
    while(Interlocked.Exchange(ref _lock, 1)! = 0)
    {
        Thread.SpinWait(1);
    }

    // 保护区域开始
```

```
        counterA = _counterA;
        counterB = _counterB;
        // 保护区域结束

        // 释放锁
        Interlocked.Exchange(ref _lock, 0);
}
```

这个例子有两点可能会让读者感到困惑,第一点是为什么需要使用 Thread. SpinWait 函数;第二点是为什么设置"_lock"变量为 0 时需要使用 Interlocked. Exchange 函数而不能直接赋值。

想象一下,如果不使用 Thread. SpinWait 函数,重试使用的循环体会为空,CPU 会使用它的最大性能来不断地执行赋值和比较指令,这会消耗多余的电力,并且影响在同一物理核心的其他逻辑核心执行指令的性能。Thread. SpinWait 函数用于提示 CPU 当前正在自旋锁的循环中,当前的逻辑核心可以休息几十到上百个时钟周期(根据 CPU 型号而定)再继续执行下一条指令。

Thread. SpinWait 函数在 x86 和 x86-64 平台上会调用 pause 指令,因为单次休息时间根据 CPU 型号而定(Intel Skylake 之前的 CPU 约为 10 个时钟周期,之后约为 140 个时钟周期),从 .NET Core 2.1 以及 .NET Framework 4.8 开始,.NET 运行时制定了一个标准的休息时间,在程序启动时会计算需要调用多少次指令才能接近这个时间,Thread. SpinWait 函数会根据计算出来的次数调用该指令,使得在所有平台上 CPU 都休息一定的时间。

设置"_lock"变量为 0 时使用 Interlocked. Exchange 函数的原因是它附带了内存屏障(Memory Barrier),内存屏障保证当其他线程观测到"_lock"变量的值为 0 时,一定可以观测到此前对其他变量的修改(参考第 3 章第 8 节)。如果不使用 Interlocked. Exchange 函数,可以在设置"_lock"变量的值之前调用 Interlocked. MemoryBarrier 函数,或者把"_lock"变量标记为 volatile(.NET 中访问 volatile 变量自动附带内存屏障),它们可以实现相同的效果。

使用自旋锁有几个需要注意的问题,自旋锁保护的代码应该在非常短的时间内执行完毕,如果代码长时间运行则其他需要获取锁的线程会不断地重试并占用逻辑核心,影响其他线程运行。此外,如果 CPU 只有一个逻辑核心,自旋锁在获取失败时应该立刻调用 Thread. Yield 函数提示操作系统切换到其他线程,因为一个逻辑核心同一时间只能运行一个线程,在切换线程之前其他线程没有机会运行,也就是切换线程之前自旋锁没有机会被释放。

以上介绍的自旋锁实现没有考虑到公平性,如果多个线程同时获取锁并失败,按时间顺序第一个获取锁的线程不一定会在锁释放后第一个获取成功,这通常不是问题,因为自旋锁不应该频繁发生冲突,获取锁失败应该是一个小概率的事件。然而现实中有一些考虑到公平性的自旋锁,如排号自旋锁与队列自旋锁,它们广泛地应用在 Linux 操作系统的内核中。

6.6.3 使用 System.Threading.SpinWait 代替

实现自旋锁中的等待除了使用 System.Threading.Thread.SpinWait 函数以外,还可以使用 System.Threading.SpinWait 类,创建 SpinWait 类的实例(它是值类型,所以不需要从托管堆分配)并使用 SpinOnce 方法即可实现等待操作。

C#代码中使用 SpinWait 类实现自旋锁的例子如下:

```
private static int _lock = 0;
private static int _counterA = 0;
private static int _counterB = 0;

public static void IncrementCounters()
{
    // 获取锁
    var spinWait = newSpinWait();
    while(Interlocked.Exchange(ref _lock, 1)! = 0)
    {
        spinWait.SpinOnce();
    }

    // 保护区域开始
    ++_counterA;
    ++_counterB;
    // 保护区域结束

    // 释放锁
    Interlocked.Exchange(ref _lock, 0);
}

public static void GetCounters(out int counterA, out int counterB)
{
    // 获取锁
    var spinWait = new SpinWait();
    while(Interlocked.Exchange(ref _lock, 1)! = 0)
    {
        spinWait.SpinOnce();
    }

    // 保护区域开始
```

```
            counterA = _counterA;
            counterB = _counterB;
            // 保护区域结束

            // 释放锁
            Interlocked.Exchange(ref _lock, 0);
        }
```

　　SpinWait 类的特征是它会记录调用 SpinOnce 方法的次数。如果在一定次数以内并且当前环境逻辑核心数大于 1，则调用 Thread.SpinWait 函数；如果超过一定次数或者当前环境逻辑核心数等于 1，则交替使用 Thread.Sleep(0) 和 Thread.Yield 函数，提示操作系统切换到其他线程(它们的区别后述)；如果再超过一定次数，则使用 Thread.Sleep(1) 让当前线程休眠 1ms，以避免频繁占用 CPU 资源。

　　SpinWait 类的特征使得它很好地解决了之前提出的两个问题，第一个是如果自旋锁保护的代码运行时间过长，SpinWait 类可以提示操作系统切换到其他线程或者让当前线程进入休眠状态，这样就不会一直执行 Thread.SpinWait 函数而使得 CPU 在线程被抢占之前无法执行其他工作。第二个是如果当前环境只有一个逻辑核心，SpinWait 类不会执行 Thread.SpinWait 函数，而是直接提示操作系统切换到其他线程，因为执行 Thread.SpinWait 函数没有意义(切换线程之前自旋锁没有机会被释放)。

6.6.4　使用 System.Threading.SpinLock 实现自旋锁

　　除了前面介绍的方法外，还可以使用 .NET 提供的 System.Threading.SpinLock 类实现自旋锁，这个类封装了管理锁状态和调用 SpinWait.SpinOnce 方法的逻辑，虽然做的事情相同但可以使代码更容易理解。

　　C#代码中使用 SpinLock 类实现自旋锁的例子如下：

```
private static SpinLock _lock = new SpinLock();
private static int _counterA = 0;
private static int _counterB = 0;

public static void IncrementCounters()
{
    bool lockTaken = false;
    try
    {
        // 获取锁
        _lock.Enter(ref lockTaken);

        // 保护区域开始
```

```
            ++_counterA;
            ++_counterB;
            // 保护区域结束
        }
        finally
        {
            // 如果锁已成功获取则释放
            if(lockTaken)
            {
                _lock.Exit();
            }
        }
    }

    public static void GetCounters(out int counterA, out int counterB)
    {
        bool lockTaken = false;
        try
        {
            // 获取锁
            _lock.Enter(ref lockTaken);

            // 保护区域开始
            counterA = _counterA;
            counterB = _counterB;
            // 保护区域结束
        }
        finally
        {
            // 如果锁已成功获取则释放
            if(lockTaken)
            {
                _lock.Exit();
            }
        }
    }
```

6.6.5 Thread.Sleep(0)与Thread.Yield的区别

前面对 SpinWait 的介绍中提到了它会交替使用 Thread.Sleep(0) 和 Thread.Yield 函数提示操作系统切换到其他线程,那么它们之间有什么区别呢？在 Windows 系统上,Thread.Sleep 函数调用系统提供的 SleepEx 函数,Thread.Yield 函数调用系统提供的 SwitchToThread 函数,它们的区别在于,SwitchToThread 函数只会切换到当前逻辑核心关联的待运行队列中的线程,不会切换到其他逻辑核心关联的线程上;而 SleepEx 函数会切换到任意逻辑核心关联的待运行队列中的线程,并且让当前线程在指定时间内无法重新进入待运行队列(如果时间为 0,那么线程可以立刻重新进入待运行队列)。在类 Unix 系统(Linux 与 OSX 等)上,Thread.Sleep 函数在休眠时间不为 0 时会调用 pthread 类库提供的 pthread_cond_timedwait 函数,在休眠时间为 0 时会调用系统提供的 sched_yield 函数,Thread.Yield 函数同样会调用系统提供的 sched_yield 函数,所以两者在 Unix 系统上并没有区别。类 Unix 系统的 sched_yield 函数与 Windows 系统的 SwitchToThread 函数一样,都只会切换到当前逻辑核心关联的待运行队列中的线程,不会切换到其他逻辑核心关联的线程上。比较有意思的是,类 Unix 系统上调用系统提供的 sleep 函数并传入 0 会直接忽略并返回,不会像 Windows 那样切换到其他线程,尽管 .NET 运行时不使用这个函数。

6.6.6 使用 pause 指令的另一个原因

在 x86 和 x86-64 平台上获取自旋锁时使用 pause 指令有另一个复杂的原因,因为现代的 CPU 支持流水线和分支预测(参考第 3 章第 1 节与第 5 节),并且自旋锁会在获取锁失败时,在短时间内频繁地判断循环条件是否成立,CPU 的分支预测功能会学习并且得出循环条件非常可能会成立的结论,然后根据分支预测的结果把接下来的指令放入流水线中,最终流水线会填满循环中的指令。如果此时另一个线程释放锁并设置内存上的变量为 0,设置变量后会应用(flush)流水线中访问该变量的指令,因为这些指令基于分支预测且分支预测的结果有误,它们带来的副作用需要被消除,使得在外部看上去像没有执行过一样,而消除副作用的成本非常高。pause 指令的另一个作用是防止流水线根据分支预测填满循环中的指令,以降低消除副作用的成本。注意这一段的描述很大程度上依赖于 CPU 的内部实现,不一定完全准确。

6.6.7 CoreCLR 中的相关代码

如果对 CoreCLR 中参与实现自旋锁的代码感兴趣,可以参考以下链接。
System.Threading.Thread.SpinWait 函数的代码地址:

https://github.com/dotnet/coreclr/blob/v2.1.5/src/mscorlib/src/System/Threading/Thread.cs#L323

SpinWaitInternal 函数的代码地址:

//内部调用 YieldProcessorNormalized
https://github.com/dotnet/coreclr/blob/v2.1.5/src/vm/comsynchronizable.cpp#L1639

YieldProcessorNormalized 函数的代码地址:

//内部调用 YieldProcessor yieldsPerNormalizedYield 次

// YieldProcessor 在 x86 和 x86-64 平台上是 rep nop 指令,即 pause 指令

// 在 ARM 平台上是 yield 指令

https://github.com/dotnet/coreclr/blob/v2.1.5/src/vm/yieldprocessornormalized.h#L48

计算 yieldsPerNormalizedYield 次数变量的代码地址:

https://github.com/dotnet/coreclr/blob/v2.1.5/src/vm/yieldprocessornormalized.cpp#L21

System.Threading.SpinWait 类的代码地址:

https://github.com/dotnet/coreclr/blob/v2.1.5/src/mscorlib/shared/System/Threading/SpinWait.cs

System.Threading.SpinLock 类的代码地址:

https://github.com/dotnet/coreclr/blob/v2.1.5/src/mscorlib/src/System/Threading/SpinLock.cs

Thread.Yield 函数对应内部函数 ThreadNative::YieldThread,代码地址:

// ThreadNative::YieldThread 函数调用"__SwitchToThread"函数

https://github.com/dotnet/coreclr/blob/v2.1.5/src/vm/comsynchronizable.cpp#L1672

// "__SwitchToThread"函数调用"__DangerousSwitchToThread"函数

https://github.com/dotnet/coreclr/blob/v2.1.5/src/vm/hosting.cpp#L623

// "__DangerousSwitchToThread"函数调用 SwitchToThread 函数

// 按 YieldThread 函数传入的参数不会调用 SleepEx

https://github.com/dotnet/coreclr/blob/v2.1.5/src/vm/hosting.cpp#L638

Thread.Sleep 函数对应内部函数 ThreadNative::Sleep,代码地址:

// ThreadNative::Sleep 函数调用 Thread::UserSleep 函数

https://github.com/dotnet/coreclr/blob/v2.1.5/src/vm/comsynchronizable.cpp#L733

// Thread::UserSleep 函数调用 ClrSleepEx 函数(EESleepEx 函数的别名)

https://github.com/dotnet/coreclr/blob/v2.1.5/src/vm/threads.cpp#L4333

// EESleepEx 函数调用 SleepEx 函数,在 Windows 上此函数由系统提供,在类 Unix 系统上此函数由 .NET 运行时模拟实现

https://github.com/dotnet/coreclr/blob/v2.1.5/src/vm/hosting.cpp#L598

// 类 Unix 系统上模拟 SleepEx 函数的实现

https://github.com/dotnet/coreclr/blob/v2.1.5/src/pal/src/synchmgr/wait.cpp#L276

https://github.com/dotnet/coreclr/blob/v2.1.5/src/pal/src/synchmgr/wait.cpp#L825

第 7 节 互斥锁

因为上一节介绍的自旋锁不适用于长时间运行的操作,它的应用场景比较有限,

更通用的线程锁是操作系统提供的基于原子操作与线程调度实现的互斥锁（Mutex）。与自旋锁一样，操作系统提供的互斥锁内部有一个数值表示锁是否已经被获取，不同的是当获取锁失败时，它不会反复重试，而是安排获取锁的线程进入等待状态，并把线程对象添加到锁关联的队列中，另一个线程释放锁时会检查队列中是否有线程对象，如果有则通知操作系统唤醒该线程。因为处于等待状态的线程没有运行，即时锁长时间不释放也不会消耗 CPU 资源，但让线程进入等待状态与从等待状态唤醒并调度运行可能会花费毫秒级的时间，与自旋锁重试所需的纳秒级时间相比非常的长。

.NET 提供了 System.Threading.Mutex 类，这个类包装了操作系统提供的互斥锁，C#中使用互斥锁的例子如下：

```csharp
private static Mutex _lock = new Mutex(false, null);
private static int _counterA = 0;
private static int _counterB = 0;

public static void IncrementCounters()
{
    // 获取锁
    _lock.WaitOne();
    try
    {
        // 保护区域开始
        ++_counterA;
        ++_counterB;
        // 保护区域结束
    }
    finally
    {
        // 释放锁
        _lock.ReleaseMutex();
    }
}

public static void GetCounters(out int counterA, out int counterB)
{
    // 获取锁
    _lock.WaitOne();
    try
    {
        // 保护区域开始
        counterA = _counterA;
```

```csharp
            counterB = _counterB;
        // 保护区域结束
        }
        finally
        {
            // 释放锁
            _lock.ReleaseMutex();
        }
    }
```

在 Windows 系统上互斥锁对象通过 CreateMutexEx 函数创建，获取锁时将调用 WaitForMultipleObjectsEx 函数，释放锁时将调用 ReleaseMutex 函数，线程进入等待状态和唤醒由操作系统负责。在类 Unix 系统（Linux 与 OSX 等）上互斥锁对象由 .NET Core 的内部结构模拟实现，结构包含表示锁的状态值以及等待线程队列，每个托管线程都会关联一个 pthread_mutex_t 对象和一个 pthread_cond_t 对象，这两个对象由 pthread 类库提供，用于让线程等待事件以及在事件触发时唤醒，获取锁失败时线程会添加到队列中并调用 pthread_cond_wait 函数等待，另一个线程释放锁时看到队列中有线程则调用 pthread_cond_signal 函数唤醒。实际上，接下来的章节提到的信号量与 Monitor 在类 Unix 系统上都基于这个内部结构实现。

System.Threading.Mutex 类提供的线程锁可重入，已经获取锁的线程可以再次执行获取锁的操作，但释放锁的操作也要执行相同次数，可重入的线程锁又叫递归锁（Recursive Lock）。递归锁内部使用一个计数器记录进入次数，同一个线程每获取一次就加 1，释放一次就减 1，减 1 后如果计数器为 0 就执行真正的释放操作。递归锁在单个函数中使用没有意义，一般用在嵌套调用的多个函数中。各个函数都可以被外部直接调用的例子如下：

```csharp
private static Mutex _lock = new Mutex(false, null);
private static int _counterA = 0;
private static int _counterB = 0;

public static void IncrementCounterA()
{
    _lock.WaitOne();
    try
    {
        ++_counterA;
    }
    finally
    {
        _lock.ReleaseMutex();
```

        }
    }

    public static void IncrementCounterB()
    {
        _lock.WaitOne();
        try
        {
            ++_counterB;
        }
        finally
        {
            _lock.ReleaseMutex();
        }
    }

    public static void IncrementCounters()
    {
        _lock.WaitOne();
        try
        {
            IncrementCounterA();
            IncrementCounterB();
        }
        finally
        {
            _lock.ReleaseMutex();
        }
    }
```

System.Threading.Mutex 类的另一个特点是支持跨进程使用,创建时通过构造函数的第二个参数可以传入名称,名称以"Local\"开始时同一个用户的进程共享拥有此名称的锁,名称以"Global\"开始时同一台计算机的进程共享拥有此名称的锁。如果一个进程获取了锁,那么在释放该锁前另一个进程获取同样名称的锁需要等待;如果进程获取了锁,但在退出之前没有调用释放锁的方法,那么锁会被操作系统自动释放,其他当前正在等待锁(锁被自动释放前进入等待状态)的进程会收到 AbandonedMutexException 异常。跨进程锁通常用于保护多个进程共享的资源或者防止程序多重启动。在类 Unix 系统(Linux 与 OSX 等)上跨进程功能通过临时文件、mmap 和 flock 函数实现,mmap 函数用于创建多个进程共享的内存空间,flock 函数用于锁定文件,用于跨进程共享内存的临时文件默认保存在/tmp/.dotnet/shm 目录下,而用于跨进程锁定的临时文件默认保存在/tmp/.dotnet/lockfiles 目录下。
```

CoreCLR 中的相关代码

如果对 CoreCLR 中实现互斥锁的代码感兴趣，可以参考以下链接。
System.Threading.Mutex 类的代码地址：

https://github.com/dotnet/coreclr/blob/v2.1.5/src/mscorlib/src/System/Threading/Mutex.cs

创建原生互斥锁的代码地址：

// 调用 CreateMutexEx 函数
https://github.com/dotnet/coreclr/blob/v2.1.5/src/mscorlib/src/System/Threading/Mutex.cs#L108

// 类 Unix 系统上的模拟实现
https://github.com/dotnet/coreclr/blob/v2.1.5/src/pal/src/synchobj/mutex.cpp#L263

// 类 Unix 系统上的模拟实现——创建结构体的代码
https://github.com/dotnet/coreclr/blob/v2.1.5/src/pal/src/objmgr/shmobjectmanager.cpp#L142

https://github.com/dotnet/coreclr/blob/v2.1.5/src/pal/src/objmgr/shmobject.cpp#L1102

https://github.com/dotnet/coreclr/blob/v2.1.5/src/pal/src/synchmgr/synchmanager.cpp#L1045

// 类 Unix 系统上的模拟实现——创建的结构体定义
https://github.com/dotnet/coreclr/blob/v2.1.5/src/pal/src/objmgr/shmobject.hpp#L300

https://github.com/dotnet/coreclr/blob/v2.1.5/src/pal/src/synchmgr/synchmanager.hpp#L142

获取原生互斥锁的代码地址：

// 调用内部函数 CorWaitOneNative
https://github.com/dotnet/coreclr/blob/v2.1.5/src/mscorlib/src/System/Threading/WaitHandle.cs#L225

https://github.com/dotnet/coreclr/blob/v2.1.5/src/vm/comwaithandle.cpp#L164

https://github.com/dotnet/coreclr/blob/v2.1.5/src/vm/threads.cpp#L3327

https://github.com/dotnet/coreclr/blob/v2.1.5/src/vm/threads.cpp#L3553

https://github.com/dotnet/coreclr/blob/v2.1.5/src/vm/threads.cpp#L3473

// 调用 WaitForMultipleObjectsEx 函数
https://github.com/dotnet/coreclr/blob/v2.1.5/src/vm/threads.cpp#L3454

// 类 Unix 系统上的模拟实现
https://github.com/dotnet/coreclr/blob/v2.1.5/src/pal/src/synchmgr/wait.cpp#L187

https://github.com/dotnet/coreclr/blob/v2.1.5/src/pal/src/synchmgr/wait.cpp#L355

// 类 Unix 系统上的模拟实现：判断锁是否已获取
https://github.com/dotnet/coreclr/blob/v2.1.5/src/pal/src/synchmgr/synchcontrollers.cpp#L148

https://github.com/dotnet/coreclr/blob/v2.1.5/src/pal/src/synchmgr/synchcontrollers.cpp#L958

// 类 Unix 系统上的模拟实现：锁未被获取时，设置锁已获取

https://github.com/dotnet/coreclr/blob/v2.1.5/src/pal/src/synchmgr/synchcontroller-rs.cpp#L236

https://github.com/dotnet/coreclr/blob/v2.1.5/src/pal/src/synchmgr/synchcontroller-rs.cpp#L854

https://github.com/dotnet/coreclr/blob/v2.1.5/src/pal/src/synchmgr/synchcontroller-rs.cpp#L908

https://github.com/dotnet/coreclr/blob/v2.1.5/src/pal/src/synchmgr/synchcontroller-rs.cpp#L613

// 类 Unix 系统上的模拟实现：锁已被获取时，添加线程到锁关联队列

https://github.com/dotnet/coreclr/blob/v2.1.5/src/pal/src/synchmgr/synchcontroller-rs.cpp#L262

// 类 Unix 系统上的模拟实现：调用 pthread_cond_wait 函数等待唤醒

https://github.com/dotnet/coreclr/blob/v2.1.5/src/pal/src/synchmgr/synchmanager.cpp#L196

https://github.com/dotnet/coreclr/blob/v2.1.5/src/pal/src/synchmgr/synchmanager.cpp#L441

释放原生互斥锁的代码地址：

// 调用 ReleaseMutex 函数

https://github.com/dotnet/coreclr/blob/v2.1.5/src/mscorlib/src/System/Threading/Mutex.cs#L84

// 类 Unix 系统上的模拟实现

https://github.com/dotnet/coreclr/blob/v2.1.5/src/pal/src/synchobj/mutex.cpp#L420

https://github.com/dotnet/coreclr/blob/v2.1.5/src/pal/src/synchobj/mutex.cpp#L453

// 类 Unix 系统上的模拟实现——减少进入计数

https://github.com/dotnet/coreclr/blob/v2.1.5/src/pal/src/synchmgr/synchcontroller-rs.cpp#L678

// 类 Unix 系统上的模拟实现——关联队列有线程对象时，唤醒线程

https://github.com/dotnet/coreclr/blob/v2.1.5/src/pal/src/synchmgr/synchcontroller-rs.cpp#L734

https://github.com/dotnet/coreclr/blob/v2.1.5/src/pal/src/synchmgr/synchcontroller-rs.cpp#L1005

https://github.com/dotnet/coreclr/blob/v2.1.5/src/pal/src/synchmgr/synchmanager.cpp#L2336

// 类 Unix 系统上的模拟实现——调用 pthread_cond_signal 函数唤醒线程

https://github.com/dotnet/coreclr/blob/v2.1.5/src/pal/src/synchmgr/synchmanager.cpp#L2448

第 8 节　混合锁与 lock 语句

上一节介绍的 System.Threading.Mutex 仅包装了操作系统提供的互斥锁，使用时必须创建该类型的实例，因为实例包含了非托管的互斥锁对象，开发者必须在不使用锁后尽快调用 Dispose 函数释放非托管资源，并且因为获取锁失败后会立刻安排线程进入等待，总体上性能比较低。

.NET 提供了更通用且更高性能的混合锁（Monitor），任何引用类型的对象都可以作为锁对象，不需要事先创建指定类型的实例，并且涉及的非托管资源由 .NET 运行时自动释放，不需要手动调用释放函数。获取和释放混合锁需要使用 System.Threading.Monitor 类中的函数。在 C# 中使用混合锁的例子如下：

```csharp
private static object _lock = new object();
private static int _counterA = 0;
private static int _counterB = 0;

public static void IncrementCounters()
{
    object lockObj = _lock;
    bool lockTaken = false;
    try
    {
        // 获取锁
        Monitor.Enter(lockObj, ref lockTaken);

        // 保护区域开始
        ++_counterA;
        ++_counterB;
        // 保护区域结束
    }
    finally
    {
        // 如果已获取锁则释放锁
        if(lockTaken)
        {
            Monitor.Exit(lockObj);
        }
    }
}
```

```csharp
public static void GetCounters(out int counterA, out int counterB)
{
    object lockObj = _lock;
    bool lockTaken = false;
    try
    {
        // 获取锁
        Monitor.Enter(lockObj, ref lockTaken);

        // 保护区域开始
        counterA = _counterA;
        counterB = _counterB;
        // 保护区域结束
    }
    finally
    {
        // 如果已获取锁则释放锁
        if(lockTaken)
        {
            Monitor.Exit(lockObj);
        }
    }
}
```

C#提供了lock语句来简化通过System.Threading.Monitor类获取和释放锁的代码。以下是使用lock语句的例子,这个例子与上述的例子将生成相同的中间代码(IL):

```csharp
public static object _lock = newobject();
public static int _counterA = 0;
public static int _counterB = 0;

public static void IncrementCounters()
{
    // 获取锁并在区域结束后自动释放
    lock(_lock)
    {
        // 保护区域开始
        ++_counterA;
        ++_counterB;
        // 保护区域结束
```

        }
    }

    public static void GetCounters(out int counterA, out int counterB)
    {
        // 获取锁并在区域结束后自动释放
        lock(_lock)
        {
            // 保护区域开始
            counterA = _counterA;
            counterB = _counterB;
            // 保护区域结束
        }
    }
```

混合锁的特征是在获取锁失败后像自旋锁一样重试一定的次数,超过一定次数后(.NET Core 2.1 是 30 次)再安排当前线程进入等待状态。混合锁的好处是,如果第一次获取锁失败,但其他线程马上释放了锁,当前线程在下一轮重试可以获取成功,不需要执行毫秒级的线程调度处理;而如果其他线程在短时间内没有释放锁,线程会在超过重试次数后进入等待状态,以避免消耗 CPU 资源,因此混合锁适用于大部分场景。

所有引用类型的对象都可以作为锁对象的原理是,引用类型的对象都有一个 32 位(4 字节)的对象头,对象头的位置在对象地址之前,例如对象的内容在内存地址 0x7fff2008 时,对象头的地址在 0x7fff2004。在 32 位的对象头中,高 6 位用于储存标志,低 26 位储存的内容根据标志而定,可以储存当前获取该锁的线程 ID 和进入次数(用于实现可重入),也可以储存同步块索引(SyncBlock Index)。对象的结构在第 7 章第 2 节有更详细的介绍。

同步块(SyncBlock)是一个包含了所属线程对象、进入次数和事件对象的对象。事件对象可用于让线程进入等待状态和唤醒线程,同步块会按需要创建(如果只使用自旋即可获取锁则无需创建)并自动释放,.NET 运行时内部有一个储存同步块的数组,同步块索引指的是同步块在这个数组中的索引。

.NET 中获取混合锁的流程如图 6.18 所示。

.NET 中释放混合锁的流程如图 6.19 所示。

在 Windows 系统上同步块中的事件对象通过 CreateEvent 函数创建,等待事件时将调用 WaitForMultipleObjectsEx 函数,通知事件时将调用 SetEvent 函数。在类 Unix 系统(Linux 与 OSX 等)上事件对象由 .NET Core 的内部结构模拟实现,这个结构与上一节介绍的 System.Threading.Mutex 类使用的内部结构相同。
```

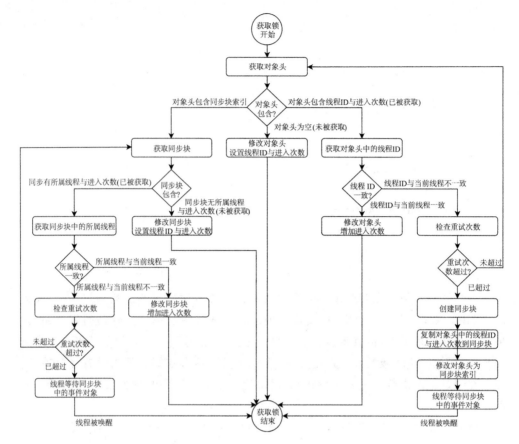

图 6.18　.NET 中获取混合锁的流程

6.8.1　线程中止安全

读者可能会对把 Monitor.Enter 放在 try 块下面有疑问,这是从 .NET Framework 4.0 开始的做法,用于确保线程中止安全。.NET Framework 支持使用 Thread.Abort 函数中止一个运行中的线程,被中止的线程会抛出 ThreadAbortException 异常。如果把 Monitor.Enter 放在 try 块外面,并且中止操作刚好发生在 try 开始之前,则线程锁永远不会被释放。把 Monitor.Enter 放在 try 块下可以确保即使发生了 ThreadAbortException 异常,finally 中释放锁的代码仍可正常执行。确保线程中止安全加重了开发者的负担和代码的复杂程度,因此 .NET Core 不再支持线程中止功能(执行 Thread.Abort 函数时会抛出 PlatformNotSupportedException 异常),.NET Core 内部代码也不再保证线程中止安全。尽管如此,为了照顾 .NET Framework 运行的程序,C#编译器在转换 lock 语句时仍然会生成线程中止安全的代码。

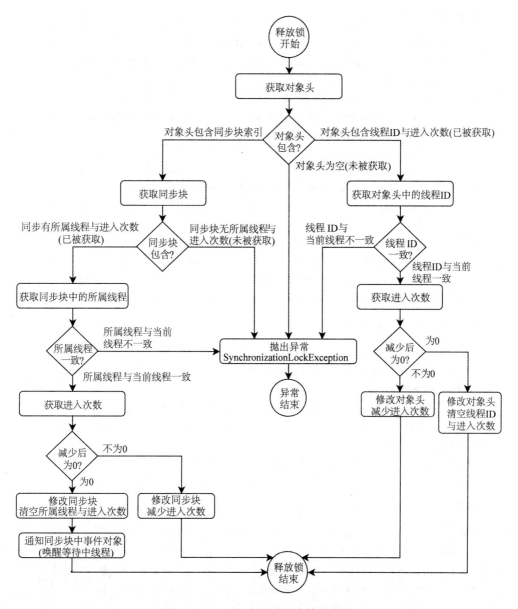

图 6.19 .NET 中释放混合锁的流程

6.8.2 CoreCLR 中的相关代码

如果对 CoreCLR 中实现混合锁的代码感兴趣，可以参考以下链接。
System.Threading.Monitor 类的代码地址：

https://github.com/dotnet/coreclr/blob/v2.1.5/src/mscorlib/src/System/Threading/Monitor.cs

获取混合锁的代码地址：

// 调用内部函数 JIT_MonReliableEnter_Portable
https://github.com/dotnet/coreclr/blob/v2.1.5/src/vm/jithelpers.cpp#L4409
// 通过自旋获取锁
https://github.com/dotnet/coreclr/blob/v2.1.5/src/vm/object.inl#L114
https://github.com/dotnet/coreclr/blob/v2.1.5/src/vm/syncblk.inl#L592
https://github.com/dotnet/coreclr/blob/v2.1.5/src/vm/syncblk.cpp#L1864
// 获取同步块
https://github.com/dotnet/coreclr/blob/v2.1.5/src/vm/jithelpers.cpp#L4346
https://github.com/dotnet/coreclr/blob/v2.1.5/src/vm/syncblk.cpp#L1851
https://github.com/dotnet/coreclr/blob/v2.1.5/src/vm/syncblk.cpp#L2635
// 通过等待事件获取锁
https://github.com/dotnet/coreclr/blob/v2.1.5/src/vm/syncblk.h#L1042
https://github.com/dotnet/coreclr/blob/v2.1.5/src/vm/syncblk.cpp#L2878
https://github.com/dotnet/coreclr/blob/v2.1.5/src/vm/syncblk.cpp#L3000
https://github.com/dotnet/coreclr/blob/v2.1.5/src/vm/syncblk.cpp#L3042

释放混合锁的代码地址：

// 调用内部函数 JIT_MonExit_Portable
https://github.com/dotnet/coreclr/blob/v2.1.5/src/vm/jithelpers.cpp#L4565
// 释放锁（无需通知事件）
https://github.com/dotnet/coreclr/blob/v2.1.5/src/vm/syncblk.inl#L717
https://github.com/dotnet/coreclr/blob/v2.1.5/src/vm/syncblk.inl#L676
// 释放锁（需要通知事件）
https://github.com/dotnet/coreclr/blob/v2.1.5/src/vm/jithelpers.cpp#L4701
https://github.com/dotnet/coreclr/blob/v2.1.5/src/vm/syncblk.h#L573

创建事件对象的代码地址：

https://github.com/dotnet/coreclr/blob/v2.1.5/src/vm/synch.cpp#L31
// 调用 CreateEvent 函数
https://github.com/dotnet/coreclr/blob/v2.1.5/src/inc/unsafe.h#L46
https://github.com/dotnet/coreclr/blob/v2.1.5/src/inc/winwrap.h#L172
// 类 Unix 系统上的模拟实现
https://github.com/dotnet/coreclr/blob/v2.1.5/src/pal/src/synchobj/event.cpp#L156
https://github.com/dotnet/coreclr/blob/v2.1.5/src/pal/src/synchobj/event.cpp#L243
// 类 Unix 系统上的模拟实现：创建结构体的代码
https://github.com/dotnet/coreclr/blob/v2.1.5/src/pal/src/objmgr/shmobjectmanager.cpp#L142
https://github.com/dotnet/coreclr/blob/v2.1.5/src/pal/src/objmgr/shmobject.cpp#L1102
https://github.com/dotnet/coreclr/blob/v2.1.5/src/pal/src/synchmgr/synchmanager.cpp#L1045

// 类 Unix 系统上的模拟实现:创建的结构体定义

https://github.com/dotnet/coreclr/blob/v2.1.5/src/pal/src/objmgr/shmobject.hpp#L300

https://github.com/dotnet/coreclr/blob/v2.1.5/src/pal/src/synchmgr/synchmanager.hpp#L142

等待事件对象的代码地址：

// 等待事件函数

https://github.com/dotnet/coreclr/blob/v2.1.5/src/vm/synch.cpp#L430

https://github.com/dotnet/coreclr/blob/v2.1.5/src/vm/threads.cpp#L3327

https://github.com/dotnet/coreclr/blob/v2.1.5/src/vm/threads.cpp#L3553

https://github.com/dotnet/coreclr/blob/v2.1.5/src/vm/threads.cpp#L3473

// 调用 WaitForMultipleObjectsEx 函数

https://github.com/dotnet/coreclr/blob/v2.1.5/src/vm/threads.cpp#L3454

// 类 Unix 系统上的模拟实现

https://github.com/dotnet/coreclr/blob/v2.1.5/src/pal/src/synchmgr/wait.cpp#L187

https://github.com/dotnet/coreclr/blob/v2.1.5/src/pal/src/synchmgr/wait.cpp#L355

// 类 Unix 系统上的模拟实现:判断锁是否已获取

https://github.com/dotnet/coreclr/blob/v2.1.5/src/pal/src/synchmgr/synchcontrollers.cpp#L148

https://github.com/dotnet/coreclr/blob/v2.1.5/src/pal/src/synchmgr/synchcontrollers.cpp#L958

// 类 Unix 系统上的模拟实现:锁未被获取时,设置锁已获取

https://github.com/dotnet/coreclr/blob/v2.1.5/src/pal/src/synchmgr/synchcontrollers.cpp#L236

https://github.com/dotnet/coreclr/blob/v2.1.5/src/pal/src/synchmgr/synchcontrollers.cpp#L854

https://github.com/dotnet/coreclr/blob/v2.1.5/src/pal/src/synchmgr/synchcontrollers.cpp#L908

https://github.com/dotnet/coreclr/blob/v2.1.5/src/pal/src/synchmgr/synchcontrollers.cpp#L613

// 类 Unix 系统上的模拟实现:锁已被获取时,添加线程到锁关联队列

https://github.com/dotnet/coreclr/blob/v2.1.5/src/pal/src/synchmgr/synchcontrollers.cpp#L262

// 类 Unix 系统上的模拟实现:调用 pthread_cond_wait 函数等待唤醒

https://github.com/dotnet/coreclr/blob/v2.1.5/src/pal/src/synchmgr/synchmanager.cpp#L196

https://github.com/dotnet/coreclr/blob/v2.1.5/src/pal/src/synchmgr/synchmanager.cpp#L441

释放事件对象的代码地址：

// 释放事件函数

https://github.com/dotnet/coreclr/blob/v2.1.5/src/vm/synch.cpp#L179

https://github.com/dotnet/coreclr/blob/v2.1.5/src/vm/synch.cpp#L337

// 调用 SetEvent 函数

https://github.com/dotnet/coreclr/blob/v2.1.5/src/inc/unsafe.h#L52

// 类 Unix 系统上的模拟实现

https://github.com/dotnet/coreclr/blob/v2.1.5/src/pal/src/synchobj/event.cpp#L355

https://github.com/dotnet/coreclr/blob/v2.1.5/src/pal/src/synchobj/event.cpp#L422

https://github.com/dotnet/coreclr/blob/v2.1.5/src/pal/src/synchmgr/synchcontrollers.cpp#L568

https://github.com/dotnet/coreclr/blob/v2.1.5/src/pal/src/synchmgr/synchcontrollers.cpp#L1005

// 类 Unix 系统上的模拟实现：关联队列有线程对象时，唤醒线程

https://github.com/dotnet/coreclr/blob/v2.1.5/src/pal/src/synchmgr/synchcontrollers.cpp#L1074

https://github.com/dotnet/coreclr/blob/v2.1.5/src/pal/src/synchmgr/synchmanager.cpp#L2336

// 类 Unix 系统上的模拟实现：调用 pthread_cond_signal 函数唤醒线程

https://github.com/dotnet/coreclr/blob/v2.1.5/src/pal/src/synchmgr/synchmanager.cpp#L2448

第 9 节　信号量

信号量（Semaphore）是一个具有特殊用途的线程同步对象，相比互斥锁只有两个状态（未被获取与已被获取），信号量内部使用一个数值记录可用的数量，各个线程可以通过增加数量和减少数量两个操作进行同步。执行减少数量操作时，如果减少的数量大于现有的数量，则线程需要进入等待状态，直到其他线程执行增加数量操作后数量不小于减少的数量为止。

以餐馆中的椅子作比，互斥锁管理的是单张椅子是否已经被客人坐下，而信号量管理的是整个餐馆中未被客人坐下的椅子数量，每当有客人坐下就减少，起来就增加。如果数量为 0，则代表所有椅子都有客人在坐，则新来的客人需要等待。信号量另一个与互斥锁不同的地方是，互斥锁释放锁的线程必须是获取锁的线程，而信号量增加数量和减少数量的线程可以不同。

.NET 提供了 System.Threading.Semaphore 类，这个类包装了操作系统提供的信号量，创建信号量时传入的第一个参数代表初始数量，第二个参数代表最大数量，如果增加数量后的数量大于最大数量则抛出 SemaphoreFullException 异常。在 C# 中使用信号量的例子如下，运行后每秒输出两次 do work：

```
// 初始数量为 0，最大数量为 2
private static Semaphore _sema = new Semaphore(0, 2);
```

```csharp
public static void Worker()
{
    while(true)
    {
        // 执行减少数量操作,减少值为 1
        _sema.WaitOne();
        Console.WriteLine("do work");
    }
}

public static void Main()
{
    for(var x = 0; x < 6; ++x)
    {
        var thread = newThread(Worker);
        thread.IsBackground = true;
        thread.Start();
    }
    while(true)
    {
        // 执行增加数量操作,增加值为 2
        _sema.Release(2);
        Thread.Sleep(1000);
    }
}
```

在 Windows 系统上信号量对象通过 CreateSemaphoreEx 函数创建,减少数量时将调用 WaitForMultipleObjectsEx 函数,增加数量时将调用 ReleaseSemaphore 函数,因为接口限制,减少数量时每次只能减少 1,而增加数量可以使用自定义的数量。在类 Unix 系统(Linux 与 OSX 等)上信号量对象由 .NET Core 的内部结构模拟实现,这个结构与前面的章节介绍的 System.Threading.Mutex 类使用的内部结构相同。

与 System.Threading.Mutex 一样,System.Threading.Semaphore 可以跨进程使用,创建时通过构造函数的第三个参数传入名称,名称以"Local\"开始时同一个用户的进程共享拥有此名称的信号量,名称以"Global\"开始时同一台计算机的进程共享拥有此名称的信号量。注意,目前 .NET Core(2.1)仅支持在 Windows 平台上使用跨进程信号量,其他平台创建时传入名称会抛出 PlatformNotSupportedException 异常。

6.9.1 轻量信号量

.NET 还提供了通过托管代码实现的轻量信号量(SemaphoreSlim),类型是 System.Threading.SemaphoreSlim。如果不需要使用跨进程功能,则应该使用此类型代替 System.Threading.Semaphore 类。在 C# 中使用轻量信号量的例子如下,与前面的例子一样,运行后每秒输出两次 do work:

```
// 初始数量为 0,最大数量为 2
private static SemaphoreSlim _sema = new SemaphoreSlim(0, 2);

public static void Worker()
{
    while(true)
    {
        // 执行减少数量操作,减少值为 1
        _sema.Wait();
        Console.WriteLine("do work");
    }
}

public static void Main()
{
    for(var x = 0; x < 6; ++x)
    {
        var thread = newThread(Worker);
        thread.IsBackground = true;
        thread.Start();
    }
    while(true)
    {
        // 执行增加数量操作,增加值为 2
        _sema.Release(2);
        Thread.Sleep(1000);
    }
}
```

6.9.2 通过信号量实现生产者—消费者模式

信号量一般用于实现"生产者—消费者模式(Producer Consumer Pattern)",即存在一个队列,部分线程向这个队列添加任务,部分线程从这个队列取出任务并处理,这个模式的好处是添加任务的线程无需等待任务处理完毕,而取出任务的线程可以有多个,多线程处理任务花费的时间更少。在 C# 中通过轻量信号量实现"生产者—消费者"模式的例子如下,编译出来的程序运行后会不断地向控制台输出数字,数字顺序不固定但不会重复:

```csharp
private static Queue<int> _queue = new Queue<int>();
private static object _lock = new object();
private static SemaphoreSlim _sema = new SemaphoreSlim(0, int.MaxValue);

public static void Worker()
{
    while(true)
    {
        // 执行减少数量操作,减少值为 1
        _sema.Wait();
        // 获取锁并在区域结束后自动释放
        lock(_lock)
        {
            // 执行出队操作
            Console.WriteLine(_queue.Dequeue());
        }
    }
}


public static void Main()
{
    for(var x = 0; x < 6; ++x)
    {
        var thread = new Thread(Worker);
        thread.IsBackground = true;
        thread.Start();
    }
    int job = 0;
    while(true)
    {
        // 获取锁并在区域结束后自动释放
        lock(_lock)
        {
            // 执行入队操作
            _queue.Enqueue(job++);
        }
        // 执行增加数量操作,增加值为 1
        _sema.Release(1);
```

        }
    }

6.9.3 通过 Monitor 类实现生产者—消费者模式

上述例子虽然可以正常工作,但每次执行出队操作之前都必须执行减少数量操作,所以性能比较低。.NET 提供了一种更高效的办法实现线程间同步,上一节介绍的 System.Threading.Monitor 类不仅包含线程锁功能,还包含条件变量(Condition Variable)功能,条件变量有等待和唤醒两个操作,线程执行等待操作可以进入等待状态,执行唤醒操作可以唤醒单个或全部等待状态中的线程。在 C# 中通过 Monitor 类实现"生产者—消费者"模式的例子,与前面例子一样,编译出来的程序运行后会不断地向控制台输出数字,数字顺序不固定但不会重复:

```
private static Queue <int> _queue = new Queue <int>();
private static object _mon = newobject();

public static void Worker()
{
    while(true)
    {
        // 获取锁并在区域结束后自动释放
        lock(_mon)
        {
            // 使用 while 的理由是
            // 如果其他线程在重新获取锁之前取走了队列中的对象,则出队操作会失败
            while(_queue.Count == 0)
            {
                // 添加当前线程到等待队列并释放锁
                Monitor.Wait(_mon);
                // 重新获取锁
            }
            // 执行出队操作
            Console.WriteLine(_queue.Dequeue());
        }
    }
}

public static void Main()
{
    for(var x = 0; x < 6; ++x)
    {
```

```
            var thread = newThread(Worker);
            thread.IsBackground = true;
            thread.Start();
        }
        int job = 0;
        while(true)
        {
            // 获取锁并在区域结束后自动释放
            lock(_mon)
            {
                // 执行入队操作
                _queue.Enqueue(job++);
                // 唤醒等待队列中的单个线程
                Monitor.Pulse(_mon);
            }
            Thread.Sleep(1000);
        }
    }
```

条件变量的特征是,执行等待操作时需要在已获取锁的状态下执行,等待操作会先添加当前线程到等待队列,再释放锁并进入等待状态,唤醒后再重新获取锁。这样的处理流程保证了检查条件和执行处理受到线程锁的保护,并且当条件成立时可以不执行等待操作。而执行唤醒操作时,.NET 同样要求操作在已获取锁的状态下执行,这可能导致以下情况的出现：

- 线程 0 获取锁成功；
- 线程 0 执行唤醒操作；
- 线程 1 被唤醒；
- **线程 1 重新获取锁失败,进入等待锁状态；**
- 线程 0 释放锁；
- 线程 1 获取锁成功；
- 线程 1 检查条件与执行处理；
- 线程 1 进入等待条件状态。

粗字标注的步骤会对性能造成一定影响,为了避免这种情况的出现,部分条件变量的实现(例如 C++的标准线程类库)允许唤醒操作在未获取锁的状态下执行,即允许释放锁之后执行唤醒操作。而 .NET 由于实现上的原因并不支持这样做,在未获取锁的状态下执行唤醒操作将抛出 SynchronizationLockException 异常。尽管如此,使用 System.Threading.Monitor 类实现线程同步的效率仍然很高,在大部分场景下使用这个类型是最好的选择。

6.9.4 CoreCLR 中的相关代码

如果对 CoreCLR 中实现信号量的代码感兴趣，可以参考以下链接。

System.Threading.Semaphore 类的代码地址：

https://github.com/dotnet/coreclr/blob/v2.1.5/src/mscorlib/src/System/Threading/Semaphore.cs

System.Threading.SemaphoreSlim 类的代码地址：

https://github.com/dotnet/coreclr/blob/v2.1.5/src/mscorlib/src/System/Threading/SemaphoreSlim.cs

创建信号量的代码地址：

// 调用 CreateSemaphoreEx 函数
https://github.com/dotnet/coreclr/blob/v2.1.5/src/mscorlib/src/System/Threading/Semaphore.cs#L105

// 类 Unix 系统上的模拟实现
https://github.com/dotnet/coreclr/blob/v2.1.5/src/pal/src/synchobj/semaphore.cpp#L169
https://github.com/dotnet/coreclr/blob/v2.1.5/src/pal/src/synchobj/semaphore.cpp#L201
https://github.com/dotnet/coreclr/blob/v2.1.5/src/pal/src/synchobj/semaphore.cpp#L259

// 类 Unix 系统上的模拟实现：创建结构体的代码
// 与前面章节的线程锁使用的结构体相同
https://github.com/dotnet/coreclr/blob/v2.1.5/src/pal/src/objmgr/shmobjectmanager.cpp#L142
https://github.com/dotnet/coreclr/blob/v2.1.5/src/pal/src/objmgr/shmobject.cpp#L1102
https://github.com/dotnet/coreclr/blob/v2.1.5/src/pal/src/synchmgr/synchmanager.cpp#L1045

// 类 Unix 系统上的模拟实现：创建的结构体定义
https://github.com/dotnet/coreclr/blob/v2.1.5/src/pal/src/objmgr/shmobject.hpp#L300
https://github.com/dotnet/coreclr/blob/v2.1.5/src/pal/src/synchmgr/synchmanager.hpp#L142

执行信号量减少操作的代码地址：

// 调用内部函数 CorWaitOneNative
https://github.com/dotnet/coreclr/blob/v2.1.5/src/mscorlib/src/System/Threading/WaitHandle.cs#L225
https://github.com/dotnet/coreclr/blob/v2.1.5/src/vm/comwaithandle.cpp#L164
https://github.com/dotnet/coreclr/blob/v2.1.5/src/vm/threads.cpp#L3327
https://github.com/dotnet/coreclr/blob/v2.1.5/src/vm/threads.cpp#L3553
https://github.com/dotnet/coreclr/blob/v2.1.5/src/vm/threads.cpp#L3473

// 调用 WaitForMultipleObjectsEx 函数
https://github.com/dotnet/coreclr/blob/v2.1.5/src/vm/threads.cpp#L3454

// 类 Unix 系统上的模拟实现
// 以下流程与前面章节提到的获取锁流程相同

https://github.com/dotnet/coreclr/blob/v2.1.5/src/pal/src/synchmgr/wait.cpp#L187

https://github.com/dotnet/coreclr/blob/v2.1.5/src/pal/src/synchmgr/wait.cpp#L355

// 类 Unix 系统上的模拟实现:判断数量是否足够

https://github.com/dotnet/coreclr/blob/v2.1.5/src/pal/src/synchmgr/synchcontrollers.cpp#L148

https://github.com/dotnet/coreclr/blob/v2.1.5/src/pal/src/synchmgr/synchcontrollers.cpp#L958

// 类 Unix 系统上的模拟实现:数量足够时减少数量

https://github.com/dotnet/coreclr/blob/v2.1.5/src/pal/src/synchmgr/synchcontrollers.cpp#L236

https://github.com/dotnet/coreclr/blob/v2.1.5/src/pal/src/synchmgr/synchcontrollers.cpp#L854

https://github.com/dotnet/coreclr/blob/v2.1.5/src/pal/src/synchmgr/synchcontrollers.cpp#L908

https://github.com/dotnet/coreclr/blob/v2.1.5/src/pal/src/synchmgr/synchcontrollers.cpp#L613

// 类 Unix 系统上的模拟实现:数量不足时,添加线程到锁关联队列

https://github.com/dotnet/coreclr/blob/v2.1.5/src/pal/src/synchmgr/synchcontrollers.cpp#L262

// 类 Unix 系统上的模拟实现:调用 pthread_cond_wait 函数等待唤醒

https://github.com/dotnet/coreclr/blob/v2.1.5/src/pal/src/synchmgr/synchmanager.cpp#L196

https://github.com/dotnet/coreclr/blob/v2.1.5/src/pal/src/synchmgr/synchmanager.cpp#L441

执行信号量增加操作的代码地址:

// 调用 ReleaseSemaphore 函数

https://github.com/dotnet/coreclr/blob/v2.1.5/src/mscorlib/src/System/Threading/Semaphore.cs#L183

// 类 Unix 系统上的模拟实现

https://github.com/dotnet/coreclr/blob/v2.1.5/src/pal/src/synchobj/semaphore.cpp#L397

https://github.com/dotnet/coreclr/blob/v2.1.5/src/pal/src/synchobj/semaphore.cpp#L440

// 类 Unix 系统上的模拟实现:执行增加数量操作

https://github.com/dotnet/coreclr/blob/v2.1.5/src/pal/src/synchobj/semaphore.cpp#L517

https://github.com/dotnet/coreclr/blob/v2.1.5/src/pal/src/synchmgr/synchcontrollers.cpp#L587

https://github.com/dotnet/coreclr/blob/v2.1.5/src/pal/src/synchmgr/synchcontrollers.cpp#L1005

// 类 Unix 系统上的模拟实现:关联队列有线程对象时,唤醒线程

// 以下流程与前面章节提到的释放锁流程相同

https://github.com/dotnet/coreclr/blob/v2.1.5/src/pal/src/synchmgr/synchcontrollers.cpp#L1074

https://github.com/dotnet/coreclr/blob/v2.1.5/src/pal/src/synchmgr/synchmanager.cpp#L2336

// 类 Unix 系统上的模拟实现:调用 pthread_cond_signal 函数唤醒线程

https://github.com/dotnet/coreclr/blob/v2.1.5/src/pal/src/synchmgr/synchmanager.cpp#L2448

执行条件变量等待操作(Monitor.Wait)的代码地址:

// 调用内部函数 WaitTimeout

https://github.com/dotnet/coreclr/blob/v2.1.5/src/mscorlib/src/System/Threading/Monitor.cs#L176

https://github.com/dotnet/coreclr/blob/v2.1.5/src/vm/ecalllist.h#L989

https://github.com/dotnet/coreclr/blob/v2.1.5/src/classlibnative/bcltype/objectnative.cpp#L283

// 获取同步块,并调用同步块的 Wait 函数

https://github.com/dotnet/coreclr/blob/v2.1.5/src/vm/object.h#L388

https://github.com/dotnet/coreclr/blob/v2.1.5/src/vm/syncblk.cpp#L2761

https://github.com/dotnet/coreclr/blob/v2.1.5/src/vm/syncblk.cpp#L2635

https://github.com/dotnet/coreclr/blob/v2.1.5/src/vm/syncblk.cpp#L3280

// 添加线程到等待队列

https://github.com/dotnet/coreclr/blob/v2.1.5/src/vm/syncblk.cpp#L3338

https://github.com/dotnet/coreclr/blob/v2.1.5/src/vm/syncblk.cpp#L322

// 完全释放线程锁,并记住进入次数

https://github.com/dotnet/coreclr/blob/v2.1.5/src/vm/syncblk.cpp#L3365

// 等待唤醒

https://github.com/dotnet/coreclr/blob/v2.1.5/src/vm/threads.cpp#L4056

https://github.com/dotnet/coreclr/blob/v2.1.5/src/vm/threads.cpp#L4075

https://github.com/dotnet/coreclr/blob/v2.1.5/src/vm/threads.cpp#L3327

https://github.com/dotnet/coreclr/blob/v2.1.5/src/vm/threads.cpp#L3553

https://github.com/dotnet/coreclr/blob/v2.1.5/src/vm/threads.cpp#L3473

// 调用 WaitForMultipleObjectsEx 函数
// 类 Unix 系统上的模拟实现与上述相同

https://github.com/dotnet/coreclr/blob/v2.1.5/src/vm/threads.cpp#L3454

// 重新获取线程锁,并恢复进入次数

https://github.com/dotnet/coreclr/blob/v2.1.5/src/vm/threads.cpp#L3357

https://github.com/dotnet/coreclr/blob/v2.1.5/src/vm/threads.cpp#L4192

执行条件变量唤醒操作(Monitor.Pulse)的代码地址:

// 调用内部函数 Pulse

https://github.com/dotnet/coreclr/blob/v2.1.5/src/mscorlib/src/System/Threading/Monitor.cs#L211

https://github.com/dotnet/coreclr/blob/v2.1.5/src/vm/ecalllist.h#L990

https://github.com/dotnet/coreclr/blob/v2.1.5/src/classlibnative/bcltype/objectnative.cpp#L304

// 获取同步块,并调用同步块的 Pulse 函数

https://github.com/dotnet/coreclr/blob/v2.1.5/src/vm/object.h#L394

https://github.com/dotnet/coreclr/blob/v2.1.5/src/vm/syncblk.cpp#L2761
https://github.com/dotnet/coreclr/blob/v2.1.5/src/vm/syncblk.cpp#L2635
https://github.com/dotnet/coreclr/blob/v2.1.5/src/vm/syncblk.cpp#L3385
// 从等待队列获取线程锁并唤醒
https://github.com/dotnet/coreclr/blob/v2.1.5/src/vm/syncblk.cpp#L288
https://github.com/dotnet/coreclr/blob/v2.1.5/src/vm/syncblk.cpp#L3399

第10节　读写锁

读写锁（ReaderWriterLock）是一个具有特殊用途的线程锁，适用于频繁读取且读取需要一定时间的场景。共享资源的读取操作通常是可以同时执行的，而普通的互斥锁不管是读取还是修改操作都无法同时执行，如果多个线程为了读取操作而获取互斥锁，那么同一时间只有一个线程可以执行读取操作，在频繁读取的场景下会对吞吐量造成影响。

读写锁把锁分为读取锁和写入锁，线程可以根据对共享资源的操作类型选择获取读取锁还是写入锁，读取锁可以被多个线程同时获取，写入锁不可以被多个线程同时获取，且读取锁与写入锁不可以被不同的线程同时获取，如下表所列。

操　作	读取锁状态	写入锁状态	获取锁是否需要等待
获取读取锁	未获取	未获取	无需等待
	已被其他线程获取	未获取	无需等待
	未获取	已被其他线程获取	需要等待其他线程释放
获取写入锁	未获取	未获取	无需等待
	已被其他线程获取	未获取	需要等待其他线程释放
	未获取	已被其他线程获取	需要等待其他线程释放

.NET 提供的 System.Threading.ReaderWriterLockSlim 类实现了读写锁，在 C# 中使用读写锁的例子如下：

```
private static ReaderWriterLockSlim _lock = new ReaderWriterLockSlim();
private static int _counterA = 0;
private static int _counterB = 0;

public static void IncrementCounters()
{
    // 获取写入锁
    _lock.EnterWriteLock();
    try
    {
```

```csharp
            // 保护区域开始
            ++_counterA;
            ++_counterB;
            // 保护区域结束
        }
        finally
        {
            // 释放写入锁
            _lock.ExitWriteLock();
        }
    }

    public static void GetCounters(out int counterA, out int counterB)
    {
        // 获取读取锁
        _lock.EnterReadLock();
        try
        {
            // 保护区域开始
            counterA = _counterA;
            counterB = _counterB;
            // 保护区域结束
        }
        finally
        {
            // 释放读取锁
            _lock.ExitReadLock();
        }
    }
```

System.Threading.ReaderWriterLockSlim 类由 C♯ 代码实现，它也是一个混合锁（Hybird Lock），在获取锁时通过自旋重试一定次数再进入等待状态，进入等待状态使用的是事件对象（与同步块内部使用的事件对象一样）。此外，它还支持同一个线程先获取读取锁，然后再升级为写入锁，适用于"需要先获取读取锁，然后读取共享数据判断是否需要修改，需要修改时再获取写入锁"的场景。在 C♯ 中先获取读取锁再升级为写入锁的例子如下，这个例子可以保证传入的 factory 委托针对同一个 key 只调用一次：

```csharp
private static ReaderWriterLockSlim _lock = new ReaderWriterLockSlim();
private static Dictionary<string, string> _dict = new Dictionary<string, string>();

public static string GetValue(string key, Func<string, string> factory)
```

```csharp
{
    // 获取可升级为写入锁的读取锁
    _lock.EnterUpgradeableReadLock();
    try
    {
        // 值已生成时可以直接返回
        string value;
        if(_dict.TryGetValue(key, out value))
        {
            return value;
        }
        // 获取(升级到)写入锁
        _lock.EnterWriteLock();
        try
        {
            // 再次判断值是否已生成
            if(!_dict.TryGetValue(key, out value))
            {
                // 生成并记录值
                value = factory(key);
                _dict.Add(key, value);
            }
            return value;
        }
        finally
        {
            // 释放写入锁
            _lock.ExitWriteLock();
        }
    }
    finally
    {
        // 释放读取锁
        _lock.ExitUpgradeableReadLock();
    }
}
```

CoreCLR 中的相关代码

如果对 CoreCLR 中实现读写锁的代码感兴趣，可以参考以下链接。
System.Threading.ReaderWriterLockSlim 类的代码地址：

https://github.com/dotnet/coreclr/blob/v2.1.5/src/mscorlib/shared/System/Threading/ReaderWriterLockSlim.cs。

第 11 节 异步操作

异步操作（Asynchronous Operation）是一个非常广泛的概念，表示执行某项操作以后不等待操作结束，但可以额外在操作结束后收到通知。本节将简单介绍为什么需要异步操作及 .NET 中异步操作的实现原理，并且最后会给出相关代码的链接。因为异步操作是一个非常大的题材，涉及很多接口，本书限于篇幅只介绍基础原理，不会全面讲述 .NET 中异步操作的使用，如果想了解更实用的内容可以参考文中给出的链接与附录六给出的推荐书籍。

6.11.1 阻塞操作

很多时候程序都需要调用一些阻塞操作（Blocking Operation），例如休眠一定时间或者与远程服务器建立连接并收发数据，以下 C♯ 代码就是调用阻塞操作的例子。操作系统会调度执行这些操作的线程进入等待状态，等到操作完成后再重新把线程放入待运行队列并调度执行。这个做法会带来一个问题，如果需要同时执行多个阻塞操作，例如同时管理多个 TCP 连接，那么就需要创建很多的线程，每个线程分配的栈空间合计起来会消耗大量的物理内存，甚至会让虚拟内存空间不足（32 位平台上如果每个线程分配 10 MB 的栈空间，那么同一个进程最多只能同时运行 4 GB/10 MB=409 个线程），并且操作系统调度线程需要的时间也会变长，使得运行性能下降，典型的 C10K（1 万个连接）问题指的就是这个问题。

```
private static void ConnectAndSend(IPAddress address, int port, int x)
{
    var tcpClient = new TcpClient();
    try
    {
        // 连接是一个阻塞操作，线程进入等待状态，并在成功或失败时恢复执行
        tcpClient.Connect(address, port);
        // 发送数据是一个阻塞操作，线程进入等待状态，并在成功或失败时恢复执行
        tcpClient.GetStream().Write(BitConverter.GetBytes(x));
        Console.WriteLine("connect and send {0} success", x);
    }
    catch(SocketException)
    {
        Console.WriteLine("connect and send {0} failed", x);
    }
    finally
```

```
        {
            tcpClient.Close();
        }
    }

    private static void ConnectAndSend10K(IPAddress address, int port)
    {
        // 创建 10 000 个连接需要创建 10 000 个线程
        var threads = new Thread[10000];
        for(var x = 0; x < threads.Length; ++x)
        {
            var thread = new Thread(() => ConnectAndSend(address, port, x));
            threads[x] = thread;
            thread.Start();
        }
        for(var x = 0; x < threads.Length; ++x)
        {
            threads[x].Join();
        }
    }
```

6.11.2 事件循环机制

解决上述问题最初的办法是事件循环机制,例如跨平台的 select 接口、Linux 系统专用的 epoll 接口和 BSD/OSX 系统专用的 kqueue 接口。程序需要使用一个或多个线程专门用于获取事件,并且把执行的阻塞操作换为非阻塞操作(Non - Blocking Operation),再注册事件以在处理完成后收到通知。事件通常分为三种,第一种是可写(Write)、第二种是可读(Read)、第三种是错误(Error),发起创建连接的操作后需要等待可写事件,发起接收数据的操作后需要等待可读事件,发起发送数据的操作后需要等待可写事件,如果接收到错误事件则代表操作失败。以下是使用事件循环机制的伪代码,只需一个线程就可以同时创建并处理 10000 个网络连接。这个做法避开了同时执行阻塞操作需要多个线程执行的问题,但大幅提高了代码的编写难度,对于逻辑比较复杂的程序,开发者需要维护一个庞大的状态机,代码量可能是使用"多线程+阻塞操作"方式的几倍。

```
// 以下代码是伪代码,实际不能执行

private enum States { Connecting, Connected, Closed }

private static void ConnectAndSend10K(IPAddress address, int port)
{
```

```csharp
// 创建注册与获取事件用的服务实例
var ioService = new IOService();

// 创建 10000 个网络连接
var sockets = new NativeSocket[10000];
var states = new State[sockets.Length];
for(var x = 0; x < sockets.Length; ++x)
{
    // 使用非阻塞方式发起连接,不会等待连接结束
    var socket = new NativeSocket();
    socket.ConnectNonBlocking(address, port);

    // 记录 socket 对象与状态
    sockets[x] = socket;
    states[x] = States.Connecting;

    // 注册事件,连接成功时收到 Write 事件,失败时收到 Error 事件
    // x 是关联值,收到事件时需要根据此关联值找到对应的 socket 与状态
    ioService.RegisterEvent(
        EventTypes.Write | EventTypes.Error, socket, x);
}

// 循环接收并处理事件
EventData eventData;
int closeCount = 0;
while(ioService.Pull(out eventData))
{
    // 获取关联值
    var index = (int)eventData.Data;

    // 判断事件类型
    if(eventData.Type == EventTypes.Write)
    {
        // 连接成功,通过关联值找到关联的 socket 与状态
        var socket = sockets[index];
        var state = states[index];
        if(state == States.Connecting)
        {
            // 更新状态
            states[index] = States.Connected;
            // 使用非阻塞方式发送数据,成功时会收到 Write 事件
            // 失败时会收到 Error 事件
```

```
                socket.SendNonBlocking(BitConverter.GetBytes(index));
            }
            elseif(state == States.Connected)
            {
                // 发送数据已成功,注销事件并关闭连接
                Console.WriteLine("connect and send {0} success", index);
                ioService.UnregisterEvent(socket);
                socket.Close();
                // 更新状态
                states[index] = States.Closed;
                ++closeCount;
            }
        }
        elseif(EventData.Type == EventTypes.Error)
        {
            // 连接失败或发送数据失败,通过关联值找到关联的 socket
            var socket = sockets[index];
            // 注销事件并关闭连接
            Console.WriteLine("connect and send {0} failed", index);
            ioService.UnregisterEvent(socket);
            socket.Close();
            // 更新状态
            states[index] = States.Closed;
            ++closeCount;
        }
        // 所有连接都已在关闭时跳出循环
        if(closeCount == states.Length)
        {
            break;
        }
    }
}
```

6.11.3 异步编程模型

因为直接基于事件循环机制编写程序有一定的难度,一些开发者选择在此之上封装框架,提供了基于回调的异步操作,在执行异步操作时会执行非阻塞操作、注册事件并关联回调,接收到事件后自动调用之前关联的回调,从而代替复杂的状态机处理。比较著名的跨平台异步操作框架有 C 语言的 libevent、C++语言的 ASIO 和 Java 的 Netty,一些操作系统还提供了原生的接口,例如 Windows 的 IOCP 和 Linux 的 AIO。而.NET 框架本身就支持基于回调的异步操作,名称是异步编程模型

(Asynchronous Programming Model,简称 APM)。C#代码使用异步编程模型的例子如下,多个回调连成一串可以实现比较复杂的处理流程,并且相对容易编写和理解:

```csharp
private static void ConnectAndSend(
    IPAddress address, int port, int x, CountdownEvent count)
{
    var tcpClient = new TcpClient();

    // 异步发起连接
    tcpClient.BeginConnect(address, port, ar =>
    {
        // 连接成功或失败时调用此回调
        try
        {
            tcpClient.EndConnect(ar);
        }
        catch(SocketException)
        {
            // 连接失败时关闭连接
            Console.WriteLine("connect and send {0} failed", x);
            tcpClient.Close();

            // 通知事件对象
            count.Signal();
            return;
        }

        // 异步发送数据
        var bytes = BitConverter.GetBytes(x);
        var stream = tcpClient.GetStream();
        stream.BeginWrite(bytes, 0, bytes.Length, ar1 =>
        {
            // 发送成功或失败时调用此回调
            try
            {
                stream.EndWrite(ar1);
                Console.WriteLine("connect and send {0} success", x);
            }
            catch(SocketException)
            {
                Console.WriteLine("connect and send {0} failed", x);
```

```
            }
            finally
            {
                // 关闭连接
                tcpClient.Close();

                // 通知事件对象
                count.Signal();
            }
        }, null);
    }, null);
}

private static void ConnectAndSend10K(IPAddress address, int port)
{
    // 创建一个等待通知 10000 次的事件对象
    var n = 10000;
    var count = new CountdownEvent(n);
    // 创建 10000 个连接与发送数据
    for(var x = 0; x < n; ++x)
    {
        ConnectAndSend(address, port, x, count);
    }
    // 等待所有连接成功结束或出错返回
    count.Wait();
}
```

如果想了解更多使用方法可以参考：https://docs.microsoft.com/zh-cn/dotnet/standard/asynchronous-programming-patterns/asynchronous-programming-model-apm。

6.11.4　异步编程模型的实现原理

.NET 中的异步编程模型在 Windows 上基于 IOCP，在 Linux 上基于 epoll，在 BSD/OSX 上基于 kqueue，在运行时内部有一定数量的线程分别用于等待事件和执行回调，调用 System.Threading.ThreadPool.SetMaxThreads 方法可以设置最大的线程数量，调用 System.Threading.ThreadPool.SetMinThreads 方法可以设置最小的线程数量，这两个方法都需要两个参数，第一个参数 workerThreads 代表执行回调的线程数量，第二个参数 completionPortThreads 代表等待事件的线程数量。注意，调用回调的线程与执行异步操作的线程不一定相同，使用线程本地变量的代码可能会因此无法正常工作。接下来两节介绍的执行上下文（Execution Context）与同步上下文(Synchronization Context)就是为了解决线程不一致导致的问题而产生的。

以下伪代码说明了异步编程模型根据事件循环机制实现时的实现原理,在这份代码中有一个独立的线程专门用于等待和处理事件,而调用回调则使用 .NET 运行时内部的线程池,这是因为回调中的处理有可能会花费比较长的时间,如果在等待事件的线程中直接调用回调则可能影响其他事件的处理,所以需要分离等待事件和执行回调的线程。实际 .NET 运行时中的实现比以下伪代码要复杂很多,但基本原理是一样的,如果有兴趣可以查看本节最后给出的源代码链接。

```csharp
// 以下代码是伪代码,实际不能执行

// 异步结果类型
public class SocketAsyncResult : IAsyncResult
{
    internal Exception _exception { get; set; }
    public bool IsCompleted { get; set; }
}

// 全局使用的事件循环
private static IOService StaticIoService = new IOService();
private static void EventLoop()
{
    // 全局获取与处理事件
    EventData eventData;
    while(StaticIoService.Pull(out eventData))
    {
        // 调用关联的内部回调处理事件
        var callback = (Action<EventData>)eventData.Data;
        callback(eventData);
    }
}

// 程序启动时需要调用此方法启动事件循环线程
private static void StartEventLoop()
{
    var ioThread = new Thread(EventLoop);
    ioThread.IsBackground = true;
    ioThread.Start();
}

// 定义异步操作方法
// 主要步骤是
// 调用操作系统提供的非阻塞接口
```

```csharp
// 定义内部回调
// 把内部回调作为关联值注册事件
// 接收到事件时会调用内部回调(参考 EventLoop)
// 内部回调会判断事件类型并调用外部传入的回调
// 在 Windows 系统上基于 IOCP 的实现前三个步骤都由操作系统负责
// 这个例子更接近于类 Unix 系统上的实现
public static IAsyncResult BeginConnect(Socket socket, IPAddress address, int port, Action<IAsyncResult> callback)
{
    // 创建传递给回调的异步结果
    var asyncResult = new SocketAsyncResult();

    // 使用非阻塞方式发起连接,不会等待连接结束
    socket.ConnectNonBlocking(address, port);

    // 定义内部回调作为关联值
    var obj = new Action<EventData>(eventData =>
    {
        // 注销事件
        StaticIoService.UnregisterEvent(socket);

        // 判断事件类型
        if(eventData.Type == EventTypes.Write)
        {
            asyncResult.IsCompleted = true;
        }
        elseif(eventData.Type == EventTypes.Error)
        {
            asyncResult._exception = new SocketException(string.Format("Connect to {0} failed", address));
        }
        else
        {
            asyncResult._exception = new SocketException(string.Format("Unsupported event type: {0}", eventData.Type));
        }

        // 在内部线程池的线程中调用回调方法
        // 注意调用回调的线程与执行异步操作的线程不一定相同
        ThreadPool.QueueUserWorkItem(() => callback(asyncResult));
    });
```

```
        // 注册事件,连接成功时收到 Write 事件,失败时收到 Error 事件
        StaticIoService.RegisterEvent(EventTypes.Write | EventTypes.Error,socket,obj);

        // 返回异步结果
        // 本来还需要实现 IAsyncResult.AsyncWaitHandle 让外部可以等待结束
        // 但这个例子为了简单没有实现,如果要实现可以使用 ManualResetEvent
        // 然后在回调中调用 Set
        return asyncResult;
    }

    public static void EndConnect(IAsyncResult result)
    {
        // 判断是否发生异常
        var socketAsyncResult = (SocketAsyncResult)result;
        if(result._exception != null)
        {
            throw result._exception;
        }
        // 部分异步操作可以在这里返回值,例如 EndReceive 返回接收到的字节数
    }
```

6.11.5 任务并行库

因为基于回调的异步编程模型通用性不够强,.NET 在此之上继续封装了一层以任务(Task)为基础的接口,名称是任务并行库(Task Parallel Library,简称 TPL)。任务并行库最大的特点是分离了执行异步操作与注册回调的处理,使得任何异步操作都有相同的方法注册回调、等待结束和处理错误,并为 async 与 await 关键字的支持打下了基础。C♯代码使用任务并行库的例子如下,异步操作返回 System.Threading.Tasks.Task 类型或者 System.Threading.Tasks.Task <T> 类型的对象,Task 类型表示执行了一个没有返回结果的异步操作,Task <string> 类型表示执行了一个返回结果是 string 类型的异步操作,调用 ContinueWith 方法可以注册在异步操作完成后调用的回调方法。与异步编程模型一样,任务并行库调用回调的线程与执行异步操作的线程不一定相同,但可以在创建 Task 时传入基于 System.Threading.Tasks.TaskScheduler 类型的对象自定义调度方式。

```
    private static Task ConnectAndSend(IPAddress address, int port, int x)
    {
        var tcpClient = new TcpClient();

        // 异步发起连接
        Task task = tcpClient.ConnectAsync(address, port);
```

```csharp
    // 异步发送数据
    Task task1 = task.ContinueWith(t =>
    {
        // 发生错误时传递给下一个回调
        if(t.IsFaulted)
        {
            ExceptionDispatchInfo.Capture(t.Exception).Throw();
        }

        // 返回一个新的 Task,外部需要使用 Unwrap 方法
        // 把 Task <Task> 合并为 Task
        var bytes = BitConverter.GetBytes(x);
        var stream = tcpClient.GetStream();
        return stream.WriteAsync(bytes, 0, bytes.Length);
    }).Unwrap();

    // 处理最终结果
    Task task2 = task1.ContinueWith(t =>
    {
        if(t.IsFaulted)
        {
            Console.WriteLine("connect and send {0} failed", x);
        }
        else if(t.IsCanceled)
        {
            // 支持中断异步操作需要传递 CancellationToken
            // 这个例子为了简单没有支持中断,所以这里的处理不会执行
            Console.WriteLine("connect and send {0} cancelled", x);
        }
        else
        {
            Console.WriteLine("connect and send {0} success", x);
        }
        tcpClient.Close();
    });

    return task2;
}

private static void ConnectAndSend10K(IPAddress address, int port)
{
```

```
        var tasks = new Task[10000];
        for(var x = 0; x < tasks.Length; ++x)
        {
            // ConnectAndSend 自身也是一个异步操作
            tasks[x] = ConnectAndSend(address, port, x);
        }
        // 同步等待数组中的所有异步操作完毕
        // 当前线程会进入等待状态
        Task.WaitAll(tasks);
    }
```

任务并行库的出现使得异步操作得到更广泛的应用,除了可以调用某些基于异步编程模型的操作(通常涉及到 I/O 的操作)外,还可以用于合并多个异步操作到一个异步操作,上述的 ConnectAndSend 方法就是合并多个异步操作到一个异步操作的例子。如果一个操作需要调用其他异步操作,那么这个操作自身也可以成为异步操作。可以看到 .NET 有越来越多的类库和框架开始基于任务并行库,使用它们之后的代码有越来越多的方法返回 Task 或 Task <T>,这个现象被称为异步操作的传染性。严格来说,传染现象只出现在无堆的协程(Stackless Coroutine)中,而 .NET 的任务并行库可以归类为无堆的协程,本节末尾的扩展内容有更详细的介绍。

如果想了解更多使用方法可以参考以下链接:

https://docs.microsoft.com/zh-cn/dotnet/standard/parallel-programming/task-parallel-library-tpl;

https://docs.microsoft.com/zh-cn/dotnet/api/system.threading.tasks.task;

https://docs.microsoft.com/zh-cn/dotnet/api/system.threading.tasks.taskfactory-1;

https://docs.microsoft.com/zh-cn/dotnet/api/system.threading.tasks.taskscheduler。

6.11.6 任务并行库的实现原理

任务并行库的核心在 Task 和 Task <T> 类中,主要包含以下项目:

- m_action:在任务中运行的委托对象,当作承诺对象使用时为 null;
- m_continuationObject:任务完成以后执行的回调,可能为 null、单个回调或回调列表;
- m_contingentProperties:保存不常用的项目,只在需要时分配;
  ① m_capturedContext:创建任务时捕捉到的执行上下文(ExecutionContext);
  ② m_completionEvent:需要同步等待任务结束(访问 Wait 或 Result)时创建的事件对象;
  ③ m_exceptionsHolder:保存任务执行过程中发生的一个或多个异常;
  ④ m_completionCountdown:当前未完成的子任务数量+1;

⑤ m_exceptionalChildren：发生异常的子任务列表；

⑥ m_parent：父任务，可能为 null；

• m_result：任务的结果，只在 Task <T> 中包含。

任务的接口主要有两种使用方式，第一种使用方式是在任务中执行指定的委托，委托完成代表任务完成，使用 Task.Run（Action）和 Task.Factory.StartNew（Action）开始的任务就属于这种使用方式，委托会安排在 .NET 运行时内部的线程池中运行，运行结束后会调用注册的回调；第二种使用方式是当作承诺对象（Promise）使用，如果读者接触过其他编程语言框架提供的"承诺—将来（Promise - Future）"模式可能会比较清楚，"承诺—将来"模式把异步操作分为两个对象，承诺对象（Promise）负责设置操作结果或发生的异常，而将来对象（Future）负责注册回调接收承诺设置的结果或异常。

在任务并行库中，承诺对象与将来对象都在 Task <T> 类型中实现，但承诺的接口不对外开放，只能通过 TaskCompletionSource 类型调用。以下是把基于异步编程模型的操作转换为 Task 类型的 C# 代码例子，与 TcpClient.ConnectAsync 的内部实现原理相同，TcpClient.ConnectAsync 使用 TaskFactory.FromAsync 方法转换，而 TaskFactory.FromAsync 方法可以直接访问 Task <T> 类型提供的承诺接口，不需要使用 TaskCompletionSource 类型，具体的处理可以参考本节最后给出的源代码链接。

```csharp
//把 BeginConnect 转换为 ConnectAsync 的例子
private static Task ConnectAsync(
    TcpClient tcpClient, IPAddress address, int port)
{
    // 创建承诺对象，会在内部创建一个 m_action 为 null 的 Task 作为将来对象
    // 注意 TaskCompletionSource 没有非泛型定义，所以这里随便定义了返回类型
    var promise = new TaskCompletionSource <object> ();

    // 获取将来对象，类型是 Task <object>
    var future = promise.Task;

    // 调用基于异步编程模型的操作
    tcpClient.BeginConnect(address, port, ar =>
    {
        // 连接成功或失败时调用此回调
        try
        {
            tcpClient.EndConnect(ar);

            // 连接成功时，通过承诺对象设置将来对象的结果
```

```csharp
        // 将来对象会立刻调用注册的回调方法
        // 实际上会调用标记为 internal 的 Task.TrySetResult 方法
        promise.SetResult(null);
    }
    catch(OperationCanceledException)
    {
        // 连接中断时,通过承诺对象设置将来对象的中断
        // 将来对象会立刻调用注册的回调方法
        // 支持中断异步操作需要传递 CancellationToken
        // 这个例子为了简单没有支持中断,所以这里的处理不会执行
        // 实际上会调用标记为 internal 的 Task.TrySetCanceled 方法
        promise.SetCanceled();
    }
    catch(Exception ex)
    {
        // 连接失败时,通过承诺对象设置将来对象的异常
        // 将来对象会立刻调用注册的回调方法
        // 实际上会调用标记为 internal 的 Task.TrySetException 方法
        promise.SetException(ex);
    }
}, null);

// 返回将来对象
return future;
}
```

任务在运行完成、发生异常或者被中断时会调用注册的回调,回调保存在 m_continuationObject 成员中,类型是 TaskContinuation 或者它的子类。运行回调时需要注意两点:第一,是否恢复创建任务时捕捉的执行上下文;第二,是否使用指定的同步上下文执行回调,关于执行上下文和同步上下文的作用会在接下来的两节介绍。此外,注册回调时会检查任务是否已完成、发生异常或被中断,如果是则立刻调用回调,考虑到多线程安全,任务完成时 m_continuationObject 成员会使用原子操作置换到静态对象 s_taskCompletionSentinel,添加回调也会使用原子操作添加并判断是否需要立刻调用回调。

为了应对更复杂的需求,任务并行库还提供了子任务的支持,以下是创建子任务的 C#代码例子,父任务会等待所有子任务完成才完成,并且子任务中发生的异常会传递到父任务的回调中。子任务的实现非常简单,m_completionCountdown 记录了当前的子任务数量+1,如果父任务自身已完成或者子任务已完成则减1,到 0 的时候代表父任务与所有子任务都已完成,即可调用回调。如果子任务发生异常则记录到父任务的 m_exceptionalChildren 成员中,父任务可以通过这个成员取出所有子任

务发生的异常并添加到 m_exceptionsHolder 成员，最后合并为 AggregateException 异常报告给回调。

```
private static Task RunWithChildTasks()
{
    // 创建一个执行委托的任务
    var parent = Task.Factory.StartNew(() =>
    {
        Console.WriteLine("parent started");

        // 创建子任务
        var child1 = Task.Factory.StartNew(() =>
        {
            Console.WriteLine("child 1 started");
            Thread.Sleep(1000);
            Console.WriteLine("child 1 finished");
        }, TaskCreationOptions.AttachedToParent);

        // 创建子任务
        var child2 = Task.Factory.StartNew(() =>
        {
            Console.WriteLine("child 2 started");
            Thread.Sleep(1000);
            Console.WriteLine("child 2 finished");
        }, TaskCreationOptions.AttachedToParent);
    });

    // 任务 parent 会等待 child1 与 child2 完成以后再调用回调
    // chil1 与 child2 中发生的异常也会传递到 parent 的回调中
    return parent;
}

// 运行 RunWithChildTasks().Wait() 会等待约 1s，并显示以下输出内容
// child 2 started
// child 1 started
// child 2 finished
// child 1 finished
```

6.11.7　ValueTask

在定义异步操作时，可能会碰到大部分情况下都可以同步完成，只有小部分情况需要异步等待的场景。例如定义一个从数据库随机抽取一条数据的异步操作方法，

这个方法内部为了提高查询性能会先从数据库随机抽取100条数据,然后使用这100条数据作为将来100次调用的返回结果,这样每100次调用只有1次会查询数据库,其余99次都可以同步完成。如果使用Task<数据类型>作为返回结果,那么调用100次就需要创建100个Task<数据类型>的对象,而Task<T>类型是引用类型,创建对象的时候需要从托管堆中分配内存,创建过多的引用类型对象会频繁地触发GC从而影响程序的执行性能。为了减少这种场景下的性能消耗,.NET Core 2.0开始提供ValueTask和ValueTask<T>类型,这两个类型是值类型,创建的时候不需要从托管堆中分配内存,但同一个对象不能在多个地方共享,如果异步操作可以同步完成,那么可以返回new ValueTask<数据类型>(数据值),回调可以立刻被调用,没有任何额外开销;但如果异步操作需要异步等待,那么仍然需要创建一个Task类型的对象并返回"new ValueTask<数据类型>(new Task<数据类型>(...))"。

6.11.8 async与await关键字的例子

从.NET Framework 4.5/.NET Core 1.0和C♯5开始,任务并行库提供了async与await关键字的支持,它们极大程度地简化了异步操作的编写,async关键字用于标记方法会使用await执行异步操作,并把整个方法合并为一个异步操作,await用于执行异步操作并等待完成以后继续执行。目前C♯编写的代码中关于异步操作的代码几乎都使用这两个关键字,上述提到的使用方法反而很少见到。以下是使用async与await关键字的C♯代码例子,与本节一开始提到的阻塞操作的代码精简程度一样,都是再熟悉不过的代码了:

```csharp
private static async Task ConnectAndSend(IPAddress address, int port, int x)
{
    var tcpClient = new TcpClient();
    try
    {
        // 异步发起连接,不占用当前线程
        await tcpClient.ConnectAsync(address, port);
        // 连接成功后会从这里继续开始执行
        // 失败时会抛出异常并在以下的catch块中捕捉

        // 异步发送数据,不占用当前线程
        var bytes = BitConverter.GetBytes(x);
        var stream = tcpClient.GetStream();
        await stream.WriteAsync(bytes, 0, bytes.Length);
        // 发送数据成功后会从这里继续开始执行
        // 失败时会抛出异常并在以下的catch块中捕捉

        Console.WriteLine("connect and send {0} success", x);
```

```csharp
        }
        catch(SocketException)
        {
            Console.WriteLine("connect and send {0} failed", x);
        }
        catch(OperationCanceledException)
        {
            // 支持中断异步操作需要传递 CancellationToken
            // 这个例子为了简单没有支持中断,所以这里的处理不会执行
            Console.WriteLine("connect and send {0} canceled", x);
        }
        finally
        {
            tcpClient.Close();
        }
}

private static void ConnectAndSend10K(IPAddress address, int port)
{
    var tasks = new Task[10000];
    for(var x = 0; x < tasks.Length; ++x)
    {
        tasks[x] = ConnectAndSend(address, port, x);
    }
    Task.WaitAll(tasks);
}
```

async 与 await 关键字的出现使得开发者可以非常直观地编写一连串涉及到 I/O 的操作,结构上与使用"阻塞操作＋多线程"的代码几乎相同,不同的是阻塞操作每执行一个涉及到 I/O 的操作都需要占用一个原生线程,而使用异步操作可以在有限的线程中同时执行十万甚至百万个涉及到 I/O 的操作。C♯开发者使用这两个关键字可以比较轻松地编写出支持大规模用户量的服务器程序。

如果想了解更多使用方法可以参考以下链接:

https://docs.microsoft.com/zh-cn/dotnet/csharp/language-reference/keywords/async;
https://docs.microsoft.com/zh-cn/dotnet/csharp/language-reference/keywords/await。

6.11.9　async 与 await 关键字的实现原理

async 与 await 关键字的实现主要有两部分组成,第一部分是 C♯编译器(Roslyn)把方法内部的逻辑与本地变量合并在一起作为一个状态机类型,所有异步操作的回调都由这个状态机处理;第二部分是 .NET 运行时提供的相关类型支持,包括

IAsyncStateMachine、AsyncTaskMethodBuilder 和 TaskAwaiter 等类型。C# 编译器部分的支持从 5.0 版本开始提供，.NET 运行时部分的支持从 .NET Framework 4.5 和 .NET Core 1.0 开始提供，.NET Framework 4.0 可以额外安装 nuget 包 Microsoft.Bcl.Async 以支持使用这两个关键字。

上述的 ConnectAndSend 经过 Roslyn 2.10（C# 7.3）编译后生成状态机类型 <ConnectAndSend>d__2，并且原有的方法体会变为创建状态机对象的代码，生成的中间代码可以通过 ILSpy 工具反编译回更容易阅读的 C# 代码。ILSpy 4.0.0.4521 的反编译结果如下，并且为了方便理解添加了一些注释：

```csharp
// 原有的方法体会变为创建状态机对象的代码
// 反编译时需要选择 C# 4.0 否则 ILSpy 会反编译回使用 await 的代码
[AsyncStateMachine(typeof(<ConnectAndSend>d__2))]
[DebuggerStepThrough]
private static Task ConnectAndSend(IPAddress address, int port, int x)
{
    // 创建状态机对象,本地变量会作为成员保存
    <ConnectAndSend>d__2 stateMachine = new <ConnectAndSend>d__2();
    stateMachine.address = address;
    stateMachine.port = port;
    stateMachine.x = x;
    // 创建 AsyncTaskMethodBuilder,它会负责注册回调、处理回调与更新状态机
    stateMachine.<>t__builder = AsyncTaskMethodBuilder.Create();
    // 初始状态是 -1
    stateMachine.<>1__state = -1;
    // 开始执行第一步操作
    AsyncTaskMethodBuilder <>t__builder = stateMachine.<>t__builder;
    <>t__builder.Start(ref stateMachine);
    // 返回状态机中的任务(将来对象)
    return stateMachine.<>t__builder.Task;
}

using System;
using System.Diagnostics;
using System.Net;
using System.Net.Sockets;
using System.Runtime.CompilerServices;

// Roslyn 编译器生成的状态机类型
[CompilerGenerated]
private sealed class <ConnectAndSend>d__2 : IAsyncStateMachine
{
    // 当前状态,记录走到哪一步,目前状态机各状态代表的意义如下
```

```csharp
// -2：状态机已结束
// -1：初始状态
// 0：ConnectAsync 已完成
// 1：WriteAsync 已完成
public int <>1__state;

// 类型 AsyncTaskMethodBuilder 封装了注册回调、处理回调和通知状态机的逻辑
public AsyncTaskMethodBuilder <>t__builder;

// 本地变量（参数）address
public IPAddress address;

// 本地变量（参数）port
public int port;

// 本地变量（参数）x
public int x;

// 本地变量 tcpClient
private TcpClient <tcpClient> 5__1;

// 本地变量 bytes
private byte[] <bytes> 5__2;

// 本地变量 stream
private NetworkStream <stream> 5__3;

// 类型 TaskAwaiter 用于保存当前等待完成的异步操作的 Task 对象和
// 指定如何执行回调，它是 Awaitable-Awaiter 模式中的 Awaiter 实现
private TaskAwaiter <> u__1;

// 设置状态机到下一步，创建状态机时会调用，异步操作完成时也会调用
privatevoidMoveNext()
{
    // 本地变量 num 保存状态值
    int num = <>1__state;
    // 开始状态机自身的 try 块
    // 处理过程中出现异常时调用 SetException 通知回调
    try
    {
        // 判断是否初始状态(-1)，在这个状态机中最大的状态为 1
        // -1 转换为 uint(0xffffffff)以后会大于 1
```

```csharp
if((uint)num > 1u)
{
    // 初始状态时调用创建 TcpClient 的处理
    //（因为原始代码中的这一行在 try 块外,所以这里需要单独执行）
    <tcpClient> 5__1 = new TcpClient();
}
// 开始与原始代码对应的 try 块
try
{
    // 根据当前状态选择需要执行的操作
    // 保存 WriteAsync 返回的 Task 的 Awaiter
    TaskAwaiter awaiter;
    // 保存 ConnectAsync 返回的 Task 的 Awaiter
    TaskAwaiter awaiter2;
    if(num != 0)
    {
        // 判断当前状态是否为 1,为 1 时代表 WriteAsync 已完成
        // 此时会重设状态为 -1 并执行 WriteAsync 之后的代码
        if(num == 1)
        {
            awaiter = <> u__1;
            <> u__1 = default(TaskAwaiter);
            num = ( <> 1__state = -1);
            goto IL_012e;
        }
        // 当前状态是初始状态(-1)
        // 继续执行 ConnectAsync 之前的处理

        // ConnectAsync 返回的 Task 是
        // Awaitable - Awaiter 模式中的 Awaitable 实现
        // 详见后面的说明

        // Awaitable 返回的 TaskAwaiter 是
        // Awaitable - Awaiter 模式中的 Awaiter 实现
        // 详见后面的说明
        awaiter2 = <tcpClient> 5__1.ConnectAsync(
        address, port).Awaitable();

        // 如果 ConnectAsync 同步完成
        // 就可以继续执行 ConnectAsync 之后的处理
        // 否则需要设置状态为 0 并注册回调
        // 下一次调用时可以根据状态判断 ConnectAsync 已完成
```

```csharp
        if(!awaiter2.IsCompleted)
        {
            num = (<>1__state = 0);
            <>u__1 = awaiter2;
            <ConnectAndSend> d__2 stateMachine = this;
            // AwaitUnsafeOnCompleted 首先会调用
            // GetStateMachineBox 方法为此对象(this)创建
            // 包装对象,再调用 TaskAwaiter.UnsafeOnCompleted 方法
            // 回调的目标是
            // IAsyncStateMachineBox.MoveNextAction
            // 包装对象会负责恢复执行上下文
            // 然后调用此对象(this)的 MoveNext 方法
            // TaskAwaiter.UnsafeOnCompleted 会调用
            // Task.SetContinuationForAwait
            // Task.SetContinuationForAwait 会创建
            // TaskContinuation 对象并添加到回调列表
            <>t__builder.AwaitUnsafeOnCompleted(
                ref awaiter2, ref stateMachine);
            return;
        }
    }
    else
    {
        // 当前状态是 0,代表 ConnectAsync 已完成
        awaiter2 = <>u__1;
        <>u__1 = default(TaskAwaiter);
        num = (<>1__state = -1);
    }


    // 获取 ConnectAsync 的结果,如果发生错误则这里会抛出异常
    // 因为 ConnectAsync 没有返回结果
    // 这里不需要保存 GetResult 返回的值
    awaiter2.GetResult();

    // 执行 WriteAsync 之前的处理
    <bytes>5__2 = BitConverter.GetBytes(x);
    <stream>5__3 = <tcpClient>5__1.GetStream();
    awaiter = <stream>5__3.WriteAsync(<bytes>5__2, 0, <bytes>5__2.
        Length).GetAwaiter();

    // 如果 WriteAsync 同步完成
    // 就可以继续执行 WriteAsync 之后的处理
```

```csharp
            // 否则需要设置状态为 1 并注册回调
            // 下一次调用时可以根据状态判断 WriteAsync 已完成
            if(!awaiter.IsCompleted)
            {
                num = (<>1__state = 1);
                <>u__1 = awaiter;
                <ConnectAndSend>d__2 stateMachine = this;
                <>t__builder.AwaitUnsafeOnCompleted(ref awaiter, ref state-
                Machine);
                return;
            }
            goto IL_012e;

            // WriteAsync 已完成后的处理
            IL_012e:
            // 获取 WriteAsync 的结果,如果发生错误则抛出异常
            awaiter.GetResult();
            Console.WriteLine("connect and send {0} success", x);
            <bytes>5__2 = null;
            <stream>5__3 = null;
        }
        catch(SocketException)
        {
            // 与原始代码的 catch 块一样
            Console.WriteLine("connect and send {0} failed", x);
        }
        catch(OperationCanceledException)
        {
            // 与原始代码的 catch 块一样
            Console.WriteLine("connect and send {0} canceled", x);
        }
        finally
        {
            // 状态为 -1 代表异步操作出错或已完成
            // 如果为 0 或者 1 则代表需要等待异步操作完成
            // 不能关闭 tcpClient
            if(num < 0)
            {
                <tcpClient>5__1.Close();
            }
        }
    }
```

```csharp
        catch(Exception exception)
        {
            // ConnectAndSend 自身是一个合并了多个异步操作的异步操作
            // 处理过程中出错时需要通知相应的回调
            // -2 代表状态机已结束
            <>1__state = -2;

            // AsyncMethodBuilder.SetException 会判断异常类型
            // OperationCanceledException 时调用 Task.TrySetCanceled
            // 其他情况调用 Task.TrySetException
            <>t__builder.SetException(exception);
            return;
        }
        // 所有异步操作成功完成
        <>1__state = -2;
        // AsyncMethodBuilder.SetResult 会调用 Task.TrySetResult
        <>t__builder.SetResult();
    }


    // 实现 IAsyncStateMachine 接口的 MoveNext 方法
    void IAsyncStateMachine.MoveNext()
    {
        // ILSpy generated this explicit interface implementation from .override directive in MoveNext
        this.MoveNext();
    }


    [DebuggerHidden]
    private void SetStateMachine(IAsyncStateMachine stateMachine)
    {
    }


    // 实现 IAsyncStateMachine 接口的 SetStateMachine 方法
    // 这个例子中不需要任何处理
    void IAsyncStateMachine.SetStateMachine(IAsyncStateMachine stateMachine)
    {
        // ILSpy generated this explicit interface implementation from .override directive in SetStateMachine
        this.SetStateMachine(stateMachine);
    }
}
```

从以上的反编译结果可以看到，带 await 关键字的方法在编译时会转换为一个实现 IAsyncStateMachine 的类型，类型的 MoveNext 方法把处理按异步操作分割为多块，如果异步操作需要等待，那么就会设置状态值并注册回调，操作完成后调用回调，回调会调用 MoveNext 方法，MoveNext 方法根据状态值判断当前的位置并根据异步操作结果选择继续执行或设置异常。

还可以看到，生成的代码没有直接使用 Task 类型，而是使用了 TaskAwaiter 类型来包装 Task，async 和 await 关键字为了与任务并行库解耦，定义了 Awaitable-Awaiter 模式，其中 Awaitable 对象负责创建 Awaiter 对象，Awaiter 对象负责指定如何执行回调。更具体地说，如果一个对象的类型定义了 GetAwaiter 方法返回继承 INotifyCompletion 接口的对象，那么它就是 Awaitable 对象，任务并行库的 Task 和 Task<T> 对象就是 Awaitable 对象。而实现了 INotifyCompletion 接口的对象就是 Awaiter 对象，这个接口的定义如下，如果实现了自定义的 Awaitable 对象和 Awaiter 对象，就可以脱离任务并行库使用 async 与 await 关键字：

```
public interface INotifyCompletion
{
    // 会传入调用状态机的 MoveNext 方法的委托
    // 需要在这里实现回调的注册
    void OnCompleted(Action continuation);

    // 状态机生成的代码会访问 IsCompleted 判断操作是否同步完成
    // 但这个成员不在 INotifyCompletion 中
    // 实现 Awaiter 对象时应该同时实现这个成员
    // bool IsCompleted { get; }

    // 状态机生成的代码会调用 GetResult 获取操作结果
    // 这里的 void 可以换成其他具体的类型，返回值会赋值到 await 前的变量中
    // 同样的，这个方法不在 INotifyCompletion 中
    // 实现 Awaiter 对象时应该同时实现这个方法
    // void GetResult();
}

// 额外的，Awaiter 对象可以实现这个接口
// 区别是 UnsafeOnCompleted 不会恢复执行上下文，如果需要恢复则应该在外部恢复
public interface ICriticalNotifyCompletion : INotifyCompletion
{
    voidUnsafeOnCompleted(Action continuation);
}
```

与前文提到的一样，运行回调时需要注意两点：第一，是否恢复创建任务时捕捉的执行上下文；第二，是否使用指定的同步上下文执行回调，第一点可以通过 ExecutionContext.SuppressFlow 方法配置，第二点可以通过 Task.ConfigureAwait 方法配置，接下来将会更详细地介绍它们，也可以参考后面给出的源代码地址了解有关的处理。

6.11.10　堆积的协程与无堆的协程

相对于在调用结束前会一直占用线程的同步函数（Subroutine），不占用线程的异步函数又称为协程（Coroutine）。在这一节看到的 C♯ 协程是基于回调实现的，并且通过编译器与运行时支持使用很方便，但代码中需要明确区分同步与异步调用，并且异步调用有传染性，越来越多的代码的返回值都会被修改为 Task 或者具有相同功能的类型。如果了解过 go 语言，可能会好奇为什么 go 的代码中同步调用和异步调用的语法一样，并不需要明确使用回调与"承诺—将来"模式。这是因为 go 实现协程的方式不一样，在 go 中原生线程与托管线程（goroutine）实现了多对多的关系，如果一个 goroutine 执行了异步操作，go 会把当前的寄存器和栈空间地址保存到 goroutine 对应的结构体中，再寻找下一个可运行的 goroutine，然后恢复寄存器与切换栈空间，相当于在用户层实现线程调度。而最关键的是 goroutine 的栈空间是可扩张的，一开始只会分配很小的空间待需要时再扩张，以避免 goroutine 过多导致内存不足。像 go 这样通过用户层线程调度实现、需要依赖栈空间的方式称为堆积的协程（Stackful Coroutine），而像 C♯ 这样通过回调实现、不需要依赖栈空间的方式称为无堆的协程（Stackless Coroutine）。堆积的协程优点是执行异步操作时不需要动态分配内存保存回调需要的数据，而无堆的线程优点是内存占用少并且无需支持栈空间扩张（栈空间扩张会加大调用函数的成本），哪种方式更好仍然是一个争议中的话题。

如果对 go 协程的具体实现感兴趣，可以参考作者之前写的文章，网址：https://github.com/303248153/BlogArchive/tree/master/go-02。

6.11.11　CoreCLR 中的相关代码

如果对 .NET Core 中实现异步操作的代码感兴趣，可以参考以下链接。
本节的例子中主要提到的 TcpClient 类型代码地址：

// ConnectAsync 的实现是通过 Task.Factory.FromAsync 包装 BeginConnect 和 EndConnect
https://github.com/dotnet/corefx/blob/v2.1.5/src/System.Net.Sockets/src/System/Net/Sockets/TCPClient.cs

BeginConnect 方法在 Socket 类型中提供，代码地址：

// BeginConnect 函数会创建 OverlappedAsyncResult 并调用 SendAsync 函数
https://github.com/dotnet/corefx/blob/v2.1.5/src/System.Net.Sockets/src/System/Net/Sockets/Socket.cs♯L2215

// Windows 系统上的实现，调用了 IOCP 的 ConnectEx 函数
https://github.com/dotnet/corefx/blob/v2.1.5/src/System.Net.Sockets/src/System/Net/

Sockets/SocketPal.Windows.cs#L781

https://github.com/dotnet/corefx/blob/v2.1.5/src/System.Net.Sockets/src/System/Net/Sockets/Socket.Windows.cs#L87

// ConnectEx 完成后会调用 BaseOverlappedAsyncResult.CompletionPortCallback

https://github.com/dotnet/corefx/blob/v2.1.5/src/System.Net.Sockets/src/System/Net/Sockets/BaseOverlappedAsyncResult.Windows.cs#L61

// 类 Unix 系统上的实现，调用了 SocketAsyncContext.ConnectAsync 方法

https://github.com/dotnet/corefx/blob/v2.1.5/src/System.Net.Sockets/src/System/Net/Sockets/SocketPal.Unix.cs#L1544

https://github.com/dotnet/corefx/blob/v2.1.5/src/System.Net.Sockets/src/System/Net/Sockets/SocketAsyncContext.Unix.cs#L1351

// SocketAsyncContext.ConnectAsync 方法会调用 SetNonBlocking 设置非阻塞，然后调用原生 connect 函数连接

// 再调用 OperationQueue<TOperation>.StartAsyncOperation 注册事件与关联回调

// 注册的事件类型是 Write 与 Error(Error 默认会注册)

https://github.com/dotnet/corefx/blob/v2.1.5/src/System.Net.Sockets/src/System/Net/Sockets/SocketAsyncContext.Unix.cs#L725

https://github.com/dotnet/corefx/blob/v2.1.5/src/System.Net.Sockets/src/System/Net/Sockets/SocketAsyncContext.Unix.cs#L1118

// 事件循环的实现在 SocketAsyncEngine 类型中，其中 Linux 使用 epoll，BSD/OSX 使用 kqueue

https://github.com/dotnet/corefx/blob/v2.1.5/src/System.Net.Sockets/src/System/Net/Sockets/SocketAsyncEngine.Unix.cs#L312

https://github.com/dotnet/corefx/blob/v2.1.5/src/Native/Unix/System.Native/pal_networking.c#L2051

https://github.com/dotnet/corefx/blob/v2.1.5/src/Native/Unix/System.Native/pal_networking.c#L2210

任务并行库的任务类型 Task 与 Task<T> 的代码地址：

// 定义了 Task 类型

https://github.com/dotnet/coreclr/blob/v2.1.5/src/mscorlib/src/System/Threading/Tasks/Task.cs

// 定义了 Task<T> 类型

https://github.com/dotnet/coreclr/blob/v2.1.5/src/mscorlib/src/System/Threading/Tasks/future.cs

// 如果 Task 构建时有传入委托，则在执行时调用 ExecuteWithThreadLocal

https://github.com/dotnet/coreclr/blob/004ada13365e22ee60b68cb4a21234c154964ed9/src/System.Private.CoreLib/src/System/Threading/Tasks/Task.cs#L2399

// 执行委托完成以后会调用 Finish，Finish 会调用 FinishContinuations，FinishContinuations 会调用回调

https://github.com/dotnet/coreclr/blob/v2.1.5/src/mscorlib/src/System/Threading/Tasks/Task.cs#L2031

https://github.com/dotnet/coreclr/blob/v2.1.5/src/mscorlib/src/System/Threading/Tasks/Task.cs#L3237

// 如果没有传入委托,则需要用 TrySetResult、TrySetException 或 TrySetCanceled
// 它们最终都会调用 FinishContinuations

https://github.com/dotnet/coreclr/blob/v2.1.5/src/mscorlib/src/System/Threading/Tasks/future.cs#L392

https://github.com/dotnet/coreclr/blob/v2.1.5/src/mscorlib/src/System/Threading/Tasks/future.cs#L508

https://github.com/dotnet/coreclr/blob/v2.1.5/src/mscorlib/src/System/Threading/Tasks/future.cs#L555

Task <T> 中的 TrySetResult、TrySetException 和 TrySetCanceled 是内部方法,如果想在手动实现"承诺—将来"模式需要使用 TaskCompletionSource 类型,代码地址:

https://github.com/dotnet/coreclr/blob/v2.1.5/src/mscorlib/shared/System/Threading/Tasks/TaskCompletionSource.cs

包装 BeginConnect 和 EndConnect 到 ConnectAsync 使用的是 Task.Factory.FromAsync 方法,代码地址:

// 执行时会传入回调给 beginMethod,beginMethod 会调用 Begin..方法并传递回调
https://github.com/dotnet/coreclr/blob/v2.1.5/src/mscorlib/src/System/Threading/Tasks/FutureFactory.cs#L771

// 回调会调用 FromAsyncCoreLogic,FromAsyncCoreLogic 会调用 endMethod,endMethod 会调用 End..方法获取结果
// 最后再调用 TrySetResult、TrySetException 或 TrySetCanceled 通知 Task 中注册的回调
https://github.com/dotnet/coreclr/blob/v2.1.5/src/mscorlib/src/System/Threading/Tasks/FutureFactory.cs#L512

TaskContinuation 类型负责管理与运行 Task 中注册的回调,代码地址:

https://github.com/dotnet/coreclr/blob/v2.1.5/src/mscorlib/src/System/Threading/Tasks/TaskContinuation.cs

INotifyCompletion 类型是 Awaiter 的接口,代码地址:

https://github.com/dotnet/coreclr/blob/v2.1.5/src/mscorlib/shared/System/Runtime/CompilerServices/INotifyCompletion.cs

TaskAwaiter 类型是一个 Awaiter 实现,由 Task.GetAwaiter 方法返回,代码地址:

// OnCompleted 会调用 OnCompletedInternal
// OnCompletedInternal 会调用 Task.SetContinuationForAwait 注册回调
// 回调由 AsyncTaskMethodBuilder.AwaitUnsafeOnCompleted 传入,包含调用状态机 Mov-

eNext 方法的处理

https://github.com/dotnet/coreclr/blob/v2.1.5/src/mscorlib/src/System/Runtime/CompilerServices/TaskAwaiter.cs#L206

// 如果针对 Task 调用了 ConfigureAwait(指示是否需要使用当前的同步上下文继续执行)
// 那么 Awaiter 类型是 ConfiguredTaskAwaiter

https://github.com/dotnet/coreclr/blob/v2.1.5/src/mscorlib/src/System/Runtime/CompilerServices/TaskAwaiter.cs#L511

AsyncTaskMethodBuilder 类型负责根据 Awaiter 注册回调、处理回调与通知状态机的逻辑，代码地址：

// AwaitUnsafeOnCompleted 调用 GetStateMachineBox 包装状态机对象
// 然后传递 IAsyncStateMachineBox.MoveNextAction 给 Awaiter

https://github.com/dotnet/coreclr/blob/v2.1.5/src/mscorlib/src/System/Runtime/CompilerServices/AsyncMethodBuilder.cs#L372

// IAsyncStateMachineBox 的默认实现是 AsyncStateMachineBox
// 它的 MoveNextAction 负责恢复执行上下文与调用状态机的 MoveNext 方法

https://github.com/dotnet/coreclr/blob/v2.1.5/src/mscorlib/src/System/Runtime/CompilerServices/AsyncMethodBuilder.cs#L520

第 12 节　执行上下文

6.12.1　异步本地变量与执行上下文

本章第 4 节提到的线程本地储存实现了按线程隔离的线程本地变量，对于同一个变量每个线程都有一份独立的值，对于只有同步操作的代码，使用线程本地变量可以跨函数共享数据并且不需要担心线程安全的问题。可惜的是，线程本地变量不适用于有异步操作的代码，如上一节所说，异步操作执行完成后调用回调的线程和之前的线程不一定相同，所以线程本地变量的值无法保证在执行异步操作的函数之间共享。为了解决这个问题，.NET 提供了异步本地变量（AsyncLocal），使用异步本地变量的 C# 代码例子如下，并且比较了与线程本地变量的区别：

```
private static readonly ThreadLocal<int> ThreadLocalInt =
new ThreadLocal<int>();
private static readonly AsyncLocal<int> AsyncLocalInt =
new AsyncLocal<int>();

private static async Task ExampleTask()
{
    ThreadLocalInt.Value = 123;
    AsyncLocalInt.Value = 123;
```

```
Console.WriteLine("Thread id: {0}",
Thread.CurrentThread.ManagedThreadId);
Console.WriteLine(ThreadLocalInt.Value);
Console.WriteLine(AsyncLocalInt.Value);

await Task.Delay(1000);

Console.WriteLine("Thread id: {0}",
Thread.CurrentThread.ManagedThreadId);
Console.WriteLine(ThreadLocalInt.Value);
Console.WriteLine(AsyncLocalInt.Value);
}
```

在作者的计算机运行环境上执行 ExampleTask().Wait() 的输出结果如下,可以看到 await 之后的代码在不同的线程上执行,所以线程本地变量 ThreadLocalInt 的值无法传递过来,但异步本地变量 AsyncLocalInt 的值可以成功维持下来。

```
Thread id: 1
123
123
Thread id: 4
0
123
```

异步本地变量通过执行上下文(Execution Context)实现,执行上下文是一个专门保存异步本地变量数据的类型,每个托管线程对象都会保存一个执行上下文对象,因此执行上下文对象可以看作是一个线程本地变量。任务并行库在创建 Task 对象时会记录当前托管线程的执行上下文,并且在执行回调之前恢复,具体步骤如下:

- 当前托管线程的执行上下文保存在 Thread.m_ExecutionContext 成员中;
- 默认执行上下文保存在全局变量 ExecutionContext.Default,里面没有任何异步本地变量值;
- 创建 Task 对象时调用 ExecutionContext.Capture() 方法获取当前托管线程的执行上下文;
  ① 如果当前没有禁止捕捉则返回:
  Thread.CurrentThread.ExecutionContext ??
  ExecutionContext.Default
  ② 如果当前已禁止捕捉则返回 null;
- 如果执行上下文不为 null 并且不为默认执行上下文(设置过至少一个异步本地变量),则记录到 Task.m_contingentProperties.m_capturedContext 成员中;

- 异步操作完成后调用回调时，检查记录的执行上下文是否为 null；
  ① 如果为 null 则直接执行回调；
  ② 如果不为 null 则调用 ExecutionContext.RunInternal 方法并传入执行上下文与回调，具体处理：备份当前的执行上下文；设置当前的执行上下文为传入的执行上下文；执行传入的委托；执行完毕后，设置当前的执行上下文为备份的执行上下文。

执行上下文会在内部保存异步本地变量实例（IAsyncLocal）到变量值（object）的索引，修改异步本地变量时会把 AsyncLocal 的实例作为键、修改值作为值保存到执行上下文的 m_localValues 成员中，为了优化性能，执行上下文中的索引类型会根据键值对的数量而定，如果只保存了一个异步本地变量的值，类型是 OneElementAsyncLocalValueMap，两个则类型是 TwoElementAsyncLocalValueMap，三个则类型是 ThreeElementAsyncLocalValueMap，4 个以上 16 个以下则类型是 MultiElementAsyncLocalValueMap，超过 16 个则类型是 ManyElementAsyncLocalValueMap（等同于 Dictionary <IAsyncLocal，object>），这样保存的好处是，如果异步本地变量的数量不多，则无需创建 Dictionary 对象并且储存和查询的速度比较快。需要注意的是，执行上下文是一个不变对象（Immutable Object），每次修改异步本地变量的值都会创建一个新的执行上下文替换当前的执行上下文，结合以上处理流程可以发现，异步操作函数中修改的异步本地变量值不会反映到调用来源。以下 C♯ 代码展示了这样的实现会导致什么问题，代码如下：

```
private static readonly AsyncLocal <int> AsyncLocalInt =
new AsyncLocal <int>();

private static async Task ExampleChildTask()
{
    // 进入时仍然使用原来的执行上下文，索引：{ AsyncLocalInt: 999 }
    Console.WriteLine("Enter ExampleChildTask: {0}",
    AsyncLocalInt.Value);

    // 替换当前执行上下文，索引：{ AsyncLocalInt: 111 }
    AsyncLocalInt.Value = 111;

    // 捕捉当前执行上下文并保存在 Task 中
    await Task.Delay(1000);
    // 恢复捕捉的执行上下文并继续运行，索引：{ AsyncLocalInt: 111 }

    Console.WriteLine("Leave ExampleChildTask: {0}",
    AsyncLocalInt.Value);
}
```

```csharp
private static async Task ExampleTask()
{
    // 替换当前执行上下文,索引：{ AsyncLocalInt：999 }
    AsyncLocalInt.Value = 999；
    Console.WriteLine("Before ExampleChildTask：{0}",
    AsyncLocalInt.Value);

    // 捕捉当前执行上下文并保存在 Task 中
    await ExampleChildTask();
    // 恢复捕捉的执行上下文并继续运行,索引：{ AsyncLocalInt：999 }

    Console.WriteLine("After ExampleChildTask：{0}",
    AsyncLocalInt.Value);
}
```

执行 ExampleTask().Wait() 的输出结果如下,可以看到,尽管 ExampleChildTask 修改了异步本地变量,但调用完成以后看到的仍然是原值,这就是执行上下文的不变性带来的问题,异步本地变量的值可以传递到异步调用的子函数中,但子函数设置的值却无法传递回来,使用异步本地变量时应该注意这一点。想要解决这个问题,可以把传递的值放在一个引用类型的对象中,然后用异步本地变量储存这个对象,修改时应修改对象中的值而不是异步本地变量本身。

```
Before ExampleChildTask：999
Enter ExampleChildTask：999
Leave ExampleChildTask：111
After ExampleChildTask：999
```

执行上下文还提供了一个方法用于禁止捕捉,防止异步本地变量的值传递到回调或 await 之后的代码中,这个方法是 ExecutionContext.SuppressFlow()。调用此方法以后捕捉执行上下文时返回 null,执行回调时就不会恢复执行上下文,使得异步本地变量的值不能传递过去。禁止捕捉执行上下文的 C# 代码例子如下：

```csharp
private static readonly AsyncLocal <int> AsyncLocalInt =
new AsyncLocal <int>();

private static async Task ExampleTask()
{
    AsyncLocalInt.Value = 123;
    Console.WriteLine(AsyncLocalInt.Value);

    // 禁止捕捉执行上下文
    ExecutionContext.SuppressFlow();
```

```
    // 捕捉到的执行上下文是null
    await Task.Delay(1000);
    // 因为没有恢复执行上下文,设置的异步本地变量值不能传递到这里

    Console.WriteLine(AsyncLocalInt.Value);
}
```

执行ExampleTask().Wait()的输出结果如下:

123
0

执行上下文的禁止捕捉通常是暂时的,例如后台运行一个不需要异步本地变量传递数据的任务,可以使用ExecutionContext.SuppressFlow()的返回值,返回值的类型是AsyncFlowControl,调用其中的Undo函数可以恢复捕捉,注意恢复捕捉的线程和禁止捕捉的线程必须相同,否则恢复时会抛出异常。禁止和恢复捕捉执行上下文的C#代码例子如下:

```
private static readonly AsyncLocal <int> AsyncLocalInt =
new AsyncLocal <int> ();

private static async Task ExampleTask()
{
    AsyncLocalInt.Value = 123;
    Console.WriteLine(AsyncLocalInt.Value);

    // 禁止捕捉执行上下文
    AsyncFlowControl control = ExecutionContext.SuppressFlow();
    //后台运行一个任务
    Task.Delay(500).ContinueWith(t =>
    {
        // 运行完成以后检查异步本地变量的值是否没有传递过来
        Console.WriteLine("With SuppressFlow: {0}",
        AsyncLocalInt.Value);
    });
    // 恢复捕捉执行上下文
    control.Undo();

    await Task.Delay(1000);
    Console.WriteLine("After Undo: {0}", AsyncLocalInt.Value);
}
```

执行ExampleTask().Wait()的输出结果如下,可以看到恢复捕捉以后可以成

功传递异步本地变量的值到 await 之后的代码,而禁止捕捉的任务完成以后无法看到值。

```
123
With SuppressFlow: 0
After Undo: 123
```

此外,异步本地变量还支持注册回调监听值的变化(修改值或切换执行上下文),新建 AsyncLocal 实例时传入类型是 Action<AsyncLocalValueChangedArgs<T>> 的委托即可,当值发生变化时,可以从参数的 CurrentValue 成员获取当前值、PreviousValue 成员获取旧值、ThreadContextChanged 成员获取变化是由修改值导致的还是由切换执行上下文导致的。

6.12.2 CoreCLR 中的相关代码

如果对 .NET Core 中实现异步本地变量与执行上下文的代码感兴趣,可以参考以下链接。

异步本地变量类型 AsyncLocal 的代码地址:

// 获取异步本地变量时调用 ExecutionContext.GetLocalValue(this)

// 设置异步本地变量时调用 ExecutionContext.SetLocalValue(this, value, m_valueChangedHandler != null)

https://github.com/dotnet/coreclr/blob/v2.1.5/src/mscorlib/shared/System/Threading/AsyncLocal.cs

执行上下文类型 ExecutionContext 的代码地址:

// 成员 m_localValues 保存了异步本地变量实例(IAsyncLocal)到变量值(object)的索引

// 成员 m_localChangeNotifications 保存了需要通知值变化的异步本地变量列表

// 成员 m_isFlowSuppressed 保存了当前执行上下文是否禁止捕捉

// 成员 m_isDefault 保存了当前执行上下文是否默认执行上下文(没有设置过异步本地变量)

https://github.com/dotnet/coreclr/blob/v2.1.5/src/mscorlib/shared/System/Threading/ExecutionContext.cs

托管线程对象使用 m_ExecutionContext 成员保存执行上下文,代码地址:

// 成员 m_ExecutionContext

https://github.com/dotnet/coreclr/blob/v2.1.5/src/mscorlib/src/System/Threading/Thread.cs#L111

// 访问时使用 ExecutionContext 属性

https://github.com/dotnet/coreclr/blob/v2.1.5/src/mscorlib/src/System/Threading/Thread.cs#L269

创建任务时捕捉执行上下文的代码地址:

// 捕捉时会判断是否 null(禁止捕捉)或默认值(没有设置过异步本地变量)

https://github.com/dotnet/coreclr/blob/v2.1.5/src/mscorlib/src/System/Threading/Tasks/Task.cs#L604

https://github.com/dotnet/coreclr/blob/v2.1.5/src/mscorlib/src/System/Threading/Tasks/Task.cs#L1604

https://github.com/dotnet/coreclr/blob/v2.1.5/src/mscorlib/shared/System/Threading/ExecutionContext.cs#L54

调用回调前恢复执行上下文的代码地址：

// 如果没有捕捉到执行上下文则直接执行回调，否则使用 ExecutionContext.RunInternal

https://github.com/dotnet/coreclr/blob/v2.1.5/src/mscorlib/src/System/Threading/Tasks/Task.cs#L2431

https://github.com/dotnet/coreclr/blob/v2.1.5/src/mscorlib/shared/System/Threading/ExecutionContext.cs#L127

第 13 节　同步上下文

本章内容讲解了如何使用原子操作、无锁算法和线程锁编写线程安全的代码，这些方法的前提都是资源对象会被多个线程访问，而另一种编写线程安全代码的方式是确保资源对象只能被特定的某个线程访问，最典型的例子是 .NET 的 WinForm 程序，所有界面组件都必须在主线程中操作，否则会抛出异常。这种做法可以减少代码的复杂程度与资源占用（无需频繁获取与释放线程锁），但要求实现让指定的线程执行指定的操作，在 .NET 中实现这项处理的接口是同步上下文（SynchronizationContext）。

同步上下文的实现分为两部分，第一部分是发送部分，支持把某个委托发送到指定的位置（例如某个线程的执行队列）；第二部分是接收部分，支持接收发送过来的委托并执行。.NET 运行时只提供了发送部分的基础类（SynchronizationContext），没有提供它们的默认实现，并且现成的实现没有通用性，例如 WinForm 中的同步上下文实现只适用于 WinForm，不适用于其他场景，如果想使用同步上下文，则必须提供自己的实现。

同步上下文的基础类是 System.Threading.SynchronizationContext，有以下两个最关键的方法，Send 方法把委托 d 发送到指定的位置，并且等待执行完毕；Post 方法把委托 d 发送到指定的位置，但不等待执行完毕；state 参数是传给委托 d 的参数。

- public virtual void Send(SendOrPostCallback d, object state)
- public virtual void Post(SendOrPostCallback d, object state)

委托类型 System.Threading.SendOrPostCallback 的定义如下：

- public delegate void SendOrPostCallback(object state)

6.13.1 同步上下文的使用例子(基于 WinForm)

使用同步上下文需要先保存当前托管线程对应的同步上下文到一个变量,可以使用 SynchronizationContext.Current(等于 Thread.CurrentThread.SynchronizationContext)获取,然后再通过这个变量调用 Send 或者 Post 方法发送委托,C♯代码演示如何使用 WinForm 提供的同步上下文如下,WinForm 提供的同步上下文只能在 WinForm 中使用,不能在其他场景例如控制台程序或 Web 程序中使用:

```csharp
using System;
using System.Drawing;
using System.Windows.Forms;
using System.Threading;
using System.Threading.Tasks;

namespace WinFormApp1
{
    // 每隔一秒更新一次文本,显示当前时间的窗体
    public class Form1 : Form
    {
        private Label _label1;

        public Form1()
        {
            // 访问只有在同步上下文(界面线程)中才能使用的资源(界面控件)
            _label1 = newLabel();
            _label1.Size = new Size(200, 40);
            _label1.Location = new Point(30, 30);
            Controls.Add(_label1);

            // 捕捉当前同步上下文
            var context = SynchronizationContext.Current;

            // 使用.NET 运行时管理的线程池运行某些后台操作
            Task.Run(() =>
            {
                bool isDisposed = false;
                while(!isDisposed)
                {
                    // 休眠 1 s
                    Thread.Sleep(1000);
```

```csharp
            // 发送委托到同步上下文,委托会在界面线程执行
            context.Send(state =>
            {
                // 访问只有在同步上下文(界面线程)中
                // 才能使用的资源(界面控件)
                isDisposed = _label1.IsDisposed;

                // 防止控件销毁后操作
                if(!isDisposed)
                {
                    _label1.Text = DateTime.Now.ToString();
                }
            }, null);
        }
    });
}

[STAThread]
private static void Main()
{
    Application.EnableVisualStyles();
    Application.Run(new Form1());
}
```

除了显式使用 SynchronizationContext.Send 外,还可以使用本章第 11 节提到的 async 与 await 关键字,在默认情况下通过 await 设置回调(await 之后的代码)时会自动记录当前的同步上下文,并在调用回调时通过记录的同步上下文调用,C#代码演示如何在 WinForm 程序中使用 async 和 await 关键字的例子如下(如果不想让 await 之后的代码使用当前的同步上下文,可以在 Task 对象后添加".ConfigureAwait(false)"指示不记录同步上下文):

```csharp
using System;
using System.Drawing;
using System.Windows.Forms;
using System.Threading;
using System.Threading.Tasks;

namespace WinFormApp1
{
    // 每隔一秒更新一次文本,显示当前时间的窗体
```

```csharp
public class Form1 : Form
{
    public Label _label1;

    public Form1()
    {
        // 访问只有在同步上下文(界面线程)中才能使用的资源(界面控件)
        _label1 = newLabel();
        _label1.Size = new Size(200, 40);
        _label1.Location = new Point(30, 30);
        Controls.Add(_label1);

        // 借助 await 执行后台任务,会在执行到第一个 await 时立刻返回
        UpdateLabel();
    }

    public async voidUpdateLabel()
    {
        bool isDisposed = false;
        while(!isDisposed)
        {
            // 休眠 1s
            // await 前会自动记录当前的同步上下文
            await Task.Delay(1000);

            // await 后会自动使用之前记录的同步上下文执行接下来的代码
            // 之前记录的同步上下文会在界面线程中调用接下来的代码

            // 访问只有在界面线程中才能使用的资源(界面控件)
            isDisposed = _label1.IsDisposed;

            // 防止控件销毁后操作
            if(!isDisposed)
            {
                _label1.Text = DateTime.Now.ToString();
            }
        }
    }

    [STAThread]
    private static void Main()
    {
```

```
            Application.EnableVisualStyles();
            Application.Run(newForm1());
        }
    }
}
```

6.13.2 自定义同步上下文实现

在控制台程序和 Web 程序中，托管线程对应的同步上下文默认为 null，如果想使用同步上下文必须先创建基于 SynchronizationContext 类型的对象并通过 SynchronizationContext.SetSynchronizationContext 方法设置到当前托管线程（等于修改 Thread.CurrentThread.SynchronizationContext）。需要注意的是，SynchronizationContext 类型并不是抽象类型，可以直接创建它的实例，但默认的 Send 实现是直接在当前线程中执行传入的委托，Post 实现是把委托通过 ThreadPool.QueueUserWorkItem 放到线程池中，所以把它当同步上下文使用没有意义。我们需要实现一个基于 SynchronizationContext 的类型并重写 Send 和 Post 方法，实现自定义同步上下文的 C♯ 代码例子如下，包含发送部分和接收部分，发送到 MySynchronizationContext 的委托会在对应的 MyWorker 管理的线程中执行，并且通过 Send 发送时可以捕捉到执行过程中抛出的异常。

```
using System;
using System.Collections.Concurrent;
using System.Runtime.ExceptionServices;
using System.Threading;
using System.Threading.Tasks;

namespace ConsoleApp1
{
    // 自定义的同步上下文实现（发送部分）
    internalclass MySynchronizationContext : SynchronizationContext
    {
        private MyWorker _worker;

        public MySynchronizationContext(MyWorker worker)
        {
            _worker = worker;
        }

        public override void Send(SendOrPostCallback d, object state)
        {
            var mon = new object();
```

```
        Exception taskEx = null;

        // 安排任务在 worker 管理的线程上运行
        _worker.AddTask(() =>
        {
            try
            {
                d(state);
            }
            catch(Exception ex)
            {
                // 捕捉到异常时记录到调用者
                taskEx = ex;
            }
            finally
            {
                // 通知调用者任务已运行结束
                lock(mon)
                {
                    Monitor.Pulse(mon);
                }
            }
        });

        // 等待任务运行结束
        lock(mon)
        {
            Monitor.Wait(mon);
        }

        // 如果运行过程中发生异常则抛出,抛出时保留原调用链跟踪信息
        if(taskEx != null)
        {
            ExceptionDispatchInfo.Capture(taskEx).Throw();
        }
    }

    public override void Post(SendOrPostCallback d, object state)
    {
        // 安排任务在 worker 管理的线程上运行,不等待任务运行结束
        _worker.AddTask(() =>
        {
```

```csharp
                d(state);
            });
        }
    }

    // 用于关联 MySynchronizationContext 并创建用于运行任务的线程（接收部分）
    internal class MyWorker
    {
        private BlockingCollection<Action> _actionQueue;
        private Thread _threadObj;

        public MyWorker()
        {
            // 创建任务队列
            _actionQueue = new BlockingCollection<Action>();

            // 创建托管线程对象
            _threadObj = new Thread(ThreadBody);
            _threadObj.IsBackground = true;
        }

        private void ThreadBody()
        {
            // 显示当前线程 ID
            Console.WriteLine("Worker thread id is {0}",
                Thread.CurrentThread.ManagedThreadId);

            // 设置当前同步上下文
            var context = new MySynchronizationContext(this);
            SynchronizationContext.SetSynchronizationContext(context);

            // 不断从队列取出任务执行
            while(true)
            {
                var action = _actionQueue.Take();
                try
                {
                    action();
                }
                catch(Exception ex)
                {
                    // 遇到未被捕捉的异常时显示到控制台
```

```csharp
            Console.WriteLine(
                "Unhandled exception in worker thread: {0}",
                ex);
        }
    }
}

public void AddTask(Action action)
{
    // 向队列添加任务
    _actionQueue.Add(action);
}

public void Start()
{
    // 启动线程
    _threadObj.Start();
}
}

public class Program
{
    public static void Main(string[] args)
    {
        var worker = new MyWorker();
        worker.Start();
        worker.AddTask(() =>
        {
            // 这里会在 worker 管理的线程上运行
            Console.WriteLine("Point A: thread id is {0}",
                Thread.CurrentThread.ManagedThreadId);

            // 捕捉当前同步上下文
            var context = SynchronizationContext.Current;

            Task.Run(() =>
            {
                // 这里会在.NET 运行时管理的线程池上运行
                Console.WriteLine("Point B: thread id is {0}",
                    Thread.CurrentThread.ManagedThreadId);

                // 利用同步上下文在 worker 管理的线程上执行代码
```

```csharp
            context.Send(state =>
            {
                // 这里会在 worker 管理的线程上运行
                Console.WriteLine("Point C: thread id is {0}",
                    Thread.CurrentThread.ManagedThreadId);
            }, null);

            // 这里会在.NET 运行时管理的线程池上运行
            Console.WriteLine("Point D: thread id is {0}",
                Thread.CurrentThread.ManagedThreadId);

            // 测试异常是否可以传递给调用者
            try
            {
                // 不等待任务结束时会在 MyWorker.ThreadBody 捕捉
                context.Post(state =>
                    throw new Exception("X"), null);

                // 等待任务结束时会在这里抛出
                context.Send(state =>
                    throw new Exception("Y"), null);
            }
            catch(Exception ex)
            {
                Console.WriteLine(ex);
            }
        });
    });

    Console.ReadLine();
}
```

在作者的计算机运行环境上执行例子的输出结果如下,可以看到 Point A 和 Point C 处的代码都在 MyWorker 管理的线程(ID：4)上执行,并且通过 Send 执行的委托抛出的异常可以传递回来：

```
Worker thread id is 4
Point A: thread id is 4
Point B: thread id is 5
Point C: thread id is 4
```

```
Point D: thread id is 5
Unhandled exception in worker thread: System.Exception: X
    at ConsoleApp1.Program.<>c.<Main>b__0_3(Object state) in D:\ConsoleApp1\Program.cs:line 154
    at ConsoleApp1.MySynchronizationContext.<>c__DisplayClass3_0.<Post>b__0() in D:\ConsoleApp1\Program.cs:line 63
    at ConsoleApp1.MyWorker.ThreadBody() in D:\ConsoleApp1\Program.cs:line 98
System.Exception: Y
    at ConsoleApp1.Program.<>c.<Main>b__0_4(Object state) in D:\ConsoleApp1\Program.cs:line 157
    at ConsoleApp1.MySynchronizationContext.<>c__DisplayClass2_0.<Send>b__0() in D:\ConsoleApp1\Program.cs:line 28
--- End of stack trace from previous location where exception was thrown ---
    at ConsoleApp1.MySynchronizationContext.Send(SendOrPostCallback d, Object state) in D:\ConsoleApp1\Program.cs:line 54
    at ConsoleApp1.Program.<>c__DisplayClass0_0.<Main>b__1() in D:\ConsoleApp1\Program.cs:line 157
```

使用同步上下文需要注意死锁问题。相信很多 Winform 开发者都遇到过使用 Task.Wait 方法或者 Task.Result 属性时界面卡死并且永远不能恢复的问题,这是因为同步上下文管理的线程在等待其他线程中执行的操作,但其他线程中执行的操作又发送了委托到同步上下文并等待完成,由于同步上下文正在等待,操作永远不会完成。把上述例子中的 Main 方法替换为下面的方法就可以重现死锁问题,要防止这一类问题的出现最好的办法是不在同步上下文管理的线程中执行阻塞操作,如果需要等待,应该放到线程池中等待或者转换为异步操作。

```
public static void Main(string[] args)
{
    var worker = new MyWorker();
    worker.Start();
    worker.AddTask(() =>
    {
        // 捕捉当前同步上下文
        var context = SynchronizationContext.Current;

        // 在线程池中执行一个后台操作并等待完成
        Console.WriteLine("Before Task.Run");
        Task.Run(() =>
        {
            // 利用同步上下文在 worker 管理的线程上执行代码
            // 因为该线程在等待后台操作完成,这里会死锁
            Console.WriteLine("Before context.Send");
```

```
        context.Send(state =>
        {
            // 永远都不会执行这里的代码
            Console.WriteLine("Never reach here");
        }, null);
        // 永远都不会执行这里的代码
        Console.WriteLine("After context.Send");
    }).Wait();
});

Console.ReadLine();
}
```

6.13.3 CoreCLR 中的相关代码

如果对 .NET Core 中同步上下文相关的代码感兴趣,可以参考以下链接。
同步上下文基础类 SynchronizationContext 的代码地址:

https://github.com/dotnet/coreclr/blob/v2.1.5/src/mscorlib/src/System/Threading/SynchronizationContext.cs

托管线程对象使用 m_SynchronizationContext 成员保存同步上下文,代码地址:

// 成员 m_SynchronizationContext

https://github.com/dotnet/coreclr/blob/v2.1.5/src/mscorlib/src/System/Threading/Thread.cs#L112

// 访问时使用 SynchronizationContext 属性

https://github.com/dotnet/coreclr/blob/v2.1.5/src/mscorlib/src/System/Threading/Thread.cs#L275

使用 await 设置回调时记录同步上下文的代码地址:

// AsyncMethodBuilder.AwaitUnsafeOnCompleted 会判断 Awaiter 类型
// 如果是 ITaskAwaiter 则 continueOnCapturedContext 选项默认为 true
// 如果是 IConfiguredTaskAwaiter 则 continueOnCapturedContext 选项等于此前 ConfigureAwait 保存的值
// 如果是其他类型(自定义的 Awaiter 实现)则不指定同步上下文的选项

https://github.com/dotnet/coreclr/blob/v2.1.5/src/mscorlib/src/System/Runtime/CompilerServices/AsyncMethodBuilder.cs#L372

// TaskAwaiter.UnsafeOnCompletedInternal 接收传入的 continueOnCapturedContext 选项
// 并交给 Task.UnsafeSetContinuationForAwait

https://github.com/dotnet/coreclr/blob/v2.1.5/src/mscorlib/src/System/Runtime/CompilerServices/TaskAwaiter.cs#L229

// Task.UnsafeSetContinuationForAwait 判断传入的 continueOnCapturedContext 选项
// 为 true 时使用 SynchronizationContext.Current 捕捉当前的同步上下文
// 并创建 SynchronizationContextAwaitTaskContinuation 类型的回调对象并添加到回调
// 列表中
https://github.com/dotnet/coreclr/blob/v2.1.5/src/mscorlib/src/System/Threading/Tasks/Task.cs#L2642

异步操作完成后,通过记录的同步上下文调用回调的代码地址:

// 运行回调时会调用 SynchronizationContextAwaitTaskContinuation.Run
// 如果当前线程就是同步上下文管理的线程(同步上下文一致),则直接在当前线程运行
// 回调
// 否则通过 Post 方法发送回调到记录的同步上下文
https://github.com/dotnet/coreclr/blob/v2.1.5/src/mscorlib/src/System/Threading/Tasks/TaskContinuation.cs#L400

第 7 章

GC 垃圾回收实现

在程序运行过程中需要内存保存各种各样的数据，例如打开的文件句柄、从文件读取的字符串、从字符串转换到的数值等，这些数据会占用内存空间，在不使用这些数据后应该及时释放它们占用的内存空间，否则系统可用内存会越来越少。

不同的编程语言与软件框架支持不同的内存管理方式，使用 C 语言编写的程序通常要求开发者手动释放显式分配的内存空间，而.NET 程序则可以找出某个时间点上哪些已分配的内存空间没有被程序使用，并自动释放它们。自动找出并释放不再使用的内存空间机制又称为垃圾回收（Garbage Collection，简称 GC）机制，这一章将会讲解.NET 中垃圾回收机制的实现原理与相关的参数设置。

阅读本章的前提知识点如下：
- 了解 C♯语言中分配对象使用的 new 关键字；
- 已阅读并基本理解第 2、3、5、6 章的内容。

第 1 节　GC 简介

7.1.1　栈空间与堆空间

在程序运行过程中需要内存保存各种各样的数据，为这些数据申请内存空间的操作称为分配（Allocation），而释放已申请内存空间的操作称为释放（Deallocation）。数据根据它们的生命周期从不同位置分配。第 3 章第 6 节与第 6 章第 1 节讲过，每个线程都有独立的栈空间（Stack Space），而栈空间用于保存调用函数的数据，如果某个数据只在某个函数中使用，可以把数据定义为该函数的本地变量，这样它就会随着函数进行分配，并且随着函数返回释放。

然而不是所有数据都可以跟随函数返回释放，部分数据需要在函数返回后继续使用，部分数据需要在多个线程中同时使用，这些数据都不能从栈空间分配。适合分配这些数据的是堆空间（Heap Space），堆空间是程序中一块独立的空间，从堆空间分配的数据可以被程序中的所有函数和线程访问，并且不会随函数返回与线程结束释放，如图 7.1 所示。

基于堆空间的特性，分配与释放需要显式的操作，例如在 C 语言中从堆空间分

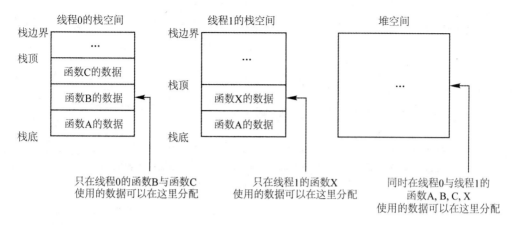

图 7.1　从栈空间还是堆空间分配

配需要调用 malloc 函数，释放需要调用 free 函数，在 C++语言中从堆空间分配需要使用 new 关键字，释放需要使用 delete 或 delete[]关键字。什么时候执行释放操作依赖于数据的生命周期，理想的状态是数据不再被任何地方使用后立刻执行释放操作，但达到这个理想状态不容易，提早执行释放操作可能会导致无法预料的后果（程序崩溃、数据一致性受破坏等），推迟或不执行则导致内存占用量居高不下。在 .NET 程序中，从堆空间分配需要使用 new 关键字，而释放则由 .NET 运行时自动执行，开发者不需要烦恼什么时候执行释放操作。

7.1.2　值类型与引用类型

在 .NET 中数据会按类型划分为不同的对象，例如整数类型 int 占用 4 个字节，浮点数类型 double 占用 8 个字节，字符串类型 string 占用的字节数量根据内容而定。对象类型可以根据储存方式分为值类型（Value Type）与引用类型（Reference Type），值类型的对象本身储存值，而引用类型的对象本身储存内存地址，值储存在内存地址指向的空间中，如图 7.2 所示，对象在内存中的结构会在本章第 2 节详细介绍。

值类型与引用类型的对象本身储存在栈空间还是堆空间根据定义的位置而定，如果定义了值类型的本地变量，那么值储存在栈空间；如果定义了引用类型的本地变量，那么内存地址储存在栈空间，值储存在堆空间；如果在引用类型中定义了值类型的成员，那么值储存在堆空间。C#代码例子如下：

```
// 引用类型
public class B
{
    // 引用类型中值类型的成员，值储存在堆空间
    public int x;
```

```
    // 引用类型中值类型的成员,值储存在堆空间
    public int y;
}

public static void Example()
{
    // 值类型的本地变量,值储存在栈空间
    // x 本身是 0x123
    int x = 0x123;
    // 引用类型的本地变量,内存地址储存在栈空间,值(字段 x 与 y)储存在堆空间
    // b 本身是内存地址
    B b = new B(){ x = 1, y = 2 };
}
```

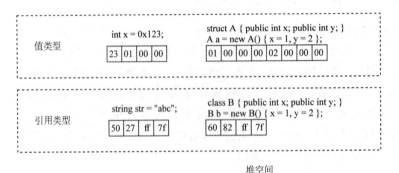

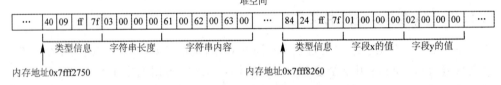

图 7.2　值类型与引用类型的储存方式

值类型的对象会根据定义的位置隐式分配与释放,例如值类型的本地变量会跟随函数进入分配,跟随函数返回释放;而引用类型中定义的值类型成员会跟随引用类型对象分配而分配,跟随引用类型释放而释放。尽管 C♯ 中用于分配对象的 new 关键字可以用于值类型,值类型的对象占用的内存空间会隐式分配,但 new 关键字只用于调用构造函数或设置成员值。

引用类型的对象需要通过 new 关键字显式分配,new 会从堆空间申请一块空间用于保存值,然后返回空间的开始地址。返回的内存地址可以传递到不同的函数或线程,如果对内存地址进行复制(复制引用类型变量),则程序中会多一个指向已分配空间的内存地址;如果覆盖了内存地址本身(设置引用类型变量为其他对象或 null),则程序中会少一个指向已分配空间的内存地址;如果程序中没有内存地址指向已分配的空间,则稍后该空间会被垃圾回收机制回收。C♯ 代码例子如下:

```csharp
public class B
{
    public int x;
    public int y;
}

public static void Example()
{
    // 值类型的本地变量,值储存在栈空间
    // x 本身是 0x123
    int x = 0x123;
    // 复制 x 到 y,y 本身是 0x123
    int y = x;
    // 引用类型的本地变量,内存地址储存在栈空间,值(字段 x 与 y)储存在堆空间
    // b 本身是内存地址
    B b = new B(){ x = 1, y = 2 };
    // 复制 b 到 c,c 本身是内存地址
    // b 与 c 指向相同的空间
    B b1 = b;
    // 覆盖内存地址 b
    b = null;
    // 至此只有 b1 指向分配的空间
    b1 = null;
    // 至此没有内存地址指向分配的空间,稍后该空间会被垃圾回收机制回收
}
```

7.1.3 .NET 中的 GC

垃圾回收机制的主要工作是找出从堆空间分配的空间中哪些空间不再被程序使用,即程序中不存在指向它们的内存地址,然后回收这些空间,使得它们可以用于将来的分配。GC 的实现方式有很多,.NET 中使用的方式是最主流的"标记并清除(Mark And Sweep)"方式,这种方式会选择一部分引用类型的对象作为根对象,然后递归标记对象与对象的引用类型成员,最后所有已标记的引用类型对象会存活下来,而未被标记的引用类型对象会被回收。选择根对象的方式必须保证从根对象开始可以遍历到所有程序中能访问的对象,.NET 中根对象包括各个线程栈空间上的变量、全局变量、GC 句柄和析构队列中的对象等。从根对象开始遍历对象的例子如图 7.3 所示。

在 .NET 中,托管代码分配的对象称为托管对象(Managed Object),而分配托管对象使用的堆称为托管堆(Managed Heap),除了托管堆以外还有一些堆空间用于分配 .NET 运行时内部的对象,将在本章第 3 节介绍。.NET 中的 GC 有一些独特的机

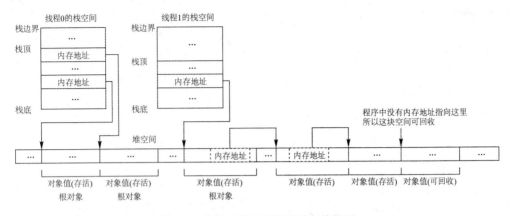

图 7.3　从根对象开始遍历对象的例子

制,接下来将会简单介绍这些机制,注意本章介绍的 GC 实现仅限于.NET Framework 与.NET Core 的实现,Mono 使用的 SGen GC 与 Unity3D 使用的 Boehm GC 不在本章的介绍范围内。

1. 分　代

.NET 将引用类型的对象分代(Generational)为三类,分别是第 0 代、第 1 代与第 2 代,新分配的对象如果不超过一定的大小,则会作为小对象归属到第 0 代;如果超过一定的大小,则会作为大对象归属到第 2 代。执行垃圾回收后,存活的第 0 代对象通常会成为第 1 代,存活的第 1 代对象通常会成为第 2 代,存活的第 2 代对象通常会继续留在第 2 代。

上述处理使得.NET 中的对象按存活时间分为了三个不同的群组,第 0 代中的对象存活时间最短,第 1 代中的对象存活时间比较长,第 2 代中的对象存活时间最长。统计学的分析结果显示,如果一个对象存活了足够长的时间,那么它通常会继续存活下去,所以执行垃圾回收时,第 0 代中的对象很有可能被回收,第 1 代的对象比较有可能被回收,第 2 代的对象不大可能被回收。因此,.NET 的垃圾回收机制为了提升回收效率支持只处理一部分代中的对象,处理第 0 代与第 1 代的频率比较高,而处理第 2 代的频率比较低,处理所有代的 GC 又称完整 GC(Full GC)。

分代机制的目的是尽量增加每次执行垃圾回收处理时可回收的对象数量,并减少处理所需的时间。把对象从第 0 代划分到第 1 代,从第 1 代划分到第 2 代的操作称为升代(Promotion),垃圾回收后存活的对象通常会升代,但有一些例外的情况会导致它们不升代,甚至发生相反的降代(Demotion)。分代机制的具体实现与例外情况将在接下来的章节详细介绍。

2. 压　缩

反复执行分配与回收操作可能导致堆上产生很多空余空间,这些空余空间可以用于重新分配对象,但由于地址不连续,空余空间不能分配比它大的对象,因此这些空余空间又称碎片空间(Fragment)。压缩(Compaction)机制可以通过移动已分配空间把碎片空间合并到一块,使得堆可以分配更大的对象,如图 7.4 所示。

假设有一个720字节的堆				
在堆上分配一块120字节的空间				
120字节				
在堆上分配一块160字节的空间				
120字节	160字节			
在堆上分配一块120字节的空间				
120字节	160字节	120字节		
在堆上分配一块200字节的空间				
120字节	160字节	120字节	200字节	
在堆上分配一块120字节的空间				
120 字节	160字节	120字节	200字节	120字节
回收堆上一块120字节的空间				
空余	160字节	120字节	200字节	120字节
回收堆上一块120字节的空间				
空余	160字节	空余	200字节	120字节
此时堆上共有240字节的空余,但无法分配120字节以上的空间				
空余	160字节	空余	200字节	120字节
执行压缩可以让空余空间合并到一块,但会让已分配空间地址改变				
160字节	200字节	120字节	空余	

图 7.4 产生碎片空间与执行压缩的例子

实现压缩机制最大的难点是如何解决已分配空间地址改变的问题,空间地址改变后,所有指向该空间的内存地址也需要改变,即需要修改栈空间与堆空间上引用类型的本地变量与成员。.NET 运行时提供的 GC 支持压缩机制,但只在一定条件下启用,在本章第 7 节至第 9 节会详细介绍。

3. 区分大小对象

.NET 根据引用类型对象值占用的空间大小区分是小对象(Small Object)还是大对象(Large Object),目前的 .NET Framework 与 .NET Core 中大于或等于 85 000 字节的对象会视为大对象。大对象与小对象会在不同的堆区域分配,其中分配大对象的堆区域称为大对象堆(Large Object Heap,简称 LOH),分配小对象的堆区域称为小对象堆(Small Object Heap,简称 SOH)。区分大小对象的原因是处理大对象需要更长的时间,并且大对象通常会存活更长的时间,所以新分配的小对象将归属到第 0 代,新分配的大对象将归属到第 2 代。因为移动大对象需要的成本很高,前文提到的压缩机制默认仅在小对象堆启用,大对象堆不会执行压缩,.NET 中提供了强制压缩大对象堆的选项,详细请参考本章第 12 节。

4. 固定对象

.NET 程序支持托管代码调用非托管代码，例如通过 P/Invoke 调用 C 语言编写的函数。如果把一个引用类型的对象传递给非托管代码，那么它的内存地址就会复制到非托管代码管理的区域中，而.NET 运行时无法得知非托管代码把对象的内存地址保存到哪里。这将带来两个问题，一是无法确定非托管代码是否仍然在使用某个对象，二是执行压缩操作已分配空间的地址改变后，非托管代码中保存的内存地址不能同步更新。为了解决这两个问题，.NET 要求托管代码传递引用类型对象给非托管代码时必须创建固定(Pinned)类型的 GC 句柄(GC Handle)，并在托管代码中保持这个句柄存活到非托管代码的调用结束。创建了固定类型 GC 句柄的对象又称固定对象(Pinned Object)，.NET 运行时执行垃圾回收时会扫描 GC 句柄标记所有固定对象存活，并且执行压缩操作时会避开固定对象，使得它们的位置维持不变。使用固定对象会带来一些副作用，由固定对象带来的碎片空间是无法合并的，并且固定对象在垃圾回收后可能会发生降代，本章第 7 节将详细介绍。

5. 析构队列

.NET 支持在回收对象前调用析构函数(Finalizer)，在析构函数中可以使用托管代码编写自定义的逻辑，因为这些逻辑由开发者定义，具体执行什么处理，执行多长时间对于.NET 运行时来说都是不确定的。这带来了一个问题，如果在垃圾回收的过程中执行这些析构函数，那么垃圾回收需要的时间将会不可预料。.NET 为了解决这个问题定义了析构队列(Finalizer Queue)与析构线程(Finalizer Thread)，执行垃圾回收时，如果对象不再存活但定义了析构函数，则对象会添加到析构队列并标记存活，使得本轮 GC 不回收这些对象，GC 结束后析构线程将从析构队列取出对象并执行它们的析构函数，析构函数执行完成的对象可以在下一轮 GC 中被回收。

析构函数通常在使用非托管资源的类型中定义，例如 System.IO.FileStream 类包含了文件句柄，它的析构函数会调用 Dispose(bool) 函数，Dispose(bool) 函数会关闭打开的文件句柄。尽管非托管资源可以通过析构函数自动释放，因为 GC 发生的时机与析构函数调用的时机不明确，托管代码在不再使用非托管资源后应该主动调用 Dispose 函数释放，并且 Dispose 函数在释放完资源后应该调用 System.GC.SuppressFinalize 抑制析构函数的运行。C♯ 提供的 using 关键字可以在区域结束后自动调用 Dispose 函数，实现 IDisposable 接口与使用 using 关键字的 C♯ 代码如下：

```
public class MyDisposable : IDisposable
{
    public MyDisposable()
    {
        // 分配非托管资源
    }
```

```csharp
~MyDisposable()
{
    Dispose(false);
}

public void Dispose()
{
    Dispose(true);
    GC.SuppressFinalize(this);
}

protected virtual void Dispose(bool disposing)
{
    // 释放非托管资源
    // 读取 disposing 参数可以判断调用来源,但不一定需要判断
}
}

public static void Example()
{
    var obj1 = new MyDisposable();
    {
        // 自定义处理
    }
    obj1 = null;
    // GC 执行后会通过析构函数运行 obj1.Dispose(false)
    // obj1.Dispose()不会被运行

    using(var obj2 = new MyDisposable())
    {
        // 自定义处理
    }
    // 托管代码会在这里自动运行 obj2.Dispose()
    // obj2.Dispose()会运行 obj1.Dispose(true)并抑制析构函数
}
```

有一个常见的说法是定义了析构函数的对象回收会变晚,如果对象在第一轮 GC 后升级到第 2 代,那么需要等待下一次的完整 GC 才可以回收,这个说法指的是对象本身占用的内存回收会变晚,对象的析构函数会在第一轮 GC 添加对象到析构队列后,由析构线程执行,不需要等待下一次 GC。因此非托管资源应该在单独的类中管理,并保持更小的体积,例如 .NET 中的 System.Runtime.InteropServices。

SafeHandle 类就是专门管理非托管句柄资源的类型。

6. STW

标记并清除式 GC 确定哪些对象正在被程序使用需要扫描对象之间的引用关系，即遍历对象包含的引用类型成员，因为成员值会随着程序运行不断修改，对象之间的引用关系会随着程序运行不断改变，让执行 GC 处理的线程与执行其他处理的线程同时运行会带来很多问题。图 7.5 是一个典型的例子，最后对象 D 仍被程序使用，但它没有标记存活，如果回收了对象 D，那么下次访问对象 A 的成员将会发生不可预料的后果。

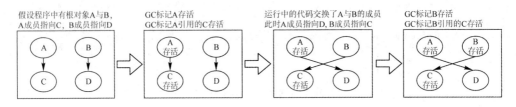

图 7.5　GC 处理过程中对象之间引用发生变化的例子

解决这个问题最简单的做法是停止程序中除了 GC 处理外的处理，即让执行 GC 处理以外的线程暂停运行，这样的停止操作通常称为 STW（Stop The World）。STW 会影响程序的响应时间，如果程序是一个本地界面程序，那么 STW 期间将不能响应用户的操作；如果程序是一个 Web 服务程序，那么 STW 期间将不能响应客户端的请求。如何减少 STW 时间是实现 GC 机制时必须考虑的问题。

.NET 中的 GC 同样会在必要时停止其他处理，但不是直接让其他线程暂停运行，而是切换它们的模式。.NET 中的托管线程有两种模式，一种是合作模式（Cooperative Mode），另一种是抢占模式（Preemitive Mode）。合作模式的线程可以自由访问托管资源，而抢占模式的线程只能访问非托管资源，因为托管代码需要随时访问托管资源，所有托管代码必须运行在合作模式下。.NET 中的 GC 停止其他处理实质上是切换处于合作模式的托管线程到抢占模式，然后防止抢占模式的线程切换到合作模式，第 6 章第 3 节对这两种模式的切换有更详细的介绍。

7. GC 句柄

GC 句柄（GC Handle）是 .NET 提供的一项机制，用于支持在非托管代码中保存托管对象的引用和支持一些特殊的使用场景。GC 句柄可以在托管代码中通过 System.Runtime.InteropServices.GCHandle 类型创建，在非托管代码中通过 CreateHandle、CreateWeakHandle 和 CreatePinningHandle 等函数创建。GC 句柄有不同的类型，其中公开的类型如下（非公开的类型例如 Variable、RefCounted、Dependent 和 SizedRef 等由于使用场景非常复杂并且涉及很多内部实现，本书将不会介绍它们）：

强引用（GCHandleType.Normal）GC 句柄指示正在使用目标对象，GC 遇到这个类型的句柄会直接标记目标对象存活,因为托管代码中对象之间的引用本身就是强引用,所以这个类型的句柄一般只用于在非托管代码中保存托管对象的引用。由于这个类型的句柄不会固定对象位置,使用时需要在非托管代码管理句柄对象,并且注意线程模式与对象地址的变化,例如在合作模式中可以保证对象地址不变化,但抢占模式中则不能保证,如果对象地址已变化,句柄对象中保存的引用地址也会发生变化。

固定(GCHandleType.Pinned)GC 句柄指示正在使用目标对象,并且不允许目标对象值的位置移动,如前文介绍,固定 GC 句柄的目标对象就是固定对象,一般用于托管代码传递托管对象到非托管代码,或者托管代码传递托管对象中的成员地址到非托管代码。使用这个类型的句柄传递托管对象到非托管代码时,句柄对象本身可以在托管代码中管理,非托管代码不需要与.NET 运行时交互,适用于调用现成的C 与 C++类库。

弱引用(GCHandleType.Weak)GC 句柄指示它拥有目标对象的引用,但允许目标对象被回收。GC 遇到这个类型的句柄不会标记目标对象存活,如果目标对象没有被其他对象引用,则目标对象会被回收,并且弱引用类型的句柄中保存的引用会设置为 null。这个类型的句柄可以用于保存缓存数据,如果内存足够,GC 没有被触发则返回缓存数据,但如果 GC 被触发则允许回收缓存数据所占的内存,待下次使用时再重新创建。

跟踪复活弱引用(GCHandleType.WeakTrackResurrection)GC 句柄与弱引用(Weak)GC 句柄一样,指示它拥有目标对象的引用,但允许目标对象被回收,GC 遇到这个类型的句柄会跳过标记目标对象存活。不同的地方是,弱引用 GC 句柄在确定对象没有被其他对象引用后,就会设置句柄中保存的引用为 null,而跟踪复活弱引用 GC 句柄会等待对象的析构函数执行完成之后再设置句柄中保存的引用为 null。因为对象的析构函数有可能会重新让对象被其他对象引用,使得对象复活,使用这个类型可以避免出现句柄中保存的引用为 null,但是目标对象仍然存活的情况,尽管这样的情况非常罕见。

8. 工作站模式与服务器模式

.NET 中的 GC 为了适应不同的场景,提供了工作站模式(Workstation Mode)与服务器模式(Server Mode)。工作站模式适用于内存占用量小的程序与桌面程序,可以提供更短的响应时间;而服务器模式适用于内存占用量大的程序与服务程序,可以提供更高的吞吐量。.NET 程序会根据运行环境与启动参数决定使用工作站模式还是服务器模式,程序启动后将无法改变模式。工作站模式与服务器模式的大致区别可以参考下表,接下来的章节会有更详细的介绍,本章第 11 节会说明如何通过配置文件指定使用的模式。

不同点/模式	工作站模式	服务器模式
执行垃圾处理的频率	频繁	不频繁
执行垃圾处理使用的线程	分配对象的线程	独立线程
执行垃圾处理使用的线程数	单线程	多线程（默认等于逻辑核心数）
支持后台 GC	支持	需要 .NET Framework 4.5 以上或 .NET Core

9. 普通 GC 与后台 GC

.NET 中有两种 GC 处理，分别是普通 GC（Blocking GC）与后台 GC（Background GC）。普通 GC 会导致更长的单次 STW 停顿时间，但消耗的资源比较小，并且支持压缩处理；而后台 GC 每次 STW 停顿时间会更短，但停顿次数与消耗的资源会更多，并且不支持压缩处理。.NET 会根据堆的大小、碎片化程度以及目标代选择执行普通 GC 还是后台 GC，这两种 GC 处理可以运行在工作站模式与服务器模式上，所以 .NET 有以下四种不同的 GC 处理：

- 工作站模式上运行的普通 GC；
- 工作站模式上运行的后台 GC；
- 服务器模式上运行的普通 GC；
- 服务器模式上运行的后台 GC。

后台 GC 在 .NET Framework 4.0 之前又称为并行 GC（Concurrent GC），这是因为从 .NET Framework 4.0 开始后台 GC 的工作机制发生了很大的改变。并行 GC 运行过程中其他处理只能从预留的空间分配对象，预留的空间用尽后其他处理分配新的对象需要等待后台 GC 执行完毕；而后台 GC 运行过程中如果预留空间用尽，可以触发普通 GC 回收第 0 代与第 1 代的对象，并向操作系统申请新的空间，即使后台 GC 运行时间很长也不会影响其他处理运行。在后台 GC 运行过程中触发的普通 GC 又称前台 GC（Foreground GC），因为 .NET Core 的代码由 .NET Framework 修改而来，从 1.0 版本开始就已经支持后台 GC 了。

普通 GC 与后台 GC 的大致区别可以参考下表，接下来的章节会有更详细的介绍，本章第 11 节会说明如何通过配置文件启用或禁用后台 GC（目前后台 GC 会默认启用）。

不同点/处理	普通 GC	后台 GC
目标代	第 0、1、2 代	第 2 代
执行时间	短	长
STW 停顿时间	整个执行过程	部分执行过程
执行垃圾处理使用的线程	根据模式而定	独立线程
支持压缩处理	支持	不支持

7.1.4 垃圾回收 VS 引用计数

除了垃圾回收机制外，还有一种机制可以自动执行释放操作，这种机制就是引用计数(Reference Counting，简称 RC)机制。引用计数会在每个对象中保存一个数值，记录有多少处位置引用了这个对象，每次复制对象的引用会增加数值，删除对象的引用会减少数值，数值为 0 时自动执行释放操作。引用计数的优点是实现非常简单，并且不需要遍历堆上所有的对象来确定哪些正在被程序使用；缺点是每次复制对象的引用都需要使用原子操作(如果需要线程安全)修改数值，并且可能会导致循环引用问题。例如对象 A 包含对象 B 的引用，对象 B 包含对象 C 的引用，对象 C 包含对象 A 的引用，即使程序不再使用它们，它们的引用计数仍然不会为 0，在程序结束前都无法被回收。

解决循环引用问题可以使用弱引用(Weak Reference)，弱引用不增加对象的引用计数，而访问弱引用前必须先检查对象是否已被回收并转换为强引用(Strong Reference)。垃圾回收机制没有循环引用问题，但 .NET 仍然提供了管理弱引用的 System.WeakReference 类型，它基于前文提到的弱引用(Weak)GC 句柄。.NET 中的弱引用一般用于可以重新生成的缓存数据，内存不足时它们会被回收，待下次使用时再重新生成。

垃圾回收机制与引用计数机制各有优点，并且在不同的场景下有不同的性能表现，如果对象数量非常多但它们之间的引用关系很少改变，那么引用计数机制会带来更好的性能；而如果对象数量不多但它们之间的引用关系频繁改变，那么垃圾回收机制会带来更好的性能。程序应该使用垃圾回收机制还是引用计数机制有很多争议，因为垃圾回收机制不需要考虑循环引用问题，在减轻开发者负担上有明显的优势，对于注重开发效率的 .NET 来说是一个正确的选择。

第 2 节 对象内存结构

7.2.1 值类型对象的内存结构

如上一节介绍的，值类型的对象本身的储存值储存在栈空间还是堆空间，要根据定义的位置来决定：如果定义了值类型的本地变量，那么值储存在栈空间；如果在引用类型中定义了值类型的成员，那么值储存在堆空间。储存值使用的内存结构根据平台而定。图 7.6 是 .NET 的整数类型在不同平台上的内存结构，在 x86 与 x86-64 平台储存整数使用的是小端法(Little Endian)，在 ARM 与 ARM64 平台储存整数使用的是大端法(Big Endian)。我们在编写程序时一般不需要考虑平台使用的是小端法还是大端法，但编写通过网络传输数据的基础框架时则需要考虑这一问题。小端法与大端法的相关内容还可以参考第 3 章第 2 节。

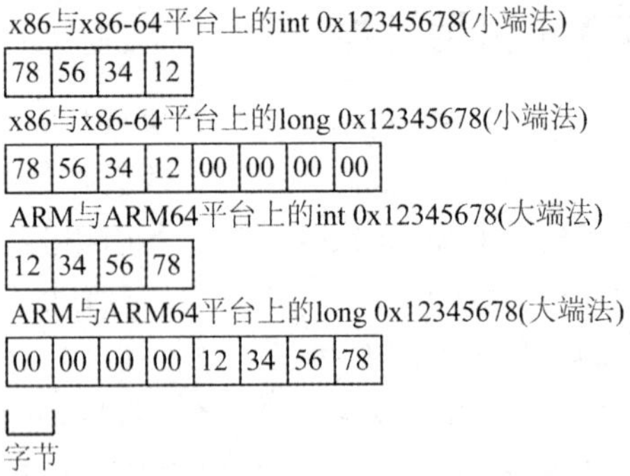

```
x86与x86-64平台上的int 0x12345678(小端法)
78 56 34 12
x86与x86-64平台上的long 0x12345678(小端法)
78 56 34 12 00 00 00 00
ARM与ARM64平台上的int 0x12345678(大端法)
12 34 56 78
ARM与ARM64平台上的long 0x12345678(大端法)
00 00 00 00 12 34 56 78
```
□ 字节

图 7.6　.NET 的整数类型在不同平台上的内存结构

对于拥有多个字段的类型,各个字段的偏移值会根据它们的对齐要求(Alignment)而定,例如 int 类型的数值要求其所在内存地址向 4 对齐(可被 4 整除),long 类型的数值要求其所在内存地址向 8 对齐(可被 8 整除)。对齐要求不是硬性规定,在 x86、x86-64、ARM(>=v6)等平台上,即使对齐要求没有满足,也可以访问成功;而在 ARM(<=v5)、MIPS 等平台上,则需要使用多条指令或专门用于非对齐访问的指令。在大部分平台上,满足对齐要求会带来更快的访问速度,所以.NET 默认会让各个字段的偏移值满足对齐要求。

图 7.7 是一个 C#代码例子,其中定义了拥有多个字段的值类型,在内存中的结构如图中所示。可以看到按顺序排列时,如果字段偏移值无法满足对齐要求,则会填充(Padding)一定的字节直到满足要求。而一个拥有多个字段的类型,其自身的对齐要求由拥有最大对齐要求的字段而定,例如 MyStruct 类型的对齐要求同 f4 字段一致,为 8,在内存中存放 MyStruct 类型的对象时,开始的内存地址必须可以被 8 整除,才能使得 f4 字段满足对齐要求。

```
public struct MyStruct
{
    public int f1;
    public byte f2;
    public int f3;
    public long f4;
}
```

.NET 还提供了 System.Runtime.InteropServices.StructLayoutAttribute 属性,用于手动指定类型的布局。下面是使用此属性的例子,在这个例子中,f1 与 f3 字段在同一个位置,修改它们的值,二者会互相影响;而 f4 字段没有满足对齐要求,尽管.NET 编译器可以生成正常访问的代码,但性能会比较差。StructLayoutAttribute 属性通常用于在托管代码中定义一个类型,使得该类型与非托管代码中的某个类型布局一致,当托管代码调用非托管代码的函数时,可以直接使用该类型传入参数或接

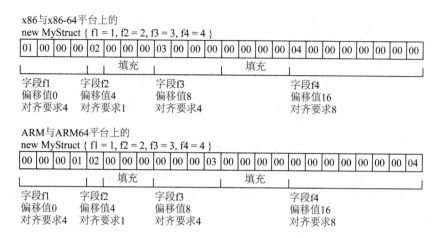

图 7.7 值类型对象在不同平台上的内存结构

收返回值。

```
[StructLayout(LayoutKind.Explicit)]
public struct MyStruct
{
    [FieldOffset(1)]
    public int f1;
    [FieldOffset(0)]
    public byte f2;
    [FieldOffset(1)]
    public int f3;
    [FieldOffset(5)]
    public long f4;
}
```

7.2.2 引用类型对象的内存结构

如上一节介绍的,引用类型的对象本身的储存内存地址,值储存在内存地址指向的空间,即托管堆(Managed Heap)空间中。内存地址(引用类型对象本身)储存在栈空间还是堆空间,视定义的位置而定:如果定义了引用类型的本地变量,那么内存地址储存在栈空间;如果在引用类型中定义了引用类型的成员,那么内存地址储存在堆空间,如图 7.8 所示。

引用类型对象的值由以下三个部分组成:
- 对象头(Object Header);
- 类型信息(MethodTable Pointer);
- 各个字段的内容。

图 7.8 引用类型对象的储存位置

对象头包含标志与同步块索引（SyncBlock Index）等数据，在 32 位平台上占用 4 个字节，在 64 位平台上占用 8 个字节，但只有后 4 个字节会被使用。类型信息是一个内存地址，指向 .NET 运行时内部保存的类型数据（类型是 MethodTable），在 32 位平台上占用 4 个字节，在 64 位平台上占用 8 个字节。各个字段的内容与前面介绍的值类型对象内存结构相同，储存多个字段时会根据对齐要求（Alignment）来决定偏移值。注意 .NET 中引用类型对象本身储存的内存地址指向类型信息的开始，而对象头会在"对象内存地址－4"的位置。下面是一个 C♯ 代码例子，在该例子中定义了拥有多个字段的引用类型，在内存中的结构如图 7.9 所示。

```
public class MyClass
{
    public int f1;
    public byte f2;
}
```

1. 对象头包含的内容

目前对象头在所有平台上都只使用 4 个字节，即 32 位，其中高 6 位用于保存以下标志，低 26 位保存的内容根据标志而定。

- 高 1 位（0x80000000）：
  如果对象是 string 类型，标记字符串内容是否包含大于或等于 0x80 的字符；
  否则用于 .NET 运行时内部检查托管堆状态（Verify Heap）时标记对象是否已检查。
- 高 2 位（0x40000000）：
  如果对象是 string 类型，标记字符串内容是否需要特殊的排序方式；
  否则标记是否抑制运行对象的析构函数（Finalizer）。
- 高 3 位（0x20000000）：
  标记对象是否固定对象（Pinned Object）。
- 高 4 位（0x10000000）：
  标记对象是否已通过自旋获取线程锁。
- 高 5 位（0x08000000）：

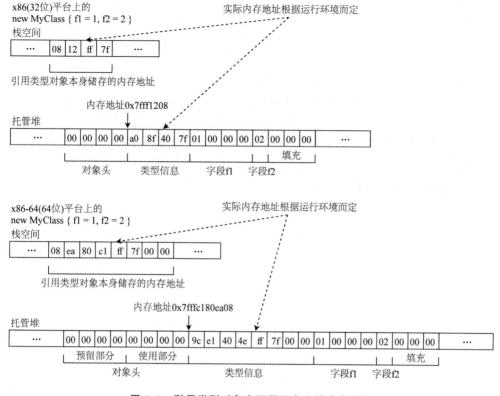

图 7.9 引用类型对象在不同平台上的内存结构

标记对象是否包含同步块索引或 Hash 值。

- 高 6 位（0x04000000）：

标记对象是否包含 Hash 值。

对于 String 类型，前 2 位用于内容是否只包含 ASCII 字符，可以影响排序字符串时使用的算法。如果只有高 1 位成立，则表示排序字符串时需要把每个字符转换为 int 类型处理，并应用特殊的排序规则；如果高 1 位与高 2 位同时成立，则表示不需要把每个字符转换为 int 类型处理，但仍需要应用特殊的排序规则。

对于其他类型，高 1 位用于 .NET 运行中内部检查托管堆状态时标记对象是否已检查；高 2 位用于标记是否抑制运行对象的析构函数，如果托管代码针对对象调用了 System.GC.SuppressFinalize 函数，则高 2 位会设置为 1。因为 string 类型没有析构函数，也没有引用其他对象（检查托管堆状态时不需要处理循环引用），所以前 2 位可以根据是否是 string 类型来分开用途。

高 3 位用于标记对象是否固定对象，关于固定对象的内容可以参考上一节的说明。如果为对象创建了固定类型的 GC 句柄，则这个位会在 GC 执行过程中暂时性地标记为 1。

高4、5、6位用于标记低26位保存了什么内容,有四种状态,这些状态会根据针对对象的操作进行切换,例如获取锁、释放锁、计算 Hash 值等。这四种状态分别是:

- 三个位为100时,包含通过自旋获取线程锁的 AppDomain ID(16～26位)、进入次数(10～15位)与线程 ID(0～9位);
- 三个位为011时,包含 Hash 值的缓存,如果 GetHashCode 方法没有被重载,引用类型的对象会在首次获取 Hash 值时生成一个值并保存到低26位;
- 三个位为010时,包含同步块索引,关于同步块的作用可以参考第6章第8节的说明;
- 三个位为000时,什么都不包含,大部分对象都属于这种状态。

2. 类型信息包含的内容

每个引用类型对象值都保存了一个类型信息,类型信息是一个指向.NET 运行时内部保存的类型数据(MethodTable)的内存地址,类型数据包含了类型的所属模块、名称、字段列表、属性列表、方法列表、各个方法的入口点地址等信息。托管代码中的一个非泛型类型会对应一个类型数据,泛型类型会根据实例化对应不同的类型数据,例如 List<int>、List<string>与 List<object>都拥有不同的类型数据。类型数据保存在所属模块的高频堆(High Frequency Heap)中,拥有相同类型的对象会保存相同的类型信息,如图7.10所示。

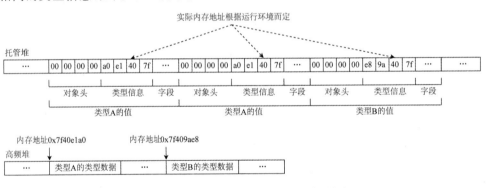

图7.10　类型信息指向高频堆中的类型数据

.NET 中的反射机制(Reflection)、接口(Interface)、虚方法(Virtual Method)都需要依赖类型数据,反射会把类型数据中的内容包装为托管对象供托管代码访问;接口与虚方法需要访问类型数据中的函数表,在执行时定位实际调用的函数地址,定位的实现将在本书第8章第17节进行介绍。

7.2.3　存活标记与固定标记

标记并清除式的 GC 在执行时,需要记录哪些对象存活。记录使用的是每个对象关联的存活标记(Marked Bit)。存活标记初始值为0,扫描到对象时标记为1,最后清除标记为0的对象。在.NET 中,存活标记保存的方式有两种:第一种是存放在对象值内部，不需要额外的空间，普通 GC 执行时会使用第一种方式；第二种是存放在一个全局的位数组(Bit Array)中，后台 GC 执行时会使用第二种方式。第一种方式实际存放在类型信息的最后一个位，因为类型数据有对齐要求：在 32 位平台上地址可以被 4 整除，在 64 位平台上地址可以被 8 整除，所以内存地址的最后两个位一定为 0，存活标记保存在最后一个位可以保证不会覆盖类型信息原有的值，但获取类型信息时需要注意清除最后一个位，所以第一种方式只用在全程停止其他线程的普通 GC 上。

除了存活标记，GC 执行时还会根据固定类型的 GC 句柄标记对象是否固定(Pinned)，即对象值不可以被移动，这个标记保存在前文提到的对象头高 3 位中。存活标记与固定标记只在 GC 执行过程中设置与使用，GC 结束后会变回 0，具体的流程将在本章第 6 节进行介绍。

普通 GC 在 x86 平台上使用的固定标记与存活标记位置如图 7.11 所示。

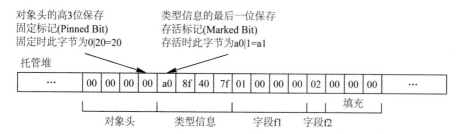

图 7.11 普通 GC 在 x86 平台上使用的固定标记与存活标记位置

7.2.4 装箱与拆箱

在 .NET 中，object 类型是所有类型的基类，可以代表所有类型的对象，对象转换到 object 类型以后，通过 GetType 方法可以获取真实类型，也可以通过转换表达式转换回来。object 类型的对象本身同样是一个内存地址，对于引用类型的对象，转换到 object 类型只需要把对象的内存地址复制过去，不需要做任何额外的操作；而从 object 类型转换回来则需要先检查对象值中的类型信息，然后再复制对象的内存地址，如图 7.12 所示。需要注意的是，如果对象为 null，那么转换到 object 类型以后，调用 GetType 方法会抛出异常，并且转换到引用类型时会直接成功而不检查类型信息，因为类型信息储存在对象值中，但 null 对象并没有指向任何对象值。

对于值类型的对象，因为对象本身储存值，并且储存的值不包含类型信息，转换值类型对象到 object 类型时需要先在托管堆上分配内存，然后把所有字段的内容复制到托管堆上，这个操作又称装箱(Boxing)；而从 object 类型转换回来则需要先检查对象值中的类型信息，然后再把所有字段的内容复制回来，这个操作又称拆箱(Unboxing)，如图 7.13 所示。因为装箱与拆箱操作的目标对象类型可以在编译时确定，编译器生成装箱与拆箱的代码会将该类型的信息传递到 .NET 运行时的内部函数，

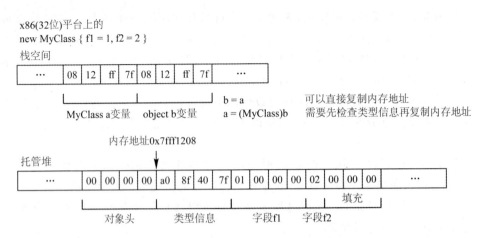

图 7.12 引用类型与 object 类型的互相转换

用于装箱时设置到对象值,或者拆箱时检查类型。需要注意的是,如果对象为 null,那么转换到值类型时会直接失败,原因同上。此外,可空对象装箱后的类型与它的基础类型一样,例如 Nullable<int> 对象装箱后的类型与 int 对象装箱后的类型一样,都是 int,这是 .NET 运行时对可空对象的特殊处理。

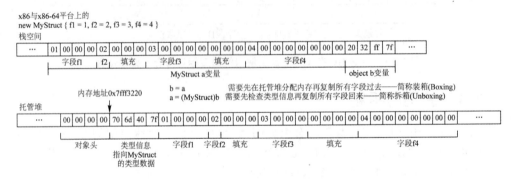

图 7.13 值类型与 object 类型的互相转换——装箱与拆箱

7.2.5 CoreCLR 中的相关代码

如果对 CoreCLR 中有关对象内存结构的代码感兴趣,可以参考以下链接。
定义 object 类型的代码地址如下:

// 第一个成员就是指向 MethodTable 的指针,后续的字段内容根据具体类型而定
https://github.com/dotnet/coreclr/blob/v2.1.5/src/vm/object.h#L123

定义对象头的代码地址如下:

// ObjHeader 类型的定义
https://github.com/dotnet/coreclr/blob/v2.1.5/src/vm/syncblk.h#L1315

https://github.com/dotnet/coreclr/blob/v2.1.5/src/vm/syncblk.h#L1555

// 获取 ObjHeader 会在对象地址之前的 4 个字节

https://github.com/dotnet/coreclr/blob/v2.1.5/src/vm/object.h#L230

定义对象头中各个标志的代码地址如下：

https://github.com/dotnet/coreclr/blob/v2.1.5/src/vm/syncblk.h#L102

定义类型数据的代码地址如下：

// MethodTable 类型的定义——对应实际的类型

https://github.com/dotnet/coreclr/blob/v2.1.5/src/vm/methodtable.h#L768

// EEClass 类型的定义——对应 IL 代码中的类型

https://github.com/dotnet/coreclr/blob/v2.1.5/src/vm/class.h#L826

定义同步块的代码地址如下：

// SyncBlock 类型的定义

https://github.com/dotnet/coreclr/blob/v2.1.5/src/vm/syncblk.h#L823

获取 Hash 值的代码地址如下：

// 引用类型 GetHashCode 方法的默认实现

https://github.com/dotnet/coreclr/blob/v2.1.5/src/classlibnative/bcltype/objectnative.cpp#L97

https://github.com/dotnet/coreclr/blob/v2.1.5/src/classlibnative/bcltype/objectnative.cpp#L71

https://github.com/dotnet/coreclr/blob/v2.1.5/src/vm/object.cpp#L49

// 计算 Hash 值的代码，Hash 值计算一次以后会缓存到对象头
// 生成同步块时会转移到同步块内部

https://github.com/dotnet/coreclr/blob/v2.1.5/src/vm/object.cpp#L28

https://github.com/dotnet/coreclr/blob/v2.1.5/src/vm/threads.h#L1854

值类型对象装箱使用内部函数 JIT_Box，代码地址如下：

// JIT_Box 函数

https://github.com/dotnet/coreclr/blob/v2.1.5/src/vm/jithelpers.cpp#L3419

// 调用 MethodTable::FastBox 函数

https://github.com/dotnet/coreclr/blob/v2.1.5/src/vm/methodtable.cpp#L3803

// 来源是可空类型时调用 Nullable::Box 函数

https://github.com/dotnet/coreclr/blob/v2.1.5/src/vm/object.cpp#L1958

值类型对象拆箱使用内部函数 JIT_Unbox 与 JIT_Unbox_Nullable，代码地址如下：

// JIT_Unbox 函数，返回指向值的指针

https://github.com/dotnet/coreclr/blob/v2.1.5/src/vm/jithelpers.cpp#L3551

// JIT_Unbox_Nullable 函数，修改可空对象值

https://github.com/dotnet/coreclr/blob/v2.1.5/src/vm/jithelpers.cpp#L3471
// 目标是可空类型时调用 Nullable::UnBoxNoGC 函数
https://github.com/dotnet/coreclr/blob/v2.1.5/src/vm/object.cpp#L2050

设置存活标记与固定标记的代码地址如下，因为 gc.cpp 的文件体积过大，所以不支持 Html 预览，查看相关代码请搜索函数名称（"::"在 C++中类似于 .NET 的"."，请搜索"::"之后的名称）：

// 设置存活标记——普通 GC
// set_marked => CObjectHeader::SetMarked => RawSetMethodTable
https://raw.githubusercontent.com/dotnet/coreclr/v2.1.5/src/gc/gc.cpp
https://github.com/dotnet/coreclr/blob/v2.1.5/src/gc/env/gcenv.object.h#L147
// 设置存活标记——后台 GC
// background_mark1 => mark_array_set_marked
https://raw.githubusercontent.com/dotnet/coreclr/v2.1.5/src/gc/gc.cpp
// 设置固定标记（仅用于普通 GC，后台 GC 不会执行压缩）
// set_pinned => CObjectHeader::SetPinned => ObjHeader::SetGCBit
https://raw.githubusercontent.com/dotnet/coreclr/v2.1.5/src/gc/gc.cpp
https://github.com/dotnet/coreclr/blob/v2.1.5/src/gc/env/gcenv.object.h#L33

第 3 节　托管堆结构

7.3.1　.NET 程序的内存结构

.NET 程序中保存的内容主要可以分为三部分：第一部分是非托管代码使用的部分，包含了非托管代码的机器码、非托管静态变量、原生堆（通过 malloc 函数分配数据时使用的空间）、各个原生线程的栈空间等，这部分的内容与一般的 C、C++ 程序相同。第二部分是 .NET 运行时内部使用的与 AppDomain 关联的数据，包括高频堆、低频堆、字符串池、托管函数代码的机器码等。因为 .NET Framework 支持卸载 AppDomain，与 AppDomain 关联的数据会分配到一起，使得卸载时可以一并释放，这个传统被继承到了 .NET Core 中，尽管 .NET Core 只有固定的 AppDomain，但仍然会使用相同的方式分配 AppDomain 关联的数据。第三部分是托管堆，用于保存引用类型对象的值，托管堆的结构将在接下来的内容介绍。图 7.14 展示了这三个部分整合在一起的结构。

高频堆（High Frequency Heap）用于保存程序运行过程中需要频繁访问的数据，例如类型数据（MethodTable），通过 is 关键字判断类型之间的继承关系、转换类型与调用接口方法或虚方法都需要访问类型数据，访问频率会比较高。低频堆（Low Frequency Heap）用于保存不频繁访问的数据，例如托管函数的元数据，包括 GC 信息与异常处理表等，GC 数据只在 GC 运行时需要访问，异常处理表只在处理异常时

.NET程序的内存结构

图7.14 .NET程序的内存结构

需要访问,它们的访问频率都不高。区分高频堆与低频堆的原因是,把频繁访问的数据放在接近的内存空间中可以改进CPU缓存的命中率,从而提高程序的运行性能。

字符串池（String Literal Map，又称为 String Intern Pool）保存了编译时已知的字符串对象的索引，两个相同的字符串可以通过这个索引获取相同的字符串对象。注意，字符串对象的值本身储存在托管堆的大对象堆段中（为什么是大对象会在下面解释），字符串池只是一个键为字符串内容、值为字符串对象地址的索引。虽然每个 AppDomain 与动态模块都拥有自己的字符串池，但通过它们获取字符串对象时，会同时检索全局的字符串池，并且在不存在时创建，也就是说，整个 .NET 程序都可以共享相同的字符串对象。不直接使用全局字符串池的原因是多个线程访问时需要获取全局线程锁，把字符串池分散开可以减少获取全局线程锁的次数。此外，程序执行过程中动态构建的字符串不会保存在字符串池中，所以执行时两个值相同的字符串对象地址不一定相同，如果想从字符串池动态创建或获取字符串对象，可以使用 System.String.Intern 的方法。

函数入口代码堆（Stub Heap，Precode Heap）保存了托管函数入口点的代码，这些代码会在托管函数未编译时调用 JIT 编译器编译，已编译时跳转到对应的机器码。托管函数代码堆（Code Heap）保存了 JIT 编译器从托管函数生成的机器码、函数头、只读数据（例如跳转表）与栈回滚数据。本书的第 8 章会详细介绍 JIT 编译器处理与保存数据的格式。

7.3.2 托管堆与堆段

托管堆（Managed Heap）用于保存引用类型对象的值，一个 .NET 程序中的所有 AppDomain 会共用一个托管堆。托管堆内部的结构根据 GC 模式与运行环境的 CPU 逻辑核心数来决定。托管堆可以细分为多个区域，每个区域在 .NET 运行时内部使用一个 gc_heap 类型的实例管理；每个区域又细分为多个堆段（Heap Segment），每个堆段在 .NET 运行时内部使用一个 heap_segment 类型的实例管理。

在工作站模式中，托管堆只分为一个区域，即一个 .NET 程序只有一个 gc_heap 实例；在服务器模式中，托管堆的区域数量默认根据 CPU 逻辑核心数而定，如果有两个核心，则 gc_heap 实例也有两个，执行垃圾回收处理时每个核心会分别处理不同的区域。每个区域包含多个堆段，堆段是一个预先分配的固定大小的空间，引用类型对象的值会按顺序保存在堆段中，其中小对象（小于 85 000 字节的对象）原则上会保存在小对象堆段（Small Object Heap Segment）中，大对象（大于或等于 85 000 字节的对象）会保存在大对象堆段（Large Object Heap Segment）中。同一个区域中的小对象堆段与大对象堆段会通过链表的形式链接在一起，链接在一起的小对象堆段可以称为小对象堆（Small Object Heap，简称 SOH），链接在一起的大对象堆段可以称为大对象堆（Large Object Heap，简称 LOH），执行垃圾回收处理时会分别处理它们。

如果分配对象时堆段的空间不足，则会创建新的堆段，每个区域中最新的小对象堆段又称为短暂堆段（Ephemeral Heap Segment），新分配的小对象都会保存在这个堆段中。分代实现要求第0代与第1代的对象只能保存在每个区域的短暂堆段中，保存在短暂堆段以外的小对象堆段与大对象堆段中的对象都属于第2代。

托管堆在工作站模式与服务器模式中的结构分别如图7.15与图7.16所示。

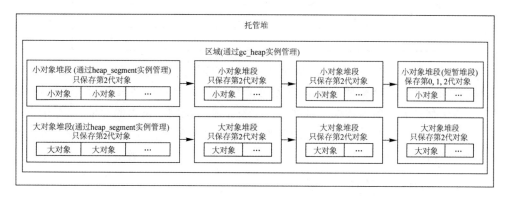

图7.15　托管堆在工作站模式中的结构

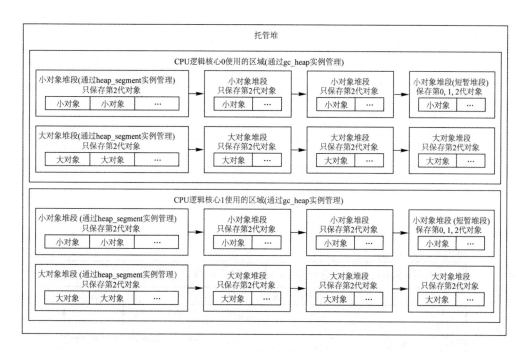

图7.16　托管堆在服务器模式中的结构

每个堆段默认的大小同样根据GC模式与运行环境的CPU逻辑核心数来决定，具体如下表所列，该表引用自微软的官方文档《Fundamentals of Garbage Collection》。从下表可以看到，服务器模式的堆段明显比工作站模式要大，服务器模式的执行垃圾回收所需的阈值也比工作站模式的大，所以执行频率会比较低。

GC 模式	CPU 逻辑核心数	32 位平台/MB	64 位平台
工作站模式	任意	16	256 MB
服务器模式	< 4	64	4 GB
	>=4 && < 8	32	2 GB
	>= 8	16	1 GB

前文的内容提到了小于 85 000 字节的对象原则上会保存在小对象堆段中,但是是有例外的,一些不会被回收或者不大可能被回收的对象即使没有超过 85 000 字节,也会保存在大对象堆段中。例如通过字符串池分配的字符串的对象、保存所有引用类型全局变量的数组、反射相关的对象等,把这些对象保存在大对象堆段中可以使它们强制留在第 2 代,并且默认不参与压缩,这样有助于减少垃圾回收处理的工作量。

7.3.3 分配上下文

根据前文提到的堆段结构,可以想象一下在堆段分配对象值时会执行何种处理,最简单的方式是在管理堆段的实例(heap_segment)中保存三个内存地址:第一个是堆段的开始地址,第二个是分配下一个对象值的地址,第三个是堆段的结束地址。每次在堆段分配对象值时,可以使用分配下一个对象值的地址,然后按对象的大小增加这个地址,下一次分配对象值则会从增加后的地址分配,直到堆段空间用尽为止,如图 7.17 所示。

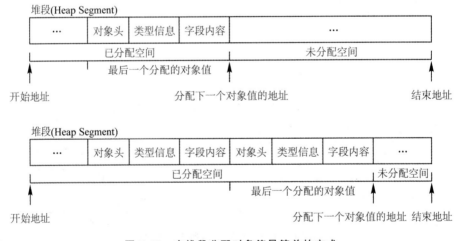

图 7.17 在堆段分配对象值最简单的方式

这种方式在单线程环境下可以工作得很好,但在多线程环境下,多个线程从同一个堆段分配对象需要获取线程锁来保证线程安全,如果每次分配对象都获取线程锁,则会给性能带来很大影响。为了避免这种情况,在 .NET 中,线程从堆段分配对象时,会先获取线程锁并预留一块空间,这块空间专供该线程使用,之后线程分配对象会使用这块空间并且不需要获取线程锁,直到空间用尽为止,这样的空间称为分配上下文(Allocation Context)。图 7.18 就是一个多个线程使用分配上下文分配对象的例子。

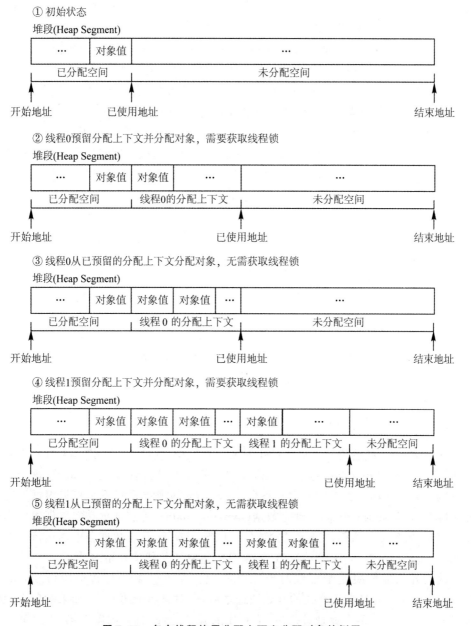

图 7.18　多个线程使用分配上下文分配对象的例子

分配上下文的大小称为分配单位(Allocation Quantum),默认值是 8 KB,其会根据运行环境做出调整,但最大不超过默认值。注意,分配上下文只适用于小对象,分配小对象时会从短暂堆段(Ephemeral Heap Segment)或自由对象列表(Free List)预留分配上下文,而分配大对象时会直接从大对象堆段(Large Object Heap Segment)分配,不会经过分配上下文。分配上下文不适用于大对象的原因是,分配上下文用尽时,末尾剩余部分会填充一个自由对象,这部分空间是浪费的,就小对象而言,因为其体积不大,所以浪费的空间也不大;但对于大对象来说,无法预测预留多少空间才可以减少浪费,并且大对象分配的频率一般不高,所以不应该经过分配上下文。

.NET 运行时,内部会使用 alloc_context 类型的实例管理分配上下文,并且每个托管线程都有一个 alloc_context 实例,分配上下文在实际分配对象之前是空白的,第一次分配对象会从堆段预留,并且与堆段一样,会使用一个成员管理下一次分配的地址。有一个细节是,下一次分配的地址总是指向类型信息的开始地址,而不是对象头的开始地址,每次分配对象时,必须保证末尾有足够的填充空间保存下一个对象的对象头,如图 7.19 所示。以这种方式实现的原因是,某些对象的类型有对齐要求,末尾本来就需要填充空间,使用末尾的填充空间保存下一个对象的对象头可以节约内存的使用。

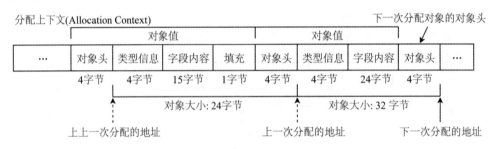

图 7.19 下一次分配的地址总是指向类型信息的开始地址

7.3.4 分代的实现

在.NET 中,托管堆每个区域的小对象堆有三个代(第 0、1、2 代),大对象堆有一个代(第 2 代),这些代会通过 generation 类型的实例进行管理,也就是说,每个区域都有四个 generation 类型的实例。每个 generation 实例包含的数据可以根据可变性分为静态数据(static_data)与动态数据(dynamic_data):静态数据在实例创建后不会改变,包含触发 GC 所需的分配量阈值的上限与下限等;动态数据会根据运行状况不断改变,包括已分配大小、回收次数、当前分配量阈值与代的开始地址等。

代的开始地址决定了哪些对象在哪些代。如果对象在短暂堆段(Ephemeral Heap Segment)并且在第 0 代的开始地址之后,则对象属于第 0 代;如果对象在短暂堆段并且在第 1 代的开始地址之后、第 0 代的开始地址之前,则属于第 1 代;如果对象在其他堆段或者在第 1 代的开始地址之前,则属于第 2 代,具体可参见图 7.20。

注意第 0 代与第 1 代的对象只能在短暂堆段中。判断对象是否属于这两个代,必须检查对象所在的堆段,这是因为堆段可以重用,短暂堆段的内存地址无法保证比

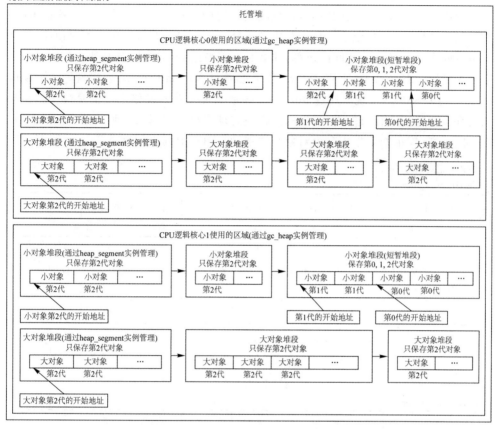

图 7.20　每个区域都有四个内存地址记录各个代开始地址

其他堆段的地址都大,所以即使对象在第 0 代的开始地址之后,如果不在短暂堆段中,那么它还是属于第 2 代。这种分代方式使得升代(Promotion)的实现变得非常简单:把新第 1 代的开始地址设置到原第 0 代的开始地址,把新第 0 代的开始地址设置到已分配空间的末尾,则可以实现把原来属于第 0 代的对象划分到第 1 代,原来属于第 1 代的对象,划分到第 2 代。此外,.NET 会保证每个区域的每个代最少有一个对象,如果设置代开始空间时发现没有对象,则会创建一个最小的自由对象,使得各个代的开始地址不会拥有相同的值。

7.3.5　自由对象列表

GC 执行时需要清除没有标记存活的对象,这些对象占用的空间需要还给操作系统,或者在给下一次分配对象时使用。因为在 .NET 中,堆段上的对象是连续的,被清除的对象会变为一个特殊的数组对象,数组元素大小为 1,长度可以自由控制,这个对象的总长度会等于被清除对象的长度,用于标记该处空间没有被使用,这样的对象称为自由对象(Free Object)。相邻的自由对象会合并成一个自由对象,如果自由对象出现在已分配空间的中间,并且超过一定的大小(32 位平台是 24 字节,64 位平台是 48 字节),就会记录到自由对象列表(Free List)并在下一次分配时使用;如果自由空间出现在已分配空间的尾部,那么它会释放给操作系统,并且所占空间会归为未分配空间。释放操作在 Windows 系统上通过 VirtualFree 函数实现,在类 Unix (Linux 与 OSX 等)系统上通过 mprotect 函数实现。释放操作实质上是解除指定虚拟内存页与物理内存页的对应关系,使得该物理内存页可以关联到其他虚拟内存页。

图 7.21 展示的是生成自由对象与添加到自由对象列表的例子。

① GC标记对象是否存活

② 未存活的对象会变为自由对象,相邻的自由对象会合并到一个自由对象,同时存活标记会被清除

③ 已分配空间末尾的自由对象占用的空间会释放给操作系统,然后变为未分配空间

④ 已分配空间中间的自由对象会纪录到自由列表中供下次分配使用

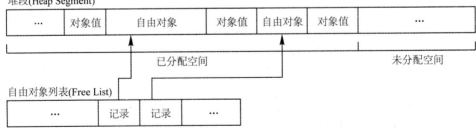

图 7.21 生成自由对象与添加到自由对象列表的例子

堆段上自由对象所占的空间可以称为碎片空间(Fragmentation),如果碎片空间太多,GC 会选择执行压缩来减少它们,压缩会把各个对象值向之前的地址移动,使得已分配空间总体减小。如果整个堆段都没有存活的对象,那么这个堆段会从堆段

链表中删除,并且占用的空间会释放给操作系统,管理堆段的实例本身可能会作为可重用堆段(Standby Heap Segment)记录下来供下次新建堆段时使用。

自由对象列表保存在 generation 类型的实例中,也就是说,托管堆的每个区域有四个自由列表,分别记录第 0 代的自由对象、第 1 代的自由对象、第 2 代小对象堆段的自由对象、第 2 代大对象堆段的自由对象。预留小对象使用分配上下文时会先从第 0 代的自由对象列表获取自由对象,然后把自由对象占用的空间变为分配上下文的空间;分配大对象时则从第 2 代大对象堆段的自由对象列表获取自由对象,然后把大对象的值放在自由对象占用的空间中;如果自由对象有剩余部分,即没有用完的部分,会在这个部分创建一个新的自由对象并记录在自由对象列表中。

为了提升重用自由对象的效率,第 2 代的自由对象列表还会根据自由对象的大小进行分组。重用自由对象时会根据需要的大小尽量从更小的分组中找到自由对象并重用,例如分配 248 KB 的大对象时,会先从 256 KB 的分组查找,查找不到再从 512 KB 的分组查找。下表是目前 .NET Core(2.1) 的详细分组。

自由对象列表	分 组
第 2 代大对象	64KB 128KB 256KB 512KB 1MB 2MB 无限制
第 2 代小对象(32 位平台)	128B 256B 512B 1KB 2KB 4KB 8KB 16KB 32KB 64KB 128K 无限制
第 2 代小对象(64 位平台)	256B 512B 1KB 2KB 4KB 8KB 16KB 32KB 64KB 128KB 256KB 无限制

7.3.6 跨代引用记录

.NET 实现分代的主要原因是为了支持垃圾回收时只处理一部分对象。目前 .NET 中的 GC 支持指定目标代:目标代为第 0 代时只处理属于第 0 代的对象;目标代为第 1 代时只处理第 0 代与第 1 代的对象;目标代为第 2 代时处理所有对象。支持指定目标代可以减少扫描的对象数量,但如果对象间存在跨代引用,则有可能出现漏标记存活的问题。图 7.22 是一个跨代引用的例子,试想如果 GC 目标代是第 1 代,那么图中最后一个对象会被标记存活吗?

为了解决跨代引用带来的问题,.NET 中有一个位数组专门记录跨代引用,这个位数组又称卡片表(Card Table),卡片表会标记所有发生跨代引用的位置,GC 扫描对象时除了扫描目标代,还会扫描卡片表中标记的位置,防止发生漏标记存活。记录卡片表需要 JIT 编译器辅助实现,JIT 编译器会把对引用类型的引用类型成员的赋值修改为对内部函数 JIT_WriteBarrier 的调用,这个函数会检测指向的对象是否在短暂堆段中,如果在,则设置卡片表中对应的部分。

因为卡片表是一个数组,扫描卡片表中标记的位置需要线性时间,如果程序内存占用量大,则扫描卡片表需要更长的时间,因此 .NET 会根据程序的内存占用量决定是否启用另一个位数组卡片束(Card Bundle),卡片束会记录卡片表中哪些位置有标

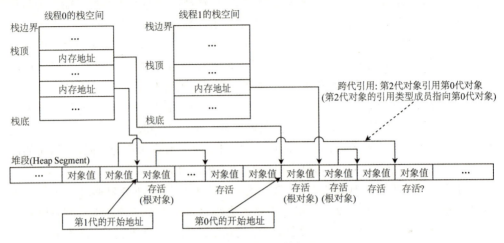

图 7.22 跨代引用的例子

记,先扫描卡片束再扫描卡片表可以减少处理时间。目前卡片束的启用需要工作站模式中托管堆内存占用量大于 40 MB,或者服务器模式中托管堆内存占用量大于"180 MB * 区域数量"。使用卡片表与卡片束标记跨代引用的例子如图 7.23 所示。

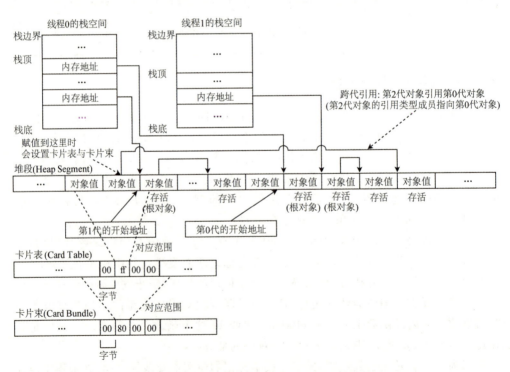

图 7.23 使用卡片表与卡片束标记跨代引用的例子

7.3.7 析构对象列表与析构队列

为了支持处理包含析构函数的对象,使得对象的析构函数可以在后台调用且不影响 GC 运行,托管堆的每个区域都拥有一个管理这些对象的 CFinalize 类型的实例,实例包含析构对象列表、析构队列(Finalizer Queue)与重要析构队列(Critical Finalizer Queue)。分配对象时,如果对象类型定义了析构函数,则记录对象地址到所属区域下的析构对象列表中。此后执行 GC 时,如果检测到对象不再存活,会把析构对象列表中记录的对象地址移动到析构队列或重要析构队列,然后待析构函数运行完毕后,才在下一轮 GC 回收这些对象,如图 7.24 所示。

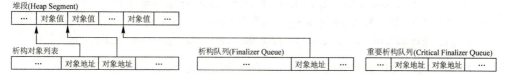

① 分配对象时,如果对象包含析构函数则记录到析构对象列表;
② 回收对象时,如果析构对象列表中的对象没有标记存活,则移动到析构队列或重要析构队列;
③ 析构线程从析构队列与重要析构队列取出对象并执行它们的析构函数。

图 7.24 析构对象列表与析构队列的例子

对象最终添加到析构队列还是重要析构队列,取决于对象是否继承 System.Runtime.ConstrainedExecution.CriticalFinalizerObject 类型,如果对象定义了析构函数并且继承了此类型,则会添加到重要析构队列。析构线程会先处理完析构队列中的所有对象,再处理重要析构队列中的对象。析构队列与重要析构队列在.NET Core 中的区别并不大,因为.NET Core 不支持中止线程,也不支持卸载 AppDomain,所以不需要像.NET Framework 一样区分析构函数是否重要与保证重要的析构函数被执行。

7.3.8 CoreCLR 中的相关代码

如果对 CoreCLR 中有关托管堆结构的代码感兴趣,可以参考以下链接。
定义管理托管堆中各个区域的 gc_heap 类型的代码地址如下:

// 成员与函数前的 PER_HEAP 在工作站模式下等于 static 关键字
// .NET 运行时会针对同一个源文件使用不同的标志分别编译两份代码,一份对应工作站模式,另一份对应服务器模式

https://github.com/dotnet/coreclr/blob/v2.1.5/src/gc/gcpriv.h#L1060

// 定义每个区域中短暂堆段的成员 ephemeral_heap_segment
https://github.com/dotnet/coreclr/blob/v2.1.5/src/gc/gcpriv.h#L2760

// 定义每个区域中各个代的信息(包含代开始地址)的成员 generation_table
https://github.com/dotnet/coreclr/blob/v2.1.5/src/gc/gcpriv.h#L2794

定义管理堆段的 heap_segment 类型的代码地址如下：

https://github.com/dotnet/coreclr/blob/v2.1.5/src/gc/gcpriv.h#L4171

定义代信息的 generation 类型的代码地址如下：

// 保存了代开始地址 allocation_start、第一个堆段 start_segment 与自由对象列表 free_list_allocator 等

https://github.com/dotnet/coreclr/blob/v2.1.5/src/gc/gcpriv.h#L725

定义管理分配上下文的 alloc_context 类型的代码地址如下：

// alloc_context 继承 gc_alloc_context
https://github.com/dotnet/coreclr/blob/v2.1.5/src/gc/gc.h#L207
// 保存了下一次分配的地址 alloc_ptr 与结束地址 alloc_limit 等
https://github.com/dotnet/coreclr/blob/v2.1.5/src/gc/gcinterface.h#L135

定义管理自由对象列表的 allocator 类型的代码地址如下：

https://github.com/dotnet/coreclr/blob/v2.1.5/src/gc/gcpriv.h#L657

定义卡片表与卡片束的代码地址如下：

// 全局卡片表 g_gc_card_table
https://github.com/dotnet/coreclr/blob/v2.1.5/src/gc/gccommon.cpp#L36
// 全局卡片束 g_gc_card_bundle_table
https://github.com/dotnet/coreclr/blob/v2.1.5/src/gc/gccommon.cpp#L43
// 分配卡片表的函数 gc_heap::make_card_table
https://raw.githubusercontent.com/dotnet/coreclr/v2.1.5/src/gc/gc.cpp
// 增加卡片表大小与分配卡片束的函数 gc_heap::grow_brick_card_tables
https://raw.githubusercontent.com/dotnet/coreclr/v2.1.5/src/gc/gc.cpp

内部函数 JIT_WriteBarrier 的代码地址如下：

// 针对 x86 平台类 Unix 系统的定义（汇编代码）
https://github.com/dotnet/coreclr/blob/v2.1.5/src/vm/i386/jithelp.S#L37
// 针对 x86-64 平台类 Unix 系统的定义（汇编代码）
https://github.com/dotnet/coreclr/blob/v2.1.5/src/vm/amd64/jithelpers_fast.S#L28
// 针对 x86 平台 Windows 系统的定义（汇编代码）
https://github.com/dotnet/coreclr/blob/v2.1.5/src/vm/i386/jithelp.asm#L141
// 针对 x86-64 平台 Windows 系统的定义（汇编代码）
https://github.com/dotnet/coreclr/blob/v2.1.5/src/vm/amd64/JitHelpers_Fast.asm#L436

定义管理析构对象列表与析构队列的 CFinalize 类型的代码地址如下：

// CFinalize 实例会保存在各个区域的 finalize_queue 成员中
https://github.com/dotnet/coreclr/blob/v2.1.5/src/gc/gcpriv.h#L3705

第 4 节　分配对象流程

7.4.1　new 关键字生成的代码

　　new 关键字在 C# 中用于分配对象，对象类型可以是值类型、引用类型或者数组（同样属于引用类型），类型不同，生成的代码与执行的处理方式都不一样。先来了解一下 new 关键字针对值类型与引用类型会生成怎样的 IL 代码与汇编代码。以下是一段 C# 编写的例子，例子中使用了 new 关键字新建值类型的对象。

```csharp
public struct MyStruct
{
    public int X;
    public int Y;

    public MyStruct(int x, int y)
    {
        X = x;
        Y = y;
    }
}

public static void Example()
{
    var myStruct = new MyStruct(1, 2);
}
```

　　代码中的 Example 函数经过 Debug 模式编译后生成以下 IL 代码，可以看到代码只调用了构造函数。不使用 Release 模式的原因是这段代码并没有副作用，所以在 Release 模式下，.NET 可以把它优化掉。

```
.method public hidebysig static void Example()cil managed
{
  .entrypoint
  // Code size       11(0xb)
  .maxstack 3
  .locals init(valuetype ConsoleApp1.Program/MyStruct V_0)
  IL_0000:  nop
  IL_0001:  ldloca.s   V_0
  IL_0003:  ldc.i4.1
  IL_0004:  ldc.i4.2
  IL_0005:  call       instance void ConsoleApp1.Program/MyStruct::.ctor(int32,
```

```
                int32)
    IL_000a:    ret
} // end of method Program::Example
```

这段 IL 代码在 64 位 Windows 上经过 .NET Core 2.1 的 JIT 编译器编译后生成以下汇编代码,可以看到 myStruct 变量占用的内存已在进入函数时分配,接下来只能调用构造函数的代码。对于值类型对象,new 关键字只负责调用构造函数,如果对象是本地变量,那么对象所占的内存会在函数进入时分配,函数返回时释放;如果对象是全局变量,那么对象所占的内存会在所属模块加载时分配,App Domain 卸载或者程序结束时释放;如果对象是引用类型的成员,那么对象所占的内存会跟随引用类型的对象分配而分配,跟随引用类型的对象释放而释放。

```
G_M58557_IG01:
IN000a: 000000 push      rbp
                         ; 添加进入函数时 rbp 寄存器的值到栈顶
IN000b: 000001 sub       rsp, 48
                         ; 减少栈顶的值,分配本地变量空间,这里的 48 是十进制
IN000c: 000005 lea       rbp, [rsp+30H]
                         ; 复制进入函数时 rsp 寄存器的值到 rbp 寄存器
                         ; rsp+0x30 等于分配本地变量空间前的值
IN000d: 00000A xor       rax, rax    ; 设置 rax 寄存器等于 0
IN000e: 00000C mov       qword ptr [V00 rbp-08H], rax
                         ; 设置内存地址 rbp-8 开始的 8 个字节等于 rax
                         ; 即清零 myStruct 变量的成员


G_M58557_IG02:
IN0001: 000010 cmp       dword ptr [(reloc 0x7fe72f14408)], 0
                         ; 检查是否正在被调试
IN0002: 000017 je        SHORT G_M58557_IG03
                         ; 未被调试时跳转到标签 G_M58557_IG03 所在的地址
IN0003: 000019 call      CORINFO_HELP_DBG_IS_JUST_MY_CODE
                         ; 调用内部函数通知调试器函数已进入


G_M58557_IG03:
IN0004: 00001E nop
                         ; 什么都不做
IN0005: 00001F lea       rcx, bword ptr [V00 rbp-08H]
                         ; 设置 rcx 寄存器(第一个参数)等于 rbp-8
                         ; 即 myStruct 变量的内存地址
IN0006: 000023 mov       edx, 1      ; 设置 edx 寄存器(第二个参数)等于 1
IN0007: 000028 mov       r8d, 2      ; 设置 r8d 寄存器(第三个参数)等于 2
IN0008: 00002E call      MyStruct:.ctor(int,int):this
```

```
                                    ;调用 MyStruct 类型的构造函数
IN0009: 000033 nop                  ;什么都不做

G_M58557_IG04:
IN000f: 000034 lea      rsp, [rbp]  ;恢复进入函数时 rsp 寄存器的值
IN0010: 000038 pop      rbp         ;恢复进入函数时 rbp 寄存器的值
IN0011: 000039 ret                  ;从函数返回
```

因为值类型对象不会直接在托管堆上分配,也不参与垃圾回收,对值类型对象分配的介绍就到此为止。

接下来了解引用类型对象的分配过程,以下是一段 C# 编写的例子,例子中使用了 new 关键字新建引用类型的对象。

```csharp
public class MyClass
{
    public int X;
    public int Y;

    public MyClass(int x, int y)
    {
        X = x;
        Y = y;
    }
}

public static void Example()
{
    var myClass = new MyClass(1, 2);
}
```

代码中的 Example 函数经过 Debug 模式编译后生成以下 IL 代码,可以看到 new 关键字在代码中变成了 newobj 指令。

```
.method public hidebysig static void  Example() cil managed
{
    .entrypoint
    // Code size       10(0xa)
    .maxstack  2
    .locals init(class ConsoleApp1.Program/MyClass V_0)
    IL_0000:  nop
    IL_0001:  ldc.i4.1
    IL_0002:  ldc.i4.2
    IL_0003:  newobj     instance void ConsoleApp1.Program/MyClass::.ctor(int32, int32)
```

```
        IL_0008:  stloc.0
        IL_0009:  ret
} // end of method Program::Example
```

这段 IL 代码在 64 位 Windows 上经过 .NET Core 2.1 的 JIT 编译器编译后生成以下汇编代码，可以看到新建引用类型对象时会先调用一个从托管堆分配空间的内部函数，再调用构造函数。从托管堆分配空间的内部函数在 .NET Core 中是 JIT_New 函数，这个函数在部分运行环境下会替换为包含相同处理但使用汇编语言编写的函数，例如在 64 位 Windows 系统上会替换为 JIT_TrialAllocSFastMP_InlineGetThread 函数。

```
G_M58557_IG01:
IN000f: 000000 push      rbp       ; 添加进入函数时 rbp 寄存器的值到栈顶
IN0010: 000001 sub       rsp, 48
                                   ; 减少栈顶的值，分配本地变量空间；这里的 48 是十进制
IN0011: 000005 lea       rbp, [rsp+30H]
                                   ; 复制进入函数时 rsp 寄存器的值到 rbp 寄存器
                                   ; rsp+0x30 等于分配本地变量空间前的值
IN0012: 00000A xor       rax, rax  ; 设置 rax 寄存器等于 0
IN0013: 00000C mov       qword ptr [V00 rbp-08H], rax
                                   ; 设置内存地址 rbp-8 开始的 8 个字节等于 rax
                                   ; 即清零 myClass 变量保存的对象地址
IN0014: 000010 mov       qword ptr [V02 rbp-10H], rax
                                   ; 设置内存地址 rbp-0x10 开始的 8 个字节等于 rax
                                   ; 即清零临时变量保存的对象地址


G_M58557_IG02:
IN0001: 000014 cmp       dword ptr [(reloc 0x7fe76dc4408)], 0
                                   ; 检查是否正在被调试
IN0002: 00001B je        SHORT G_M58557_IG03
                                   ; 未被调试时跳转到标签 G_M58557_IG03 所在的地址
IN0003: 00001D call      CORINFO_HELP_DBG_IS_JUST_MY_CODE
                                   ; 调用内部函数通知调试器函数已进入


G_M58557_IG03:
IN0004: 000022 nop                 ; 什么都不做
IN0005: 000023 mov       rcx, 0x7FE76DC54B0
                                   ; 设置 rcx 寄存器（第一个参数）等于 MyClass 的类型信息
IN0006: 00002D call      CORINFO_HELP_NEWSFAST
                                   ; 调用从托管堆分配空间的内部函数
IN0007: 000032 mov       qword ptr [V02 rbp-10H], rax
                                   ; 设置内存地址 rbp-0x10 开始的 8 个字节（临时变量）
```

```
IN0008: 000036 mov      rcx, gword ptr [V02 rbp-10H]
                        ; 设置 rcx 寄存器(第一个参数)
                        ; 等于内存地址 rbp-0x10 开始的 8 个字节(临时变量)
IN0009: 00003A mov      edx, 1  ; 设置 edx 寄存器(第二个参数)等于 1
IN000a: 00003F mov      r8d, 2  ; 设置 r8d 寄存器(第三个参数)等于 2
IN000b: 000045 call     MyClass:.ctor(int,int):this
                        ; 调用 MyClass 类型的构造函数
IN000c: 00004A mov      rax, gword ptr [V02 rbp-10H]
                        ; 设置 rax 寄存器
                        ; 等于内存地址 rbp-0x10 开始的 8 个字节(临时变量)
IN000d: 00004E mov      gword ptr [V00 rbp-08H], rax
                        ; 设置内存地址 rbp-8 开始的 8 个字节(myClass 变量)
                        ; 等于 rax 寄存器
IN000e: 000052 nop      ; 什么都不做

G_M58557_IG04:
IN0015: 000053 lea      rsp, [rbp]
                        ; 恢复进入函数时 rsp 寄存器的值
IN0016: 000057 pop      rbp
                        ; 恢复进入函数时 rbp 寄存器的值
IN0017: 000058 ret
                        ; 从函数返回
```

从托管堆分配空间的内部函数只会根据传入的类型信息在托管堆上分配一块指定大小的空间,然后把类型信息设置到对象地址指向的位置,各个字段的值需要通过调用构造函数初始化。如果程序使用 Release 模式并且构造函数满足内联(Inline)的条件,则构造函数内部的代码会嵌入到调用内部函数之后的代码中,查看汇编代码时只会看到调用内部函数的指令。在本节接下来的内容中,我们会关注从托管堆分配空间的内部函数执行了怎样的处理,包括分配小对象的流程与大对象的流程。这些流程对于分配普通引用类型与数组类型是共通的,所以这里不再介绍新建数组类型对象生成的代码,感兴趣的读者可以参考第 8 章第 1 节介绍的方法查看相应的汇编代码。

7.4.2 从托管堆分配空间的内部函数

从托管堆分配空间的内部函数可以分为两部分,第一部分是快速路径(Fast Path)部分,第二部分是慢速路径(Slow Path)部分。快速路径部分会直接获取当前的托管线程对象,然后从托管线程对象中的分配上下文(Allocation Context)分配,分配成功则直接返回;而慢速路径部分会判断对象的大小,根据是小对象还是大对象执行不同的流程,如图 7.25 所示。大部分时候分配空间只需要经过快速路径,快速路径部分在 Windows 64 位上使用汇编代码编写,总共只有 9 条指令,所以速度非常快。快速路径中不会判断对象是大对象还是小对象,因为大对象的体积一定会比分配上下文大;慢速路径会在分配大对象、分配上下文空间用尽、托管线程第一次分配(未预留分配上下文)时进入。

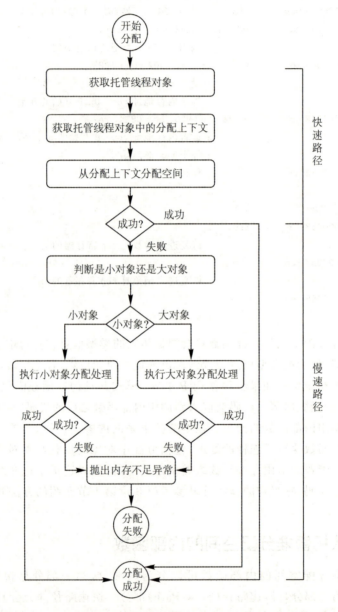

图 7.25 从托管堆分配空间的内部函数中的快速路径与慢速路径

7.4.3　分配小对象的流程

分配小对象时，如果分配上下文空间不足，则 .NET 运行时会尝试预留一个新的分配上下文。首先枚举当前逻辑核心对应区域的第 0 代的自由对象列表，如果找到自由对象，则把分配上下文放到自由对象所占的空间中；如果自由对象所占的空间大于分配上下文的大小（默认是 8KB），则剩余空间会创建一个新的自由对象并添加到自由对象列表中。如果没有找到自由对象，则使用当前逻辑核心对应区域的短暂堆段末尾的未分配空间，预留后末尾的未分配空间会减少。如果预留新的分配上下文成功，那么小对象会从这个分配上下文中分配，当前线程下一次分配对象时也会使用这个分配上下文。但如果预留新的分配上下文失败，.NET 运行时会尝试触发 GC，并等待 GC 完成后再次尝试分配；如果最后仍然分配失败，则抛出表示内存不足的 OutOfMemoryException 异常，这个流程相当复杂，如图 7.26 所示。

图 7.26 中的提交虚拟内存失败指的是 .NET 运行时尝试使用短暂堆段末尾的未分配空间时，把空间提交（Commit）到操作系统的失败，提交操作在 Windows 系统上使用的是 VirtualAlloc 函数，在类 Unix（Linux 与 OSX 等）系统上使用的是 mprotect 函数。提交操作会主动把虚拟内存的某个区域与物理内存关联，关联成功时对该区域的访问保证成功（不会发生缺页中断），而关联失败时可以得知当前物理内存不足。

图 7.26 中没有包含分配新小对象堆段的处理，这是因为分配新小对象堆段的处理包含在垃圾回收流程中，如果分配了新的小对象堆段，则原有短暂堆段的所有对象都会变为第 2 代，新的小对象堆段则成为当前短暂堆段，这部分处理将在接下来的章节中进行介绍。

此外，因为 .NET 会保证对象分配后所有字段的默认值都为 0，预留分配上下文时需要对上下文的内容执行清零操作，即设置所有字节为 0。如果分配上下文从短暂堆段末尾的未分配空间预留，则可以跳过清零操作，因为提交虚拟内存空间到操作系统时会自动清零关联的物理内存空间；如果分配上下文从自由对象所占的空间预留，则需要执行清零操作。

7.4.4　分配大对象的流程

分配大对象不会使用分配上下文，.NET 运行时首先会枚举当前逻辑核心对应区域的第 2 代大对象的自由对象列表，并且按分组优先查找更小的自由对象。如果找到自由对象，则把大对象放到自由对象所占的空间中；如果自由对象所占的空间大于大对象的大小，则剩余空间会创建一个新的自由对象并添加到自由对象列表中。如果没有找到自由对象，则使用当前逻辑核心对应区域中最新的大对象堆段末尾的未分配空间，分配后末尾的未分配空间会减少。如果既没有找到自由对象，大对象堆段末尾的未分配空间又不足，则 .NET 运行时会尝试新建大对象堆段或者触发 GC，

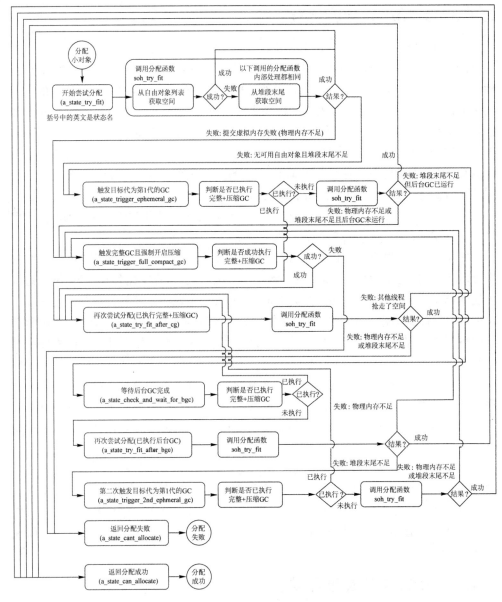

图 7.26 分配小对象的详细流程

并在完成后再次尝试分配；如果最后仍然分配失败，则抛出表示内存不足的 Out-OfMemoryException 异常，这个流程也相当复杂，具体可见图 7.27。

与小对象一样，大对象分配后也需要保证所有字段的默认值为 0。如果大对象从堆段末尾的未分配空间分配，则可以跳过清零操作；如果大对象从自由空间所占的空间分配，则需要执行清零操作。

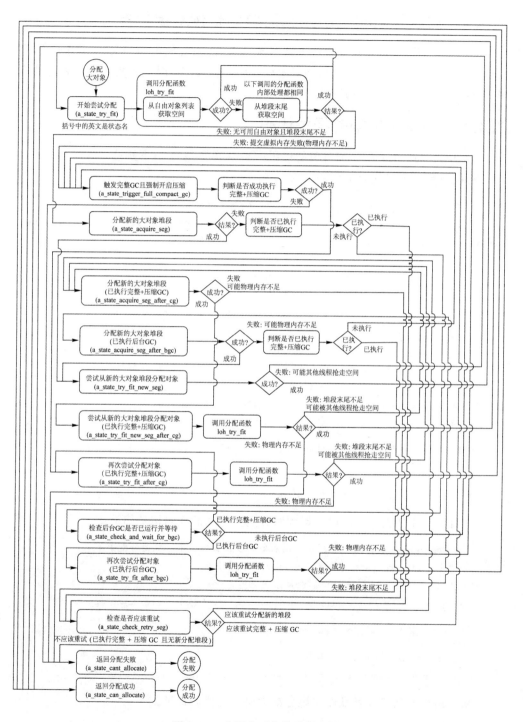

图 7.27 分配大对象的详细流程

7.4.5 记录包含析构函数的对象到析构对象列表

如上一节提到的，分配对象所占空间成功后，如果对象类型定义了析构函数，则记录对象地址到所属区域下的析构对象列表中。执行 GC 时对析构对象列表的处理将在本章第 6 节（标记阶段）进行介绍。

7.4.6 CoreCLR 中的相关代码

如果对 CoreCLR 中分配对象的代码感兴趣，可以参考以下链接。

分配对象的入口代码地址如下：

// 汇编函数 JIT_TrialAllocSFastMP_InlineGetThread
https://github.com/dotnet/coreclr/blob/v2.1.5/src/vm/amd64/JitHelpers_InlineGetThread.asm#L40
// 内部函数 JIT_New
https://github.com/dotnet/coreclr/blob/v2.1.5/src/vm/jithelpers.cpp#L2791
// 调用 AllocateObject 函数
https://github.com/dotnet/coreclr/blob/v2.1.5/src/vm/gchelpers.cpp#L1098
// 调用 Alloc 函数（在分配失败时抛出内存不足异常）
https://github.com/dotnet/coreclr/blob/v2.1.5/src/vm/gchelpers.cpp#L212
// 调用 GCHeap::Alloc 函数（查找管理对应区域的 gc_heap 实例，并判断大小对象）
// 调用 gc_heap::allocate 函数（针对小对象）
// 调用 gc_heap::allocate_large_object 函数（针对大对象）
https://raw.githubusercontent.com/dotnet/coreclr/v2.1.5/src/gc/gc.cpp

分配小对象的主流程代码地址如下：

// gc_heap::allocate_small 函数
https://raw.githubusercontent.com/dotnet/coreclr/v2.1.5/src/gc/gc.cpp

从自由对象列表或者堆段末尾预留分配上下文的代码地址如下：

// gc_heap::soh_try_fit 函数（从自由对象列表或者堆段末尾预留分配上下文）
// 调用 a_fit_free_list_p 函数（从自由对象列表分配）
// 调用 a_fit_segment_end_p 函数（从堆段末尾分配）
https://raw.githubusercontent.com/dotnet/coreclr/v2.1.5/src/gc/gc.cpp

分配大对象的主流程代码地址如下：

// gc_heap::allocate_large 函数
https://raw.githubusercontent.com/dotnet/coreclr/v2.1.5/src/gc/gc.cpp

从自由对象列表或者堆段末尾分配大对象的代码地址如下：

// gc_heap::loh_try_fit 函数（从自由对象列表或者堆段末尾分配大对象）
// 调用 a_fit_free_list_large_p 函数（从自由对象列表分配）

```
// 调用 loh_a_fit_segment_end_p 函数(从堆段末尾分配)
```
https://raw.githubusercontent.com/dotnet/coreclr/v2.1.5/src/gc/gc.cpp

记录包含析构函数的对象到析构对象列表的代码地址如下:

```
// 分配对象所占空间成功后调用 CHECK_ALLOC_AND_POSSIBLY_REGISTER_FOR_FINALIZATION 宏
// 调用 CFinalize::RegisterForFinalization 函数
```
https://raw.githubusercontent.com/dotnet/coreclr/v2.1.5/src/gc/gc.cpp

第 5 节　垃圾回收流程

7.5.1　GC 的触发

因为执行垃圾回收(GC)处理需要一定的成本,.NET 运行时只会在必要时触发 GC。在.NET 中触发普通 GC 主要有四个条件:第一个条件是分配对象时找不到可用空间;第二个条件是分配量超过阈值;第三个条件是托管代码主动调用 System. GC.Collect 函数;第四个条件是收到物理内存不足的通知。接下来了解这些条件。此外,是否执行后台 GC 会在触发普通 GC 后进行判断,具体判断条件会在稍后的内容中进行介绍。

1. 分配对象时找不到可用空间

上一节中已经介绍过,在分配小对象使用分配上下文时或在分配大对象时,会先尝试从自由对象列表查找可用的自由对象,再尝试从短暂堆段或最新的大对象堆段末尾分配,如果这些尝试都失败了,则会触发 GC。触发的 GC 可以分为两种:第一种是针对第 1 代的 GC,这一种 GC 会尝试回收短暂堆段上的对象,使得短暂堆段有更多空间;第二种是针对第 2 代的 GC(完整 GC),这一种 GC 会在物理内存不足(提交操作失败)或执行第一种 GC 以后仍然无法分配时触发。

分配小对象时找不到可用空间,通常由新分配对象越来越多所导致,如果 GC 可以从短暂堆段回收足够的对象,则这个短暂堆段会继续使用,否则 GC 会新建一个短暂堆段,原有的短暂堆段变为普通的小对象堆段,其中所有对象都会变为第 2 代。分配大对象时找不到可用空间,除了由于新分配对象越来越多导致以外,还有可能是由大对象堆段的碎片空间率比较高所导致,如果原因是后者,因为.NET 默认不会执行大对象堆段的压缩处理,开发者应该减少大对象的分配(在程序中建立对象池重用对象),或者强制开启大对象堆段的压缩,强制开启的方法会在本章第 12 节中介绍。

2. 分配量超过阈值

在本章第 3 节我们已经了解到,在.NET 中,托管堆根据模式与 CPU 逻辑核心数量可以分为多个区域,每个区域有四个 generation 类型的实例,每个 generation 实例包含静态数据(static_data)与动态数据(dynamic_data),其中静态数据包含分配量阈值的上限与下限,动态数据包含分配量阈值。如果在某个代分配的对象值大小合计超过分配量阈值,则会触发针对这个代的 GC,分配量阈值会在每次 GC 结束后重新计算,值不会超过静态数据中的上限与下限。

总结起来,新分配量阈值会由 GC 结束后该代存活对象的多少与存活率决定:存活下来的对象越多,新分配量阈值越高;存活率越高,新分配量阈值也越高。并且最后会根据触发 GC 时分配量平衡分配量阈值,如果没有达到旧分配量阈值的 95％ 就触发了本次 GC,那么新分配量阈值需要与旧分配量阈值加权平均计算。针对第 0 代与第 1 代的分配量阈值计算规则如下:

```
// 计算存活率
存活率 = GC 结束后该代存活的对象大小/GC 开始前该代存活的对象大小
// 计算阈值增长系数
if(存活率 <(系数上限 - 系数下限)/(系数下限 * (系数上限 - 1.0)))
    阈值增长系数 =(系数下限 - 系数下限 * 存活率)/(1.0 -(存活率 * 系数下限))
else
    阈值增长系数 = 系数上限
// 计算新分配量阈值
新分配量阈值 = min(max(GC 结束后该代存活的对象大小 * 系数,阈值下限),阈值上限)
// 平衡新分配量阈值
偏移率 = GC 开始前的实际分配量/旧分配量阈值
if(偏移率 < 0.95 && 偏移率 > 0.0)
    新分配量阈值 = 偏移率 * 新分配量阈值 +(1.0 - 偏移率)* 旧分配量阈值
```

针对第 2 代的分配量阈值计算规则基本同上,但会额外根据碎片空间的大小与物理内存的剩余容量减少新分配量阈值,碎片空间占总空间的比率越高,新分配量阈值越低,并且新分配量阈值的大小会限制在"物理内存剩余容量－1MB＋自由对象大小合计"之内,使得物理内存接近用尽之前有机会触发 GC,而不用等待提交操作失败再触发。

虽然分配量阈值会为第 0 代、第 1 代、小对象第 2 代、大对象第 2 代分别计算,但实际在分配对象时触发 GC 通常只会看第 0 代与大对象第 2 代的分配量阈值,这是因为新分配的小对象都在第 0 代,而新分配的大对象都在大对象第 2 代。阈值上限、阈值下限、系数上限、系数下限决定了触发 GC 的频率,这四个参数会在程序启动时计算,并且分配量阈值的初始值等于阈值下限。目前 .NET Core(2.1)中默认值如下表所列。

代	阈值下限	阈值上限
第 0 代(小对象)	CPU 缓存大小 * 0.5	默认: min * (max(堆段大小/2,6MB),200MB) 工作站模式＋后台 GC 可用时:6MB

续表

代	阈值下限	阈值上限
第 1 代（小对象）	160KB	默认：max(堆段大小/2,6MB) 工作站模式+后台 GC 可用时：6MB
第 2 代（小对象）	256KB	无限制
第 2 代（大对象）	3MB	无限制

代	系数下限	系数上限
第 0 代（小对象）	服务器模式：20 工作站模式：9	服务器模式：40 工作站模式：20
第 1 代（小对象）	2	7
第 2 代（小对象）	0.25	1.2
第 2 代（大对象）	0	1.25

第 0 代的阈值下限会根据当前 CPU 单个逻辑核心可以访问的缓存大小计算，例如 Intel 的"i3-4030U"CPU 有 3MB 缓存，在这个 CPU 上运行的.NET Core 程序第 0 代的阈值下限为 1.5MB。第 0 代与第 1 代的阈值上限会根据堆段大小而定，而堆段的大小由 GC 模式与 CPU 逻辑核心数来决定，具体可以参考本章第 3 节。其他参数的默认值通过常量定义在.NET 运行时的代码中。.NET 运行时定义了两批参数：第一批参数会尽量减少内存使用量并增加 GC 触发频率；第二批参数会平衡内存使用量与 GC 触发频率，也就是上表中的值。使用哪一批参数根据延迟等级（Letency Level）设置而定，延迟等级为低内存使用（Low Memory Footprint）时使用第一批参数，延迟等级为平衡（Balanced）时使用第二批参数，默认的延迟等级为平衡。设置环境变量 COMPlus_GCLatencyLevel 可以指定延迟等级，具体的设置方法将在本章第 12 节中介绍。

3. 主动调用 System.GC.Collect

托管代码中调用 System.GC.Collect 函数可以主动触发 GC，这个函数最多可以接收四个参数，函数签名如下：

```
public static void Collect(
    int generation,
    GCCollectionMode mode,
    bool blocking,
    bool compacting
)
```

第一个参数 generation 表示目标代，如果传入 0，则 GC 只会扫描第 0 代的对象；如果传入 1，则 GC 只会扫描第 0 代和第 1 代的对象；如果传入 2，则 GC 会扫描第 0

代至第 2 代的对象，即所有托管堆上的对象，包括大对象。第一个参数的默认值是扫描所有代的对象，内部的默认值是 -1，但是效果与 2 相同。

第二个参数 mode 表示是否允许判断跳过 GC，如果传入 GCCollectionMode.Forced，则不允许判断跳过并强制触发 GC；如果传入 GCCollectionMode.Optimized，则允许判断跳过，具体的判断条件是（分配量阈值－实际分配量）/分配量阈值小于 0.3（内存不足时小于 0.7）时，则判断触发 GC，否则判断跳过。第二个参数的默认值是 GCCollectionMode.Default，效果与 GCCollectionMode.Forced 相等，即强制触发 GC。

第三个参数 blocking 表示是否强制使用普通 GC，如果传入 true，则执行 GC 时一定会使用普通 GC；如果传入 false，则会尽可能地使用后台 GC。第三个参数的默认值是 true。

第四个参数 compacting 表示是否强制执行压缩，因为压缩只能在普通 GC 下执行，如果这个参数传入 true，无论第三个参数如何设置，执行 GC 时一定会使用普通 GC。第四个参数的默认值是 false。

4. 收到物理内存不足通知

前文提到的物理内存不足指的都是物理内存实际用尽时的情况。实际上，物理内存接近用尽时，操作系统会把物理内存中的部分内容移动到分页文件（Swap），下次使用这部分内容时再从分页文件读取回物理内存。因为分页文件通常在硬盘上，并且硬盘的访问速度比内存要慢很多，物理内存接近用尽时整个系统的运行都会变得非常缓慢，直到分页文件也用尽之后，操作系统才会强制杀死部分进程来释放内存。.NET 为了避免因使用分页文件带来的性能低下，会主动检测物理内存是否接近不足，然后触发 GC，在 Windows 上通过 CreateMemoryResourceNotification 函数实现，参数是 LowMemoryResourceNotification，当物理内存空间接近不足时，.NET 程序会收到操作系统发出的通知并且尝试触发 GC。目前，这个机制只支持 Windows 系统，不支持类 Unix（Linux 与 OSX 等）系统。CoreCLR 的源代码仓库中已经有人提出了这个问题（♯5551，♯18343），将来的 .NET Core 版本有望在类 Unix 系统上使用这项机制。

7.5.2 执行 GC 的线程

GC 在哪个线程上执行，依据当前是工作站模式还是服务器模式、普通 GC 还是后台 GC 而定。对于工作站模式上运行的普通 GC，执行 GC 的线程就是触发 GC 的线程，例如，分配对象时触发 GC，那么就在分配对象的线程上执行 GC 处理，如图 7.28 所示。

对于服务器模式上运行的普通 GC，执行 GC 的线程是程序启动时单独为 GC 创建的线程，线程数量默认等于 CPU 逻辑核心数，因为服务器模式上的托管堆会分为多个区域，每个线程会分别负责所属核心对应的区域，触发 GC 时会唤醒 GC 线程并等待完成,如图 7.29 所示。

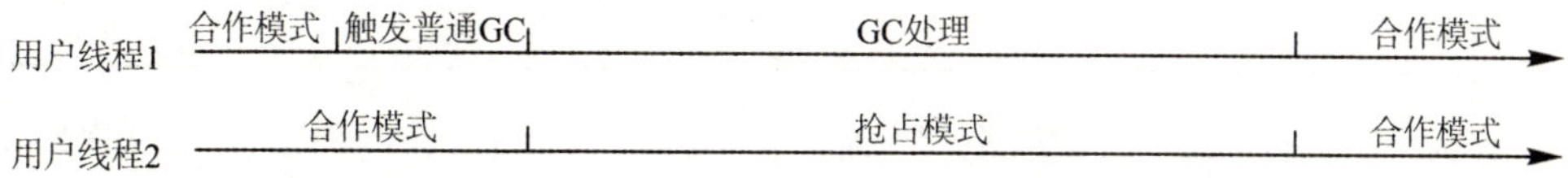

图 7.28 工作站模式上运行普通 GC 使用的线程例子

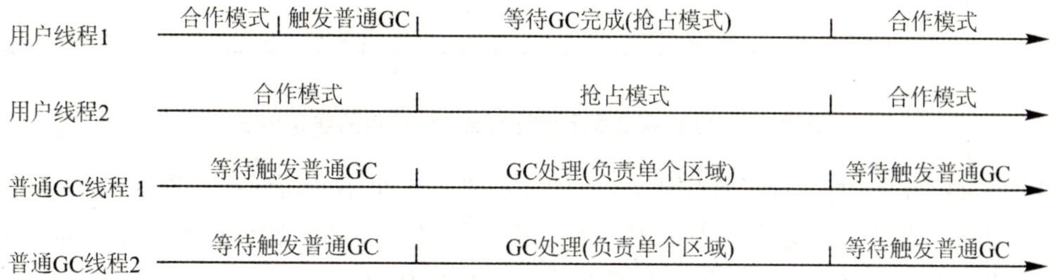

图 7.29 服务器模式上运行普通 GC 使用的线程例子

工作站模式不使用独立线程执行 GC 的好处是程序不需要创建额外的线程,从而减少单个.NET 程序占用的系统资源,同时执行 GC 时不需要唤醒与等待其他线程,从而缩短程序的响应时间;而服务器模式使用独立线程的好处是 GC 处理可以由多个线程同时执行,并且 GC 线程会设置为系统支持的最高优先级,从而最大化利用系统资源并提升吞吐量。

后台 GC 不管在工作站模式还是服务器模式上都会使用独立线程执行,工作站模式上的后台 GC 线程只有一个,而服务器模式上的后台 GC 线程数量等于普通 GC 线程数量,并且每个线程同样分别负责所属核心对应的区域。后台 GC 不会在整个运行过程中停止其他线程(切换其他线程到抢占模式),如果在后台 GC 运行过程中其他线程触发了普通 GC,那么普通 GC 会在上述提到的线程中运行,后台 GC 会暂停并等待普通 GC 运行完毕后再继续处理。后台 GC 运行过程中触发的普通 GC 又称前台 GC(Foreground GC)。工作站模式上运行后台 GC 的例子如图 7.30 所示,服务器模式上运行后台 GC 的例子如图 7.31 所示。

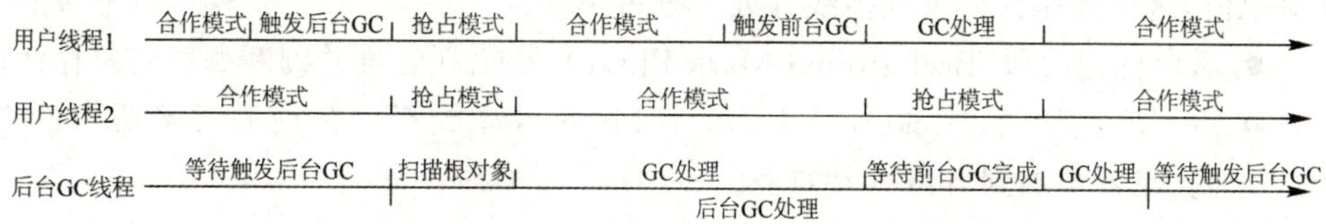

图 7.30 工作站模式上运行后台 GC 使用的线程例子

7.5.3 GC 的总体流程

GC 的第一步是停止其他线程,也就是切换其他线程的模式到抢占模式。抢占

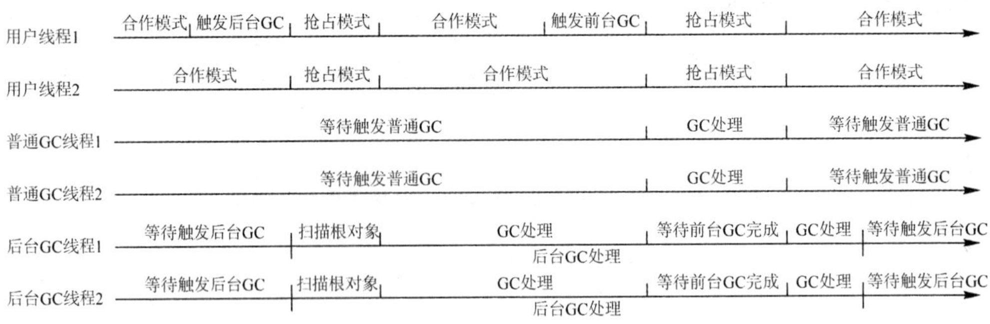

图 7.31 服务器模式上运行后台 GC 使用的线程例子

模式下的线程无法运行托管代码,运行的非托管代码也不能访问托管资源,这使得执行 GC 的线程对托管堆拥有独占权。关于模式切换的详细内容可以参考第 6 章第 3 节。停止其他线程后,GC 会重新判断传入的目标代是否合适,若不合适则修改,并判断是否应该执行后台 GC,这部分的处理稍后介绍。如果判断不执行后台 GC,那么就会执行普通 GC。普通 GC 一共有以下五大阶段,其中重定位阶段与压缩阶段只在判断执行压缩时运行,清扫阶段只在判断不执行压缩时运行。

① 标记阶段(Mark Phase):扫描托管堆并判断哪些对象存活;

② 计划阶段(Plan Phase):根据标记阶段的结果模拟压缩,并判断是否执行压缩;

③ 重定位阶段(Relocate Phase):根据模拟压缩的结果修改对象内存地址,但不移动对象值;

④ 压缩阶段(Compact Phase):根据模拟压缩结果移动对象值;

⑤ 清扫阶段(Sweep Phase):释放不再存活的对象所占的空间,或者添加到自由对象列表。

如果判断执行后台 GC,则会运行后台 GC 专用的阶段。后台 GC 一共有以下两大阶段,其中后台标记阶段会在运行过程中恢复其他线程,也就是切换其他线程到合作模式。后台 GC 不支持执行压缩处理,因为压缩处理需要修改对象内存地址与移动对象值,这些操作都要求其他线程处于抢占模式。

- 后台标记阶段(Background Mark Phase):扫描托管堆并判断哪些对象存活;
- 后台清扫阶段(Background Sweep Phase):释放不再存活的对象所占的空间,或者添加到自由对象列表。

GC 的总体流程如图 7.32 所示。

上述流程中,标记阶段的处理将在本章第 6 节介绍,计划阶段的处理将在本章第 7 节介绍,重定位阶段的处理将在本章第 8 节介绍,压缩阶段的处理将在本章第 9 节介绍,清扫阶段的处理将在本章第 10 节介绍,后台标记阶段与后台清扫阶段的处理将在本章第 11 节介绍。

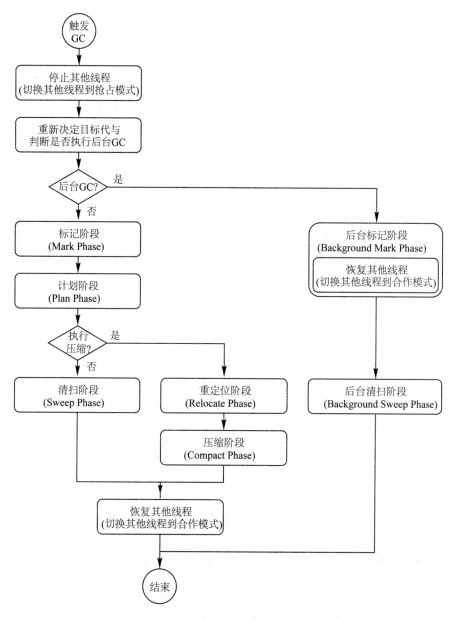

图 7.32　GC 的总体流程

7.5.4　重新决定目标代

GC 在开始时会判断传入的目标代是否合适，若不合适则修改，修改的条件主要包括判断卡片表的扫描效率、判断短暂堆段的剩余空间、判断碎片空间率、判断物理内存占用率、判断是否正在执行后台 GC 与判断延迟模式设置，以下是它们的详细判断条件。

1. 判断卡片表扫描效率

在本章第 3 节已经了解到卡片表(Card Table)是记录跨代引用的位数组,通过扫描卡片表可以防止漏标记存活对象,例如卡片表记录了第 2 代的某个范围有跨代引用,并且当前的目标代是第 0 代,则 GC 会扫描这个范围内引用的第 0 代对象为存活。通过卡片表扫描的对象数量与通过卡片表标记存活的对象数量的比率会保存起来,如果"通过卡片表标记存活的对象数量/通过卡片表扫描的对象数量<0.3",则表示卡片表的扫描效率比较低,下一次 GC 开始时会设置目标代最小为 1(如果目标代为 0,会修改为 1,否则不变),并且强制开启升代(Promotion)。

2. 判断短暂堆段剩余空间

GC 在开始时会判断短暂堆段的剩余空间是否较低,具体的判断条件是"短暂堆段末尾的未分配空间大小≤第 0 代的分配量阈值下限 * 2",满足这个条件时会设置目标代最小为 1,并且强制开启升代。

3. 判断碎片空间率

在本章第 3 节已经了解,堆段的已分配空间中未使用的空间会保存自由对象(Free Object),这些空间又称为碎片空间(Fragmentation)。GC 在开始时会判断各个代的碎片空间是否过多,判断时使用的计算规则如下:

```
// 计算碎片空间大小
碎片空间大小 = 自由对象大小合计
碎片空间分配效率 = 从自由列表分配的大小合计/(从自由列表分配的大小合计 + 未记录在自由列表的自由对象大小合计)
不可用碎片空间大小 = 未记录在自由列表的自由对象大小合计 + (1.0 - 碎片空间分配效率) * 已记录在自由列表的自由对象大小合计
// 判断碎片空间是否过多
判断结果 = false
if(工作站模式 && 代 == 2)
    判断结果 = 碎片空间大小/代所占空间合计大小 > 0.65
if(!判断结果)
    判断结果 = (不可用碎片空间大小 > 碎片空间上限)&&
        (不可用碎片空间大小/代所占空间合计大小 > 碎片率上限)
```

未记录在自由列表的自由对象包括体积过小的自由对象(参考本章第 3 节)与 GC 开始时各个线程的分配上下文中未用完的空间,它们决定了不可用的碎片空间大小。判断碎片空间是否过多的主要依据是不可用碎片空间大小与碎片率是否超过上限,如果某个代的碎片空间过多,并且该代大于目标代,那么目标代就会修改为该代。碎片空间上限与碎片率上限定义在 generation 实例包含的静态数据中,目前在 .NET Core(2.1)中它们的默认值如下表所列。

代	碎片空间上限/字节	碎片率上限
第 0 代	40 000	0.5
第 1 代	80 000	0.5
第 2 代	200 000	0.25

4. 判断物理内存占用率

GC 在开始时会判断物理内存占用率是否过高。与前文提到的物理内存不足通知不一样的是，这里的判断会主动调用操作系统提供的接口以获取物理内存的总大小与已使用大小，支持在 Windows 系统与类 Unix 系统上使用。

获取物理内存占用量信息在 Windows 系统上使用的是 GlobalMemoryStatusEx 函数，在类 Unix 系统上使用的是 sysconf(_SC_PHYS_PAGES) 函数与读取 "/proc/self/statm" 文件。如果程序所在环境的最大内存使用量被人为限制，还会在 Windows 系统上使用 QueryInformationJobObject 函数，在 Linux 系统上读取所属 CGroup 下的 memory.limit_in_bytes 或 rlimit 设置的 RLIMIT_AS 来获取限制值。

如果"物理内存的已使用大小/物理内存的总大小 > 内存占用率上限"，则 GC 可以把目标代修改为第 2 代。内存占用率上限在内存容量小于 80GB 的环境上是 90%，在大于 80GB 的环境上是 "max(90, 100 - (3 + 47/逻辑核心数)) * 0.01"。

5. 判断是否正在执行后台 GC

如果后台 GC 正在执行的时候触发了普通 GC，且普通 GC 的目标代是第 2 代，那么普通 GC 的目标代会自动修改为第 1 代，因为第 2 代的对象正在被后台 GC 处理。

6. 判断延迟模式设置

如果当前的延迟模式 System.Runtime.GCSettings.LatencyMode 设置为 LowLatency，并且目标代为第 2 代，并且触发 GC 的原因不是内存不足，则修改目标代为第 1 代，因为延迟模式 LowLatency 要求尽量不执行完整 GC。

7.5.5 判断是否应该执行后台 GC

在重新决定目标代后，.NET 会判断是否应该执行后台 GC。如果以下条件全部满足，则 .NET 会选择执行后台 GC；如果任意条件不满足，则 .NET 会选择执行普通 GC。

① 没有在设置中禁用后台 GC；
② 当前目标代是第 2 代(后台 GC 的目标代只能是第 2 代)；
③ 触发 GC 时没有请求启用压缩(后台 GC 不支持压缩操作)；
④ 物理内存占用率不高，不需要启用压缩；
⑤ 第 2 代的碎片空间率不高，不需要启用压缩；

⑥ System.Runtime.GCSettings.LatencyMode 等于 Interactive 或 Sustained-LowLatency。

7.5.6 CoreCLR 中的相关代码

如果对 CoreCLR 中与本节相关的垃圾回收代码感兴趣,可以参考以下链接。

分配量阈值相关的代码地址如下:

```
// 程序启动时会调用 init_static_data 函数计算并设置阈值上限、阈值下限、系数上限和系数下限
// 每次执行 GC 后会调用 gc_heap::desired_new_allocation 函数重新计算分配量阈值
// 分配对象时会调用 gc_heap::new_allocation_allowed 函数判断分配量是否超过阈值
// 分配量阈值在计算后会复制到 generation 动态数据的 new_allocation
// 之后每分配一次就从 new_allocation 减少相应值,小于 0 代表已到达阈值
https://raw.githubusercontent.com/dotnet/coreclr/v2.1.5/src/gc/gc.cpp
```

定义各个代分配量阈值上限、阈值下限、系数上限、系数下限、碎片空间上限和碎片率上限等参数的代码地址如下:

```
// 全局变量 static static_data static_data_table 储存参数值
// 按延迟等级(Latency Level)分成了两批参数
https://raw.githubusercontent.com/dotnet/coreclr/v2.1.5/src/gc/gc.cpp
// static_data 的类型定义
https://github.com/dotnet/coreclr/blob/v2.1.5/src/gc/gcpriv.h#L771
// 延迟等级的定义,目前只支持低内存占用(0)与平衡(1)
https://github.com/dotnet/coreclr/blob/v2.1.5/src/gc/gcpriv.h#L388
```

System.GC.Collect 的代码地址如下:

```
// 托管函数 System.GC.Collect
https://github.com/dotnet/coreclr/blob/v2.1.5/src/mscorlib/src/System/GC.cs#L179
// 调用内部函数 GCInterface::Collect
https://github.com/dotnet/coreclr/blob/v2.1.5/src/vm/comutilnative.cpp#L1178
// 调用 GCHeap::GarbageCollect 函数
// 调用 GCHeap::GarbageCollectTry 函数
// 调用 GarbageCollectGeneration 函数,这个函数就是 GC 入口函数
// 在当前线程或者通知 GC 线程调用 gc_heap::garbage_collect 函数,这个函数会针对各个区域分别调用
// 调用 gc_heap::gc1 函数,这个函数就是 GC 主函数
https://raw.githubusercontent.com/dotnet/coreclr/v2.1.5/src/gc/gc.cpp
```

设置物理内存不足通知的代码地址如下,目前只支持 Windows 系统:

```
// 调用 CreateMemoryResourceNotification(LowMemoryResourceNotification) 函数
```

// 析构线程会通过 WaitForMultipleObjectsEx 函数接收通知
https://github.com/dotnet/coreclr/blob/v2.1.5/src/vm/finalizerthread.cpp#L887

服务器模式创建普通 GC 线程的代码地址如下，工作站模式不需要为普通 GC 创建专门的线程：

// 程序启动时调用各个区域的 gc_heap::init_gc_heap 函数
// 调用 create_gc_thread 函数创建线程
// 线程执行的函数是 gc_heap::gc_thread_stub
// 主要处理在 gc_heap::gc_thread_function 函数
// 设置 gc_heap::ee_suspend_event 事件表示开始 GC 处理
// 设置 gc_heap::gc_done_event 事件表示 GC 处理已完成
https://raw.githubusercontent.com/dotnet/coreclr/v2.1.5/src/gc/gc.cpp

创建后台 GC 线程的代码地址如下：

// 后台 GC 线程会在第一次执行后台 GC 时创建
// GC 执行时调用各个区域的 gc_heap::garbage_collect 函数
// 调用 gc_heap::prepare_bgc_thread 函数
// 后台 GC 线程未创建时调用 gc_heap::create_bgc_thread 函数创建
// 线程执行的函数是 gc_heap::bgc_thread_stub
// 主要处理在 gc_heap::bgc_thread_function 函数
// 设置 gc_heap::bgc_start_event 事件表示开始后台 GC 处理
// 设置 gc_heap::background_gc_done_event 事件表示后台 GC 处理已完成
https://raw.githubusercontent.com/dotnet/coreclr/v2.1.5/src/gc/gc.cpp

重新决定目标代与判断是否执行后台 GC 的代码地址如下：

// gc_heap::generation_to_condemn 函数
// 调用 gc_heap::dt_low_card_table_efficiency_p 函数判断卡片表扫描效率
// 调用 gc_heap::dt_low_ephemeral_space_p 函数判断短暂堆段剩余空间
// 调用 gc_heap::dt_high_frag_p 函数判断碎片空间率
// 调用 gc_heap::get_memory_info 函数获取物理内存占用信息
// 内存占用率上限保存在 gc_heap::high_memory_load_th 变量
// 内存占用率上限在 GCHeap::Initialize 函数计算
// 检查 settings.pause_mode 字段是否等于 pause_low_latency

// gc_heap::garbage_collect 函数
// 调用 recursive_gc_sync::background_running_p 函数判断是否正在执行后台 GC
https://raw.githubusercontent.com/dotnet/coreclr/v2.1.5/src/gc/gc.cpp

第 6 节　标记阶段

7.6.1　获取根对象

标记阶段（Mark Phase）是普通 GC 的第一个阶段，它的第一步是获取根对象（Root Objects）。根对象是程序正在使用的对象，并且从根对象开始递归扫描一定可以找到所有正在使用的对象。根对象主要包括全局变量与各个线程中正在执行的函数的本地变量，在以下 C#代码的例子中，执行到函数 B 的结尾处会触发 GC 并进入标记阶段，此时变量 b、d、e 保存的对象就是根对象，从这些根对象开始递归扫描可以找到所有正在使用的对象，例如 e.Next、e.Next.Next 保存的对象。

```
//值类型,不是根对象
private static int a = 123;
// 引用类型全局变量,是根对象
private static string b = "hello";

public class Node
{
    public Node Next;
}

public static void A()
{
    // 值类型,不是根对象
    int c = 1;
    // 引用类型本地变量,是根对象
    var d = new List <int>();
    B();
}

public static void B()
{
    // 引用类型本地变量,是根对象
    // 从这个根对象可以找到引用的两个对象
    var e = new Node();
    e.Next = new Node();
    e.Next.Next = new Node();
    System.GC.Collect();
}
```

```
public static void Example()
{
    A();
}
```

要实现获取正在执行的函数的本地变量，.NET 运行时会使用第 3 章第 6 节与第 5 章第 4 节提到的调用链跟踪。首先执行调用链跟踪找到当前所有托管线程正在调用的函数与所有调用来源，然后获取函数元数据并根据元数据中的 GC 信息找到引用类型的本地变量，如图 7.33 所示。函数元数据包含了栈回滚信息与 GC 信息等，数据结构将在第 8 章第 21 节介绍。

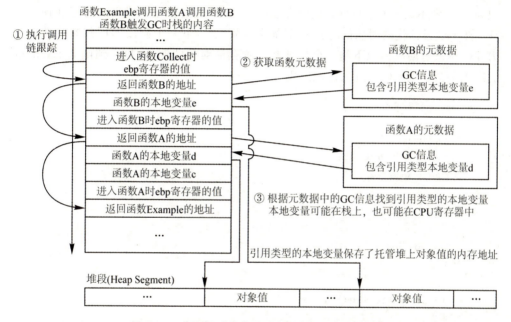

图 7.33 获取根对象中引用类型本地变量的流程

而获取全局变量则需要通过 GC 句柄，.NET 程序在加载模块时会枚举模块中的所有全局变量，并生成数组对象分别保存值类型的全局变量与引用类型的全局变量，然后再生成固定 GC 句柄指向这些数组对象。获取根对象时，会通过 GC 句柄找到保存全局变量的数组对象，从而标记这些全局变量存活，如图 7.34 所示。此外，线程本地全局变量也会通过相同的方式标记，但数据结构与静态全局变量稍有不同，详情请参考第 6 章第 4 节。

7.6.2 递归扫描根对象并设置存活标记

标记阶段在获取到根对象后，将标记根对象为存活，即设置本章第 2 节提到的存活标记（Marked Bit）为 1，然后判断根对象的类型是否为数组。如果是数组并且元素

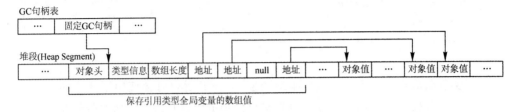

图 7.34　通过 GC 句柄扫描全局变量

类型是引用类型,则枚举所有元素;如果不是数组,则枚举所有引用类型的成员,并针对它们应用相同(标记存活 => 扫描引用)的处理。在处理过程中,已经设置存活标记为 1,或者不属于 GC 目标代的对象会跳过处理,经过标记阶段后所有正在使用并且属于 GC 目标代的对象的存活标记都会设置为 1,下一个阶段即可判断存活标记为 0 的对象可回收。以下是一个枚举并设置存活对象的例子,执行到函数 Example 的结尾处会触发 GC 并进入标记阶段。

```
public class Node
{
    public int Id;
    public Node Previous;
    public Node Next;

    public Node(int id)
    {
        Id = id;
    }

    public void SetNext(Node node)
    {
        Next = node;
        node.Previous = this;
    }
}

public static void Example()
{
    var head = new Node(0);
    head.SetNext(new Node(1));
    head.Next.SetNext(new Node(2));
    System.GC.Collect();
}
```

这个例子进入标记阶段后托管堆上的相关内容如图 7.35 所示。

图 7.35　多个对象互相引用时托管堆上的内容

这个例子中本地变量 head 指向的对象会作为根对象,递归扫描这个根对象并设置存活标记的完整流程如下。为了便于识别,流程中使用了 Id 成员的值来描述各个对象,例如根对象的 Id 成员为 0,则使用 Id 成员为 0 的对象来描述。

- 检查 Id 成员为 0 的对象是否属于目标代⇒属于目标代。
- 检查 Id 成员为 0 的对象是否已标记存活⇒未标记存活。
- 标记 Id 成员为 0 的对象存活。
- 枚举 Id 成员为 0 的对象的引用类型字段⇒Previous,Next:
  Previous 字段为 null,跳过处理;
  Next 字段不为 null,指向 Id 成员为 1 的对象;
- 检查 Id 成员为 1 的对象是否属于目标代⇒属于目标代。
- 检查 Id 成员为 1 的对象是否已标记存活⇒未标记存活。
- 标记 Id 成员为 1 的对象存活。
- 枚举 Id 成员为 1 的对象的引用类型字段⇒Previous,Next;
  Previous 字段不为 null,指向 Id 成员为 0 的对象:
  ① 检查 Id 成员为 0 的对象是否属于目标代⇒属于目标代;
  ② 检查 Id 成员为 0 的对象是否已标记存活⇒已标记存活,跳过处理。
  Next 字段不为 null,指向 Id 成员为 2 的对象:
  ① 检查 Id 成员为 2 的对象是否属于目标代⇒属于目标代;
  ② 检查 Id 成员为 2 的对象是否已标记存活⇒未标记存活;
  ③ 标记 Id 成员为 2 的对象存活;
  ④ 枚举 Id 成员为 2 的对象的引用类型字段⇒Previous,Next;
  Previous 字段不为 null,指向 Id 成员为 1 的对象:
  ① 检查 Id 成员为 1 的对象是否属于目标代⇒属于目标代;
  ② 检查 Id 成员为 1 的对象是否已标记存活⇒已标记存活,跳过处理。
  Next 字段为 null,跳过处理。
- 结束对此对象的递归扫描。

标记阶段枚举对象的引用类型字段时会使用类型数据中的 GC 描述符(CGC-Desc),GC 描述符记录了对象值的什么位置开始有多少个引用类型的成员,例如上述的 Node 类型对象在 x86 上从位置 8 开始有两个引用类型的成员,在 x86-64 上从位置 16 开始有两个引用类型的成员,GC 描述符不包含成员的名称与类型信息等,只包含位置，所以扫描时不需要做多余的判断。此外，递归扫描引用类型成员或数组元素时，为了避免栈溢出问题，不会递归调用函数，而是使用栈结构模拟递归处理。

7.6.3 通过卡片表扫描跨代引用并设置存活标记

上述的处理只会递归扫描属于 GC 目标代的对象，例如 GC 目标代为第 1 代时，只会扫描第 0 代与第 1 代的对象，如果发生了跨代引用，例如第 2 代的对象引用了第 0 代的对象，并且这个第 0 代的对象没有被其他第 0 代与第 1 代的对象引用，那么上述处理将不会标记这个第 0 代对象存活。在本章第 3 节已经介绍过，卡片表（Card Table）与卡片束（Card Bundle）是解决跨代引用扫描问题的位数组（Bit Array）结构，如果一个对象引用了在短暂堆段范围内的对象，那么引用的成员位置在卡片表中对应的位（Bit）会标记为 1。

标记阶段在完成上述处理后，会枚举卡片束与卡片表查找标记为 1 的位，并扫描该位在托管堆中对应范围内的对象，在 32 位平台上卡片表中一个位对应托管堆中 128 字节的范围，在 64 位平台上卡片表中一个位对应托管堆中 256 字节的范围，而卡片束在所有平台上都是一个位对应卡片表中的 32 个字节。注意卡片表中对应的范围不一定会覆盖对象值的开始地址，例如赋值表达式 x.f=y 会被替换为函数调用 JIT_WriteBarrier(ref x.f, y)，这时如果对象 y 在短暂堆段中，对象成员 x.f 所在的地址在卡片表中对应的位会设置为 1（实际上为了性能，会设置位所在的字节为 0xff），但对象 x 本身的开始地址不一定在这个位对应的范围内。因此，枚举卡片表时会定位对象值范围与卡片表对应范围有交集的第一个对象，从这个对象开始处理，直到有交集的最后一个对象，如图 7.36 所示。

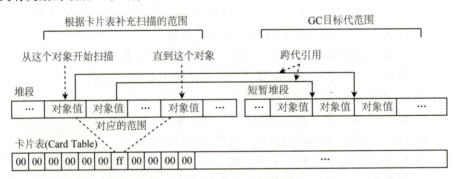

图 7.36　根据卡片表补充扫描的范围

7.6.4 枚举强引用 GC 句柄并设置存活标记

如本章第 1 节所提到的，GC 句柄（GC Handle）是 .NET 提供的一项机制，用于支持在非托管代码中保存托管对象的引用，以及支持一些特殊的使用场景。GC 句柄会保存在 .NET 运行时内部的 GC 句柄表中，标记阶段会扫描 GC 句柄表并根据它们的类型做出不同的处理。强引用(Normal)GC 句柄通常用于在非托管代码中保存托管对象,并且允许托管对象的位置移动。标记阶段遇到强引用 GC 句柄时,会设置句柄指向的目标对象的存活标记为 1,然后再递归扫描目标对象引用的对象。强引用 GC 句柄的目标对象也可以看作是根对象。

7.6.5 枚举固定 GC 句柄并设置固定标记

如本章第 1 节所提到的,固定(Pinned)GC 句柄通常用于托管代码传递托管对象的地址或者托管对象成员的地址到非托管代码,固定 GC 句柄本身可以在托管代码中管理,不要求非托管代码与.NET 运行时交互。固定 GC 句柄指向的对象又称固定对象(Pinned Object)。由于运行非托管代码的线程可能处于独占模式,GC 运行过程中非托管代码可能会同时访问固定对象的内容,并且非托管代码储存对象地址的方式不受.NET 运行时管理,所以固定对象的内存位置不可以改变,并且固定对象的内容不可以被 GC 暂时性地覆盖(下一节会介绍有关细节)。标记阶段遇到固定 GC 句柄时,会设置句柄指向的目标对象的存活标记与固定标记为 1,然后再递归扫描目标对象引用的对象。与强引用 GC 句柄一样,固定 GC 句柄的目标对象也可以看作是根对象。

7.6.6 枚举弱引用 GC 句柄并清空不再存活对象引用

如本章第 1 节所提到的,弱引用(Weak)GC 句柄指示它拥有目标对象的引用,但允许目标对象被回收。标记阶段完成前文所述的所有处理后,会扫描弱引用 GC 句柄,然后判断句柄指向的目标对象的存活标记是否为 1,如果不为 1,则设置句柄保存的引用为 null,下一次托管代码访问弱引用 GC 句柄时可以得知对象已被回收。

7.6.7 扫描析构对象列表并添加不再存活对象到析构队列

如本章第 3 节和第 4 节所提到的,托管堆中的各个区域都有一个析构对象列表记录定义了析构函数的对象。标记阶段完成前文所述的所有处理后,会扫描析构对象列表记录的对象地址,并判断对象的存活标记是否为 1,如果不为 1,则检查对象头中抑制运行析构函数的标记是否为 1(调用 System.GC.SuppressFinalize 函数可以设置此标记为 1);如果为 1,则简单地删除析构对象列表中的记录。如果不为 1,则代表需要运行这个对象的析构函数,析构对象列表中的记录会移动到析构队列或重要析构队列。之后,标记阶段会把析构队列与重要析构队列中的对象都标记存活,使得对象可以存活到析构函数被析构线程调用。已调用析构函数的对象会从析构队列或重要析构队列移除,此时对象既不在析构对象列表,也不在析构队列或重要析构队列,下一轮 GC 可以把它们当作普通对象一样回收。

7.6.8 枚举跟踪复活弱引用GC句柄并清空不再存活对象引用

如本章第1节所提到的,跟踪复活弱引用(WeakTrackResurrection)GC句柄与弱引用(Weak)GC句柄作用基本一样,但会等待对象的析构函数执行完成之后再设置句柄中保存的引用为null。标记阶段完成前文所述的所有处理后,会扫描跟踪复活弱引用GC句柄,然后判断句柄指向的目标对象的存活标记是否为1,如果不为1,则表示对象不再被其他对象引用,并且对象没有析构函数或析构函数已经执行,此时即可设置句柄中保存的引用为null,下一次托管代码访问跟踪复活弱引用GC句柄时,可以得知对象已被回收,并且不可复活。

7.6.9 决定是否启用升代

标记阶段最后的处理是判断是否应该启用升代(Promotion)。如果启用升代,那么托管堆上的对象在GC结束后会进入下一代,例如第0代的对象会变为第1代,第1代的对象会变为第2代,第2代的对象继续留在第2代。是否启用升代的判断不仅在标记阶段结束时出现,在重新决定目标代与计划阶段结束时也会出现。为了便于查看,涉及的判断条件在下方全部列出。以下判断条件中的任意一项满足时,GC就会启用升代;如果全部条件都不满足,则对象在GC结束后会留在它们原有的代上。

- 执行完整GC时(目标代为第2代);
- 比目标代更老的代对象过少,或本次标记的对象过多时(算法稍后介绍);
- 卡片表扫描效率过低时(算法见上一节);
- 短暂堆段剩余空间过少时(算法见上一节);
- 短暂堆段的对象大小合计大于默认堆段大小时;
  启用无GC区域(No GC Region)可能会导致这种情况,参考本章第12节;
- 计划阶段(Plan Phase)选择清扫(Sweep)而不是压缩(Compact)时。

第二项条件使用的计算规则如下:

```
界限 = 0
if(工作站GC)
{
    if(目标代 < = 1)
        界限 += 第0代分配阈值下限 * 0.06
    if(目标代 == 1)
        界限 += 第1代分配阈值下限 * 0.12
}
else if(服务器GC)
{
    if(目标代 < = 1)
```

        界限 += 第 0 代分配量阈值下限 * 0.1
        if(目标代 == 1)
        界限 += 第 1 代分配量阈值下限 * 0.2
}
if(!启用升代)
{
        if(界限 > 更老的代对象大小合计)
            启用升代 = true
        else if(本次标记的对象大小合计 > 界限)
            启用升代 = true
}

7.6.10　CoreCLR 中的相关代码

如果对 CoreCLR 中垃圾回收标记阶段的代码感兴趣,可以参考以下链接。标记阶段的主要处理在 gc_heap::mark_phase 函数中,代码地址如下:

// gc_heap::mark_phase 函数
https://raw.githubusercontent.com/dotnet/coreclr/v2.1.5/src/gc/gc.cpp

获取根对象的代码地址如下:

// GCScan::GcScanRoots 函数
// 传入的 fn 参数会作为回调调用,标记阶段会传入 GCHeap::Promote 函数
https://github.com/dotnet/coreclr/blob/v2.1.5/src/gc/gcscan.cpp#L152
// 调用 GCToEEInterface::GcScanRoots 函数
https://github.com/dotnet/coreclr/blob/v2.1.5/src/vm/gcenv.ee.cpp#L153
// 调用 ScanStackRoots 函数执行调用链跟踪并找到根对象
https://github.com/dotnet/coreclr/blob/v2.1.5/src/vm/gcenv.ee.cpp#L75

递归扫描根对象并设置存活标记的代码地址如下:

// GCHeap::Promote 函数
// 判断对象是否属于目标代范围并调用 gc_heap::mark_object_simple 函数
// 调用 gc_mark1 函数设置对象的存活标记为 1
// 调用 go_through_object_cl 宏枚举对象引用的其他对象
// 调用 gc_mark 函数设置这些对象的存活标记为 1(与 gc_mark1 不同的是会检查是否属于目标代范围)
// 如果这些对象有子对象,则调用 mark_object_simple1 函数继续处理这些对象
// mark_object_simple1 会使用栈结构模拟递归处理,防止栈溢出问题
https://raw.githubusercontent.com/dotnet/coreclr/v2.1.5/src/gc/gc.cpp

通过卡片表扫描跨代引用并设置存活标记的代码地址如下:

// 扫描小对象堆段对应的卡片表范围使用 mark_through_cards_for_segments 函数

```
// 扫描大对象堆段对应的卡片表范围使用 mark_through_cards_for_large_objects 函数
https://raw.githubusercontent.com/dotnet/coreclr/v2.1.5/src/gc/gc.cpp
```

枚举强引用 GC 句柄与固定 GC 句柄，并设置存活标记的代码地址如下：

```
// GCScan::GcScanHandles 函数
// ScanContext::promotion 为 true 代表调用来源是标记阶段，为 false 代表调用来源是重
    定位阶段
https://github.com/dotnet/coreclr/blob/v2.1.5/src/gc/gcscan.cpp#L163
// 调用 Ref_TracePinningRoots 函数
https://github.com/dotnet/coreclr/blob/v2.1.5/src/gc/objecthandle.cpp#L1052
// 调用 Ref_TraceNormalRoots 函数
https://github.com/dotnet/coreclr/blob/v2.1.5/src/gc/objecthandle.cpp#L1092
```

枚举弱引用 GC 句柄并清空不再存活对象引用的代码地址如下：

```
// GCScan::GcShortWeakPtrScan 函数
https://github.com/dotnet/coreclr/blob/v2.1.5/src/gc/gcscan.cpp#L141
// 调用 Ref_CheckAlive 函数
https://github.com/dotnet/coreclr/blob/v2.1.5/src/gc/objecthandle.cpp#L1480
// 调用 HndScanHandlesForGC 函数并执行 CheckPromoted 回调
https://github.com/dotnet/coreclr/blob/v2.1.5/src/gc/objecthandle.cpp#L323
```

扫描析构对象列表并添加不再存活对象到析构队列的代码地址如下：

```
// CFinalize::ScanForFinalization 函数
// 把不再存活并需要运行析构函数的对象添加到 FinalizerListSeg 或 CriticalFinalizerListSeg
// 从析构队列取出对象时会调用 GCHeap::GetNextFinalizableObject 函数
https://raw.githubusercontent.com/dotnet/coreclr/v2.1.5/src/gc/gc.cpp
```

枚举跟踪复活弱引用 GC 句柄并清空不再存活对象引用的代码地址如下：

```
// GCScan::GcWeakPtrScan 函数
https://github.com/dotnet/coreclr/blob/v2.1.5/src/gc/gcscan.cpp#L101
// 调用 Ref_CheckReachable 函数
https://github.com/dotnet/coreclr/blob/v2.1.5/src/gc/objecthandle.cpp#L1184
// 调用 HndScanHandlesForGC 函数并执行 CheckPromoted 回调
https://github.com/dotnet/coreclr/blob/v2.1.5/src/gc/objecthandle.cpp#L323
// 调用 Ref_ScanDependentHandlesForClearing 函数
// 此函数用于处理 Dependent 类型的 GC 句柄，这个类型指向两个对象，如果第一对象存活则
    要求第二对象存活
// 此函数会在确定第一对象不存活时清除 GC 句柄中保存的对象引用
https://github.com/dotnet/coreclr/blob/v2.1.5/src/gc/objecthandle.cpp#L1316
```

决定是否启用升代的代码地址如下：

```
//涉及的函数包括
```

// gc_heap::generation_to_condemn
// gc_heap::mark_phase
// gc_heap::plan_phase
// 搜索 promotion = TRUE 可以看到哪些地方决定了启用升代
https://raw.githubusercontent.com/dotnet/coreclr/v2.1.5/src/gc/gc.cpp

第7节 计划阶段

7.7.1 构建 Plug 树

经过标记阶段的处理后,程序正在使用的对象存活标记(Marked Bit)都为 1,并且内存位置不可改变的对象固定标记(Pinned Bit)都为 1,而程序不再使用的对象存活标记都为 0。此时托管堆上的对象值可以分为三类:第一类是存活标记为 0 的对象,第二类是存活标记为 1 但固定标记为 0 的对象,第三类是存活标记与固定标记都为 1 对象。计划阶段(Plan Phase)的第一步是创建 Plug 管理相邻并属于同一类的对象。Plug 分为两种:第一种是不固定 Plug,对应存活标记为 1 但固定标记为 0 的对象;第二种是固定 Plug,对应存活标记与固定标记都为 1 的对象。存活标记为 0 的对象没有对应的 Plug。针对托管堆上的对象创建 Plug 的例子如图 7.37 所示。

图 7.37 针对托管堆上的对象创建 Plug 的例子

每个 Plug 包含了以下信息:
- gap:在这个 Plug 之前存活标记为 0 的对象大小合计(可回收的字节长度);
- reloc:模拟压缩时的这个 Plug 需要移动的内存地址偏移值,通常是负数(向前移动);
- left:距离左边的 Plug 节点的内存地址偏移值;
- right:距离右边的 Plug 节点的内存地址偏移值;
- skew:为了防止覆盖 Plug 中第一个对象的对象头而预留的空间。

这些信息储存在托管堆上每个 Plug 的第一个对象之前的空间,如果两个 Plug 相邻,后面一个 Plug 的信息可能会覆盖前一个 Plug 最后一个对象的值。这会引申出一个问题:如果两个 Plug 相邻并且前一个 Plug 是固定 Plug,后一个 Plug 是非固定 Plug,那么固定 Plug 中最后一个对象的值可能会被后一个 Plug 的信息覆盖,这就违反了上一节提到的固定对象的内容不可以被 GC 暂时性的覆盖的规定。为了避免这个问题,计划阶段创建 Plug 时,如果某个非固定对象紧接着固定对象,那么非固定对象也会归到固定 Plug 中,使得 Plug 信息只能覆盖非固定对象,如图 7.38 所示。

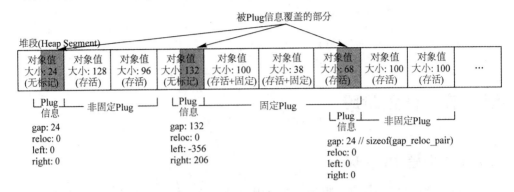

图 7.38　紧接着固定对象的非固定对象会归到固定 Plug 中

如果对象存活并且值被 Plug 信息覆盖,被覆盖之前的内容会备份在一个 mark 类型的实例中,实例会保存在各个区域关联的 mark_stack_array 类型的列表中,GC 结束前会枚举这个列表恢复所有被覆盖的内容。mark 类型的实例与固定 Plug 关联,如果固定 Plug 后面跟着非固定 Plug,那么被覆盖的内容会保存到 saved_post_plug 字段中,代表非固定 Plug 覆盖了固定 Plug 的末尾;如果非固定 Plug 后面跟着固定 Plug,那么被覆盖的内容会保存到 saved_pre_plug 字段中,代表固定 Plug 覆盖了非固定 Plug 的末尾,如图 7.39 所示。

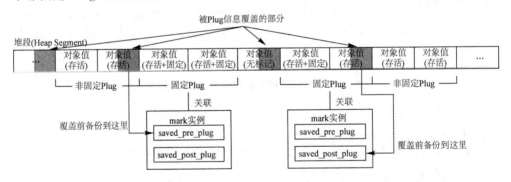

图 7.39　被相邻的下一个 Plug 覆盖的内容会备份在 mark 类型的实例中

为了支持枚举托管堆上的 Plug,多个 Plug 会组成一颗 Plug 树,Plug 信息中的 left 与 right 字段代表左子 Plug 与右子 Plug 距离当前 Plug 的偏移值,请参考图 7.38 中的值。对象的存活标记与固定标记会在创建 Plug 的过程中重置为 0,之后所有的处理都会以 Plug 为单位,因为多个对象可以作为一个 Plug 处理,处理的效率会有所提高。

7.7.2　构建 Brick 表

因为存活的对象可能会有很多,创建的 Plug 数量也会有很多。如果所有 Plug

都在一棵 Plug 树下,则此树会非常庞大,不利于检索。计划阶段使用了 Brick 表,可以按范围分割 Plug 树。Brick 表的数据结构是 short 类型的数组,每个元素都对应堆段上的一个范围,这个范围在 32 位平台上是 2 048 字节,在 64 位平台上是 4 096 字节,元素值是距离该范围内的 Plug 树的根节点的内存地址偏移值。如果元素值为 -1,则表示根节点的地址在前一个元素对应的范围中,如图 7.40 所示。使用 Brick 表分割 Plug 树后,可以根据对象的内存地址找到对应的 Brick 元素,再找到对应的 Plug 树根节点,然后找到对应的 Plug 节点,从而获取关联的 Plug 信息,后面的重定位阶段(Relocate)会根据这个流程来获取对象移动后的内存地址。

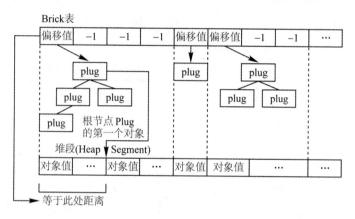

图 7.40 Brick 表按范围分割 Plug 树的例子

7.7.3 模拟压缩

　　创建完 Plug 树与 Brick 表后的下一步是模拟执行压缩操作。计划阶段会枚举所有 Plug 并且重新计算其中第一个对象的开始地址,原开始地址与新开始地址之间的距离会保存到 Plug 信息的 reloc 字段中。这个偏移值大部分时候是负数,表示向更前的地址移动,如果此后决定需要执行压缩操作,则 Plug 中的所有对象都会按这个偏移值移动到目标地址。因为固定对象不可移动,所有固定 Plug 的 reloc 字段一定为 0。模拟压缩仅计算移动后的地址并保存到 Plug 信息中,各个对象值实际上不会移动,指向它们的内存地址也不会被修改。模拟压缩的例子如图 7.41 所示。

　　除了计算各个 Plug 的偏移值外,模拟压缩还会计算各个代的新开始地址,也称计划开始地址(Plan Generation Start)。计划开始地址保存在管理各个代的 generation 实例的动态数据中。举例来说,如果一个非固定的对象在 GC 执行前是第 1 代,并且 GC 判断需要启用升代,那么这个对象在 GC 执行后应该变为第 2 代,则第 1 代的计划开始地址应该设置在所有原第 1 代的对象的新地址之后。而固定对象有可能因为代的开始地址改变而发生降代(Demotion)的情况,例如一个固定对象在 GC 执行前是第 1 代,但 GC 执行后把所有原第 0 代的对象都移动到这个对象之前,则这个

堆段(Heap Segment)							
…	gap 大小:32	非固定 Plug A 大小: 188	gap 大小:39	固定 Plug B 大小: 163	gap 大小:28	非固定 Plug C 大小: 238	…

↑ GC目标代范围的开始地址

① 计算Plug A的新地址，偏移值保存在Plug信息的reloc字段中

堆段(Heap Segment)							
…	gap 大小:32	非固定Plug A 大小: 188, 偏移:-32	gap 大小:39	固定的Plug B 大小:163	gap 大小:28	非固定Plug C 大小: 238	…
		非固定的Plug A 大小: 188				移动后的位置	

② 计算Plug B的新地址，因为它是固定Plug所以不会被移动

堆段(Heap Segment)							
…	gap 大小:32	非固定Plug A 大小: 188, 偏移:-32	gap 大小:39	固定Plug B 大小: 163, 偏移: 0	gap 大小:28	非固定Plug C 大小: 238	…
		非固定Plug A 大小: 188		固定Plug B 大小: 163		移动后的位置	

③ 计算Plug C的新地址，Plug A与Plug B之间的空间不足以保存Plug C，应该移到Plug B后

堆段(Heap Segment)							
…	gap 大小:32	非固定Plug A 大小: 188, 偏移:-32	gap 大小:39	固定Plug B 大小: 163, 偏移: 0	gap 大小:28	非固定Plug C 大小: 238, 偏移: -28	…
		非固定Plug A 大小: 188		固定Plug B 大小: 163		非固定Plug C 大小: 238	移动后的位置

图 7.41 模拟压缩的例子

固定对象在 GC 执行后会变为第 0 代。图 7.42 是计算计划开始地址与发生降代的例子。模拟压缩计算出来的偏移值与计划开始地址仅在之后判断执行压缩时使用，如果判断不执行压缩，则这些计算结果会被抛弃。

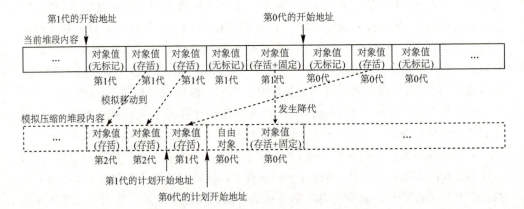

图 7.42 计算计划开始地址与发生降代的例子

7.7.4 判断是否执行压缩与新建短暂堆段

模拟压缩后,计划阶段会基于模拟压缩的结果判断是否执行压缩与新建短暂堆段,以下是判断是否执行压缩的条件一览。当满足任意一条时,会判断需要执行压缩操作,接下来会进入重定位阶段(Relocate Phase)与压缩阶段(Compact Phase);如果都不满足,则接下来会进入清扫阶段(Sweep Phase)。

- 触发 GC 时明确要求启用压缩(例如分配对象失败时,参考本章第 4 节的流程)。
- 触发 GC 的原因是开启无 GC 区域(No GC Region)(参考本章第 12 节的说明)。
- 当前短暂堆段中的可用空间过少,计算规则如下:
  堆段末尾的未分配空间大小≤max(第 0 代的分配量阈值下限 * 2,第 0 代的分配量阈值 * 1.5)。
- 因压缩而释放的尾部空间大小大于阈值,计算规则如下:
  因压缩而释放的尾部空间大小≥目标代的碎片空间上限 && 因压缩而释放的尾部空间大小/GC 目标代范围的总大小≥碎片率上限;
  各个代的碎片空间上限与碎片率上限的值在本章第 5 节中可以找到。
- 当前系统物理内存占用过高,计算规则如下:
  物理内存的已使用大小/物理内存的总大小 > 内存占用率上限;
  内存占用率上限的值在本章第 5 节中可以找到。

判断是否新建短暂堆段的计算规则如下。如果需要新建,则在执行压缩操作前新建短暂堆段代替当前的短暂堆段。新建管理短暂堆段使用 heap_segment 实例时有可能会重用之前释放的可重用堆段。是否新建大对象堆段不在这里判断,而是在分配大对象的流程中判断,详细参考本章第 4 节中的流程。

```
需求大小 0 = max(第 0 代的分配量阈值下限 * 2,第 0 代的分配量阈值 * 1.5)
需求大小 1 = 需求大小 0 + 第 1 代的分配量阈值下限 * 2
短暂堆段空间不足 =(
    执行压缩 &&
    GC 目标代 >= 1&&
    执行压缩后短暂堆段末尾的空间大小 <= 需求大小 1 &&
    执行压缩后短暂堆段末尾的空间大小 + 自由对象大小合计 <= 需求大小 0 &&
    执行压缩后短暂堆段末尾的空间大小 < 85000 字节 &&
    执行压缩后短暂堆段中最大的自由对象大小 < 85000 字节 + 指针大小 * 3)
无 GC 区域预留空间不足 =(
    触发 GC 的原因是开启无 GC 区域 &&
    执行压缩后短暂堆段末尾的空间大小 < 开启无 GC 区域时要求预留的小对象堆段大小)
新建短暂堆段 = 短暂堆段空间不足 || 无 GC 区域预留空间不足
```

7.7.5　CoreCLR 中的相关代码

如果对 CoreCLR 中垃圾回收计划阶段的代码感兴趣，可以参考以下链接。标记阶段的主要处理在 gc_heap::plan_phase 函数中，代码地址如下：

// gc_heap::plan_phase 函数
// 创建 Plug 树与 Brick 表的处理都在这个函数中
// 创建 Plug 时会调用 store_plug_gap_info 函数保存部分信息并备份覆盖前内容
// 创建过程中会调用 clear_marked 与 clear_pinned 函数清除存活标记与固定标记
// 如果非固定 Plug 体积较大并且移动距离较小会转换为固定 Plug
// (Artificially Pinned Plug)
// 计划代边界的工作主要在 process_ephemeral_boundaries,
// plan_generation_start, plan_generation_starts 函数中完成
// 模拟压缩的工作主要在 allocate_in_condemned_generations,
// allocate_in_older_generation 函数中完成,
// 并通过 set_node_relocation_distance 函数保存偏移值到 Plug 信息中
https://raw.githubusercontent.com/dotnet/coreclr/v2.1.5/src/gc/gc.cpp

判断是否执行压缩与新建短暂堆段的代码地址如下：

// gc_heap::decide_on_compacting 函数
// 判断当前短暂堆段中的可用空间过少调用 dt_low_ephemeral_space_p 函数
// 是否执行压缩保存在 should_compact 变量
// 是否新建堆段保存在 should_expand 变量
https://raw.githubusercontent.com/dotnet/coreclr/v2.1.5/src/gc/gc.cpp

新建短暂堆段的代码地址如下：

// 获取新堆段或可重用堆段使用 gc_heap::soh_get_segment_to_expand 函数
// 替换当前短暂堆段使用 gc_heap::expand_heap 函数
https://raw.githubusercontent.com/dotnet/coreclr/v2.1.5/src/gc/gc.cpp

第 8 节　重定位阶段

7.8.1　修改对象引用地址

如果计划阶段决定执行压缩，那么下一个阶段就是重定位阶段（Relocate Phase）。在计划阶段，各个对象移动后的地址已经计算好并且以偏移值的形式保存到所属 Plug 的信息中，重定位阶段的工作是修改指向这些对象的内存地址，使得它们保存移动后的内存地址，但对象值本身仍留在原来的位置。以下述 C#代码为例，变量 a、b1. Child、b2. Child 都指向相同的对象值，假设对象值在内存地址 0x7fff8600，触发 GC 后，计划阶段模拟压缩计算出此对象所属的 Plug 的偏移值是

—0x100，那么重定位阶段会把变量 a、b1.Child、b2.Child 本身的值从 0x7fff8600 修改到 0x7fff8500，但对象值仍然留在内存地址 0x7fff8600，如图 7.43 所示。

```
public class MyClass
{
    public int Id;
}
public class MyParentClass
{
    public MyClass Child;
}

public static void Example()
{
    var a = new MyClass(){ Id = 0x123 };
    var b1 = new MyParentClass(){ Child = a };
    var b2 = new MyParentClass(){ Child = a };
    System.GC.Collect();
}
```

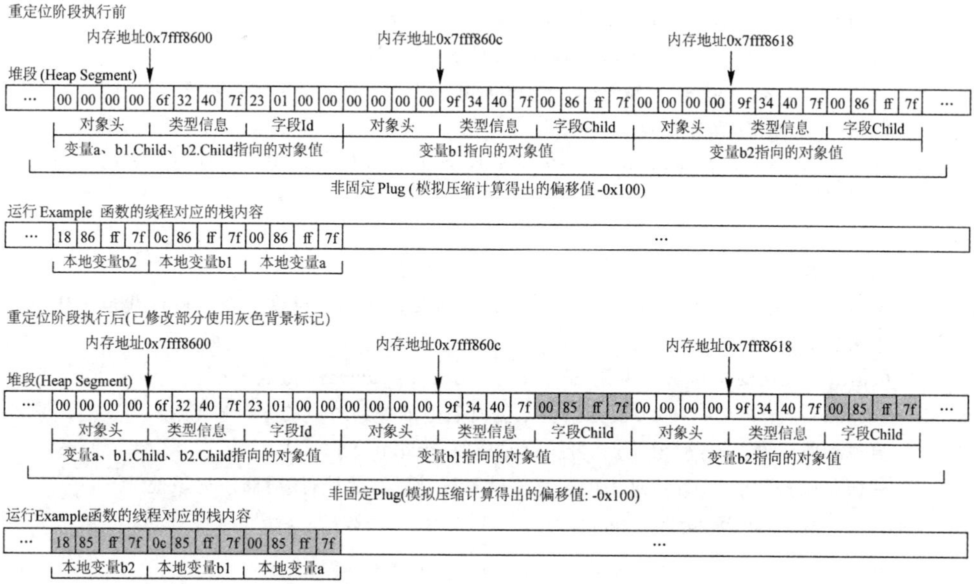

图 7.43　重定位阶段修改对象引用地址的例子

重定位阶段在查找对象引用时使用了与标记阶段一样的方式，包括枚举所有托管线程并通过调用链跟踪与函数元数据获取所有本地变量、枚举 GC 句柄、枚举析构队列、扫描卡片表等。与标记阶段不同的是，标记阶段传给查找函数的回调会设置对象的存活标记为1,而重定位阶段传给查找函数的回调会根据对象地址找到对应的Brick元素,再找到对应的Plug树根节点,然后找到对应的Plug节点,从而获取关联的Plug信息中的偏移值并计算移动后的地址,进而修改为该地址。此外,如果对象值被下一个相邻的Plug信息覆盖,并且覆盖的内容包含了引用类型的成员,那么重定位阶段修改地址时会修改备份的内容,而不是修改托管堆上的内容。

在重定位阶段结束后,部分对象的内容会被相邻的下一个Plug覆盖,部分对象的引用类型成员会指向移动后的地址,但目标对象值仍未移动,如果这时允许托管代码同时运行,则会发生灾难性的后果,这也是为什么压缩操作需要在所有托管线程都停止(切换到抢占模式)时才能执行,并且不支持后台GC的原因。

7.8.2　CoreCLR 中的相关代码

如果对CoreCLR中垃圾回收重定位阶段的代码感兴趣,可以参考以下链接。
重定位阶段的主要处理在gc_heap::relocate_phase函数中,代码地址如下:

```
// gc_heap::relocate_phase 函数
// 调用 GCScan::GcScanRoots 函数并传入 GCHeap::Relocate 回调修改根对象引用
// 调用 mark_through_cards_for_segments 函数并传入
// gc_heap::relocate_address 回调修改小对象堆段中的跨代引用
// 调用 mark_through_cards_for_large_objects 函数并传入
// gc_heap::relocate_address 回调修改大对象堆段中的跨代引用
// 调用 finalize_queue->RelocateFinalizationData 函数枚举析构队列
// 调用 GCScan::GcScanHandles 函数并传入 GCHeap::Relocate 回调修改 GC 句柄引用
// 调用 gc_heap::relocate_survivors 函数枚举 GC 目标代范围中所有存活下来的对象并修
//   改引用
// 回调函数
// 回调函数修改地址时只会修改根对象与 GC 句柄中的地址,不会递归枚举引用
// 不需要递归枚举的原因是 gc_heap::relocate_survivors 函数会处理目标代范围中存活
//   下来的对象
// GCHeap::Relocate 函数会调用 gc_heap::relocate_address 函数
// gc_heap::relocate_address 函数会根据对象地址找到对应的 Brick 元素,
// 再找到对应的 Plug 树根节点,再找到对应的 Plug 节点,
// 从而获取关联的 Plug 信息中的偏移值计算移动后的地址,然后修改为该地址
https://raw.githubusercontent.com/dotnet/coreclr/v2.1.5/src/gc/gc.cpp
```

第 9 节　压缩阶段

7.9.1　复制对象值

经过重定位阶段后,所有需要移动的对象地址都已经修改到移动后的地址,但对

象值本身仍留在原来的位置，压缩阶段（Compact Phase）的主要工作是把对象值复制到移动后的地址。压缩阶段会扫描 Brick 表查找 Plug 树，然后枚举 Plug 树找到各个 Plug 的信息，再根据 Plug 信息中的偏移值以 Plug 为单位复制内存到移动后的地址，复制前后的效果如图 7.44 所示。

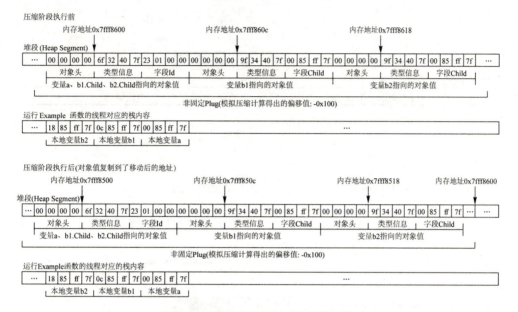

图 7.44　压缩阶段复制对象值的例子

复制对象值的处理有两个小细节。

第一个小细节是复制时会考虑对象头，Plug 中第一个对象的对象头会包含在复制范围内，最后一个对象末尾预留给下一个对象头的空间会排除到复制范围外，如图 7.45 所示。

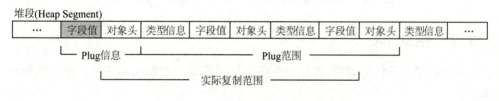

图 7.45　复制对象值时实际复制的范围

第二个小细节是复制时会考虑被 Plug 信息覆盖的内容，在复制前会先恢复被相邻的下一个 Plug 覆盖的内容，复制后再重新把下一个 Plug 的信息设置回去。此时如果移动的偏移值小于 Plug 信息的大小，则重新把下一个 Plug 的信息设置回去时会覆盖移动后的对象值，如图 7.46 所示，所以结束 GC 时需要再次把所有被 Plug 信息覆盖的内容恢复回去。

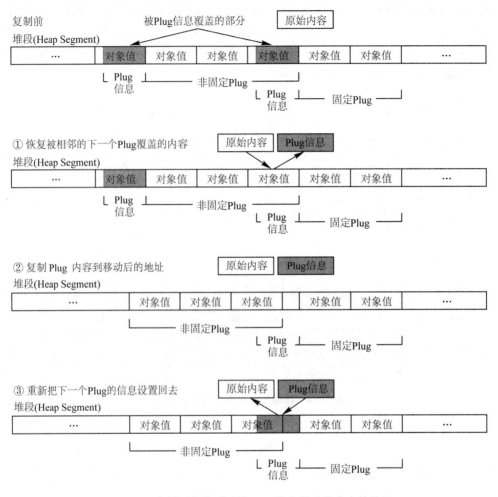

图 7.46　复制对象值时对被 Plug 信息覆盖的内容的处理

7.9.2　结束 GC

压缩阶段的工作完成后,再执行一些收尾工作就可以结束 GC 了。包含的处理如下:

- 设置各个代的开始地址为计划阶段计算出来的计划开始地址;
- 释放无存活对象的小对象堆段;
- 在固定 Plug 前的空余空间创建自由对象,并添加到自由列表(参考本章第 7 节的图 7.42 的例子);
- 如果升代已启用并且未发生降代,清零卡片表中第 1 代的范围(包含原第 0 代的对象);
- 调整各个代的动态数据,例如总大小与碎片空间大小;

- 重新计算各个代的分配量阈值；
- 把短暂堆段末尾的未分配空间释放给操作系统；
- 通知 GC 结束，使得停止的托管线程恢复运行(抢占模式切换到合作模式)。

GC 结束后，如果有因为普通 GC 执行而停止的后台 GC，那么后台 GC 会唤醒并继续运行；如果析构队列中有等待执行析构函数的对象，那么析构线程会在后台执行它们；托管线程中的用户代码可以继续运行各种处理，一切都恢复工作，直到下一次 GC 触发。

7.9.3 CoreCLR 中的相关代码

如果对 CoreCLR 中垃圾回收压缩阶段的代码感兴趣，可以参考以下链接。
压缩阶段的主要处理在 gc_heap::compact_phase 函数中，代码地址如下：

```
// gc_heap::compact_phase 函数
// 扫描 Brick 表并调用 gc_heap::compact_in_brick，
// gc_heap::compact_plug 函数复制对象值
// 复制对象值前后会调用 mark::swap_post_plug_and_saved，
// mark::swap_pre_plug_and_saved 函数恢复被覆盖的内容与重新设置下一个 Plug 的信息
// 复制对象值使用 gc_heap::gcmemcopy 函数
https://raw.githubusercontent.com/dotnet/coreclr/v2.1.5/src/gc/gc.cpp
```

收尾工作的主要处理在 gc_heap::plan_phase 与 gc_heap::gc1 函数中，代码地址如下：

```
// gc_heap::compact_phase 函数结束后会返回到 gc_heap::plan_phase 函数
// gc_heap::plan_phase 函数结束后会返回到 gc_heap::gc1 函数
// gc_heap::gc1 函数结束后会返回到 gc_heap::garbage_collect 函数
// gc_heap::garbage_collect 函数结束后会返回到 GarbageCollectGeneration 函数
// 收尾工作包含在这些函数中
https://raw.githubusercontent.com/dotnet/coreclr/v2.1.5/src/gc/gc.cpp
```

第 10 节 清扫阶段

7.10.1 创建自由对象并加到自由列表

如果计划阶段决定不执行压缩，那么就会直接进入清扫阶段(Sweep Phase)。计划阶段创建的 Plug 信息中包含了每个 Plug 之前有多少字节的空间保存了未标记存活的对象，清扫阶段会在未标记存活的对象所占的空间上创建自由对象，并加入自由列表，相邻的自由对象会合并成一个自由对象，如图 7.47 所示。

清扫阶段会强制启用升代，新的第 2 代开始地址会设置在第一个堆段的开始地

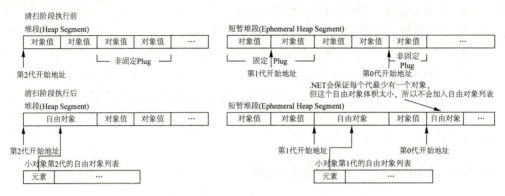

图 7.47 清扫阶段创建自由对象与设置代开始地址的例子

址,新的第 1 代开始地址会设置在存活下来的最后一个第 1 代对象的末尾,新的第 0 代开始地址会设置在存活下来的最后一个第 0 代对象的末尾,最后第 0 代只有一个体积最小的自由对象(.NET 会保证每个代最少有一个对象)。此外,计划阶段计算出来的偏移值与计划开始地址等信息都不会被使用。

7.10.2 结束 GC

清扫阶段的工作完成后,再执行一些收尾工作就可以结束 GC 了。以下是包含的处理一览,与上一节介绍的稍微有一些不同,例如创建自由对象与设置代开始地址的工作会在清扫阶段内部完成,并且卡片表中第 1 代的范围会无条件清零。

- 恢复被 Plug 信息覆盖的内容;
- 释放无存活对象的小对象堆段;
- 因为清扫阶段保证升代并不出现降代,卡片表中第 1 代的范围(包含原第 0 代的对象)会直接清零;
- 调整各个代的动态数据,例如总大小与碎片空间大小;
- 重新计算各个代的分配量阈值;
- 把短暂堆段末尾的未分配空间释放给操作系统;
- 通知 GC 结束,使得停止的托管线程恢复运行(抢占模式切换到合作模式)。

GC 结束后各种处理会恢复执行,与上一节介绍的一样,这里不再重复介绍。

7.10.3 CoreCLR 中的相关代码

如果对 CoreCLR 中垃圾回收清扫阶段的代码感兴趣,可以参考以下链接。
清扫阶段的主要处理在 gc_heap::make_free_lists 函数中,代码地址如下:

```
// gc_heap::make_free_lists 函数
// 扫描 Brick 表并调用 gc_heap::make_free_list_in_brick,
// gc_heap::make_unused_array 函数创建自由对象
```

```
// 注意如果两个 Plug 相邻，Plug 信息中的 gap 会设置为最小的对象大小，但实际不会在这
里创建自由对象
// 设置新的代开始地址使用 reset_allocation_pointers 函数
https://raw.githubusercontent.com/dotnet/coreclr/v2.1.5/src/gc/gc.cpp
```

收尾工作的主要处理在 gc_heap::plan_phase 与 gc_heap::gc1 函数中，代码地址同前一节相同。

第 11 节　后台 GC

如前面的章节提到的，.NET 中的后台 GC 支持在不暂停其他托管线程的情况下执行大部分 GC 工作，后台 GC 只针对第 2 代，不管是在工作站模式还是服务器模式下，都会使用独立的线程，执行过程中同时运行的托管线程可以触发针对第 0 代与第 1 代的 GC，详细可参考本章第 5 节的介绍。因为后台 GC 需要支持与托管代码同时运行，执行的过程中不能修改对象值，也不能移动对象的位置，所以后台 GC 不支持压缩操作，并且只包含后台标记阶段与后台清扫阶段。后台 GC 更多的是作为普通 GC 的辅助，用于减少普通 GC 的工作量与停顿时间，而无法代替普通 GC。本节将介绍后台 GC 中后台标记阶段与后台清扫阶段做出的处理。

7.11.1　后台标记阶段

后台标记阶段（Background Mark Phase）的目的与普通 GC 的标记阶段一样，都是找出所有正在使用的对象并标记存活，但存活标记不设置在类型信息的最后一位，而是设置在一个位数组。这个位数组的每个位在 32 位平台上对应 32 个字节，在 64 位平台上对应 64 个字节，如果两个对象的地址对应同一个位，那么一个对象标记存活会使得另一个对象也被认为是存活，这种情况会导致部分不再使用的对象跳过回收。而固定标记在后台 GC 中不会使用，因为后台 GC 不支持压缩操作，所以不需要区分对象是否固定。

GC 在决定启用后台 GC 后，会首先启用写监视机制（Write Watch），记录托管堆上修改过的范围，这是实现后台标记阶段与其他托管线程同时运行的关键。后台标记阶段开始时会先扫描根对象（各个线程的本地变量、GC 句柄、析构队列中的对象），与普通 GC 不同的是，找到根对象时不会立刻递归标记存活，而是把根对象添加到一个内部队列中。当内部队列包含当前所有根对象以后，后台标记阶段会恢复其他托管线程的运行（切换到合作模式），然后枚举内部队列中的根对象递归标记存活。当内部队列的所有对象都处理完成以后，后台标记阶段会再次暂停其他托管线程的运行（切换到抢占模式），然后重新扫描根对象，再根据写监视机制记录的修改范围把这些范围内引用的对象全部标记存活，使得那些因为同时运行的托管线程修改对象间引用关系而没有标记存活的对象得到标记。总的来说，后台标记阶段会经过"扫描

根对象（需要停止）→处理根对象（不需要停止）→再次扫描根对象（需要停止）"三个大步骤，具体步骤可以细分如下：

- 调用后台标记阶段之前
  暂停其他托管线程运行（切换到抢占模式）；
  启用写监视，记录托管堆上修改过的范围。
- 后台标记阶段
  扫描根对象，把根对象添加到一个内部队列中；
  恢复其他托管线程运行（切换到合作模式）；
  从内部队列中取出根对象并递归标记存活，存活标记储存在一个内部位数组中；
  暂停其他托管线程运行（切换到抢占模式）；
  重新扫描根对象；
  根据写监视结果重新扫描托管堆上修改过的部分，这部分引用的对象会强制标记为存活；
  关闭写监视；
  扫描弱引用GC句柄，设置不再存活的对象引用为null。
- 后台清扫阶段
  恢复其他托管线程运行（切换到合作模式）；
  ……

后台标记阶段结束后，所有程序中正在使用的对象都会标记为存活（位数组中对应的位设置为1），但由于实现方面有所约束，标记为存活的对象可能包含当前不再使用的对象，这些对象会在下一次普通GC或后台GC执行时被回收。

写监视机制在Windows系统上使用GetWriteWatch与ResetWriteWatch函数实现，在类Unix（Linux与OSX等）系统上使用本章第3节提到的记录跨代引用的JIT_WriteBarrier函数实现，启用写监视时，这个函数同时负责记录修改的范围。注意写监视机制仅记录托管堆上修改过的范围，不能记录各个线程的栈空间上修改过的范围，所以在后台标记阶段的最后仍然需要重新扫描一次根对象，确保栈空间上新引用的对象也标记为存活。

7.11.2　后台清扫阶段

后台清扫阶段（Background Sweep Phase）首先会恢复其他托管线程运行，从这里开始到后台GC结束都不再需要暂停其他托管线程，之后的处理与普通GC的清扫阶段基本一样，所有没有标记存活的对象所占的空间都会被回收。如果空间在堆段的已分配空间末尾，则会还给操作系统并减少堆段的已分配空间；如果堆段在已分配空间中间，则会创建自由对象并添加到所属代的自由列表中。因为之前的处理没有把存活标记设置在类型信息的最后一位，也没有创建Plug与设置Plug信息，所以标记为存活的对象值没有改变,后台清扫阶段不需要在其他托管线程暂停的情况下执行清扫处理,但某些工作(例如添加自由对象到自由列表)仍然需要使用原子操作或线程锁确保线程安全。

后台清扫阶段结束后的处理与上一节提到的处理基本一样,除了不需要恢复被 Plug 信息覆盖的内容与恢复其他托管线程的运行这两点之外。除了上述介绍的处理之外,后台 GC 会在运行过程中多次主动检查前台 GC(同时运行的托管线程触发的普通 GC)是否需要运行,如果需要运行,则暂停后台 GC 的工作并等待前台 GC 完成。

7.11.3 CoreCLR 中的相关代码

如果对 CoreCLR 中后台 GC 的代码感兴趣,可以参考以下链接。

启用与禁用写监视的代码地址如下:

```
// 类 Unix 系统上启用写监视使用 SoftwareWriteWatch::EnableForGCHeap 函数
// 这个函数会设置全局变量 g_sw_ww_enabled_for_gc_heap 用于通知 JIT_WriteBarrier
// 记录修改过的范围
https://github.com/dotnet/coreclr/blob/v2.1.5/src/gc/softwarewritewatch.h#L197
// 类 Unix 系统上禁用写监视使用 SoftwareWriteWatch::DisableForGCHeap 函数
https://github.com/dotnet/coreclr/blob/v2.1.5/src/gc/softwarewritewatch.h#L213
// Windows 系统上使用写监视机制通过 GetWriteWatch 与 ResetWriteWatch 函数
```

后台标记阶段的主要处理在 gc_heap::background_mark_phase 函数中,代码地址如下:

```
// gc_heap::background_mark_phase 函数
// 调用 GCScan::GcScanRoots 函数获取根对象并添加到队列 c_mark_list
// 调用 CFinalize::GcScanRoots 函数获取析构队列中的对象并添加到队列 c_mark_list
// 调用 restart_vm 函数恢复其他托管线程的运行
// 调用 background_drain_mark_list 函数处理队列中的根对象
// 调用 bgc_suspend_EE 函数暂停其他托管线程的运行
// 调用 GCScan::GcScanRoots 函数重新扫描根对象
// 调用 revisit_written_pages 函数扫描托管堆上修改过的范围
// 调用 SoftwareWriteWatch::DisableForGCHeap 函数禁用写监视(类 Unix 系统上)
// 调用 GCScan::GcShortWeakPtrScan 函数扫描弱引用 GC 句柄
https://raw.githubusercontent.com/dotnet/coreclr/v2.1.5/src/gc/gc.cpp
```

后台清扫阶段的主要处理在 gc_heap::background_sweep 函数中,代码地址如下:

```
// gc_heap::background_sweep 函数
// 调用 restart_EE 函数恢复其他托管线程的运行
// 枚举扫描范围内的堆段并处理未标记存活的对象
```

https://raw.githubusercontent.com/dotnet/coreclr/v2.1.5/src/gc/gc.cpp

收尾工作的主要处理在 gc_heap::gc1 函数中，代码地址同本章第 9 节，这里就不重复介绍了。

第 12 节　调整 GC 行为

7.12.1　设置 GC 模式

在 .NET 中关于 GC 最重要的选项有两个，第一个是使用服务器模式还是工作站模式，第二个是是否启用后台 GC，这两个选项加起来可以得出以下 4 种组合：

- 使用工作站模式＋禁用后台 GC；
- 使用工作站模式＋启用后台 GC；
- 使用服务器模式＋禁用后台 GC；
- 使用服务器模式＋启用后台 GC（需要 .NET Core 或 .NET Framework 4.5 以上）。

针对 .NET Framework 设置这两个选项可以修改项目中的程序配置文件名 App.config 或者 Web.config，也可以修改编译后的"程序完整名称.config"，例如可执行程序名称是 hello.exe 时，对应的程序配置文件名称是 hello.exe.config，配置文件的内容如下：

```
<configuration>
    <runtime>
        <gcServer enabled = "true"/>
        <gcConcurrent enabled = "true"/>
    </runtime>
</configuration>
```

设置 gcServer 为 true 时使用服务器模式，设置为 false 时使用工作站模式，如果不设置则根据当前的操作系统版本而定；设置 gcConcurrent 为 true 时会启用后台 GC，设置为 false 时会禁用后台 GC，不设置时使用默认值 true，即默认启用后台 GC。

针对 .NET Core 或者使用新项目格式的 .NET Framework 可以修改编译时的 csproj 项目文件，在 <PropertyGroup> 节下添加以下选项。设置 ServerGarbageCollection 为 true 时使用服务器模式，设置为 false 时使用工作站模式，如果不设置则根据当前的操作系统版本而定；设置 ConcurrentGarbageCollection 为 true 时启用后台 GC，设置为 false 时禁用后台 GC，不设置时使用默认值 true。编译后生成的程序配置文件名称是"程序名称.runtimeconfig.json"，例如可执行程序名称是 hello.exe 时，对应的程序配置文件名称是 hello.runtimeconfig.json。

```
<PropertyGroup>
    <ServerGarbageCollection> true </ServerGarbageCollection>
    <ConcurrentGarbageCollection> true </ConcurrentGarbageCollection>
</PropertyGroup>
```

工作站模式与服务器模式的区别在前面的章节已经介绍过了,简单来说,如果您的.NET程序用于给其他计算机提供服务(例如Web服务器),并希望尽可能占用系统资源以提升吞吐量,就应该启用服务器模式;如果您的.NET程序只处理本地计算机的工作(例如桌面程序),并且希望尽量减少内存占用以支持在同一个环境下运行更多的程序,就应该启用工作站模式。而若没有特殊原因,后台GC应该保持启用,它可以减少普通GC的工作量与停顿时间,改善程序的响应速度。

在程序中检测当前使用的模式可以访问全局变量System.Runtime.GCSettings.IsServerGC:为true时代表当前使用的是服务器模式,为false时代表当前使用的是工作站模式。检测是否启用后台GC可以访问全局变量System.Runtime.GCSettings.LatencyMode,为Batch时代表当前禁用后台GC:为Interactive时代表当前启用后台GC,这个变量有可能为其他值,具体请看后文中设置延迟模式的说明。

7.12.2 设置延迟模式

修改上述的全局变量System.Runtime.GCSettings.LatencyMode可以设置当前的延迟模式,设置为Batch与Interactive以外的值可以抑制GC的触发,一般在需要实时性的场景下使用,但不能长时间设置,因为长时间抑制GC的触发会导致程序内存占用率过高。下面是这个全局变量可以设置的值:

① GCLatencyMode.Batch:禁用后台GC,只允许普通GC;

② GCLatencyMode.Interactive:启用后台GC与普通GC,这是最常见的值;

③ GCLatencyMode.LowLatency:抑制针对第2代的普通GC与后台GC,除非系统内存不足;

④ GCLatencyMode.NoGCRegion:预分配空间用完之前不允许所有GC,参考下面开启无GC区域的说明,这个值不能手动设置;

⑤ GCLatencyMode.SustainedLowLatency:抑制针对第2代的普通GC,除非系统内存不足,与LowLatency的区别是允许后台GC运行。

以下是设置System.Runtime.GCSettings.LatencyMode变量的C#代码例子:

```
public static void Example()
{
    // 备份原来的延迟模式
    var oldMode = GCSettings.LatencyMode;
```

.NET Core 底层入门

```
    // 开启 CER 区域,保障 finally 块中的代码一定会执行
    // 这是为了在 .NET Framework 上支持线程中止安全,在 .NET Core 上不需要使用
    RuntimeHelpers.PrepareConstrainedRegions();

    try
    {
        // 设置低延迟模式,抑制针对第 2 代的普通 GC 与后台 GC
        GCSettings.LatencyMode = GCLatencyMode.LowLatency;

        // 执行需要实时性的操作,注意在此期间程序的内存占用会不断上升
        // ...
    }
    finally
    {
        // 恢复原来的延迟模式
        GCSettings.LatencyMode = oldMode;
    }
}
```

7.12.3 设置延迟等级

延迟等级(Latency Level)与上面介绍的延迟模式名称相似,但它们是迥然不同的。延迟等级主要影响本章第 5 节介绍的计算分配量阈值时使用的参数(阈值上限、阈值下限、系数上限和系数下限等),而分配量阈值会影响触发 GC 的频率。目前 .NET Core 支持两种延迟等级:第一种是低内存使用(Low Memory Footprint),会尽量减少内存使用量并增加 GC 触发频率;第二种是平衡(Balanced),会平衡内存使用量与 GC 触发频率。修改延迟等级可以通过设置环境变量 COMPlus_GCLatencyLevel 实现,值为 0 时表示低内存使用,值为 1 时表示平衡,默认的延迟等级是平衡。

以下是 Windows 系统上设置延迟等级并启动 .NET Core 程序使用的命令:

```
set COMPlus_GCLatencyLevel = 0
dotnet Program.dll
```

以下是类 Unix 系统上设置延迟等级并启动 .NET Core 程序使用的命令:

```
export COMPlus_GCLatencyLevel = 0
dotnet Program.dll
```

关于延迟等级的设置,微软并没有专门的文档说明,但代码出现在 .NET Core 2.1 以后,所以这个选项应该只能用于 .NET Core 2.1 以上的版本,并且尚未支持 .NET Framework。

7.12.4　开启无 GC 区域

手动设置延迟模式为 LowLatency 或 SustainedLowLatency 只能抑制针对第 2 代的 GC，而针对第 0 代与第 1 代的 GC 仍会发生。.NET 提供了无 GC 区域（No GC Region）机制用于抑制所有 GC 的触发，无 GC 区域开始时首先从托管堆预留指定大小的空间，之后托管代码分配对象都会从预留的空间中分配，只要预留的空间没有用完，所有 GC 都不会发生。

开启无 GC 区域的 C# 代码例子如下，函数 System.GC.TryStartNoGCRegion 有三个参数：第一个参数 totalSize 是预留的总字节数；第二个参数 lohSize 是总字节数中给大对象预留的字节数；第三个参数 disallowFullBlockingGC 为 true 时代表第一次失败后应该直接返回 false 给调用者，为 false 时代表第一次失败后应该触发完整 GC 并重试，重试以后仍然失败再返回 false。需要注意的是，无 GC 区域开启后，如果预留的空间用尽，则无 GC 区域会自动结束，延迟模式也会恢复到之前的值，所以手动关闭无 GC 区域之前需要再次判断当前的延迟模式是否为 NoGCRegion。

```
public static void Example()
{
    // 预留 16 MB 的内存，然后开启无 GC 区域
    if(GC.TryStartNoGCRegion(1024 * 1024 * 16))
    {
        try
        {
            // 执行需要实时性的操作，注意在此期间程序分配对象时都会使用预留的空间
            // ...
        }
        finally
        {
            // 如果尚未自动结束无 GC 区域，则手动结束
            if(GCSettings.LatencyMode == GCLatencyMode.NoGCRegion)
            {
                GC.EndNoGCRegion();
            }
        }
    }
    else
    {
        // 预留内存失败时的处理
    }
}
```

7.12.5 开启大对象堆压缩

GC 在默认情况下不会针对大对象堆段执行压缩操作,这是因为大对象堆段内部不分代,并且对象体积比较大,所以造成的碎片空间比较容易被复用,并且移动大对象的值成本相当高,可能会大幅增加 GC 的停顿时间。如果确实需要,可以设置全局变量 System.Runtime.GCSettings.LargeObjectHeapCompactionMode 为 CompactOnce,下一次触发完整 GC 时会强制启用针对大对象堆段的压缩操作,但 GC 结束后这个变量的值会恢复为 Default,也就是只能影响一次 GC。设置这个全局变量的 C♯代码例子如下:

```
public static void Example()
{
    GCSettings.LargeObjectHeapCompactionMode =
    GCLargeObjectHeapCompactionMode.CompactOnce;
    // 强制启用针对大对象堆段的压缩操作
    GC.Collect();
    //运行到这里时 LargeObjectHeapCompactionMode 会恢复为 Default
    // 不启用针对大对象堆段的压缩操作
    GC.Collect();
}
```

7.12.6 保留堆段空间地址

默认情况下,如果一个堆段中的所有对象都不再存活或移动到其他堆段,堆段占用的物理内存会释放回操作系统,并且管理这个堆段使用的实例会被删除。启用保留堆段空间地址(Retain VM)选项时,堆段占用的物理内存会释放回操作系统,但管理堆段使用的实例不会被删除,而是加入到可重用堆段(Standby Heap Segment)列表中。这样做的意义是防止虚拟内存空间碎片化,加入到可重用堆段列表中的实例会保持着对应虚拟内存空间的所有权(尽管它们不关联物理内存),下次使用该堆段时,可以在相同的虚拟内存空间上分配对象。因为 64 位平台的虚拟内存空间非常大,虚拟内存碎片化不会带来问题,但在 32 位平台上长时间运行的 .NET 程序可能需要开启此选项。

开启堆段实例重用可以编辑 csproj 项目文件,并在 PropertyGroup 节下添加 RetainVMGarbageCollection 且设置值为 true,例子如下所示;也可以设置环境变量 COMPlus_GCRetainVM 为 1。

```
<PropertyGroup>
    <RetainVMGarbageCollection> true </RetainVMGarbageCollection>
</PropertyGroup>
```

7.12.7 更多选项(针对 .NET Core)

除了上述介绍的选项外,还有一些内部的参数可以调整 GC 行为,下表是 .NET Core 中可以通过环境变量配置并且作用比较明确的参数,配置时需要在各个参数名称前添加"COMPlus_",例如参数 GCLatencyLevel 对应环境变量 COMPlus_GCLatencyLevel。

配 置	默认值	说 明
BGCSpin	2	后台 GC 运行时,分配对象每 BGCSpinCount 次会休眠 BGCSpin ms
BGCSpinCount	140	见上
gcAllowVeryLargeObjects	1	是否允许在托管堆上分配 2 GB 以上的对象
GCCompactRatio	0	判断启用压缩的最小比率,例如设置为 20% 时每四次最少有一次启用
GCConfigLogEnabled	0	是否启用 GC 配置日志
GCConfigLogFile		启用 GC 配置日志时写入的文件路径
gcConservative	0	是否启用保守式 GC,启用时扫描栈空间会把所有数值当作对象地址处理
GCCpuGroup	0	服务器模式的各个 GC 线程是否应该绑定到特定的 CPU 组,而不是 CPU
gcForceCompact	0	是否让每一次普通 GC 都强制启用压缩
GCgen0size	0	如果不是默认值,第 0 代分配阈值下限等于这个值 * 1.6
GCHeapCount	0	服务器模式使用的区域数量,默认等于 CPU 逻辑核心数
GCLatencyLevel	1	延迟等级,见本节中的说明
GCLogEnabled	0	是否启用 GC 日志
GCLogFile		启用 GC 日志时写入的文件路径
GCLogFileSize	0	GC 日志的大小上限,超过大小会从头开始写入
GCLOHCompact	0	是否默认启用针对大对象堆段的压缩
GCNoAffinitize	0	服务器模式的各个 GC 线程是否应该不绑定到特定的 CPU 或 CPU 组
GCNumaAware	1	支持 NUMA 架构的硬件,提交到物理内存时计算关联的 NUMA 节点
GCSegmentSize	0	堆段大小,单位是字节,如果不是默认值则覆盖自动计算的值

所有支持的参数在 CoreCLR 仓库下的 CLR Configuration Knobs 文档中的 Garbage collector Configuration Knobs 节,地址如下。因为这些参数大多都没有专

门的文档,也缺乏第三方资料,使用这些参数前应该调查清楚它们的作用,并且要对比使用前后的性能数据检验参数的效果。

https://github.com/dotnet/coreclr/blob/v2.1.5/Documentation/project-docs/clr-config-uration-knobs.md#garbage-collector-configuration-knobs

第13节 获取GC信息

7.13.1 获取GC执行次数

.NET运行时提供了一系列接口供开发者获取GC相关的信息,其中最简单的是获取GC执行次数。托管堆上的每个代都有一个计数器,分别记录程序启动以来GC处理了多少次属于这个代的对象。因为针对第1代触发GC时会同时处理第0代的对象,针对第2代触发GC(完整GC)时会同时处理第1代与第0代的对象,这些代对应的计数器会同时加1。以下是C#编写的代码例子,留意每次触发GC后各个代的计数变化:

```
using System;

namespace ConsoleApp1
{
    public static class Program
    {
        private static void PrintCollectionCounts()
        {
            Console.WriteLine(
                "Gen 0: {0}, Gen 1: {1}, Gen 2: {2}",
                GC.CollectionCount(0),
                GC.CollectionCount(1),
                GC.CollectionCount(2));
        }

        public static void Main()
        {
            // 输出各个代的收集次数,应该为"Gen 0: 0, Gen 1: 0, Gen 2: 0"
            PrintCollectionCounts();

            // 触发针对第0代的普通GC
            GC.Collect(0);
            // 输出各个代的收集次数,应该为"Gen 0: 1, Gen 1: 0, Gen 2: 0"
```

```
            PrintCollectionCounts();

            // 触发针对第 1 代的普通 GC
            GC.Collect(1);
            // 输出各个代的收集次数,应该为"Gen 0: 2, Gen 1: 1, Gen 2: 0"
            PrintCollectionCounts();

            // 触发针对第 2 代的普通 GC
            GC.Collect(2);
            // 输出各个代的收集次数,应该为"Gen 0: 3, Gen 1: 2, Gen 2: 1"
            PrintCollectionCounts();
        }
    }
}
```

这个接口可以在.NET Framework 2.0 以上与.NET Core 1.0 以上运行时使用。因为这个接口很简单,所以适用的场景比较有限,一般用于测试某段代码的性能时对比前后的执行次数,得出这段代码在测试环境下触发了多少次 GC,触发次数越少的代码性能通常越好。如果需要获取更完整的信息,请参考接下来介绍的捕捉 GC 事件的方法。

7.13.2 注册完整 GC 触发前的通知

因为针对第 2 代的普通 GC(完整 GC)停顿时间较长,.NET 运行时提供了专门的接口用于监视完整 GC 的触发与结束,这个接口基于第 2 代的分配量阈值,如果分配量接近阈值,则会通知托管代码完整 GC 是准备触发,托管代码收到通知后可以做一些自定义的处理,然后等待完整 GC 结束。以下是 C♯编写的代码示例,启用监视使用 System.GC.RegisterForFullGCNotification 函数,传入的参数值是百分比,如果传入 10,则代表分配量达到阈值的 90% 时就应该发出通知,第一个参数对应小对象第 2 代,第二个参数对应大对象第 2 代;等待通知使用 System.GC.WaitForFullGCApproach 函数,函数有可能返回代表监视已取消或超时的枚举值,需要注意检查;接收到通知以后等待完整 GC 实际触发并结束使用 System.GC.WaitForFullGCComplete 函数,同样需要检查返回值。

```
using System;
using System.Collections.Generic;
using System.Threading;

namespace ConsoleApp1
{
    public static class Program
```

```csharp
{
    public static void Main()
    {
        // 注册完整 GC 提醒
        // 小对象第 2 代或大对象第 2 代的分配量阈值达到 90% 时提醒
        GC.RegisterForFullGCNotification(10, 10);

        // 在单独线程中等待完整 GC 提醒
        var thread = new Thread(FullGCMonitor);
        thread.Start();

        // 大量分配对象的处理
        var lst = new List<object>();
        for(long x = 0; x < 1000000; ++x)
        {
            lst.Add(new object[1000]);
            if(x % 1000 == 0)
            {
                lst = new List<object>();
            }
        }

        // 取消完整 GC 提醒
        GC.CancelFullGCNotification();

        //等待线程结束
        thread.Join();
    }

    private static void FullGCMonitor()
    {
        while(true)
        {
            //等待完整 GC 触发
            var status = GC.WaitForFullGCApproach();
            if(status == GCNotificationStatus.Succeeded)
            {
                Console.WriteLine("完整 GC 即将触发");
            }
            else if(status == GCNotificationStatus.Canceled)
            {
                Console.WriteLine("完整 GC 提醒已取消");
```

```
                break;
            }
            else
            {
                Console.WriteLine("等待完整 GC 触发失败：{0}", status);
                break;
            }

            // 自定义处理
            // ...

            //等待完整 GC 结束
            status = GC.WaitForFullGCComplete();
            if(status == GCNotificationStatus.Succeeded)
            {
                Console.WriteLine("完整 GC 已结束");
            }
            else if(status == GCNotificationStatus.Canceled)
            {
                Console.WriteLine("完整 GC 提醒已取消");
                break;
            }
            else
            {
                Console.WriteLine("等待完整 GC 结束失败：{0}", status);
                break;
            }
        }
    }
}
```

这个接口可以在 .NET Framework 2.0 以上与 .NET Core 2.0 以上版本运行时使用。一个典型的使用场景是在完整 GC 触发前通知负载均衡器不要把请求发到这个节点，在完整 GC 结束后通知负载均衡器恢复请求发送。注意这个接口不能 100% 保证在完整 GC 触发前收到提醒，也不能保证完整 GC 会在自定义处理完成后实际触发。如果系统内存不足，或者自定义处理分配过多的对象，.NET 运行时会立刻触发完整 GC，实际使用时应该配合接下来介绍的捕捉 GC 事件的方法检验是否有效。

7.13.3 在 Windows 系统上使用 ETW 捕捉 GC 事件

.NET 运行时在 Windows 系统上会使用系统提供的 ETW(Event Tracing for

Windows)事件机制记录运行时内部发生的各种事件,例如GC开始与结束、托管线程的停止与恢复、堆段的创建与释放等。这些事件由操作系统管理,可以被外部的工具捕捉与查看,最典型的工具是PerfView,下载地址:

https://github.com/Microsoft/perfview/blob/master/documentation/Downloading.md

除了使用PerfView工具外,还可以使用托管代码捕捉ETW事件,以下是C#编写的代码例子,用于捕捉当前进程内发生的所有关于GC的事件。编译这份代码需要安装nuget包Microsoft.Diagnostics.Tracing.TraceEvent,这个包要求.NET Framework 4.5以上或.NET Core 1.0以上版本。.NET运行时支持记录的所有GC事件类型与各个事件类型的附加数据含义请参考代码中第三个参数下的链接。此外,捕捉ETW事件的进程必须在管理员账户下运行,否则会提示权限不足。

```
using System;
using System.Collections.Generic;
using System.Diagnostics;
using System.Threading;
using Microsoft.Diagnostics.Tracing;
using Microsoft.Diagnostics.Tracing.Parsers;
using Microsoft.Diagnostics.Tracing.Session;

namespace ConsoleApp1
{
    public static class Program
    {
        private static readonly int _selfPid = Process.GetCurrentProcess().Id;
        private static readonly string _sessionName = "MySession1";
        private static readonly string _clrRuntimeProviderGuid = "e13c0d23-ccbc-4e12-931b-d9cc2eee27e4";
        private static readonly string _clrRundownProviderGuid = "a669021c-c450-4609-a035-5af59af4df18";

        public static void Main(string[] args)
        {
            // 创建一个会触发 GC 后台线程,处理内容不重要
            var thread = new Thread(TriggerGC);
            thread.IsBackground = true;

            // 确保按下"Ctrl + C"结束程序时可以销毁会话
            TraceEventSession session = null;
            Console.CancelKeyPress += (s, e) => session?.Dispose();
```

```csharp
// 创建事件会话，注意会话对象在整个系统中共享，
// 默认情况下调用 Dispose 可以销毁会话。
// 如果 StopOnDispose 属性设置为 false，
// 或者 Dispose 函数没有被调用，则会话会在进程结束后残留。
using(session = new TraceEventSession(_sessionName))
// 创建事件来源
using(var source = new ETWTraceEventSource(_sessionName, TraceEventSourceType.Session))
{
    // 使用预置的解析器把原始 ETW 事件数据
    // 转换到更易于托管代码解析的内容
    var parser = new ClrTraceEventParser(source);

    // 注册事件回调
    parser.All += OnEvent;

    // 启用事件提供器
    // 第一个参数是提供器名称或 Guid
    // 关于 Runtime 与 Rundown 提供器的区别请参考以下链接：
    // https://docs.microsoft.com/en-us/dotnet/framework/performance/clr-etw-providers
    // 第二个参数是事件等级，支持的值请参考以下源文件
    // https://github.com/Microsoft/perfview/blob/master/src/TraceEvent/TraceEvent.cs
    // 第三个参数是事件二进制标志值，-1 表示所有事件
    // 所有 GC 事件请参考以下链接
    // https://docs.microsoft.com/en-us/dotnet/framework/performance/garbage-collection-etw-events
    session.EnableProvider(
        _clrRuntimeProviderGuid, TraceEventLevel.Informational, unchecked((ulong)-1));
    session.EnableProvider(
        _clrRundownProviderGuid, TraceEventLevel.Informational, unchecked((ulong)-1));

    // 启动后台线程
    thread.Start();

    // 开始处理，会阻塞当前线程并在接收到事件时调用已注册的回调
    source.Process();
}
}
```

```csharp
    private static void OnEvent(TraceEvent e)
    {
        // 只显示 GC 相关并且发生在自身进程内的事件
        if(e.TaskName == "GC"&& e.ProcessID == _selfPid)
        {
            // 显示事件 ID 与名称
            Console.WriteLine("({0}){1}", e.ID, e.EventName);

            // 显示附带的数据
            // 要显示某个名称的附带数据可以使用 e.PayloadByName("名称")
            for(var x = 0; x < e.PayloadNames.Length; ++x)
            {
                Console.WriteLine(" {0}: {1}", e.PayloadNames[x], e.Payload-
                    String(x));
            }
        }
    }


    private static void TriggerGC()
    {
        var lst = new List<object>();
        for(long x = 0; x < 1000000; ++x)
        {
            lst.Add(new object[1000]);
            if(x % 1000 == 0)
            {
                lst = new List<object>();
            }
        }
    }
}
```

7.13.4　在 Linux 系统上使用 Lttng 捕捉 GC 事件

因为 ETW 事件机制只支持 Windows 系统，.NET Core 运行时在 Linux 系统会使用 Lttng 记录运行时内部发生的各种事件，这些事件需要使用 Lttng 工具捕捉和查看。以下是使用 Lttng 捕捉 GC 事件的命令例子，在 Ubuntu 16.04 环境上验证有效。

```
#安装 Lttng 工具,只需要在未安装时运行
sudo apt-get install lttng-tools
```

```
# 创建 Lttng 会话
lttng create mysession

# 启用 .NET 运行时 GC 事件捕捉
lttng enable-event --userspace --tracepoint DotNETRuntime:GC*

# 启动捕捉
lttng start

# 执行 .NET 程序,需要在运行前设置环境变量
export COMPlus_EnableEventLog=1
dotnet ConsoleApp1.dll

# 停止捕捉
lttng stop

# 销毁 Lttng 会话
lttng destroy

# 查看事件日志,文件夹名称中的日期会根据实际运行时间不同
babeltrace ~/lttng-traces/mysession-20181224-084936

# 删除事件日志,如果不删除会越来越多
rm -rf ~/lttng-traces/mysession-20181224-084936
```

因为 Lttng 只考虑命令行使用,需要管理全局状态并且生成的日志是二进制文件,在程序中调用 Lttng 捕捉与分析事件是一件非常麻烦的事情,如果使用 .NET Core 2.2 以上的版本,推荐选择接下来介绍的方法。

7.13.5 使用 EventListener 捕捉 GC 事件

从 .NET Core2.2 开始,.NET 运行时内部发生的事件会通过 EventSource 记录并允许 EventListener 捕捉,EventListener 不像 ETW 一样要求管理员账户,也不像 Lttng 一样繁琐,在程序中使用这个接口捕捉 .NET 运行时内部发生的事件非常方便,以下是 C# 编写的代码例子。注意这个接口只能记录自身进程内发生的事件,其他进程发生的事件将无法记录,在 .NET Core 2.1 以下或者 .NET Framework 上可以运行,但不会收到任何事件通知。

```
using System;
using System.Collections.Generic;
using System.Diagnostics.Tracing;
```

```csharp
namespace ConsoleApp1
{
    // 创建一个继承 EventListener 的类型
    internal class MyEventListener : EventListener
    {
        protected override void OnEventSourceCreated(
        EventSource eventSource)
        {
            // 新的事件来源创建时,判断是否要捕捉事件
            if(eventSource.Name.Equals(
            "Microsoft-Windows-DotNETRuntime"))
            {
                // 捕捉 .NET 运行时发出的事件,-1 表示所有事件
                // 所有 GC 事件请参考以下链接
                // https://docs.microsoft.com/en-us/dotnet/framework/performance/
                //    garbage-collection-etw-events
                EnableEvents(eventSource, EventLevel.Informational,(EventKeywords)
                (-1));
            }
        }

        protected override void OnEventWritten(EventWrittenEventArgs e)
        {
            // 只显示 GC 相关的事件
            // EventListener 只能捕捉自身进程内部的事件
            // 不需要像 TraceEvent 一样判断 PID
            if(e.EventName.StartsWith("GC"))
            {
                // 显示事件 ID 与名称
                Console.WriteLine("({0}){1}", e.EventId, e.EventName);

                // 显示附带的数据
                for(var x = 0; x < e.PayloadNames.Count; ++x)
                {
                    Console.WriteLine("  {0}: {1}", e.PayloadNames[x], e.Payload[x]);
                }
            }
        }
    }

    public static class Program
```

```
{
    public static void Main()
    {
        // 开始监听事件
        var listener = newMyEventListener();

        // 大量分配对象的处理
        var lst = new List <object>();
        for(long x = 0; x < 1000000; ++x)
        {
            lst.Add(newobject[1000]);
            if(x % 1000 == 0)
            {
                lst = new List <object>();
            }
        }
    }
}
```

第 8 章

JIT 编译器实现

尽管当今世界上有各种各样的编程语言,但计算机可以执行的只有当前平台支持的机器码,负责把编程语言转换为机器码的工具就是编译器。传统的编译器会在程序执行前预先生成机器码,然后保存到程序文件中,执行程序时可以从文件加载机器码到内存然后指示 CPU 执行。而 JIT 编译器(Just - In - Time Compiler)支持在程序执行过程中生成机器码,程序文件只保存程序代码或中间代码,实际执行程序时遇到没有机器码的部分再调用 JIT 编译器生成机器码并执行。

.NET 程序使用了 JIT 编译器,程序文件中只包含由 C♯、VB.NET、F♯等编程语言转换到的中间代码(IL),程序执行过程中会把中间代码编译到机器码并执行。本书第 2 章介绍了中间代码的格式,第 3 章介绍了 x86 汇编语言的格式。本章我们将会了解 .NET 中的 RyuJIT 编译器在 x86 平台上把中间代码转换到汇编代码,再生成机器码的流程与细节。

阅读本章的前提知识点如下:
- 已阅读并基本理解第 2 章(MSIL 入门)的内容;
- 已阅读并基本理解第 3 章(x86 汇编入门)的内容;
- 已阅读并基本理解第 5 章(异常处理实现)的内容;
- 已阅读并基本理解第 6 章(多线程实现)的内容;
- 已阅读并基本理解第 7 章(GC 垃圾回收实现)的内容。

第 1 节 JIT 简介

8.1.1 JIT 编译器

相对于传统的编译器,JIT 编译器(Just - In - Time Compiler)最显著的特征是支持在程序运行过程中生成目标平台的机器码。我们日常接触的很多软件都使用了 JIT 编译器,例如 Chrome 浏览器中有实时编译 Javascript 到机器码的 V8 引擎,Android 系统中有实时编译 Dex 字节码到机器码的 Dalvik 引擎(现已被 ART 代替),Java 运行时 OpenJDK 中有实时编译 Java 字节码到机器码的 HotSpot 引擎,.NET 运行时 .NET Core 中有实时编译中间代码到机器码的 RyuJIT 引擎。使用 JIT 编译器最大的好处是发布程序时不再需要针对不同的平台分别发布,例如同一份 Javascript 代码可以在 x86 架构的 PC 浏览器上运行,也可以在 ARM 架构的移动浏览器上运行;同一个 .NET 程序可以在 x86 架构上的 Windows 系统上运行,也可以在 ARM 架构上的 Linux 系统上运行。图 8.1 展示了传统编译器与 JIT 编译器在发布程序上的区别。

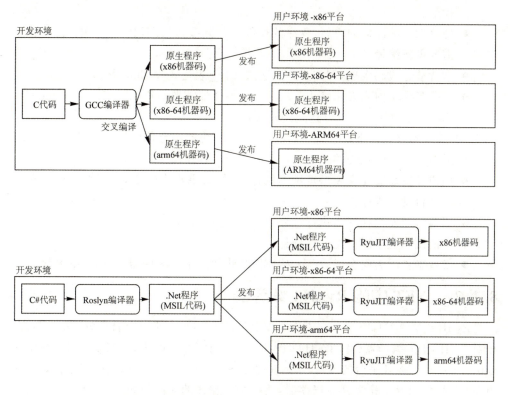

图 8.1 传统编译器与 JIT 编译器在发布程序上的区别

JIT 编译器的来源可以是程序源代码,例如 Javascript 代码,也可以是由程序源代码转换生成的中间代码,例如 JVM 字节码或 MSIL 中间代码。使用中间代码的好处是可以减少 JIT 编译器的工作量,并且在程序执行前能够找出语法错误与部分程序错误。程序执行过程中可以按需要调用 JIT 编译器,如果某一段代码只调用一两次,那么可以解释执行它而不调用 JIT 编译器(目前 JVM 实现了这一项,但 .NET Framework 与 .NET Core 没有实现);如果某一段代码多次调用,那么可以调用 JIT 编译器生成机器码执行;如果某一段代码频繁调用,那么可以重新调用 JIT 编译器并启用更高级的优化选项(目前 .NET Core 的分层编译实现了这一项);如果某一段代码从来都不调用,那么就可以不针对这段代码调用 JIT 编译器。

相对于传统的编译器,JIT 编译器具有的优点如下:
- 开发者可以发布包含相同程序代码或中间代码的程序到不同的平台,不再需要分别维护。
- 减少整体所需的编译时间,例如编译一个大型 C 项目到包含机器码的程序需要几十分钟,但编译一个大型 C♯ 项目到包含中间代码的程序只需几分钟。
- 允许使用目标平台上实际存在的扩展指令(例如 SSE 与 AVX),它们可以带来更好的性能,而传统的编译器为了兼容旧的 CPU 可能需要放弃使用这些指令。
- 随着 JIT 编译器的更新,程序的性能会得到改进,而程序本身(中间代码)不需要重新编译。
- 支持动态代码生成,例如正则表达式、Linq 表达式和 Emit 接口。
- 支持跨模块内联方法(Inline),而传统编译器需要启用 LTO(Link Time Optimization)优化才可以达到接近的效果。

JIT 编译器也有以下缺点,所以在很多场景下仍然需要使用传统的编译器。
- 逆向包含中间代码的程序比包含机器码的程序简单很多。
- 用户环境需要先安装指定版本的运行时,如果没有安装,则仍然需要针对不同平台发布程序。
- 因为编译发生在程序执行过程中,程序执行时的负担会增加。
- 不能做出过多的优化,原因同上。
- 某些平台因为安全或政策上的原因禁止使用 JIT 编译器,例如 iOS 系统。

8.1.2 .NET 中的 RyuJIT 编译器

RyuJIT 是 .NET Framework 4.6 以上与 .NET Core 使用的 JIT 编译器的名称,相对于旧的 JIT 编译器(JIT32,JIT64),RyuJIT 有了很多改进,例如设计时考虑了对 x86 与 x86-64 以外平台的支持;引入了基于 SSA 与 VN 的优化,使得程序执行性能更高;使用了 LSRA 算法分配寄存器,使得 JIT 编译的时间更短;从 .NET Core 2.1 开始还添加了对分层编译(Tiered Compilation)的支持。RyuJIT 在 .NET 运行中是一个独立的模块,通过既定的接口与运行引擎(Execution Engine,简称 EE)交互。本章将会介绍 RyuJIT 的工作流程,主要基于 x86 与 x86-86 平台讲解,包括 JIT 的触发、把中间代码 IL 转换为高级中间表现 HIR、变形与优化 HIR、把 HIR 转换为低级中间表现 LIR、分配 CPU 寄存器、把 LIR 转换为汇编代码、根据汇编代码生成机器码的处理。

8.1.3 在 Visual Studio 中查看生成的汇编代码

Visual Studio 支持在调试过程中查看 .NET 程序生成的汇编代码,还可以逐条指令跟踪。调试 .NET 程序时通过菜单"调试—窗口—反汇编"可以打开反汇编窗口,其中会显示当前断点停留的方法对应的汇编代码,把焦点放在反汇编窗口中,然后执行步进或步过等跟踪操作即可实现指令级别的跟踪。如果想在跟踪过程中查看

CPU 寄存器与内存的状态,可以通过菜单"调试—窗口—寄存器"打开寄存器窗口,通过菜单"调试—窗口—内存(1～4 任意)"打开内存窗口,图 8.2 是打开上述所有窗口后的例子。

图 8.2 在 Visual Studio 中查看生成的汇编代码

8.1.4 使用 JITDump 日志查看 JIT 编译流程与生成的汇编代码

了解 RyuJIT 处理流程的一个主要手段是查看 JITDump 日志。生成 JITDump 日志需要使用 Debug 模式编译的 CoreCLR,由于官方没有提供下载,需要参考本书第 4 章自行编译。拥有 Debug 模式编译的 CoreCLR 后,设置环境变量 COMPlus_JitDump 等于函数名,然后运行程序,即可从标准输出看到 RyuJIT 输出的详细日志。以下是在 Linux 系统上查看 JITDump 日志的命令例子:

```
export COMPlus_JitDump = Main
cd ~/coreclr/bin/Product/Linux.x64.Debug
./corerun ~/consoleapp/bin/Debug/netcoreapp2.1/consoleapp.dll
```

因为 JITDump 日志中包含大量需要理解内部实现才能看懂的信息,推荐您在阅读本章之后,或者在阅读完相关章节之后再去看日志中的内容。此外,如果使用 .NET Core 并且版本在 3.0 以上,推荐同时设置环境变量 COMPlus_TieredCompilation_Test_OptimizeTier0 等于 1,这是因为 .NET Core 从 3.0 开始默认启用分层编译(Tiered Compilation)机制,第一次调用函数触发 JIT 编译时默认不会启用优化选项,也就是优化阶段会被跳过,设置前文提到的环境变量可以防止这个问题。

第 2 节　JIT 编译流程

8.2.1　JIT 的触发

JIT 通常在函数第一次调用时触发，在.NET 程序的运行过程中，每个函数都有一个入口点，这个入口点的地址在整个运行过程中不会改变。如果函数没有通过 NGEN 或者 CrossGen 等 AOT 编译器预先编译到机器码，那么这个入口点一开始会指向跳转到 JIT 编译器的代码，第一次调用函数时会触发 JIT 编译，JIT 编译器根据函数对应的 MSIL 中间代码生成机器码，然后修改入口点的指令为跳转到生成后机器码的指令，下次调用函数时将会直接跳转到函数对应的机器码。这样的入口点在.NET 内部称为前置码(Precode)，而调用 JIT 编译器的代码在内部称为 JIT 桩(PreStub)，如图 8.3 所示。

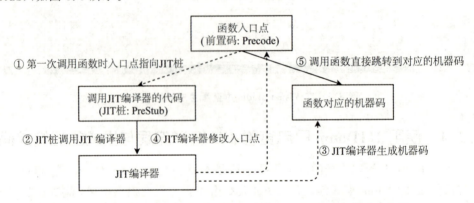

图 8.3　前置码在 JIT 编译前指向 JIT 桩，编译后指向函数的对应机器码

以下的 C♯ 代码与图 8.4 是一个更为具体的例子，展示了触发 JIT 的时机与调用函数前后入口点发生的变化。注意部分函数由于其逻辑比较简单，有可能会内联(Inline)到调用端函数以减少调用函数的开销，这种情况下 JIT 不会针对这些函数单独编译，而是把这些函数的内容作为调用端函数的一部分编译。

```
public static void B()
{
    /* 函数 B 的代码,不能被内联 */
}

public static void C()
{
    /* 函数 C 的代码,可以被内联 */
}
```

JIT 编译器实现

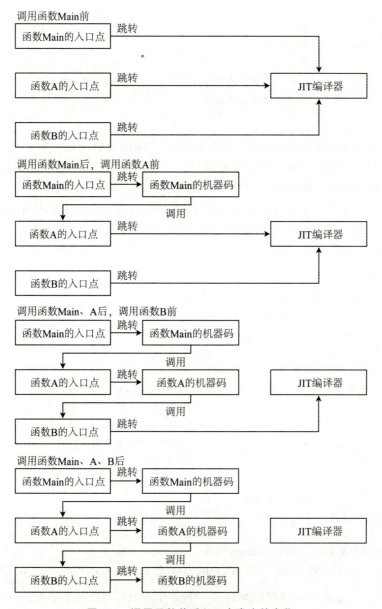

图 8.4 调用函数前后入口点发生的变化

```
public static void A()
{
    B();//调用 JIT 编译器编译函数 B 对应的机器码,然后跳转到机器码
    C();//函数 C 的内容会作为函数 A 的一部分,跟随函数 A 编译(内联)
    B();//跳转到函数 B 对应的机器码
    C();//函数 C 的内容会作为函数 A 的一部分,跟随函数 A 编译(内联)
```

}

public static void Main()
{
    A(); // 调用 JIT 编译器编译函数 A 对应的机器码, 然后跳转到机器码
    A(); // 跳转到函数 A 对应的机器码
}

再来看看展示函数入口点的汇编代码在 JIT 编译前后变化的例子, 注意 call 指令与 jmp 指令后面的二进制数据是函数信息索引, 而不是可执行的代码, JIT 编译器会通过这些索引找到函数信息, 并根据函数信息编译。此外, 在例子中我们可以看到入口点的内容在 JIT 编译前后会发生变化, 但入口点所在的地址是相同的, 其他函数调用此函数都会使用入口点的地址, 而调用时具体发生什么则根据入口点的内容决定。

```
; JIT 编译前
; 内存地址              机器码                汇编指令
0x7fff7c21f5a8: e8 2b 6c fe ff      call  0x7fff7c2061d8
; 触发 JIT 编译
0x7fff7c21f5ad: 5e                  pop   rsi
; 5e 表示类型是编译前的 Fixup Precode
0x7fff7c21f5ae: 19 05 e8 23 6c fe   sbb   dword ptr [rip-0x193dc18], eax
                                    ; 19 是 Precode Chunk 中的索引
                                    ; 05 是 MethodDesc Chunk 中的索引
                                    ; 它们用于查找 JIT 编译需要的函数信息

; JIT 编译后
; 内存地址              机器码                汇编指令
0x7fff7c21f5a8: e9 a3 87 3a 00      jmp   0x7fff7c5c7d50
; 跳转到编译后的机器码
0x7fff7c21f5ad: 5f                  popq  %rdi
; 5f 表示类型是编译后的 Fixup Precode
0x7fff7c21f5ae: 19 05 e8 23 6c fe   sbb   dword ptr [rip-0x193dc18], eax
```

除此之外, 如果多个线程同时调用一个没有被 JIT 编译过的函数, JIT 编译器会根据函数信息获取一个关联的线程锁, 然后再通过线程锁保证只有一个线程可以执行编译处理, 其他线程会等待编译完成再跳转到编译后的机器码。

8.2.2 分层编译

在以往的 .NET 运行时, 一个函数入口点通常只会对应一段机器码, 并且这个对应关系一旦确立就不会改变, 除非使用 Profiler API 提供的 ReJIT 机制修改函数的中间代码并重新编译函数。.NET Core 从 2.1 开始引入了函数代码版本管理与分层

编译(Tiered Compilation)机制,函数代码版本管理提供了一种标准的方法管理函数入口点与函数对应机器码之间的关系,使得函数对应机器码可以在程序运行过程中更容易被替换;而分层编译机制用于平衡JIT编译时间与函数对应机器码的性能,第一次调用JIT编译函数时不会启用优化以减少JIT编译时间,如果程序调用超过一定的次数(目前是第一次编译的100 ms之后调用30次以上),则触发第二次JIT编译,第二次JIT编译会启用优化选项以提升函数对应机器码的性能。分层编译的例子如图8.5所示。

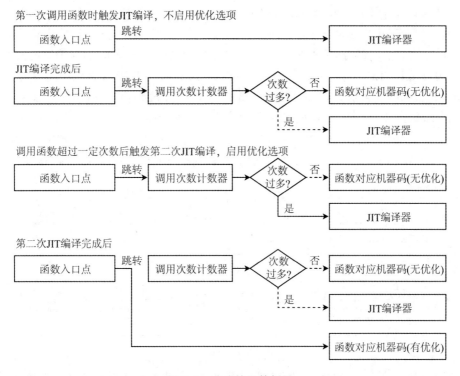

图 8.5　分层编译的例子

虽然分层编译在.NET Core 2.1就已经引入,但是要等到3.0以后才会默认开启。.NET Core 2.1～3.0要开启分层编译可以设置环境变量 COMPlus_TieredCompilation 等于1,此外,.NET Framework目前没有引入分层编译的计划,所以分层编译在可预见的将来只能在.NET Core中使用。

目前分层编译执行第二次JIT编译的条件是第一次编译的100 ms之后调用30次以上,表示如果函数只在一个短时间内频繁调用,之后不再调用或很少调用,则不会触发第二次JIT编译。参数100 ms可以通过设置环境变量 COMPlus_TieredCompilation_Tier1CallCountingDelayMs 覆盖,参数30次可以通过设置环境变量 COMPlus_TieredCompilation_Tier1CallCountThreshold 覆盖。以下是在类Unix (Linux与OSX等)系统上启用分层编译,并且设置第一次编译的200 ms之后调用

60 次以上再触发第二次编译使用的命令的例子。

```
export COMPlus_TieredCompilation = 1
export COMPlus_TieredCompilation_Tier1CallCountingDelayMs = 200
export COMPlus_TieredCompilation_Tier1CallCountThreshold = 60
dotnet ConsoleApp1.dll
```

8.2.3 JIT 编译流程

.NET 运行时的 JIT 编译器可以分为前端(Frontend)与后端(Backend)两大部分,其中包含了相当多的步骤。这些步骤可以分为三类:第一类是初始步骤(Initial Phases),属于前端部分,负责解析函数对应的 IL 指令并且转换它们到 JIT 的高级中间表现(High-Level Intermediate Representation,简称 HIR);第二类是优化步骤(Optmization Phases),属于前端部分,负责优化 HIR 改善执行性能;第三类是后端步骤(Backend Phases),负责把 HIR 转换到低级中间表现(Low-Level Intermediate Representation,简称 LIR),再转换到汇编指令并生成机器码。各个步骤的流程参考图 8.6,该图是对它们的简单说明,本章接下来会逐一分析这些步骤内部的处理。

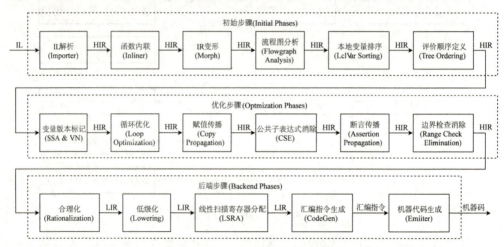

图 8.6 JIT 编译流程中的各个步骤

1. 初始步骤(Initial Phases)

- IL 解析(Importer):读取 IL 指令并构建高级中间表现 HIR;
- 函数内联(Inliner):分析当前调用的函数,嵌入可内联的函数代码到 HIR;
- IR 变形(Morph):对 HIR 进行变形以便后面优化与代码生成;
- 流程图分析(Flowgraph Analysis):分析 HIR 中的各个基础块(BasicBlock)的流程;
- 本地变量排序(LclVar Sorting):统计本地变量的引用计数并对它们进行排序;

- 评价顺序定义(Tree Ordering):决定 HIR 中各个节点的评价顺序。

2. 优化步骤(Optmization Phases)

- 变量版本标记(SSA & VN):计算本地变量引用对应的 SSA 版本与各个节点的值编号(Value Number);
- 循环优化(Loop Optimization):对循环的代码进行优化,如拆解循环;
- 赋值传播(Copy Propagation):根据值标识(Value Number)替换对本地函数的引用,移除多余的临时变量;
- 公共子表达式消除(CSE):查找产生相同值并且无副作用的子表达式,让它们只计算一次;
- 断言传播(Assertion Propagation):传播节点内容的断言(例如节点是常量或一定不等于 null);
- 边界检查消除(Range Check Elimination):根据断言消除非必要的数组边界检查。

3. 后端步骤(Backend Phases)

- 合理化(Rationalization):根据 HIR 生成 LIR,并进行必要的变形。
- 低级化(Lowering):让 LIR 更接近汇编指令,明确各节点对 CPU 寄存器的使用需求。
- 线性扫描寄存器分配(LSRA):对需要使用 CPU 寄存器的节点与本地变量分配寄存器。
- 汇编指令生成(CodeGen):根据 LIR 生成汇编指令。
- 机器代码生成(Emiiter):根据汇编指令生成机器码。

以上介绍的步骤根据 .NET Core 官方文档整理而来,与实际的步骤有一些出入,例如内联步骤实际在 IR 变形步骤中,循环优化步骤实际在流程分析步骤中。因为实际步骤比较混乱,本章会按照以上步骤介绍处理内容,这样更为清晰,也容易理解,如果您对实际步骤感兴趣,可以查看各个章节(包括本节)下给出的源代码链接。

8.2.4 CoreCLR 中的相关代码

如果对 CoreCLR 中与 JIT 编译流程相关的代码感兴趣,可以参考以下链接。
管理函数入口点的代码地址如下:

```
// 函数入口点地址可以通过 MethodDesc::GetMethodEntryPoint 函数获取
https://github.com/dotnet/coreclr/blob/v2.1.5/src/vm/method.cpp#L537
// 函数入口点指向的前置码通过 MethodDesc::GetOrCreatePrecode 函数创建
https://github.com/dotnet/coreclr/blob/v2.1.5/src/vm/method.cpp#L4770
// 前置码通过 Precode 类管理
https://github.com/dotnet/coreclr/blob/v2.1.5/src/vm/precode.cpp
// 代码版本通过 CodeVersionManager 与 NativeCodeVersion 类管理
```

https://github.com/dotnet/coreclr/blob/v2.1.5/src/vm/codeversion.h#L564
https://github.com/dotnet/coreclr/blob/v2.1.5/src/vm/codeversion.h#L43
// 分层编译通过 TieredCompilationManager 类管理
https://github.com/dotnet/coreclr/blob/v2.1.5/src/vm/tieredcompilation.h#L18

从函数入口点到 JIT 编译器主函数的代码地址如下：

```
// 具体流程是
// Precode =>
// PrecodeFixupThunk =>
// ThePreStub =>
// PreStubWorker =>
// MethodDesc::DoPrestub =>
// MethodDesc::PrepareInitialCode =>
// MethodDesc::PrepareCode =>
// MethodDesc::PrepareILBasedCode =>
// MethodDesc::JitCompileCode =>
// MethodDesc::JitCompileCodeLockedEventWrapper =>
// MethodDesc::JitCompileCodeLocked
// UnsafeJitFunction =>
// CallCompileMethodWithSEHWrapper =>
// invokeCompileMethod =>
// invokeCompileMethodHelper =>
// CILJit::compileMethod =>
// jitNativeCode =>
// Compiler::compCompile(7 参数版) =>
// Compiler::compCompileHelper =>
// Compiler::compCompile(3 参数版)


// 函数入口点指向的前置码会针对各个函数分别生成，没有固定的代码
// 前置码会调用 PrecodeFixupThunk 函数

// PrecodeFixupThunk 函数负责获取管理函数信息的 MethodDesc 实例
// 并跳转到 ThePreStub 函数
// 在 64 位 Windows 系统上的定义如下
```
https://github.com/dotnet/coreclr/blob/v2.1.5/src/vm/amd64/AsmHelpers.asm#L251
```
// 在 64 位类 Unix 系统上的定义如下
```
https://github.com/dotnet/coreclr/blob/v2.1.5/src/vm/amd64/unixasmhelpers.S#L18
```
// ThePreStub 函数负责备份各个寄存器的值到栈空间，调用 PreStubWorker 函数
// 再恢复各个寄存器的值，然后跳转到 PreStubWorker 函数返回的地址，即编译后函数对应
   机器码的地址
// 在 64 位 Windows 系统上的定义如下
```

https://github.com/dotnet/coreclr/blob/v2.1.5/src/vm/amd64/ThePreStubAMD64.asm#L11
https://github.com/dotnet/coreclr/blob/v2.1.5/src/vm/amd64/AsmMacros.inc#L362
// 在64位类Unix系统上的定义如下
https://github.com/dotnet/coreclr/blob/v2.1.5/src/vm/amd64/theprestubamd64.S#L9
https://github.com/dotnet/coreclr/blob/v2.1.5/src/pal/inc/unixasmmacrosarm64.inc#L148

// PreStubWorker 函数负责调用 MethodDesc::DoPrestub 函数
https://github.com/dotnet/coreclr/blob/v2.1.5/src/vm/prestub.cpp#L1460

// MethodDesc::DoPrestub 函数负责确保函数所在类型的静态构造函数已调用
// 通知分层编译计数器，调用 MethodDesc::PrepareInitialCode 函数执行编译
// 调用 Precode::SetTargetInterlocked 函数更新前置码到编译后函数对应机器码的地址
https://github.com/dotnet/coreclr/blob/v2.1.5/src/vm/prestub.cpp#L1615

// MethodDesc::PrepareInitialCode 函数负责调用 MethodDesc::PrepareCode 函数
https://github.com/dotnet/coreclr/blob/v2.1.5/src/vm/prestub.cpp#L244

// MethodDesc::PrepareCode 函数负责调用 MethodDesc::PrepareILBasedCode 函数
https://github.com/dotnet/coreclr/blob/v2.1.5/src/vm/prestub.cpp#L285

// MethodDesc::PrepareILBasedCode 函数负责查找是否有通过 AOT 编译器预先编译的机器码
// 如果有则使用，没有则调用 MethodDesc::JitCompileCode 函数
https://github.com/dotnet/coreclr/blob/v2.1.5/src/vm/prestub.cpp#L295

// MethodDesc::JitCompileCode 函数负责获取线程锁
// 并调用 MethodDesc::JitCompileCodeLockedEventWrapper 函数
https://github.com/dotnet/coreclr/blob/v2.1.5/src/vm/prestub.cpp#L545

// MethodDesc::JitCompileCodeLockedEventWrapper 函数负责调用
// MethodDesc::JitCompileCodeLocked 函数并生成编译完成的 ETW 事件
https://github.com/dotnet/coreclr/blob/v2.1.5/src/vm/prestub.cpp#L642

// MethodDesc::JitCompileCodeLocked 函数函数负责调用 UnsafeJitFunction 函数
https://github.com/dotnet/coreclr/blob/v2.1.5/src/vm/prestub.cpp#L827

// UnsafeJitFunction 函数负责创建用于与 JIT 模块交互的 CEEJitInfo 实例
// 然后调用 CallCompileMethodWithSEHWrapper 函数
https://github.com/dotnet/coreclr/blob/v2.1.5/src/vm/prestub.cpp#L827

// CallCompileMethodWithSEHWrapper 函数负责调用 invokeCompileMethod 函数
https://github.com/dotnet/coreclr/blob/v2.1.5/src/vm/jitinterface.cpp#L12266

```
// invokeCompileMethod 函数负责切换当前线程到抢占模式避免妨碍 GC 工作
// 然后调用 invokeCompileMethodHelper 函数
https://github.com/dotnet/coreclr/blob/v2.1.5/src/vm/jitinterface.cpp#L12236

// invokeCompileMethodHelper 函数负责调用 CILJit::compileMethod 函数
// CILJit 类型实现了 JIT 模块提供给 EE 模块的 ICorJitCompile 接口
// 之后的处理都发生在 JIT 模块中
https://github.com/dotnet/coreclr/blob/v2.1.5/src/vm/jitinterface.cpp#L12085

// CILJit::compileMethod 函数负责调用 jitNativeCode 函数
https://github.com/dotnet/coreclr/blob/v2.1.5/src/jit/ee_il_dll.cpp#L276

// jitNativeCode 函数负责创建 Compiler 实例并调用 Compiler::compCompile 函数(7参数版)
// Compiler 类型包含了 JIT 编译器编译单个函数所需使用的各种数据结构
https://github.com/dotnet/coreclr/blob/v2.1.5/src/jit/compiler.cpp#L6776

// Compiler::compCompile 函数(7参数版)负责对 Compiler 实例做出一些初始化处理
// 然后调用 Compiler::compCompileHelper 函数
https://github.com/dotnet/coreclr/blob/v2.1.5/src/jit/compiler.cpp#L5343

// Compiler::compCompileHelper 函数负责创建本地变量表 lvaTable 与 BasicBlock 的链表
// 然后解析 IL 代码划分哪些代码属于哪个 BasicBlock,具体请参考本章第 4 节的说明
// 之后调用 Compiler::compCompile 函数(3参数版)
https://github.com/dotnet/coreclr/blob/v2.1.5/src/jit/compiler.cpp#L5943

// Compiler::compCompile 函数(3参数版)就是 JIT 主函数,包含了对各个阶段函数的调用
// 例如 IL 解析阶段对应 fgImport 函数,IL 变形阶段对应 fgMorph 函数
https://github.com/dotnet/coreclr/blob/v2.1.5/src/jit/compiler.cpp#L4578
```

第 3 节 IR 结构

8.3.1 HIR 与 LIR

  本节将介绍 JIT 编译器使用的中间表现(Intermediate Representation,简称 IR)结构。IR 是介于 IL 与汇编代码的结构,JIT 编译器的绝大部分处理都会围绕 IR 进行,理解 IR 的结构对理解 JIT 编译器的实现至关重要。.NET 的 RyuJIT 编译器使用了两种 IR,分别是高级中间表现(High - Level Intermediate Representation,简称 HIR)与低级中间表现(Low - Level Intermediate Representation,简称 LIR)。HIR 主要在 JIT 编译器的前端部分使用,结构主要由树组成,与我们编写的程序代码结构

比较相似；而 LIR 主要在 JIT 编译器的后端部分使用，结构主要由列表组成，与计算机执行的机器码指令结构比较相似。接下来会具体讲解 HIR 与 LIR 的结构，最后还可以看到一些常见的代码模式对应的 HIR。

8.3.2 HIR 的结构

JIT 编译器首先会把 IL 转换为 HIR，HIR 主要在 JIT 编译器的前端部分使用，由基础块、语句与语法树节点组成，结构上与我们编写的程序代码比较相似，更易于执行各种变形与优化处理。

1. 基础块

RyuJIT 使用了基础块（BasicBlock，简称 BB）列表来表现一个函数的代码，基础块包含了语句（Statement）列表，语句会按列表中的顺序来执行，并且每个基础块只有最后一条语句可以是跳转、返回或显式抛出异常。简单来说，基础块用于表现一段连续执行且内部不发生跳转的代码，每个基础块执行完毕以后可以跳转到其他基础块、从函数返回或者显式抛出异常。可以跳转到当前基础块的上一个基础块称为当前基础块的前任（Predecessor），当前基础块可以跳转到的下一个基础块称为当前基础块的后任（Successor）。前任与后任的数量根据具体逻辑而定，可以有零到多个。JIT 编译器会分析每个基础块的前任与后任，从而计算函数的控制流程图（Flow-graph），具体可以参考本章第 7 节的介绍。

2. 语　句

每条语句（Statement）都会关联一颗由语法树节点（GenTree）构成的语法树，例如给本地变量赋值、给对象成员赋值、调用函数、从函数返回与抛出异常等。在内部，语句属于语法树节点的一个子类型（GenTreeStmt），但语句节点只用于指示语法树的顺序与对应的 IL 偏移值，不参与任何运算。

3. 语法树节点

每个语法树节点可以代表一个值或者一个操作，如果节点产生的值被其他节点使用，那么这个节点就是使用节点的子节点。例如"a＋1"这个表达式由三个节点组成：第一个是 LCL_VAR 节点，代表从本地变量 a 读取值；第二个节点是 CNS_INT 节点，代表常量 1；第三个节点是 ADD 节点，代表相加操作。第一个节点与第二个节点产生的值会被第三个节点使用；在结构上，第一个节点与第二个节点是第三个节点的子节点，而第三个节点也可以作为其他节点的子节点提供相加后的值。

8.3.3 HIR 的例子

可以通过一个更具体的例子理解 HIR 的结构，以下是一个简单的 C♯ 程序的源代码：

```
using System;

namespace ConsoleApp1
{
    public class Program
    {
        public static void Main()
        {
            for(int x = 0; x < 3; ++x)
            {
                Console.WriteLine(x);
            }
        }
    }
}
```

使用 Debug 模式编译后会生成以下的 IL 指令，右边的注释标记了各个指令对应的评价堆栈状态：

```
IL to import:
IL_0000    00                 nop
IL_0001    16                 ldc.i4.0             ; 评价堆栈[0]
IL_0002    0a                 stloc.0              ; 评价堆栈[ ]
                                                   ; 保存到本地变量 0(x = 0)

IL_0003    2b 0d              br.s        13(IL_0012)
                                                   ; 跳转到 IL_0012

IL_0005    00                 nop
IL_0006    06                 ldloc.0              ; 评价堆栈[x]
IL_0007    28 0c 00 00 0a     call        0xA00000C
                                                   ; 评价堆栈[ ]
                                                   ; 调用 Console.WriteLine
                                                   ; 这里的 0xA00000C 是 token

IL_000c    00                 nop
IL_000d    00                 nop
IL_000e    06                 ldloc.0              ; 评价堆栈[x]
IL_000f    17                 ldc.i4.1             ; 评价堆栈[x,1]
IL_0010    58                 add                  ; 评价堆栈[x+1]
IL_0011    0a                 stloc.0              ; 评价堆栈[ ]
                                                   ; 保存到本地变量 0(x = x + 1)

IL_0012    06                 ldloc.0              ; 评价堆栈[x]
IL_0013    19                 ldc.i4.3             ; 评价堆栈[x,3]
IL_0014    fe 04              clt                  ; 评价堆栈[x < 3]
IL_0016    0b                 stloc.1              ; 评价堆栈[ ]
                                                   ; 保存到本地变量 1(tmp = x < 3)

IL_0017    07                 ldloc.1              ; 评价堆栈[tmp]
IL_0018    2d eb              brtrue.s    -21(IL_0005)
                                                   ; 评价堆栈[ ]
```

```
                                        ;如果 tmp 为 true 则
                                        ;跳转到 IL_0005
IL_001a    2a           ret             ;从函数返回
```

JIT 编译器在解析 IL 后会生成以下的 HIR 结构,如图 8.7 所示,注意这里的 HIR 结构只是刚生成出来的状态,经过 JIT 编译器前端部分的处理后会发生一些变化。

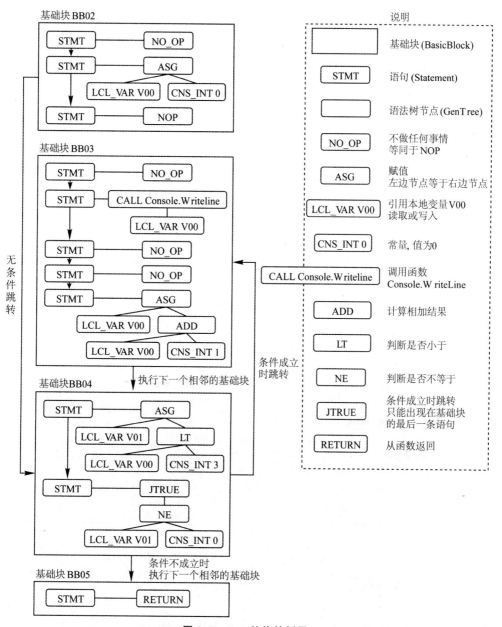

图 8.7 HIR 结构的例子

.NET Core 底层入门

以下是 JITDump 日志中，表示解析 IL 后生成的 HIR 结构的部分，文本格式看起来比较难理解，可以参考上图一一对照。文本中的 BB 是 BasicBlock 的缩写，BB 后的数字是基础块的序号，从 02 开始是因为 01 预留给了内部，BB01 会用于插入内部代码，插入的内部代码会在函数每次进入时运行。是否预留 BB01 由函数内容以及是否开启优化决定，例如以上的代码使用 Release 模式编译时会直接从 BB01 开始。

```
Marking leading BBF_INTERNAL block BB01 as BBF_IMPORTED

impImport BlockPending for BB02

Importing BB02(PC=000)of 'ConsoleApp1.Program:Main()'
    [ 0]     0(0x000)nop

                [000004] ------------      *  STMT void (IL 0x000...  ???)
                [000003] ------------      \--*  NO_OP     void

    [ 0]     1(0x001)ldc.i4.0 0
    [ 1]     2(0x002)stloc.0

                [000008] ------------      *  STMT void (IL 0x001...  ???)
                [000005] ------------      |  /--*  CNS_INT   int    0
                [000007] -A----------      \--*  ASG       int
                [000006] D------N----         \--*  LCL_VAR   int    V00 loc0

    [ 0]     3(0x003)br.s

                [000010] ------------      *  STMT void (IL 0x003...  ???)
                [000009] ------------      \--*  NOP       void

impImport BlockPending for BB04

Importing BB04(PC=018)of 'ConsoleApp1.Program:Main()'
    [ 0]    18(0x012)ldloc.0
    [ 1]    19(0x013)ldc.i4.3 3
    [ 2]    20(0x014)clt
    [ 1]    22(0x016)stloc.1

                [000017] ------------      *  STMT void (IL 0x012...  ???)
                [000013] ------------      |     /--*  CNS_INT   int    3
                [000014] ------------      |  /--*  LT        int
                [000012] ------------      |  |  \--*  LCL_VAR   int    V00 loc0
                [000016] -A----------      \--*  ASG       int
```

```
            [000015] D------N----      \--*  LCL_VAR int V01 loc1
    [ 0]  23(0x017)ldloc.1
    [ 1]  24(0x018)brtrue.s

            [000022] ------------      *   STMT void (IL 0x017...  ???)
            [000021] ------------      \--*  JTRUE void
            [000019] ------------      |  /--*  CNS_INT int 0
            [000020] ------------      \--*  NE int
            [000018] ------------      \--*  LCL_VAR int V01 loc1

impImport BlockPending for BB05

impImport BlockPending for BB03

Importing BB03(PC=005) of 'ConsoleApp1.Program:Main()'
    [ 0]   5(0x005)nop

            [000025] ------------      *   STMT void (IL 0x005...  ???)
            [000024] ------------      \--*  NO_OP void

    [ 0]   6(0x006)ldloc.0
    [ 1]   7(0x007)call 0A00000B
In Compiler::impImportCall: opcode is call, kind=0, callRetType is void, structSize is 0

            [000029] ------------      *   STMT void (IL 0x006...  ???)
            [000027] --C-G-------      \--*  CALL void System.Console.WriteLine
            [000026] ------------ arg0  \--*  LCL_VAR int V00 loc0

    [ 0]  12(0x00c)nop

            [000031] ------------      *   STMT void (IL 0x00C...  ???)
            [000030] ------------      \--*  NO_OP void

    [ 0]  13(0x00d)nop

            [000033] ------------      *   STMT void (IL 0x00D...  ???)
            [000032] ------------      \--*  NO_OP void

    [ 0]  14(0x00e)ldloc.0
    [ 1]  15(0x00f)ldc.i4.1
    [ 2]  16(0x010)add
    [ 1]  17(0x011)stloc.0
```

```
                [000039] ------------      *  STMT void (IL 0x00E...  ???)
                [000035] ------------      |       /--* CNS_INT int 1
                [000036] ------------      |    /--* ADD       int
                [000034] ------------      |    |  \--* LCL_VAR int    V00 loc0
                [000038] -A----------      \--*   ASG       int
                [000037] D------N----      \--* LCL_VAR int    V00 loc0

impImport BlockPending for BB04

Importing BB05 (PC=026) of 'ConsoleApp1.Program:Main()'
    [  0]   26 (0x01a) ret

                [000042] ------------      *  STMT void (IL 0x01A...  ???)
                [000041] ------------      \--* RETURN    void
```

New BlockSet epoch 1, # of blocks (including unused BB00): 6, bitset array size: 1 (short)

8.3.4 LIR 的结构

JIT 编译器的前端部分结束以后就会进入后端部分,在后端部分 HIR 会被转换为 LIR,并且会针对 LIR 进行各种处理再转换为汇编代码与机器码。LIR 主要由基础块与语法树节点组成,结构上与计算机执行的机器码指令比较相似,更易于分配 CPU 寄存器与转换为机器码。

1. 基础块

在 LIR 中,基础块不再包含语句的列表,而是包含执行顺序平坦化后的各个语法树节点。

2. 语法树节点

与 HIR 一样,语法树节点可以代表一个值或一个操作,但部分节点的类型与 HIR 会有区别,节点的含义会被明确化,不再依赖于上下文。举例来说,在 HIR 中,读取与写入本地变量都使用 LCL_VAR 节点,如果 LCL_VAR 节点单独出现,则无法明确它代表读取还是写入。在 LIR 中,读取本地变量会继续使用 LCL_VAR 节点,而写入本地变量则使用 STORE_LCL_VAR 节点,使得处理 LIR 时不需要像 HIR 一样通过查询父子节点来确定当前节点的含义。

8.3.5 LIR 的例子

图 8.8 是根据上面的 HIR 生成的 LIR 结构,可以看到基础块中包含的是按执行顺序排列好的语法树节点,注意这里的 LIR 结构只是刚生成出来的状态,经过 JIT 编译器后端部分的处理后,会发生一些变化。

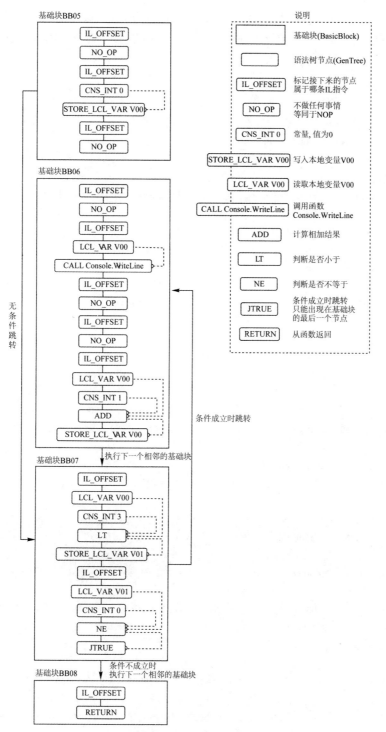

图 8.8　LIR 结构的例子

.NET Core 底层入门

以下是 JIT Dump 日志中,表示 LIR 结构的部分,可以参考图 8.8 一一对照。文本中的 BB01～BB04 没有在图中画出来,因为它们是 JIT 编译器内部添加的基础块(由 HIR 中的 BB01 转换得来)。

```
Trees after IR Rationalize

-------------------------------------------------------------------
BBnum BBid ref try hnd preds    weight    [IL range]     [jump]      [EH region]     [flags]
-------------------------------------------------------------------
BB01 [0000]  1                    1       [???..???)                 i internal label target LIR
BB02 [0006]  1      BB01          1       [???..???) ->BB04(cond)internal LIR
BB03 [0007]  1      BB02          0.50    [???..???)                 internal LIR
BB04 [0005]  2      BB02,BB03     1       [???..???)                 i internal label target LIR
BB05 [0001]  1      BB04          1       [000..005) ->BB07(always)  i LIR
BB06 [0002]  1      BB07          1       [005..012)                 i label target gcsafe bwd LIR
BB07 [0003]  2      BB05,BB06     1       [012..01A) ->BB06(cond)i label target bwd LIR
BB08 [0004]  1      BB07          1       [01A..01B)  (return)       i LIR
-------------------------------------------------------------------


------------ BB01 [???..???), preds={} succs={BB02}
N001( 0,   0)[000000] ------------                  NOP       void


------------ BB02 [???..???) -> BB04(cond), preds={BB01} succs={BB03,BB04}
N001( 3, 10)[000043] ------------                  t43 = CNS_INT(h)long 0x7fe727e4408 token
                                        /--    *  t43    long
N002( 5, 12)[000044] x -----------                  t44 = *  IND    int
N003( 1,  1)[000045] ------------                  t45 = CNS_INT int 0
                                        /--    *  t44    int
                                        +--    *  t45    int
N004( 7, 14)[000046] J------N----                  t46 = *  EQ     int
                                        /--    *  t46    int
N005( 9, 16)[000054] ------------                       *  JTRUE  void


------------ BB03 [???..???), preds={BB02} succs={BB04}
N001( 14, 5)[000047] --C-G-?-----                  CALL help void   HELPER.CORINFO_HELP_DBG_IS_JUST_MY_CODE


------------ BB04 [???..???), preds={BB02,BB03} succs={BB05}


------------ BB05 [000..005) -> BB07(always), preds={BB04} succs={BB07}
      ( 1,  1)[000004] ------------                  IL_OFFSET void IL offset: 0x0
N001( 1,  1)[000003] ------------                  NO_OP void
```

```
               ( 5, 4)[000008] ------------ IL_OFFSET void IL offset: 0x1
         N001(  1, 1)[000005] ------------ t5 = CNS_INT int 0
                                           /--  * t5   int
         N003(  5, 4)[000007] DA---------- * STORE_LCL_VAR int V00 loc0
               ( 0, 0)[000010] ------------ IL_OFFSET void IL offset: 0x3
         N001(  0, 0)[000009] ------------ NOP void


         ------------ BB06 [005..012), preds = {BB07} succs = {BB07}
               ( 1, 1)[000025] ------------ IL_OFFSET void IL offset: 0x5
         N001(  1, 1)[000024] ------------ NO_OP void
               (17, 8)[000029] ------------ IL_OFFSET void IL offset: 0x6
         N003(  3, 2)[000026] ------------ t26 = LCL_VAR int V00 loc0
                                           /--* t26   int   arg0 in rcx
         N005( 17, 8)[000027] --CXG------- * CALL void System.Console.WriteLine
               ( 1, 1)[000031] ------------ IL_OFFSET void IL offset: 0xc
         N001(  1, 1)[000030] ------------ NO_OP void
               ( 1, 1)[000033] ------------ IL_OFFSET void IL offset: 0xd
         N001(  1, 1)[000032] ------------ NO_OP void
               ( 9, 7)[000039] ------------ IL_OFFSET void IL offset: 0xe
         N001(  3, 2)[000034] ------------ t34 = LCL_VAR int V00 loc0
         N002(  1, 1)[000035] ------------ t35 = CNS_INT int 1
                                           /--  * t34  int
                                           +--  * t35  int
         N003(  5, 4)[000036] ------------ t36 = * ADD int
                                           /--  * t36  int
         N005(  9, 7)[000038] DA---------- * STORE_LCL_VAR int V00 loc0


         ------------ BB07 [012..01A)->BB06(cond), preds = {BB05,BB06} succs = {BB08,BB06}
               (12, 7)[000017] ------------ IL_OFFSET void IL offset: 0x12
         N001(  3, 2)[000012] ------------ t12 = LCL_VAR int V00 loc0
         N002(  1, 1)[000013] ------------ t13 = CNS_INT int 3
                                           /--  * t12  int
                                           +--  * t13  int
         N003(  8, 4)[000014] ------------ t14 = * LT  int
                                           /--  * t14  int
         N005( 12, 7)[000016] DA---------- * STORE_LCL_VAR int V01 loc1
               ( 7, 6)[000022] ------------ IL_OFFSET void IL offset: 0x17
         N001(  3, 2)[000018] ------------ t18 = LCL_VAR int V01 loc1
         N002(  1, 1)[000019] ------------ t19 = CNS_INT int 0
                                           /--  * t18  int
                                           +--  * t19  int
         N003(  5, 4)[000020] J------N---- t20 = * NE  int
```

```
                                              /-- * t20   int
N004 ( 7,  6)[000021] ------------    * JTRUE  void


------------BB08 [01A..01B) (return), preds={BB07} succs={}
   ( 0,  0)[000042] ------------    IL_OFFSET void IL offset: 0x1a
N001 ( 0,  0)[000041] ------------    RETURN   void
```

8.3.6 常见的 HIR 结构

为了让接下来的章节更容易理解,我在这里列出一些常见的 HIR 结构,注意这些结构是 HIR 刚构建完时的状态,后面经过变形、优化和合理化等阶段会发生变化。此外,因为 LIR 结构与原有的代码相差比较大,这里不会列出对应的 LIR 结构,接下来的章节会逐步介绍 HIR 发生的变化与转换到 LIR 时的处理。如果想查看所有节点类型及其含义,可以参考附录 E 的 IR 语法树节点类型一览。

1. 算术操作

图 8.9 是算术操作的 HIR 结构,部分算术操作需要两个子节点,例如加减乘除,这样的算术操作称为二元运算(Binary Operation);而部分算术操作只需一个子节点,例如取负与逻辑否,这样的算术操作称为一元运算(Unary Operation)。

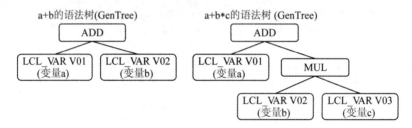

图 8.9 算术操作的 HIR 结构

2. 赋值操作

图 8.10 是赋值操作的 HIR 结构,赋值节点表示把右边节点的值设置到左边节点对应的变量或者内存位置中。

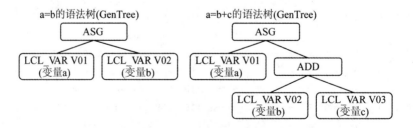

图 8.10 赋值操作的 HIR 结构

3. 调用方法

图 8.11 是调用方法的 HIR 结构，调用方法有不同的种类，包括静态方法调用、成员非虚方法调用、成员虚方法调用、委托调用与 JIT 帮助函数调用等。

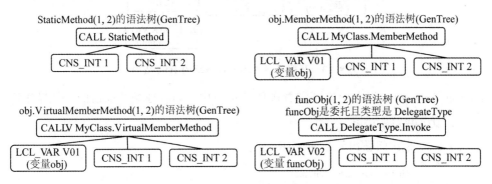

图 8.11 调用方法的 HIR 结构

4. 访问字段

图 8.12 是访问字段的 HIR 结构，如果目标是值类型，需要先使用获取内存地址的节点。访问字段节点可以嵌套使用，例如访问 b.a.X 时，需要两个访问字段节点。

图 8.12 访问字段的 HIR 结构

5. 获取指向值的内存地址

图 8.13 是获取指向值的内存地址的 HIR 结构，使用此结构的一个场景是通过 ref 或者 out 传递参数。部分结构会在 JIT 编译过程中转换为包含 ADDR 节点的结构，例如访问对象的字段或者数组的元素的结构。也可以把 ADDR 节点看作是 C 语言中的取目标所在内存地址的"& 操作符"。

6. 获取内存地址指向的值

图 8.14 是获取内存地址指向的值的 HIR 结构，使用此结构的一个场景是读取或修改通过 ref 或者 out 传递进来的参数。同上，部分结构会在 JIT 编译的过程中转换为包含 IND 节点的结构，例如访问对象的字段或者数组的元素。IND 是英文

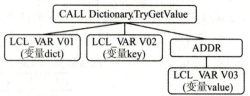

图 8.13 获取指向值的内存地址的 HIR 结构

Indirect Access 的缩写,可以把它看作是 C 语言中从内存地址获取值的"*"操作符。

7. 访问数组元素

图 8.15 是访问数组元素的 HIR 结构。

图 8.14 获取内存地址指向的值的 HIR 结构　　图 8.15 访问数组元素的 HIR 结构

8. 抛出异常

图 8.16 是抛出异常的 HIR 结构。抛出异常的指令只能出现在基础块的最后。

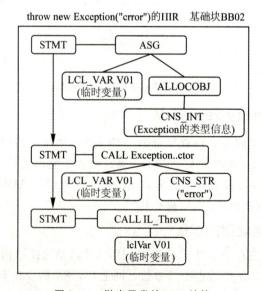

图 8.16 抛出异常的 HIR 结构

9. 条件性跳转

图 8.17 是条件性跳转的 HIR 结构,跳转的指令只能出现在基础块的最后。如果条件成立,则会跳转到指定的基础块;如果条件不成立,则会继续执行相邻的下一个基础块。

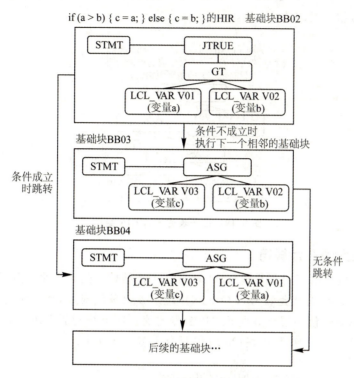

图 8.17　条件性跳转的 HIR 结构

10. 无条件跳转

无条件跳转在 IR 中没有对应的节点,跳转目标会保存在来源基础块的属性中。

11. 从函数返回

图 8.18 是从函数返回的 HIR 结构,返回节点可以有零到一个子节点,零个子节点表示函数的返回类型是 void,一个子节点表示返回指定的值。

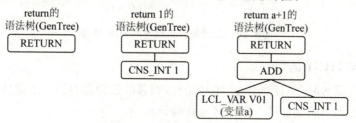

图 8.18　从函数返回的 HIR 结构

12. 逗号表达式

图 8.19 是逗号表达式(Comma)的 HIR 结构。这是一个特殊的结构,表示先评价左边节点并忽略左边节点的值,然后评价右边节点,再以右边节点的值作为逗号节点自身的值。这个结构通常用于插入内部生成的代码,例如先检查数组访问是否越界,再返回数组元素的值。

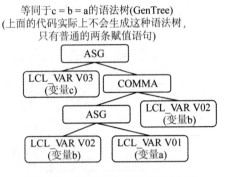

图 8.19 逗号表达式的 HIR 结构

13. 三元条件运算符

图 8.20 是三元条件运算符(QMark)的 HIR 结构。这是一个特殊的结构,首先左边是条件节点,右边是冒号(COLON)节点,如果条件成立,则使用冒号节点下右边节点的值,否则使用冒号节点下左边节点的值。这个结构通常用于插入内部生成的代码,并且会在 IR 变形阶段(Morph)拆分为多个基础块。

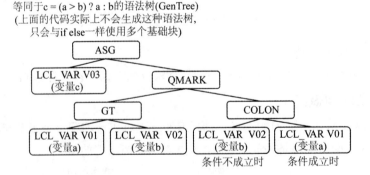

图 8.20 三元条件运算符的 HIR 结构

14. SWITCH 语句

图 8.21 是 SWITCH 语句的 HIR 结构,相邻的值会合并到一个跳转表来避免执行多次比较,而不相邻的值会单独生成比较语句。

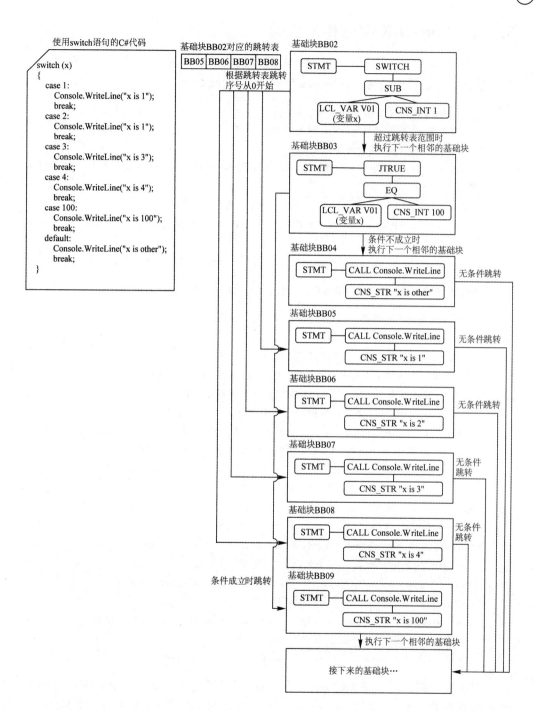

图 8.21 SWITCH 语句的 HIR 结构

8.3.7 CoreCLR 中的相关代码

如果对 CoreCLR RyuJIT 中保存 IR 结构的代码感兴趣,可以参考以下链接。
基础块通过数据结构 BasicBlock 管理,代码地址如下:

// 字段 bbPrev 保存了相邻的上一个基础块
// 字段 bbNext 保存了相邻的下一个基础块
// 字段 bbNum 保存了基础块序号
// 字段 m_firstNode 保存了基础块中的第一个节点,HIR 时是第一个语句节点,LIR 时是第一个语法树节点
// 字段 m_lastNode 保存了基础块中的最后一个节点
// 当前保存的结构是 HIR 还是 LIR 根据字段 bbFlags 中的标志而定,包含 BBF_IS_LIR 时为 LIR

https://github.com/dotnet/coreclr/blob/v2.1.5/src/jit/block.h#L355

语法树节点通过数结构 GenTree 管理,代码地址如下:

// GenTree 是一个基础类,可以被继承以保存更多的数据
// 字段 gtOper 保存了节点类型
// 字段 gtType 保存了节点的值的类型(如果节点有值)
// 字段 gtPrev 保存了 LIR 中上一个评价的节点,或者 HIR 中上一个语句
// 字段 gtNext 保存了 LIR 中下一个评价的节点,或者 HIR 中下一个语句
// HIR 中第一个语句的 gtPrev 会指向最后一个语句,用于快速定位

https://github.com/dotnet/coreclr/blob/v2.1.5/src/jit/gentree.h#L333

// GenTreeOp 是 GenTree 的子类,用于保存一个参数或两个参数的操作
https://github.com/dotnet/coreclr/blob/v2.1.5/src/jit/gentree.h#L2509

// GenTreeIntCon 是 GenTree 的子类,用于保存整数常量
https://github.com/dotnet/coreclr/blob/v2.1.5/src/jit/gentree.h#L2560

// GenTreeDblCon 是 GenTree 的子类,用于保存浮点数常量
https://github.com/dotnet/coreclr/blob/v2.1.5/src/jit/gentree.h#L2795

// GenTreeStrCon 是 GenTree 的子类,用于保存字符串常量
https://github.com/dotnet/coreclr/blob/v2.1.5/src/jit/gentree.h#L2818

// GenTreeLclVar 是 GenTree 的子类,用于保存对本地变量的引用
https://github.com/dotnet/coreclr/blob/v2.1.5/src/jit/gentree.h#L2888

// GenTreeStmt 是 GenTree 的子类,用于保存语句
https://github.com/dotnet/coreclr/blob/v2.1.5/src/jit/gentree.h#L5076

语法树节点的类型在文件 gtlist.h 中定义,代码地址如下。一个 GenTree 的子类可能对应多个类型,例如 GenTreeOp 可以对应 NOT、NEG、ADD、SUB、MUL 和 DIV 等类型。

https://github.com/dotnet/coreclr/blob/v2.1.5/src/jit/gtlist.h

第4节　IL 解析

8.4.1　创建本地变量表

在解析 IL(Importer)之前，JIT 编译器会创建一些相关的数据结构，例如本地变量表、基础块列表和异常处理表。本地变量表是一个储存了各个本地变量信息的列表。本地变量的种类有很多，以下对于 JIT 编译器来说都属于本地变量。

- this 参数(成员函数)；
- 返回结构体(struct)类型的地址(如果函数的返回类型是结构体类型，返回值的空间会在调用端分配)；
- 参数数量(如果函数有不定数量的参数，例如使用了"__arglist")；
- 泛型类型的信息(如果函数是泛型并且代码被多个类型共享)；
- 函数的参数(有的由寄存器传入，有的由栈传入)；
- 在函数内部定义的本地变量。

尽管部分本地变量只会在函数的某个区域中使用，但所有的本地变量都会用同一个本地变量表来管理，在进入函数时也会从栈空间统一分配大小。本地变量的信息包含了一些属性，例如本地变量是否为参数，参数类型的本地变量初始值由调用端设置，而非参数类型的本地变量需要在进入函数时对它的值清零；再例如本地变量是否必须保存在栈空间上，部分本地变量在整个函数生命周期中都可以保存在寄存器中，不需要在栈空间上分配。

8.4.2　创建基础块列表

JIT 编译器会预先创建基础(BasicBlock)块列表并且划分 IL 指令，指定各个 IL 指令属于哪一个基础块。基础块的划分依据是：块中的指令必须从第一条开始执行，除非途中发生隐式抛出的异常，不执行到最后一条不能离开这个块。JIT 编译器实现划分处理时，会参考跳转指令与函数元数据中的异常处理表。还记得第 2 章提到的 IL 指令中的跳转指令吗？请参考以下的跳转指令列表：如果 IL 指令是跳转指令，那么下一条 IL 指令就会划分到新的基础块；如果 IL 指令是其他 IL 指令的跳转目标，那么这一条 IL 指令就会划分到新的基础块。

- beq：如果两个值相等，则跳转到目标；
- bge：如果第一个值大于或等于第二个值，则跳转到目标；
- bgt：如果第一个值大于第二个值，则跳转到目标；
- ble：如果第一个值小于或等于第二个值，则跳转到目标；
- blt：如果第一个值小于第二个值，则跳转到目标；
- bne：如果两个值不相等，则跳转到目标；

- brfalse:如果值是 0,则跳转到目标;
- brtrue:如果值不是 0,则跳转到目标(不仅可以测试 true,还可以测试非 null);
- br:无条件跳转到目标;
- leave:无条件跳转到目标(用于 try 或 catch 块末尾)。

函数的流程除了受跳转指令影响外,还会受异常处理表的影响。每个函数都会有一个异常处理表记录函数中的哪些 IL 抛出的异常会在哪条 IL 开始被处理,具体请参考第 5 章。如果遇到 try、catch、finally 块中的第一条指令,这条指令会划分到新的基础块。同样的,如果遇到 try、catch、finally 块中的最后一条指令,下一条指令会划分到新的基础块,如图 8.22 所示。此外,如果当前指令是显式抛出异常的 throw 指令,或者是从函数返回的 ret 指令,下一条指令也会划分到新的基础块。

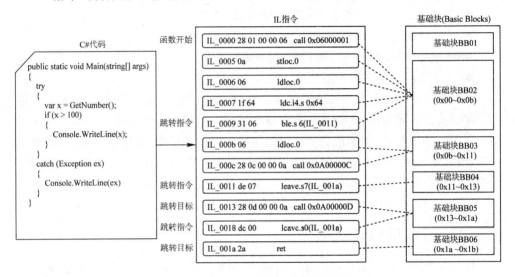

图 8.22 基础块对应 IL 范围的例子

8.4.3 创建异常处理表

JIT 编译器会基于 IL 元数据中的异常处理表(参考第 5 章第 1 节),生成 JIT 编译过程中使用的异常处理表,最后再生成原生代码使用的异常处理表(参考本章第 21 节)。JIT 编译过程中使用的异常处理表可以包含零到多个异常处理项,每个异常处理项拥有的属性如下。以图 8.22 的基础块列表为例,它包含了一个异常处理项,其中 BB02~BB04 属于 try,BB05 属于 catch,这个异常处理项的类型是 CATCH,没有过滤器并且捕捉的异常类型为 Exception。

- try 区域的第一个基础块;
- try 区域的最后一个基础块;
- try 区域的开始 IL 偏移值;

- try 区域的结束 IL 偏移值；
- 处理区域（catch 或 finally）的第一个基础块；
- 处理区域（catch 或 finally）的最后一个基础块；
- 处理区域（catch 或 finally）的开始 IL 偏移值；
- 处理区域（catch 或 finally）的结束 IL 偏移值；
- 过滤区域（when）的第一个基础块；
- 过滤区域（when）的开始 IL 偏移值；
- 捕捉的异常类型。

8.4.4 构造语法树

在以上提到的数据结构都创建完成以后，JIT 编译器就可以开始解析 IL。解析 IL 时会根据 IL 指令向对应的基础块中添加语法树节点。因为 IL 指令的类型有很多，CoreCLR 内部解析 IL 的单个函数超过了 5 000 行代码，这里只举一个基础的例子来简单介绍 JIT 中的语法树是如何构建的。以 C♯ 代码"x＝x＋1；"为例，假设 x 是当前函数中的第一个本地变量，它一共会生成以下 4 条 IL 指令：

ldloc. 0

这条指令表示读取序号为 0 的本地变量并把值推到评价堆栈（Evaluation Stack）。当 JIT 编译器读取到这条指令时，会构建一个类型为 GenTreeLclVar 且标识为 LCL_VAR 的语法树节点，这个节点表示了对本地变量的引用，然后把这个节点推到 JIT 编译器内部表示评价堆栈的堆栈结构中。

ldc. i4. 1

这条指令表示把常量 1 推到评价堆栈中。当 JIT 编译器读取到这条指令时，会构建一个类型为 GenTreeIntCon 且标识为 CNS_INT 的语法树节点，这个节点表示一个常量值，然后把这个节点推到 JIT 编译器内部表示评价堆栈的堆栈结构中。

add

这条指令表示从评价堆栈中取出两个值，计算它们的和并且把结果推到评价堆栈。当 JIT 编译器读取到这条指令时，会构建一个类型为 GenTreeOp 且标识为 ADD 的语法树节点。这个节点表示一个相加操作，然后从 JIT 编译器内部表示评价堆栈的堆栈结构中取出两个节点作为 ADD 节点的子节点，然后把 ADD 节点推到堆栈结构中。

stloc. 0

这条指令表示从评价堆栈取出一个值并写入到序号为 0 的本地变量。当 JIT 编译器读到这条指令时，会构建一个类型为 GenTreeOp 且标识为 ASG 的节点，然后构建一个类型为 GenTreeLclVar 并且标识为 LCL_VAR 的节点作为 ASG 节点的左子节点表示赋值到本地变量，然后从 JIT 编译器内部表示评价堆栈的堆栈结构中取出一个节点作为 ASG 节点的右子节点。处理完这条指令后,评价堆栈会变为空,这时 JIT 编译器会创建一个语句添加到基础块中,并把 ASG 节点与语句关联。

解析 IL 并构建语法树节点的流程如图 8.23 所示。解析完所有基础块对应的 IL 以后就会生成如前一节所见的 HIR 结构,接下来前端部分的处理都会围绕 HIR 结构展开。

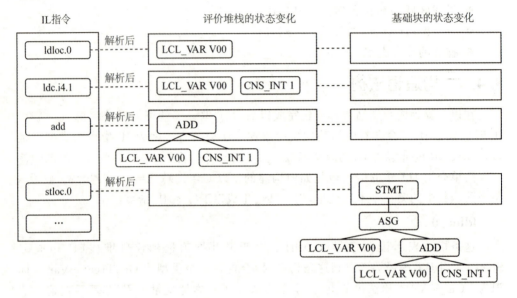

图 8.23 解析 IL 并构建语法树节点的流程

8.4.5 CoreCLR 中的相关代码

如果对 CoreCLR RyuJIT 中 IL 解析阶段的代码感兴趣,可以参考以下链接。

创建本地变量表的处理主要在 Compiler::lvaInitTypeRef 函数中,代码地址如下:

https://github.com/dotnet/coreclr/blob/v2.1.5/src/jit/lclvars.cpp#L89

创建基础块列表的处理主要在 Compiler::fgFindBasicBlocks 函数中,代码地址如下:

https://github.com/dotnet/coreclr/blob/v2.1.5/src/jit/flowgraph.cpp#L5773

创建异常处理表的处理主要在 Compiler::fgAllocEHTable 函数与 Compiler::fgFindBasicBlocks 函数中。其中 Compiler::fgAllocEHTable 函数负责分配异常处理表,Compiler::fgFindBasicBlocks 函数负责读取 IL 中的异常处理表并设置 JIT 编译器中的异常处理表,代码地址如下:

```
// Compiler::fgAllocEHTable 函数
```

```
https://github.com/dotnet/coreclr/blob/v2.1.5/src/jit/jiteh.cpp#L1347
// Compiler::fgFindBasicBlocks 函数中设置异常处理表的部分
https://github.com/dotnet/coreclr/blob/v2.1.5/src/jit/flowgraph.cpp#L5991
```

解析 IL 并构建 HIR 的处理从 Compiler::fgImport 函数开始,代码地址如下:

```
// Compiler::fgImport 函数对第一个基础块调用 Compiler::impImport 函数
https://github.com/dotnet/coreclr/blob/v2.1.5/src/jit/flowgraph.cpp#L6833
```

```
// Compiler::impImport 函数首先初始化 JIT 编译器内部表示评价堆栈的堆栈结构 verCurrentState.esStack
// 然后添加接下来的基础块到队列 impPendingList,添加时会跳过内部生成的基础块
// 之后对队列中的基础块调用 Compiler::impImportBlock 函数
https://github.com/dotnet/coreclr/blob/v2.1.5/src/jit/importer.cpp#L17414
```

```
// Compiler::impImportBlock 函数首先会调用 Compiler::impImportBlockCode 函数
// 然后再判断基础块结束后运行堆栈是否为空,不为空时把其中的值作为临时变量保存
// 这样的保存操作又称 spill
https://github.com/dotnet/coreclr/blob/v2.1.5/src/jit/importer.cpp#L16358
```

```
// Compiler::impImportBlockCode 函数负责解析指定基础块对应的 IL、构建语法树节点与添加语句
// 这个函数有 5000 多行
https://github.com/dotnet/coreclr/blob/v2.1.5/src/jit/importer.cpp#L10126
```

第 5 节 函数内联

函数内联(Inline)指的是在编译时把被调用函数的代码嵌入到调用函数,并修改代码结构以适应调用函数的处理。函数内联后,被调用函数的代码会成为调用函数的代码的一部分,展示内联效果的 C# 代码例子如下:

```
public static int Square(int x)
{
    return x * x;
}

public static void Main(string[] args)
{
    int a = int.Parse(args[0]);
    int b = int.Parse(args[1]);
    Console.WriteLine(Square(a + b));
}
```

把 Square 函数内联到 Main 函数以后，Main 函数的代码会变为以下的样子。注意 .NET 的函数内联发生在 JIT 或 AOT 编译时，所以以下代码只是展示内联后的效果，实际不会生成内联后的 C♯ 或 IL 代码，只会生成内联后的汇编代码与机器码。

```
public static void Main(string[] args)
{
    int a = int.Parse(args[0]);
    int b = int.Parse(args[1]);
    int __temp1 = a + b;
    Console.WriteLine(__temp1 * __temp1);
}
```

函数内联的意义在于可以减少调用函数的开销，因为函数在进入和离开时有一定数量的固有指令，并且传递参数时需要复制值到指定寄存器或栈地址（参考第 3 章第 6 节），只要函数调用存在，这些固定成本就不可避免，而使用函数内联可以消除函数调用与它们带来的固定成本。当满足一定的条件时，内联一个函数调用可以带来更好的性能；但如果不满足，反而会让性能变差，例如当被调用函数的代码太大时，内联会让调用函数的代码变得非常庞大，使得 CPU 缓存的命中率下降。此外，当被调用函数的本地变量过多时，也会让寄存器不能得到充分的利用，因此，编译器在决定是否内联函数时，需要经过一系列的判断。

8.5.1 内联的条件

在 .NET Core 2.1 中，JIT 编译器会检查以下的条件，若任意条件满足则不会进行内联。注意实际判断内联的逻辑非常复杂，以下的条件只是其中的一部分，并且可能会在将来的版本中改变。

- 没有启用代码优化，如程序集使用 Debug 模式编译；
- 函数是尾调用（Tail Call）；
- 函数是 CLR 内部使用的帮助函数，例如 JIT_New 与 IL_Throw；
- 函数通过内存地址间接调用，例如委托；
- 函数是虚方法；
- 函数在 catch 块或者 when 表达式中调用，使用 MethodImplOptions.AggressiveInlining 可以忽略这个限制；
- 函数是同步函数，即标记了 MethodImplOptions.Synchronized 的函数；
- 函数包含了 try 块，即异常处理表不为空；
- 函数包含了不定数量的参数，即使用了"__arglist"的函数；
- 函数的普通本地变量数量超过 32 个；
- 函数的普通参数数量（不包括 this）超过 32 个；
- 函数体过大，使用 MethodImplOptions.AggressiveInlining 可以忽略这个

限制：
- 函数调用了堆栈跟踪的接口，堆栈跟踪可用于查找调用者；
- 函数调用了虚方法，因为虚方法的实现有可能会调用堆栈跟踪的接口。

尾调用（Tail Call）指的是在返回语句中调用自身的函数，属于特殊的递归。在开启优化时，尾调用会转换为循环（部分函数式编程语言保证尾调用一定会转换为循环，但C#没有这样的保证），这个转换不属于内联优化，所以内联时不会处理尾调用函数。

8.5.2 内联的处理

如果JIT编译器决定了要内联一个函数调用，那么它首先会创建一个子编译器来处理被调用函数，这个子编译器只用于解析被调用函数的IL与构建HIR结构。子编译器在发现本地变量时，会把本地变量添加到父编译器的本地变量表。子编译器构建HIR结构完成以后，会把访问函数参数的节点替换为传入参数使用的表达式，如果该表达式有副作用，则会创建一个临时变量保存，父编译器中调用函数的节点会替换为子编译器的返回表达式。子编译器的HIR如果只有一个基础块，那么其中的所有语句都会插入到父编译器的HIR中调用函数的位置；如果有多个基础块，那么父编译器中调用函数的节点所在的基础块会分割为两个基础块，子编译器的基础块会插入到两个基础块之间。子编译器把HIR嵌入到父编译器后会立刻退出，之后的处理都会在父编译器中进行。

图8.24是一个展示内联前后HIR的例子，对应了本节开头给出的C#代码。

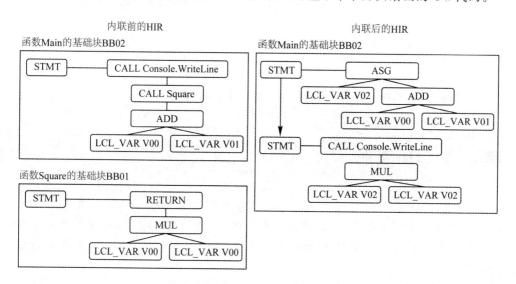

图 8.24　展示内联前后 HIR 的例子

8.5.3 CoreCLR 中的相关代码

如果对 CoreCLR RyuJIT 中函数内联阶段的代码感兴趣，可以参考以下链接。函数内联的处理主要在 Compiler::fgInline 函数中，代码地址如下：

```
// Compiler::fgInline 函数会查找所有作为内联候选（Inline Candidate）的函数调用节点
// 然后调用 Compiler::fgMorphCallInline 函数
https://github.com/dotnet/coreclr/blob/v2.1.5/src/jit/flowgraph.cpp#21953
```

判断函数调用是否内联候选的处理主要在 Compiler::impMarkInlineCandidate 函数中，代码地址如下（注意这里只判断了部分条件，后面实际内联时会判断另一部分，即使是内联候选也不一定会成功）：

```
// Compiler::impMarkInlineCandidate 函数针对目标函数判断部分内联条件
// 通过时设置语法树节点的 GTF_CALL_INLINE_CANDIDATE 标志
https://github.com/dotnet/coreclr/blob/v2.1.5/src/jit/importer.cpp#L18938
```

对单个函数调用节点执行内联处理的函数是 Compiler::fgMorphCallInline，代码地址如下：

```
// Compiler::fgMorphCallInline 函数调用 Compiler::fgMorphCallInlineHelper 函数
https://github.com/dotnet/coreclr/blob/v2.1.5/src/jit/morph.cpp#L7177
```

```
// Compiler::fgMorphCallInlineHelper 函数调用 Compiler::fgInvokeInlineeCompiler 函数
https://github.com/dotnet/coreclr/blob/v2.1.5/src/jit/morph.cpp#L7225
```

```
// Compiler::fgInvokeInlineeCompiler 函数调用 jitNativeCode 函数并传入内联信息
// jitNativeCode 函数创建子编译器并构建 HIR，子编译器中会判断另一部分内联条件，不通
// 过时返回内联失败
// 如果内联成功则子编译器构建的 HIR 会嵌入到父编译器中
https://github.com/dotnet/coreclr/blob/v2.1.5/src/jit/flowgraph.cpp#22486
```

第 6 节 IR 变形

IR 变形（Morph）阶段包含了大量针对 HIR 结构的处理，这个阶段的目标是对 HIR 结构进行正规化处理，让 HIR 结构更加面向目标平台，并为接下来的优化阶段做准备。因为 IR 变形阶段中有非常多的零碎处理，本节只介绍其中一些比较重要的部分。

8.6.1 添加内部代码

JIT 编译器会为函数添加需要的内部代码。一个添加内部代码的例子是同步函

数,即标记了[MethodImpl(MethodImplOptions.Synchronized)]属性的函数。JIT 编译器会为函数添加涵盖整个函数体的 try – finally 异常处理项与 finally 对应的基础块,然后在进入函数的位置添加调用内部函数 JIT_MonEnterWorker(this)的语句以获取线程锁,并在 finally 对应的基础块添加调用内部函数 JIT_MonExitWorker(this)的语句以便释放线程锁。另外一个添加内部代码的例子是当 JIT 编译除错模式的用户函数时,会在进入函数的位置添加代码,检查一个表示是否正在被调试的全局变量,如果正在被调试,则调用 JIT_DbgIsJustMyCode 函数通知调试器开始执行当前函数。

8.6.2 提升构造体

有时候需要分配一个构造体(struct)类型的本地变量,因为构造体类型是值类型,值类型的所有字段都会分配在所属的空间上,如果是本地变量,则会在栈上分配。提升构造体会尝试把值类型本地变量的每个字段当作是独立的本地变量,C♯代码例子如下:

```
public struct Point
{
    public int X;
    public int Y;
}

public static void Example()
{
    Point point;
}
```

在提升值类型本地变量 point 后,point 的两个字段都会被当作是独立的本地变量,也就是与下面的 C♯代码效果相同。

```
public struct Point
{
    publi cint X;
    publi cint Y;
}

public static void Example()
{
    int __point_X;
    int __point_Y;
}
```

在JIT编译器内部,如果决定了要提升一个构造体类型的本地变量,会在本地变量表为每个字段创建新的项目,之后HIR中访问值类型本地变量字段的语法树节点(GenTree)会被替换为访问本地变量的节点,也就是把FIELD或者LCL_FLD节点替换为LCL_VAR节点,如图8.25所示。

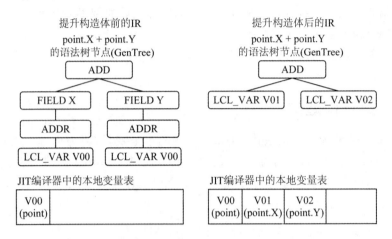

图8.25 提升构造体前后的HIR结构与本地变量表

注意,本地变量表中原有的项目会被保留,因为有的语法树节点仍然需要访问整个值类型对象,例如使用ref或者out传递给其他函数需要取值类型对象本身的地址。以上述的C#代码为例,提升前本地变量表有1个项目代表本地变量point,提升后本地变量表有3个项目,分别代表本地变量point、point的字段X与point的字段Y。

提升构造体的意义在于,后面的优化阶段中,很多优化处理都需要基于本地变量,如果不提升,则构造体的字段不能参与这些优化,并且本地变量可以在整个函数的生命周期内保存在CPU寄存器中,这样比保存在栈上拥有更快的访问速度。提升构造体需要满足一定的条件,如果以下的任意一项成立,则不会提升。

- 函数编译时未指定优化选项;
- 字段参与了SIMD指令(例如Vector类型的构造体);
- 构造体是HFA(Homogeneous Floating-Point Aggregate)类型,即所有的字段都是float或者double,并且是默认布局;
- 构造体的大小大于 4 * sizeof(double),也就是32字节;
- 构造体包含大于4个字段;
- 构造体包含共用字段(union),通常由显式指定布局导致;
- 构造体包含非基元类型(Primitive Type)的字段;
- 构造体包含有特殊对齐的字段,即"偏移值%大小!=0"的字段。

8.6.3 标记暴露地址的本地变量

有时候我们需要获取一个本地变量的内存地址,最常见的场景是使用 ref 或者 out 传递本地变量给其他函数,例如 dict.TryGetValue(key,out value)中,本地变量 value 的内存地址会传递给 TryGetValue 函数。需要获取内存地址的本地变量会被标记为暴露地址(Address-Exposed),如图 8.26 所示。

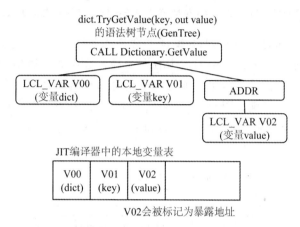

图 8.26 标记暴露地址的本地变量的例子

标记为暴露地址的本地变量需要保存在栈上,不能只保存在 CPU 寄存器中。如果暴露地址的是一个构造体类型的本地变量,并且这个本地变量已经被提升,那么这个提升会被标记为依赖式提升(Dependetly Prommoted),它的所有字段将不能只保存在 CPU 寄存器中,但是仍可以作为单独的本地变量参与优化。

8.6.4 对基础块中的各个节点进行变形操作

IR 变形阶段会遍历每个基础块中的每个语法树节点,然后做出需要的变形,包括以下的处理。

1. 转换目标平台不支持的运算操作到对内部函数的调用

如果运算操作在目标平台不支持,也就是无法直接生成对应的机器码,会在 JIT 编译时转换为对内部函数(JIT 帮助函数)的调用。例如 ARM 平台上 double 类型与 long 类型之间的转换需要使用内部函数,32 位平台上对于 64 位数值的乘法与除法操作也需要使用内部函数,如图 8.27 所示。

2. 为隐式异常抛出添加基础块

部分操作会隐式地抛出异常,例如包括在 checked 关键字中的算数操作在溢出时会抛出 OverflowException 异常,访问数组元素会在索引值超出范围时抛出 IndexOutOfRangeException 异常。之所以称为隐式,是因为 IL 看不到抛出这些异常

图 8.27 32 位平台上把 64 位数值的乘法操作转换为对内部函数的调用

的 throw 指令。针对这些操作，JIT 编译器会插入新的基础块，包含抛出异常的语句，如图 8.28 所示。如果同一个函数中有多个操作会隐式地抛出同一个异常，它们会共用同一个基础块。注意这里添加的仅仅是抛出异常的代码，用于检查是否应该抛出的代码会在生成汇编代码时添加，例如 checked(a * b) 可以生成汇编"imul rcx, [rbp-8]; jo 抛出异常的基础块对应的地址;"，jo 是 x86 中检测是否溢出、溢出时则跳转的汇编指令。

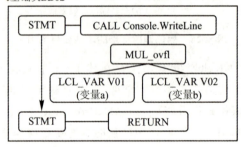

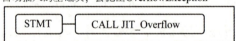

图 8.28 为隐式异常抛出添加基础块的例子

3. 转换字符串常量节点

在导入 IL 时，字符串常量会作为一个普通的常量节点导入，但因为字符串实际上是一个对象，对象的地址需要等到运行时才能决定，所以 JIT 编译器需要转换字符串常量的节点到获取字符串对象的节点。根据字符串常量所在的位置，转换可以分为两种情况：如果字符串常量在不抛出异常的基础块中，那么它对应的对象会立刻在字符串池中获取或构建，节点会替换到对保存字符串对象的内存地址的访问；如果字符串常量在抛出异常的基础块中，那么这个字符串可能会很少使用，节点会替换到对 JIT 帮助函数 JIT_StrCns 的调用，以在实际需要时构建字符串，如图 8.29 所示。

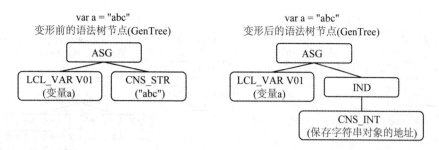

图 8.29 转换字符串常量节点的例子

4. 转换字段访问到指针操作

因为字段实际上只是一个在固定偏移值中保存的值,访问字段可以替换为基于指针,也就是内存地址的操作。IR 变形阶段会替换访问字段的节点到指针操作的节点,在第 7 章第 2 节已经了解过对象的内存结构,访问引用类型对象的第一个字段实际上就是访问"对象地址+类型信息大小"指向的内存空间的值,第二个字段就是访问"对象地址+类型信息大小+第一个字段的大小+对齐"指向的内存空间的值,它们可以转化为基于对象地址的操作。而访问值类型对象的第一个字段实际上就是访问"值类型对象所在地址"指向的内存空间的值,第二个字段就是访问"值类型对象所在地址+第一个字段的大小+对齐"指向的内存空间的值,是同样可以被转换为基于对象地址的操作。以下的 C♯代码与图 8.30 展示了转换字段访问到指针操作的效果。

```
public struct PointStruct
{
    public int X;
    public int Y;
}

public class PointClass
{
    publi cint X;
    publi cint Y;
}

public static void Main()
{
    var a = new PointStruct();
    var b = new PointClass();
    // 访问变量 a 和 b 字段的代码
}
```

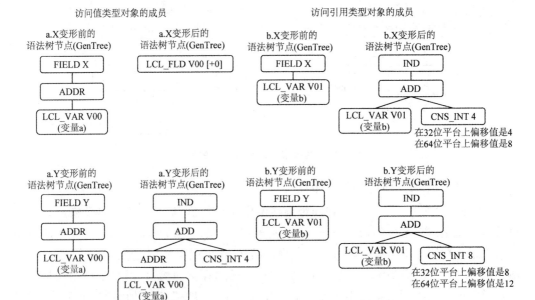

图 8.30 转换字段访问到指针操作的例子

5. 转换到等效形式

部分语法树形式可以转换到它的等效形式。有的转换是为了正规化,而有的转换是为了带来更好的性能。以下是部分等效形式的转换:

① x >= y == 0 转换到 x < y;
② x >= 1 转换到 x > 0(如果 x 是整数);
③ x < 1 转换到 x <= 0(如果 x 是整数);
④ x <= -1 转换到 x < 0(如果 x 是整数);
⑤ x >= -1 转换到 x >= 0(如果 x 是整数);
⑥ x+常量 a+常量 b 转换到 x+常量 a+b;
⑦ (x+常量 a)+(y+常量 b)转换到(x+y)+常量 a+b;
⑧ x+0 转换到 x;
⑨ x-常量 a 转换到 x+常量-a;
⑩ 常量 a-x 转换到常量 a+(-x);
⑪ *(&x)转换到 x(获取 x 的地址并从地址取值等同于 x 自身);
⑫ &(*y)转换到 y(从地址 y 取值并获取取值的地址等于 y 自身)。

8.6.5 消除三元条件运算节点

在本章第 3 节中我们讨论过三元条件运算的语法树节点,它是一个特殊的结构,首先左边是条件节点,右边是冒号(COLON)节点,如果条件成立,则使用冒号节点下右边节点的值,否则使用冒号节点下左边节点的值。这样的结构会使得基础块内部出现流程控制,IR 变形阶段会拆解它为普通的结构,即与 if - else 一样的结构,并添加对应的基础块,如图 8.31 所示。如果 QMARK 节点的值被其他节点使用,会在拆解时生成一个临时变量。

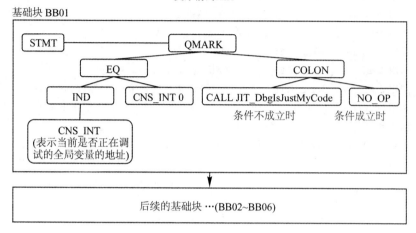

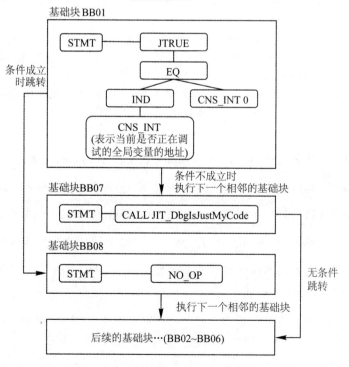

图 8.31　消除三元条件运算节点的例子

8.6.6 CoreCLR 中的相关代码

如果对 CoreCLR RyuJIT 中 IR 变形阶段的代码感兴趣,可以参考以下链接。
IR 变形的处理主要在 Compiler::fgMorph 函数中,代码地址如下:

```
// Compiler::fgMorph 函数作出以下处理
// 调用 Compiler::fgInline 函数,执行函数内联
// 调用 Compiler::fgAddInternal 函数,添加内部代码
// 调用 Compiler::fgRemoveEmptyTry 函数,删除空 try 块
// 调用 Compiler::fgRemoveEmptyFinally 函数,删除空 finally 块
// 调用 Compiler::fgMergeFinallyChains 函数,合并拥有相同跳转目标的 finally 块
// 调用 Compiler::fgCloneFinally 函数,复制 fianlly 块的内容以消除正常执行路径中的小
//      函数调用
// 调用 Compiler::fgUpdateFinallyTargetFlags 函数,更新哪些基础块是 finally 的跳转目
//      标信息
// 调用 Compiler::fgMarkImplicitByRefArgs 函数,标记哪些参数是由调用者复制并传入地
//      址的值类型参数
// 调用 Compiler::fgPromoteStructs 函数,提升构造体
// 调用 Compiler::fgMarkAddressExposedLocals 函数,标记暴露地址的本地变量
// 调用 Compiler::fgRetypeImplicitByRefArgs 函数,更新由调用者复制并传入地址的值类
//      型参数的类型
// 调用 Compiler::fgMorphBlocks 函数,对基础块中的各个节点进行变形操作
// 调用 Compiler::fgMarkDemotedImplicitByRefArgs 函数,消除对调用者复制并传入地址的
//      值类型参数的提升
// 调用 Compiler::fgSetOptions 函数,更新代码生成参数例如是否使用帧寄存器
// 调用 Compiler::fgExpandQmarkNodes 函数,消除三元条件运算节点
https://github.com/dotnet/coreclr/blob/v2.1.5/src/jit/morph.cpp#L18017
```

添加内部代码的处理主要在 Compiler::fgAddInternal 函数中,代码地址如下:

https://github.com/dotnet/coreclr/blob/v2.1.5/src/jit/flowgraph.cpp#L8719

提升构造体的处理主要在 Compiler::fgPromoteStructs 函数中,代码地址如下:

https://github.com/dotnet/coreclr/blob/v2.1.5/src/jit/morph.cpp#L18191

标记暴露地址的本地变量的处理主要在 Compiler::fgMarkAddressExposedLocals 函数中,代码地址如下:

```
//本地变量是否暴露地址的标志保存在 LclVarDsc::lvAddrExposed 字段里
https://github.com/dotnet/coreclr/blob/v2.1.5/src/jit/morph.cpp#L19551
```

对基础块中的各个节点进行变形操作的处理从 Compiler::fgMorphBlocks 函数开始,代码地址如下:

```
// Compiler::fgMorphBlocks 函数针对各个基础块调用 Compiler::fgMorphStmts 函数
https://github.com/dotnet/coreclr/blob/v2.1.5/src/jit/morph.cpp#L16862
// Compiler::fgMorphStmts 函数针对各个语法树节点调用 Compiler::fgMorphTree 函数
https://github.com/dotnet/coreclr/blob/v2.1.5/src/jit/morph.cpp#L16607
// Compiler::fgMorphTree 函数包含了变形的主要处理
https://github.com/dotnet/coreclr/blob/v2.1.5/src/jit/morph.cpp#L15665
```

消除三元条件运算节点的处理主要在 Compiler::fgExpandQmarkNodes 函数中，代码地址如下：

```
https://github.com/dotnet/coreclr/blob/v2.1.5/src/jit/morph.cpp#L17971
```

第 7 节　流程分析

8.7.1　计算前任基础块与后任基础块

前任基础块（Predecessor）与后任基础块（Successor）是流程分析（Flowgraph Analysis）中的概念。前任基础块指的是可能会在自身之前执行的基础块，而后任是前任的相反概念。如果说基础块 A 是基础块 B 的前任，那么基础块 B 就是基础块 A 的后任。一个基础块可以有零个到多个前任，和零个到多个后任，后任的数量根据基础块的结束类型而定，前任的数量根据自身是多少个基础块的后任而定。基础块包含的结束类型在下方列出，各个基础块的结束类型与后任基础块信息已经在构建 HIR 时生成，流程图分析阶段会根据后任基础块的信息生成前任基础块的列表，并记录到各个基础块关联的数据结构中。

1. 基础块结束类型——默认

默认类型的基础块在执行完以后会继续执行下一个相邻的基础块。没有流程控制却分为两个基础块的原因可能是因为下一个基础块中的第一条语句是其他基础块的跳转目标，也可能是因为下一个基础块是 try 块的开始。这种类型的基础块只有一个后任。

2. 基础块结束类型——无条件跳转

无条件跳转类型的基础块在执行完以后会无条件跳转到另一个基础块。这种类型的基础块只有一个后任。

3. 基础块结束类型——条件跳转

条件跳转类型的基础块的最后一条语句是条件跳转语句，当条件成立时会跳转到目标的基础块，否则会继续执行相邻的下一个基础块。这种类型的基础块有两个后任，一个是条件成立时跳转的目标基础块，一个是相邻的下一个基础块。

4. 基础块结束类型——switch

switch 类型的基础块的最后一条语句是 switch 语句,跳转到哪个基础块根据传给 switch 的值而定。这种类型的基础块的后任数量等于 switch 中的 case 数量,包括 default。

5. 基础块结束类型——leave

leave 类型的基础块在执行完以后会无条件跳转到另一个基础块。和一般的无条件跳转不同的是,这个类型的基础块根据 IL 中的 leave 指令生成,只用在 try 或 catch 块的末尾。这种类型的基础块只有一个后任。

6. 基础块结束类型——endfinally

endfinally 类型的基础块在执行完以后会无条件跳转到另一个基础块。和一般的无条件跳转不同的是,这个类型的基础块根据 IL 中的 endfinally 指令生成,只用在 finally 范围的最后。这种类型的基础块只有一个后任。

7. 基础块结束类型——throw

throw 类型的基础块的最后一条语句会显式抛出异常,对应 IL 中的 throw 指令。这种类型的基础块没有后任。

8. 基础块结束类型——return

return 类型的基础块的最后一条语句会从函数返回,对应 IL 中的 ret 指令。这种类型的基础块没有后任。

图 8.32 是前任基础块与后任基础块的例子。

8.7.2 计算边缘权重(Edge Weight)

边缘(Edge)是流程分析中的概念,指的是基础块之间的路径,可以认为边缘就是图 8.32 中基础块之间的箭头。流程分析阶段会计算各个边缘的权重,找出哪些路径最热(被反复执行的次数最多),然后利用权重信息来调整基础块顺序。

8.7.3 调整基础块顺序

在计算完边缘权重后,JIT 编译器可以预计哪些基础块最有可能被频繁地执行,然后对基础块的顺序进行调整,把不频繁执行的基础块移动到基础块列表的最后。这样做的原因是可以把频繁执行的代码在内存中集中起来,CPU 在执行这些代码时可以有更好的缓存命中率。此外,JIT 编译器还支持分割热代码(频繁执行的代码)与冷代码(不频繁执行的代码),也就是把一个函数的代码分别保存在两个不同的内存区域,这样多个函数的热代码都可以集中到一块。

8.7.4 计算可到达的基础块

在计算完各个基础块的前任后,JIT 编译器会计算可以到达各个基础块的基础

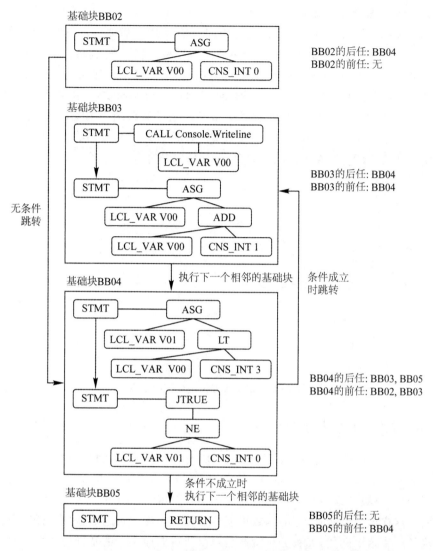

图 8.32 前任基础块与后任基础块的例子

块集合,也就是所有前任的递归集合。JIT 编译器之后会找出哪些基础块是不可到达的(无前任且不是第一个基础块),即函数执行中一定不会进入的基础块,然后删除这些基础块。

8.7.5 计算支配与支配边界

支配(Dominate)与支配边界(Dominance Frontier)是流程分析中的概念。支配基础块(Dominator)指的是一定会在自身之前执行的基础块;如果 A 一定会在 B 之前执行,那么就可以说 A 支配 B,A 是 B 的支配基础块;而支配边界指的是支配停止的基础块:如果 A 一定会在 B 之前执行,A 与 B 可能但不一定会在 C 之前执行,那么

C 就是 A 的支配边界。支配在概念上可以分为支配、严格支配和直接支配。支配包含自身,严格支配不包含自身,直接支配中间不经过其他基础块。举例来说,如果 A 支配 B,B 支配 C,那么可以说 A 支配 A、B 与 C,A 严格支配 B 与 C 但不严格支配 A,A 直接支配 B 但不直接支配 C。以下的内容如果没有特别注明,支配基础块都是指直接支配自身的基础块。JIT 编译器会计算各个基础块的支配基础块,并保存到关联的数据结构中。支配基础块的例子如图 8.33 所示,图中 BB01、BB02 与 BB06 没有支配边界,BB03 与 BB04 的支配边界是 BB05,BB05 的支配边界是 BB02。支配与支配边界的信息会用在后面的 SSA 版本构建以及各种优化中。

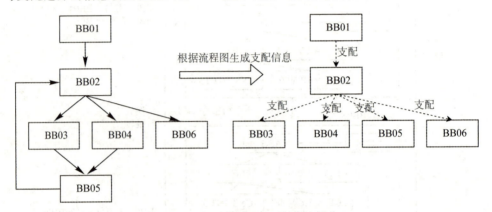

图 8.33　根据流程图生成支配信息

8.7.6　插入 GC 检测点

因为 GC 在执行过程中需要停止线程(切换合作模式的线程到抢占模式,见第 6 章第 3 节的说明),.NET 运行时在一些情况下需要替换运行中函数的返回地址,也称返回劫持,函数在返回时会跳到内部代码用于等待 GC 结束,然后再恢复执行原来的代码。这样做的问题是,有的函数可能会运行很长时间再返回,也有可能一直不返回。为了解决这个问题,流程分析阶段会找出所有向前跳转的基础块(通常是循环的开始或末尾),并在这些基础块的最后添加对内部函数 JIT_PollGC 的调用,这个内部函数会检查是否需要停止线程。此外,休眠与调用阻塞函数也可以让函数一直不返回,但是休眠与调用阻塞函数时,线程会处于独占模式,不需要切换。

8.7.7　添加小函数

JIT 编译器会在 x86 32 位 Windows 以外的平台上为 catch、when 与 finally 中的代码生成小函数(Funclet),这些小函数在汇编中都有函数头和函数尾,这样做的意义是可以让运行时内部处理异常的代码更简洁与容易维护。JIT 编译器首先会把 catch、when 与 finally 包含的基础块移动到基础块列表的最后,然后针对各个 catch、when 与 finally 标记小函数的基础块范围,在进入 JIT 后端时针对这些小函数生成汇编函数头与函数尾。.NET 运行时，在捕捉到异常并且找到处理器后，会调用处理器对应的小函数，并传入异常对象与处理器所在主函数的信息，小函数可以通过 PSPSym（Previous Stack Pointer Symbol）变量（保存了主函数原始栈地址的变量）访问主函数中的本地变量。在 x86 32 位 Windows 上，为了保持向后兼容性，异常处理不使用小函数，其代码会作为主函数的一部分编译。

如果想查看实际生成的小函数汇编代码，可以参考本章第 19 节扩展内容中的例子。

8.7.8 CoreCLR 中的相关代码

如果对 CoreCLR RyuJIT 中流程图分析阶段的代码感兴趣，可以参考以下链接。

计算前任基础块的处理主要在 Compiler::fgComputePreds 函数中，代码地址如下：

// 前任基础块的列表保存在 BasicBlock::bbPreds 字段
// 后任基础块的保存方式根据结束类型而定，例如相邻的下一个基础块保存在 BasicBlock::bbNext 字段
// 条件成立时的跳转目标保存在 BasicBlock::bbJumpDest 字段
https://github.com/dotnet/coreclr/blob/v2.1.5/src/jit/flowgraph.cpp#L3057

计算边缘权重的处理主要在 Compiler::fgComputeEdgeWeights 函数中，代码地址如下：

// 边缘权重保存在 BasicBlock::bbWeight 字段
https://github.com/dotnet/coreclr/blob/v2.1.5/src/jit/flowgraph.cpp#L13068

调整基础块顺序的处理主要在 Compiler::optOptimizeLayout 函数中，代码地址如下：

https://github.com/dotnet/coreclr/blob/v2.1.5/src/jit/optimizer.cpp#L4420

计算可到达的基础块的处理主要在 Compiler::fgComputeReachability 函数中，代码地址如下：

// 可到达自身的基础块列表保存在 BasicBlock::bbReach 字段
https://github.com/dotnet/coreclr/blob/v2.1.5/src/jit/flowgraph.cpp#L2124

计算支配基础块的处理主要在 Compiler::fgComputeDoms 函数中，代码地址如下：

// 直接支配自身的基础块保存在 BasicBlock::bbIDom 字段
// 支配边境不在这里计算，请参考后面的变量版本标记阶段
https://github.com/dotnet/coreclr/blob/v2.1.5/src/jit/flowgraph.cpp#L2399

插入 GC 检测点的处理主要在 Compiler::fgMarkGCPollBlocks 函数中，代码地

址如下：

https://github.com/dotnet/coreclr/blob/v2.1.5/src/jit/flowgraph.cpp#L3494

添加小函数的处理主要在 Compiler::fgCreateFunclets 函数中，代码地址如下：

```
// 编译的主函数与小函数列表会保存在 Compiler::compFuncInfos 字段中
// 这个字段的类型是 FuncInfoDsc 的数组，最开始的元素，保存在主函数的基础块范围
// 接下来的元素保存各个小函数的基础块范围
```

https://github.com/dotnet/coreclr/blob/v2.1.5/src/jit/flowgraph.cpp#L12637

第 8 节　本地变量排序

8.8.1　根据引用计数排序本地变量

本地变量排序（LclVar Sorting）阶段会枚举各个语法树节点，统计本地变量的引用次数，即 LCL_VAR 节点的出现次数，然后根据引用计数生成排序后的本地变量列表，再根据排序来决定哪些变量可以被跟踪与作为寄存器变量候选（Register Candidate）。标记为被跟踪的变量可以在之后参与使用 SSA 与 VN 的优化，而标记为寄存器候选的变量可以在之后参与寄存器分配，并有机会在整个函数的执行过程中都保存在 CPU 寄存器。这个阶段的目的是支持针对频繁使用的本地变量使用更多的资源优化。目前 .NET Core 2.1 的 RyuJIT 最多支持跟踪 512 个本地变量。注意地址暴露（参考本章第 6 节）的变量不管引用计数是多少，都不会被跟踪，也不会成为寄存器候选。

8.8.2　CoreCLR 中的相关代码

如果对 CoreCLR RyuJIT 中本地变量排序阶段的代码感兴趣，可以参考以下链接。

根据引用计数排序本地变量的处理主要在 Compiler::lvaMarkLocalVars 函数中，代码地址如下：

```
// Compiler::lvaMarkLocalVars 函数首先调用针对各个基础块调用 lvaMarkLocalVars(1 参
// 数版)
// 函数标记本地变量的引用次数，然后调用 Compiler::lvaSortByRefCount 函数对本地变量
// 表进行排序
// 本地变量的引用计数保存在 LclVarDsc::lvRefCnt 与 LclVarDsc::lvRefCntWtd 字段
// 其中 lvRefCntWtd 是按权重叠加的引用计数
// 此外还会创建一些内部使用的变量，例如
// lvaOutgoingArgSpaceVar: x86 以外的平台调用其他函数时通过栈传参会使用这个内部
// 变量的空间
```

// lvaShadowSPslotsVar：x86 平台处理异常时使用的内部变量
// lvaPSPSym：保存主函数原始栈地址的内部变量,用于小函数访问主函数本地变量时使用
// lvaLocAllocSPvar：用于支持 IL 指令 localloc,保存栈空间调整后的地址
https://github.com/dotnet/coreclr/blob/v2.1.5/src/jit/lclvars.cpp#L3960

第 9 节　评价顺序定义

8.9.1　决定语法树节点的评价顺序

　　评价顺序定义(Tree Ordering)阶段会计算各个语法树节点的体积成本(生成的机器码长度)与运行成本(执行消耗的 CPU 时间),例如乘法的运行成本比加法更高,带溢出检查的运算的运行成本比不带溢出检查的更高,然后再使用这些成本来决定语法树节点的评价顺序。对于大部分节点来说,评价顺序与子节点的顺序一致,例如加法运算左边的节点会先评价;但有的节点评价顺序是相反的,例如赋值节点要求先评价右边的节点,再评价左边的节点,这时候赋值节点会被标记为反序评价(GTF_REVERSE_OPS)。而对于评价顺序不重要的节点,例如加法运算,会先判断子节点是否有副作用(修改变量或可能抛出异常),如果无副作用,则把成本更高的节点调整为先评价。这样做的意义在于,现在主流的 CPU 使用的流水线执行机制支持同时处理多条指令,如果把成本更高的指令放在前面,可能会缩短整体的执行时间。这个阶段只会计算成本、交换节点或者设置反序评价标记,不会实际生成 LIR 结构,LIR 结构会在 JIT 后端的合理化阶段生成,生成时会参照这个阶段保存的标记。

8.9.2　CoreCLR 中的相关代码

　　如果对 CoreCLR RyuJIT 中评价顺序定义阶段的代码感兴趣,可以参考以下链接。

　　决定语法树节点的评价顺序的处理主要在 Compiler::fgFindOperOrder 函数中,代码地址如下：

// Compiler::fgFindOperOrder 函数会针对各个基础块中的语句调用 Compiler::gtSetStmtInfo 函数
https://github.com/dotnet/coreclr/blob/v2.1.5/src/jit/flowgraph.cpp#L9469

// Compiler::gtSetStmtInfo 函数会针对语句对应的语法树调用 Compiler::gtSetEvalOrder
// 函数并复制计算出来的成本信息到语句自身
https://github.com/dotnet/coreclr/blob/v2.1.5/src/jit/compiler.hpp#L1365

// Compiler::gtSetEvalOrder 函数根据节点类型计算成本信息
// 对于拥有两个子节点、评价顺序不重要(满足交换律)、无副作用并且第二个子节点成本更

高的节点,尝试交换两个子节点或者设置反序评价(GTF_REVERSE_OPS)标志
// 计算出来的体积成本会保存在 GenTree::gtCostSz 字段,运行成本会保存在 GenTree::gtCostEx 字段
https://github.com/dotnet/coreclr/blob/v2.1.5/src/jit/gentree.cpp#L3189

第 10 节　变量版本标记

8.10.1　SSA

SSA(Static Single Assignment Form)又称静态单赋值形式,是 IR 中表现本地变量的一种形式,SSA 要求每个本地变量只能被赋值一次,并且本地变量使用前必须先赋值。SSA 有两种实现方式,第一种方式是重命名所有本地变量,使得它们符合要求;第二种方式是给每个引用本地变量的节点标记变量的版本,同一个版本只能被赋值一次。.NET 中的 RyuJIT 编译器使用的是第二种方式,说明 SSA 版本是如何标记的 C# 代码如下:

```
public static void Example()
{
    int x = 1;
    int y = 2;
    int tmp = x;
    x = y;
    y = tmp;
}
```

在计算 SSA 信息后每个引用变量的地方都多了版本信息,因为同一个版本只能被赋值一次,针对同一个变量的第二次赋值会生成一个新的版本号。标记版本号以后的代码如下:

```
public static void Example()
{
    int x/* v1 */ = 1;
    int y/* v1 */ = 2;
    int tmp/* v1 */ = x/* v1 */;
    x/* v2 */ = y/* v1 */;
    y/* v2 */ = tmp/* v1 */;
}
```

JIT 编译器可以认为"x-v1"和"x-v2"是不同的变量,并且如果"x-v1"在多处地方出现,JIT 编译器可以知道它们拥有相同的值。

因为本地变量的值可能会受到流程控制的影响,标记的版本信息不一定可以传

下去。以下是一个包含了流程控制的例子,在不同的分支中变量 y 可以有不同的值,也就是有不同的版本,试想一下传给 Console.WriteLine 函数的变量 y 版本是多少?

```
public static void Example()
{
    int x/* v1 */ = GetX();
    int y/* v1 */ = 0;
    if(x >= 0)
    {
        y/* v2 */ = x;
    }
    else
    {
        y/* v3 */ = -x;
    }
    Console.WriteLine(y/* v? */);
}
```

SSA 形式中有一个特殊的函数 Φ(phi),通过这个特殊函数可以合并来自不同分支的多个变量版本,在 IR 中插入调用 Φ 函数的语句(以下统称 Φ 语句)可以创建一个新的变量版本并标记它来源于哪些版本。以下是插入了 Φ 语句的代码,Φ 函数为变量 y 定义了新版本 4,它来源于版本 2 和版本 3。请注意 Φ 语句是一个虚拟语句,它不会实际运行,在 IR 中添加 Φ 语句仅提供给编译器内部分析代码使用。

```
public static void Example()
{
    int x/* v1 */ = GetX();
    int y/* v1 */ = 0;
    if(x >= 0)
    {
        y/* v2 */ = x;
    }
    else
    {
        y/* v3 */ = -x;
    }
    y/* v4 */ = Φ(y/* v2 */, y/* v3 */);
    Console.WriteLine(y/* v4 */);
}
```

8.10.2 构建 SSA

变量版本标记阶段会给 HIR 中每个引用本地变量的节点标记变量的版本,引用可以分为以下三种：
- 赋值，也就是修改本地变量的值，内部称作 DEF；
- 使用，也就是读取本地变量的值，内部称作 USE；
- 既使用又赋值，例如 +=，内部称作 USEDEF。

分配版本的过程可以看作是构建由 USE 和 DEF 组成的链（USE – DEF Chain），具体流程如下：

1. 计算基于基础块的本地变量的生命周期信息（Liveness Analysis）

首先 JIT 编译器会计算每个基础块的以下信息：
- 哪些本地变量在基础块中的第一次引用是使用（USE，USEDEF），也就是要求本地变量的值在进入当前基础块前已定义；
- 哪些本地变量在基础块中的第一次引用是赋值（DEF），也就是不要求本地变量的值在进入当前基础块前已定义；
- 哪些本地变量在进入基础块时是存活的，也就是会被当前基础块使用；
- 哪些本地变量在离开基础块后是存活的，也就是会被当前基础块可到达的基础块（后任的递归集合）使用。

2. 添加 Φ(phi) 语句

JIT 编译器会基于支配边界（Dominance Frontier）与生命周期信息插入 Φ 语句（包含对 Φ 函数的调用与赋值到新版本），也就是为那些要求在进入当前基础块前已定义的，但是不确定在哪个基础块定义的本地变量插入 Φ 语句。因为通过这种方式不会插入多余的 Φ 语句，构建出来的 SSA 形式也称精简 SSA 形式（Pruned SSA Form），而不去除多余 Φ 语句的形式称为最小 SSA 形式（Minimal SSA Form），只去除部分多余 Φ 语句的形式称为半精简 SSA 形式（Semi – Pruned SSA Form）。为了便于处理，插入的 Φ 语句总是会在基础块的顶部。

3. 分配 SSA 版本

JIT 编译器会给每个本地变量关联一个计数器与版本堆栈（一个堆栈结构记录了当前运行路径定义的版本），然后按支配基础块的顺序从函数的第一个基础块开始枚举所有基础块，并处理基础块中所有引用本地变量的节点。如果碰到赋值的节点（DEF），计数器则生成一个新的版本并且推入版本堆栈；如果碰到使用的节点（USE），则使用版本堆栈中的最后一个版本；如果碰到既使用又赋值的节点（USEDEF），那么这个节点既会使用堆栈中的最后一个版本，又会生成一个新的版本并且推入版本堆栈。在基础块处理完毕后，如果后任（Successor）中有 Φ 语句，Φ 语句对应的变量在版本堆栈的最后一个版本会添加到 Φ 节点下。如果基础块以及所有由它支配的基础块都处理完毕，由这个基础块推入的版本都会从版本堆栈中弹出，可以看作是执行路径的回滚。图 8.34 是 RyuJIT 给 HIR 中引用变量的节点分配 SSA 版本的例子，这个 IR 由前面的代码例子生成。注意，RyuJIT 中第一次给变量

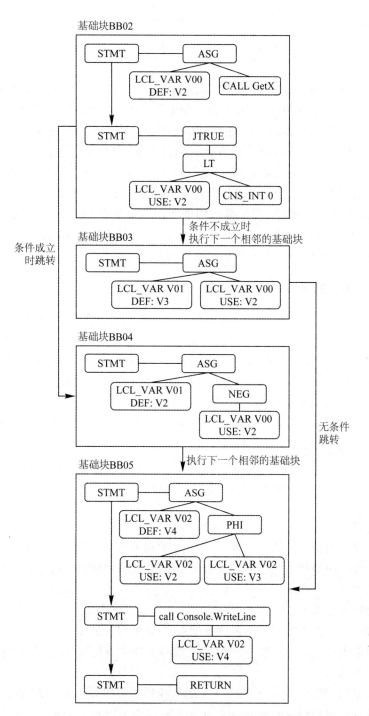

图 8.34 给 HIR 中引用变量的节点分配 SSA 版本的例子

赋值的节点版本为2,这是因为版本1代表未赋值的本地变量,或者值由调用者决定的参数。

4. VN

VN(Value Number)又称值编号,是SSA的一个扩展,SSA只关联到访问本地变量的节点,而VN会关联到IR中每个拥有值的节点,如两个相同SSA版本的本地变量值一定相等,两个相同VN的节点值也一定相等(注意VN不相等不代表值不相等)。VN的作用是可以找出哪些表达式的值相等,即使这些表达式的内容不一样,举例来说,"var b=a; Console.WriteLine(b+1); var c=a; Console.WriteLine(c+1);"中的表达式b+1与c+1拥有相同的VN,尽管表达式的内容不一样,编译器仍然可以知道它们的值相等。VN可以用于实现替换拥有相同值的本地变量(赋值传播),让某些具有相同值的表达式只评价一次(公共子表达式消除)和传播常量(断言传播)等优化,具体请参考接下来几个章节的介绍。

8.10.3 构建 VN

JIT编译器会在计算SSA后计算VN,在RyuJIT中VN有两种类型,一种是自由主义(Liberal)的VN,另一种是保守主义(Conservative)的VN。自由主义的VN假设堆中保存的变量只会在线程同步点改变,例如线程锁操作和原子操作时可以观测到被其他线程修改的值;而保守主义的VN假设堆中保存的变量可以在任意两次访问之间改变,也就是随时都可以观测到被其他线程修改的值。HIR中的节点会关联以上两种类型的VN,自由主义的VN会用在公共子表达式消除(CSE)等优化中,而保守主义的VN会用在断言传播等优化中。JIT编译器在计算VN时会使用编号仓库(VN Store),在编号仓库中表达式可以作为一个键来索引到具体的VN,举例来说,标记"var b=a; Console.WriteLine(b+1); var c=a; Console.WriteLine(c+1);"中的VN步骤如下:

- 处理表达式 b=a

  根据引用变量a的节点的SSA版本找到关联的VN,这里假设是100;

  设置引用变量b的节点VN为100,同时给引用变量b的节点的SSA版本关联VN 100;

- 处理表达式 b+1

  根据表达式1从编号仓库中分配VN,这里假设是40;

  根据表达式(VN 100+VN 40)从编号仓库中分配VN,这里假设是200;

- 处理表达式 c=a

  根据引用变量a的节点的SSA版本找到关联的VN,这里假设是100;

  设置引用变量c的节点VN为100,同时给引用变量c的节点的SSA版本关联VN 100;

- 处理表达式 c+1

根据表达式 1 从编号仓库中分配 VN，VN 已存在所以返回之前分配的 40；

根据表达式（VN 100＋VN 40）从编号仓库中分配 VN，VN 已存在所以返回之前分配的 200。

这样表达式 b＋1 与表达式 c＋1 就拥有了相同的 VN，编译器可以判断它们的值相等。如果碰到不确定值的表达式，例如第一次从堆上的变量（引用类型对象的成员）读取值，编号仓库会返回一个全新的 VN，而上述的自由主义与保守主义的区别就在于第二次从堆上的变量读取值，自由主义的 VN 在第二次读取时如果没遇到同步点会使用第一次读取时创建的 VN，而保守主义的 VN 在第二次读取时总是会创建全新的 VN。区分自由主义与保守主义的意义在于，保守主义的 VN 可以防止断言传播优化以后.NET 程序在多线程环境下因为没有做好同步处理而导致出现不可预料的异常；而自由主义的 VN 可以在不涉及底层 null 与数组边界检查的优化中使用，带来更好的效果。

图 8.35 是 RyuJIT 给 HIR 中的节点分配 VN 的例子。这个 IR 由前面的代码例子生成，由于这个例子中自由主义的 VN 与保守主义的 VN 相同，图中我只标记了一个 VN，实际在编译器中会保存两个。图中 Φ 语句生成了新的 VN，但是由于 Φ 语句是虚拟语句，所以内部的节点不会标记 VN。

8.10.4 CSSA 与 TSSA

因为 RyuJIT 在实现 SSA 时使用了给原有本地变量标记版本的方式，所以在实现上比较简单。而使用重命名本地变量来实现 SSA 的编译器则复杂很多，因为每次对变量赋值之后都会产生新的变量，而且之后的优化阶段可能会让由同一本地变量衍生出来的变量生命周期重合，例如"x＝y＋1；x＋＝1；z＝y＋1；"可能会被优化为"x1＝y1＋1；x2＝x1＋1；z1＝x1；"，这时 x1 与 x2 的生命周期重合，也就是 x1 与 x2 最终不能合并到同一个本地变量中。如果 SSA 中的同一本地变量衍生出来的变量生命周期不重合，也就是最终可以合并到原来的本地变量，这样的 SSA 形式可以称为 CSSA（Conventional SSA）形式，而经过优化后出现生命周期重合的 SSA 形式则称为 TSSA（Transformed SSA）形式。很明显，RyuJIT 中的 SSA 形式是 CSSA 形式。

8.10.5 CoreCLR 中的相关代码

如果对 CoreCLR RyuJIT 中变量版本标记阶段的代码感兴趣，可以参考以下链接。

构建 SSA 的处理从 Compiler::fgSsaBuild 函数开始，代码地址如下：

// Compiler::fgSsaBuild 函数调用 SsaBuilder::Build 函数
https://github.com/dotnet/coreclr/blob/v2.1.5/src/jit/ssabuilder.cpp#L57

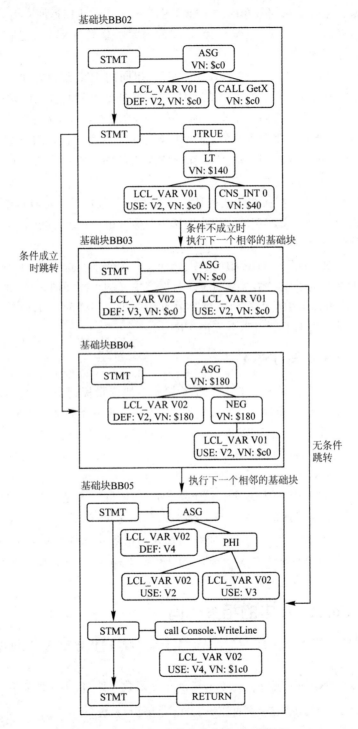

图 8.35 给 HIR 中的节点分配 VN 的例子

```
// SsaBuilder::Build 函数作出以下处理
// 调用 SetupBBRoot 函数,确保支配树(Dominator Tree)只有一个根节点
// 调用 TopologicalSort 函数,生成一个按后序(Postorder)排序的基础块列表
// 调用 ComputeImmediateDom 函数,重新计算各个基础块的直接支配基础块
// 调用 ComputeDominators 函数,生成支配树结构
// 调用 InsertPhiFunctions 函数,添加 Φ(phi)语句
// 调用 fgLocalVarLiveness 函数,计算基于基础块的本地变量的生命周期信息
// 调用 ComputeIteratedDominanceFrontier 函数,重新计算支配边界
// 按后续枚举基础块,对在基础块中赋值的本地变量,添加它的引用到支配边界基础块的 Φ
// 语句下调用 RenameVariables 函数,为各个引用本地变量的节点分配 SSA 版本,算法参考
// 前文分配的 SSA 版本会保存在 GenTreeLclVarCommon::_gtSsaNum 字段中
https://github.com/dotnet/coreclr/blob/v2.1.5/src/jit/ssabuilder.cpp#L1793
```

构建 VN 的处理从 Compiler::fgValueNumber 函数开始,代码地址如下:

```
// Compiler::fgValueNumber 函数会分配 ValueNumStore 的实例作为编号仓库
// 然后枚举基础块并调用 Compiler::fgValueNumberBlock 函数为各个节点分配 VN
// 分配的 VN 会保存在 GenTree::gtVNPair 字段中,类型是 ValueNumPair
// 分别包含自由主义的 VN 与保守主义的 VN
https://github.com/dotnet/coreclr/blob/v2.1.5/src/jit/valuenum.cpp#L4504
```

第 11 节 循环优化

8.11.1 循环的结构

循环优化(Loop Optimization)阶段首先会根据流程分析的结果寻找 HIR 中的循环,循环要求有以下组成部分:

- HEAD:跳转到 ENTRY 基础块的基础块,要求在循环体之前并不属于循环体;
- FIRST:循环体中的第一个基础块;
- TOP:每次循环开始的基础块,也就是从 BOTTOM 向前跳转到的基础块,通常与 FIRST 相同;
- BOTTOM:循环体的最后一个基础块,也就是会向前跳转到 TOP 的基础块;
- EXIT:离开循环前的最后一个基础块;
- ENTRY:第一次进入循环时的基础块,不一定是 TOP 或者 BOTTOM,但只能有一个。

循环的组成部分如图 8.36 所示。

更详细的例子可以参考图 8.37,在这个例子中 HEAD 是 BB02,FIRST 与 TOP 是 BB03,BOTTOM、EXIT 与 ENTRY 是 BB04。注意,在 RyuJIT 中,循环通常都会以条件判断在底部的形式构建,因为这样可以减少每次循环中跳转指令的数量。如果条件判断在顶部,每次循环都需要一次无条件跳转(从底部跳转到顶部)和一次不成立的有条件跳转(是否跳出循环);而如果条件判断在底部,每次循环仅需要一次成立的有条件跳转(是否重新循环)。尽管实际成立的跳转次数相同,但减少每次循环中的跳转指令数量会改善程序的性能,可以参考第 3 章第 5 节对分支预测的说明。

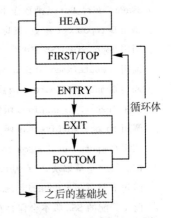

图 8.36 循环的组成部分

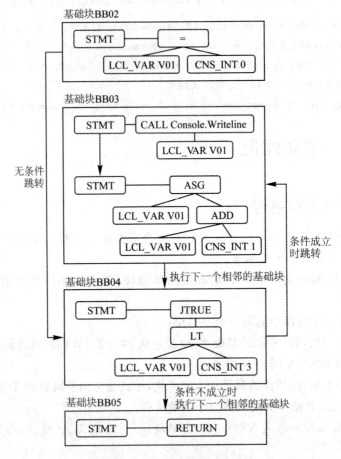

图 8.37 HIR 中的循环例子

8.11.2 循环反转

循环反转(Loop Inversion)是一项编译器的优化技术,用于把 while 形式的循环包含在 if 中以转换为 do-while 形式的循环。图 8.38 是应用了循环反转之后的 HIR,JIT 编译器会再把判断语句复制一份,反转其中的条件并插入到 HEAD 基础块的最后,然后修改 HEAD 基础块从原来的无条件跳转变为有条件跳转。

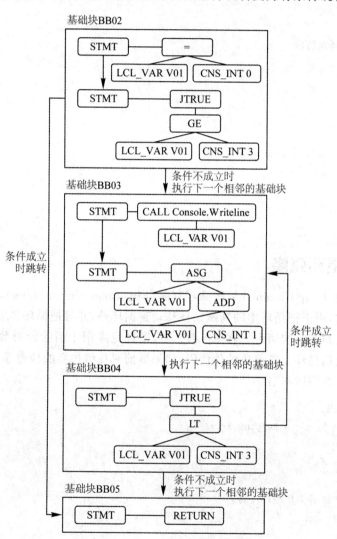

图 8.38 应用了循环反转之后的 HIR

以下是应用循环反转前后的伪代码,循环反转的主要意义在于可以在循环的初始条件为真时减少两次跳转(参考图 8.38 中的 HIR),并且分离初始条件与继续条件可能会改善 CPU 中的分支预测的成功率,例如只循环一次的循环初始条件会被预测为真,继续条件会被预测为假。

```
// 应用循环反转前
int x = 0;
while(x < 3)
{
    Console.WriteLine(x);
    x = x + 1;
}
// 应用循环反转后
int x = 0;
if(x < 3)
{
    do
    {
        Console.WriteLine(x);
        x = x + 1;
    }
    while(x < 3);
}
```

8.11.3 循环克隆

循环克隆(Loop Cloning)又称循环判断外提(Loop Unswitching),是一项编译器的优化技术,用于把循环中的判断条件移动到循环外,并且把循环体复制一份分别对应判断为真和假时的情况。在 RyuJIT 中,循环克隆用于消除针对数组的边界检查。以下是应用循环克隆前后的伪代码(如果事前对数组边界的检查通过,就会执行无数组边界检查的版本):

```
// 原始代码
for(var x = 0; x < a.Length; ++x)
{
    b[x] = a[x];
}
//导入到 HIR 并应用循环反转后
if(x < a.Length)
{
    do
    {
        var tmp = a[x];      // 会检查数组 a 的边界
        b[x] = tmp;          // 会检查数组 b 的边界
        x = x + 1;
```

```
        }
        while(x < a.Length);
}
// 应用循环克隆后
if(x < a.Length)
{
    if((a != null && b != null) && (a.Length <= b.Length))
    {
        do
        {
            var tmp = a[x];      // 不会检查数组 a 的边界
            b[x] = tmp;          // 不会检查数组 b 的边界
            x = x + 1;
        }
        while(x < a.Length);
    }
    else
    {
        do
        {
            var tmp = a[x];      // 会检查数组 a 的边界
            b[x] = tmp;          // 会检查数组 b 的边界
            x = x + 1;
        }
        while(x < a.Length);
    }
}
```

8.11.4 循环展开

　　循环展开（Loop Unrolling）是一项编译器的优化技术，用于复制循环内容以减少运行中执行的跳转指令数量，如在之前提到的减少跳转指令数量可能会改进程序的执行性能，因为使用流水线技术的 CPU 可以预先处理接下来的指令。使用循环展开会大幅增大机器码的体积，增大到一定程度反而会因为 CPU 缓存命中率降低而影响性能，所以循环展开会对循环内容的大小与展开次数有一定的限制。循环展开按照形式可以分为完全展开（Full Loop Unrolling）和部分展开（Partial Loop Unrolling），完全展开会把循环内容按循环次数复制，然后把循环判断跳转的代码删除，完全展开要求总循环次数在编译时已知，并且总循环次数会有限制；部分展开会把循环内容复制一定次数，这个次数可以由编译器决定，然后修改循环条件中的变动量乘以展开的次数，最后在循环的最后插入判断的代码执行剩余的次数（总循环次数 % 展开次数),部分展开不要求总循环次数在编译时已知,对总循环次数也没有限制,但是实现上比较复杂。目前.NET Core 2.1 中的 RyuJIT 只支持完全展开,并且工作的不是很好。以下是应用循环展开前后的伪代码,如果把 Vector<int>.Count 替换为一个普通的数值常量则循环展开将不会工作,并且展开后的 8 个"x=x+1"可以合并为"x=8",但没有合并。目前已经有人在着手改进.NET Core 中循环展开的处理(♯19594),相信将来这部分会工作得更好。

```
// 应用循环展开前
int x = 0;
while(x < Vector<int>.Count)
{
    Console.WriteLine(x);
    x = x + 1;
}
// 应用循环展开后
int x = 0;
Console.WriteLine(0);
x = x + 1;
Console.WriteLine(1);
x = x + 1;
Console.WriteLine(2);
x = x + 1;
Console.WriteLine(3);
x = x + 1;
Console.WriteLine(4);
x = x + 1;
Console.WriteLine(5);
x = x + 1;
Console.WriteLine(6);
x = x + 1;
Console.WriteLine(7);
x = x + 1;
```

8.11.5 循环不变代码外提

循环不变代码外提(Loop-Invariant Code Hoisting)是一项编译器的优化技术,用于把循环中与循环无关(每次循环总会给出相同的结果)并且没有副作用的表达式移动到循环外,使得这些表达式只需要被评价一次。具体来说,和循环无关的表达式只能包含常量、SSA 版本在循环外定义的本地变量、与没有副作用的操作比如不检查溢出的加减乘除。循环不变代码外提通常会与循环反转一起使用,使得这些表达式只在至少执行一次循环时被评价。

以下是循环不变代码外提前后的伪代码：

```
// 循环不变代码外提
int x = 0;
int y = GetY();
while(x < 3)
{
    Console.WriteLine(y + 1);
    x = x + 1;
}
// 循环不变代码外提 + CSE 优化后
int x = 0;
int y = GetY();
if(x < 3)
{
    int cse0 = y + 1; // CSE 创建的本地变量
    do
    {
        Console.WriteLine(cse0);
        x = x + 1;
    }
    while(x < 3);
}
```

在内部，RyuJIT 会在循环体之前创建一个新的基础块作为新的 HEAD 基础块，然后重定向原来的 HEAD 基础块到新创建的基础块，再把循环内容中与循环无关的表达式复制到新创建的基础块中。接下来的公共子表达式消除（CSE）阶段会为复制的表达式分配一个临时变量，然后把根据运行路径之后的相同表达式替换到该临时变量的引用。

8.11.6　CoreCLR 中的相关代码

如果对 CoreCLR RyuJIT 中循环优化阶段的代码感兴趣，可以参考以下链接。
寻找 HIR 中的循环的处理主要在 Compiler::optOptimizeLoops 函数中，代码地址如下：

// 识别出来的循环信息会保存在 Compiler::optLoopTable 字段中，目前最多只会识别 255 个循环
// 循环体内的基础块权重（BasicBlock::bbWeight）会增加
https://github.com/dotnet/coreclr/blob/v2.1.5/src/jit/optimizer.cpp#L4474

循环反转的处理主要在 Compiler::fgOptWhileLoop 函数中，代码地址如下：
https://github.com/dotnet/coreclr/blob/v2.1.5/src/jit/optimizer.cpp#L4110

循环克隆的处理主要在 Compiler::optCloneLoops 函数中,代码地址如下:

https://github.com/dotnet/coreclr/blob/v2.1.5/src/jit/optimizer.cpp#L5113

循环展开的处理主要在 Compiler::optUnrollLoops 函数中,代码地址如下:

https://github.com/dotnet/coreclr/blob/v2.1.5/src/jit/optimizer.cpp#L3513

循环不变代码外提的处理主要在 Compiler::optHoistLoopCode 函数中,代码地址如下:

https://github.com/dotnet/coreclr/blob/v2.1.5/src/jit/optimizer.cpp#L6351

第 12 节　赋值传播

8.12.1　替换拥有相同值的变量

赋值传播(Copy Propagation)阶段会替换变量到其他拥有相同值(VN)的变量以减少复制次数与删除多余的本地变量。以下是应用赋值传播前后的伪代码,可以看到在评价表达式"y+1"时本地变量 y 的值与本地变量 x 相同,并且表达式中的 y 是使用(USE)而不是赋值(DEF),所以节点中的 y 可以安全替换到 x,如果之后没有其他引用本地变量 y 的节点,本地变量 y 可以被安全地删除。

```
// 应用赋值传播前
int x = GetX();
int y = x;
Console.WriteLine(y + 1);
// 应用赋值传播后
int x = GetX();
int y = x;
Console.WriteLine(x + 1);
```

RyuJIT 编译器实现赋值传播的流程与分配 SSA 版本的流程相似,首先会为每个本地变量分配一个栈结构,然后根据支配顺序枚举基础块,遇到对本地变量的赋值(DEF,USEDEF)则往栈结构推入赋值后的新版本,而遇到对本地变量的使用(USE)则查找所有本地变量的栈结构中最新 SSA 版本的 VN 并与当前的 VN 比较看是否相同,如果 VN 相同则替换到该本地变量,在赋值传播中使用的 VN 是保守主义(Conservative)的 VN。

以下例子演示了不能应用赋值传播的情况,在这个例子中最后一个使用本地变量 z 的引用不能替换到 x 或者 y。虽然 z-v2 的 VN 与 x-v2 的 VN 相同,但是 x 的当前版本是 3,并且虽然 z-2 的 VN 与 y-v3 的 VN 相同,但是定义 y-v3 的基础块不支配使用 z-v2 的基础块,也就是不能保证 y-v3 一定会在该执行路径定义。

```
int x/* v2 */ = GetX();
int y/* v2 */ = 0;
if(x/* v2 */ < 0)
{
    y/* v3 */ = x/* v2 */;
}
int z/* v2 */ = x/* v2 */;
x/* v3 */ = 0;
Console.WriteLine(z/* v2 */);
```

8.12.2　CoreCLR 中的相关代码

如果对 CoreCLR RyuJIT 中赋值传播阶段的代码感兴趣，可以参考以下链接。赋值传播的主要处理在 Compiler::optVnCopyProp 函数中，代码地址如下：

https://github.com/dotnet/coreclr/blob/v2.1.5/src/jit/copyprop.cpp#L417

第 13 节　公共子表达式消除

8.13.1　合并拥有相同值的表达式

公共子表达式消除（Common Subexpression Elimination，简称 CSE）阶段会合并拥有相同值的表达式（又称公共子表达式），使得它们只评价一次，以下是应用 CSE 前后的伪代码，第一次评价表达式的结果会储存在一个本地变量中并在后面重复使用。注意不是所有的公共子表达式都可以合并，有时候评价表达式的成本比存取本地变量（访问内存）的成本更低，CSE 阶段会根据之前在评价顺序定义阶段计算出来的成本信息判断是否值得合并它们。

```
// 应用 CSE 前
int x = GetX();
int y = (x * 1024 + 1) / 8;
int z = (x * 1024 + 1) / 16;
// 应用 CSE 后
int x = GetX();
int cse0 = x * 1024 + 1; // CSE 创建的本地变量
int y = cse0 / 8;
int z = cse0 / 16;
```

RyuJIT 中的 CSE 基于 VN 实现，不仅可以合并内容相同的表达式，内容不同但值相同的表达式也可以合并。JIT 编译器首先会创建一个索引结构，键是 VN，值是语法树节点（GenTree）的列表，这里的 VN 是自由主义（Liberal）的 VN。然后 JIT 编译器会枚举所有基础块中的语法树节点寻找 CSE 候选（CSE Candidate），如果一个语法树节点满足以下条件，那么这个节点就可以成为 CSE 候选：

- 评价节点不会带来副作用；
- 评价节点的成本高于一定值（成本在评价顺序定义阶段已计算）；
- 节点带有值，并且值不是 struct 类型或者浮点数；
- 节点的值不依赖于循环（通过 VN 的类型判断）；
- 节点以及子节点的类型比较简单，例如算数操作、比较操作、读取本地变量或对象成员等。

JIT 编译器会添加 CSE 候选节点到节点的 VN 在索引结构关联的列表中，在添加完所有 CSE 候选后，索引结构中保存了 VN 到语法树节点一对多的信息，同一个 VN 对应的 CSE 候选可以称为一组候选。然后 JIT 编译器会为这些 CSE 候选添加 CSE 赋值（CSE DEF）与 CSE 使用（CSE USE）的标识，如图 8.39 所示，如果表达式在当前执行路径中第一次出现那么它就是 CSE 赋值，否则就是 CSE 使用。标识 CSE 赋值与 CSE 使用时，枚举基础块的顺序会基于前任与后任而不是支配，举例来说，如果基础块的关系是 A→B,A→C,B→D,C→D，公共子表达式在 B、C 与 D 中各出现了一次，那么 B 与 C 中是 CSE 赋值，D 中是 CSE 使用，因为到 D 之前的所有执行路径该表达式都出现了。

之后 JIT 编译器会重新检查各组 CSE 候选的成本，已有的成本可以通过公式"表达式成本 * (CSE 赋值数量＋CSE 使用数量)"计算，优化后的成本可以通过公式"(表达式成本＋CSE 赋值成本) * CSE 赋值数量＋CSE 使用成本 * CSE 使用数量"计算，CSE 赋值成本指设置值到本地变量的成本，CSE 使用成本指从本地变量读取值的成本，CSE 赋值与使用成本很大程度依赖于创建的本地变量是否可以放在寄存器中，因为访问寄存器比内存更快。如果优化后的成本小于已有的成本，JIT 编译器会执行 CSE 优化，首先创建一个本地变量用于保存该组 CSE 候选的值，然后修改标记为 CSE 赋值的表达式，使用逗号表达式（参考本章第 3 节）让它把评价后的值保存在该变量中，再修改标记为 CSE 使用的表达式，修改为对本地变量的使用，如图 8.40 所示。本章第 11 节讲到的循环不变代码外提的替换部分就是在这里处理的。

8.13.2 CoreCLR 中的相关代码

如果对 CoreCLR RyuJIT 中公共子表达式消除（CSE）阶段的代码感兴趣，可以参考以下链接。

公共子表达式消除的处理从 Compiler::optOptimizeCSEs 函数开始，代码地址如下：

// Compiler::optOptimizeCSEs 函数调用 Compiler::optOptimizeValnumCSEs 函数
https://github.com/dotnet/coreclr/blob/v2.1.5/src/jit/optcse.cpp#L2860

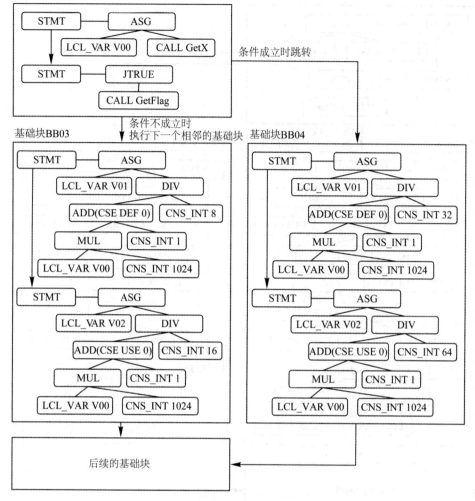

图 8.39 添加 CSE 赋值与 CSE 使用标识后的 HIR 例子

```
// Compiler::optOptimizeValnumCSEs 函数作出以下处理
// 调用 optValnumCSE_Init 函数初始化 CSE 使用的索引结构 optCSEhash
// 调用 optValnumCSE_Locate 函数寻找 CSE 候选,算法参考前文
// 调用 optValnumCSE_InitDataFlow 函数初始化各个基础块中保存 CSE 候选信息的数据结构
// 调用 optValnumCSE_DataFlow 函数设置各个基础块中的 CSE 候选信息
// 例如定义或使用了哪些 CSE 优选
// 调用 optValnumCSE_Availablity 函数更新 CSE 候选的赋值次数与使用次数,以计算成本
// 调用 optValnumCSE_Heuristic 函数执行 CSE,过程参考前文
https://github.com/dotnet/coreclr/blob/v2.1.5/src/jit/optcse.cpp#L2550
```

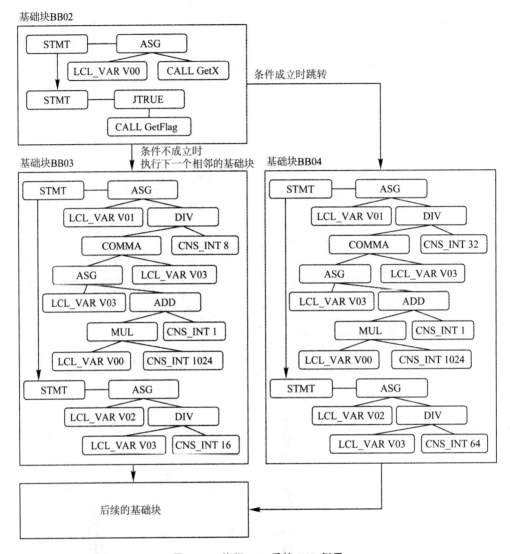

图 8.40 执行 CSE 后的 HIR 例子

第 14 节 断言传播

8.14.1 生成并传播断言

在断言传播（Assertion Propagation）阶段，JIT 编译器会根据语法树节点与控制流程生成并传播断言（Assertion），断言可以指示一个值等于多少，不等于多少或者可取的范围。RyuJIT 支持的断言如下：

- 某个值(VN)不等于 null；
- 某个值不等于 null；
- 某个值等于某个常量；
- 某个值不等于某个常量；
- 某个值的具体类型；
- 某个值的类型继承于某个类型；
- 某个值可取的范围；
- 某个数组值的长度。

断言可以用于替换节点到常量、消除多余的 null 检查、类型检查与数组边界检查等，并且断言可以根据条件判断表达式生成并在有限的范围内应用。以下是应用断言传播前后的伪代码，在这个例子中，JIT 编译器会生成本地变量 x 对应的 VN 等于常量 123 的断言，有效范围在 if 块中，然后再传播到表达式"x+2"，生成表达式"x+2"对应的 VN 等于常量 125 的断言，最后根据断言执行替换节点到常量的优化。在目前的 .NET Core(2.1)中，根据条件判断表达式创建断言只支持等于和不等于，大于和小于因为消耗较大所以没有启用。

```
//断言传播前
int x = GetX();
if(x == 123)
{
    int y = x + 2;
    Console.WriteLine(y);
}
//断言传播后
int x = GetX();
if(x == 123)
{
    // 断言：x 对应的 VN 等于 123
    // 传播断言："x+2"对应的 VN 等于 125
    int y = 125;
    Console.WriteLine(y);
}
```

8.14.2　CoreCLR 中的相关代码

如果对 CoreCLR RyuJIT 中断言传播阶段的代码感兴趣，可以参考以下链接。

断言传播的处理主要在 Compiler::optAssertionPropMain 函数中，代码地址如下：

```
// 创建的断言会保存在 Compiler::optAssertionTabPrivate 字段，类型是 AssertionDsc 的数组
// 其中各个基础块中进入时有效的断言会保存在 BasicBlock::bbAssertionIn
// 离开时有效的断言会保存在 BasicBlock::bbAssertionOut，
```

```
// 由基础块中的代码创建的断言会保存在 BasicBlock::bbAssertionGen，类型都是位数组
https://github.com/dotnet/coreclr/blob/v2.1.5/src/jit/assertionprop.cpp#L4944
```

第15节　边界检查消除

8.15.1　根据断言消除边界检查

在边界检查消除（Range Check Elimination）阶段，JIT 编译器会尝试计算访问数组时使用的索引值可取的范围，然后再根据数组长度的断言（Assertion）来判断是否可以消除数组的边界检查。以下是应用边界检查消除前后的伪代码，当 JIT 编译器看到访问数组时使用的索引值 x-v4 时会追溯它的来源，在这里 x-v4 的所有来源中，最低的值是 1，最高的值是 8，可取范围在数组边界之内，所以此处的数组边界检查可以被消除。注意在这个例子中表达式 if(array.Length==200)是多余的，但是因为当前.NET Core(2.1)的实现问题，没有这个表达式就不能正常地创建 array 的长度等于 200 的断言，这个多余的表达式会在断言传播阶段被删除。

```
//边界检查消除前
int x;
if(GetFlag())
{
    x = 1;
}
else
{
    x = 8;
}
int[] array = new int[200];
if(array.Length == 200)
{
    Console.WriteLine(array[x]); // 会检查数组 array 的边界
}
// 边界检查消除后
int x/* v1 */;
if(GetFlag())
{
    x/* v2 */ = 1;
}
else
{
    x/* v3 */ = 8;
}
x/* v4 */ = Φ(x/* v2 */, x/* v3 */);
int[] array/* v2 */ = new int[200];
```

```
if(array/* v2 */.Length == 200)
{
    // 断言：数组 array 的长度是 200
    // 索引值 x - v4 可取范围：最小值 1，最大值 8
    // 可取范围在数组边界之内，所以此处的数组边界检查可以被消除
    Console.WriteLine(array/* v2 */[x/* v4 */]); // 不会检查数组 array 的边界
}
```

8.15.2　CoreCLR 中的相关代码

如果对 CoreCLR RyuJIT 中边界检查消除阶段的代码感兴趣，可以参考以下链接。

边界检查消除的处理主要在 RangeCheck::OptimizeRangeChecks 函数中，代码地址如下：

```
// RangeCheck::OptimizeRangeChecks 函数枚举所有语法树节点
// 然后调用 RangeCheck::OptimizeRangeCheck 函数
https://github.com/dotnet/coreclr/blob/v2.1.5/src/jit/rangecheck.cpp#L1344

// RangeCheck::OptimizeRangeCheck 函数判断语法树节点是否数组边界检查
//（类型 COMMA 且左节点是边界检查）
// 如果是则根据 VN 判断索引值是否一定在数组边界之内( >= 0 && < arr.Length)
// 如果一定在数组边界之内则删除 COMMA 的左节点
https://github.com/dotnet/coreclr/blob/v2.1.5/src/jit/rangecheck.cpp#L191
```

第 16 节　合理化

合理化(Rationalization)阶段是 JIT 编译器后端部分的第一个阶段，用于转换 HIR 结构到 LIR 结构并处理语义依赖于上下文的节点。本章第 3 节已详细介绍 HIR 与 LIR 结构，HIR 结构是 JIT 编译器前端部分使用的 IR 结构，由基础块、语句与语法树节点组成，语法树节点构成树结构；而 LIR 结构是 JIT 编译器后端使用的 IR 结构，由基础块与语法树节点组成，语法树节点构成列表结构。

语义依赖于上下文的节点指需要分析该节点的父节点或者子节点才能确定含义的节点，举例来说，引用本地变量的 LCL_VAR 节点可以用于修改本地变量的值，也可以用于读取本地变量的值，也可以用于获取本地变量的内存地址，如果不看 LCL_VAR 节点的父节点则不能确定它代表哪个含义，合理化阶段会对它们做出处理。以下是合理化阶段的详细步骤，在合理化阶段结束后，HIR 结构会消失，接下来的阶段都会使用 LIR 结构。

8.16.1　转换 HIR 结构到 LIR 结构

在 HIR 结构中，各个节点的评价顺序根据语句的顺序、节点的结构以及评价顺

序定义(Tree Ordering)阶段添加的标志而定。而在 LIR 结构中,各个节点会按评价顺序连成一个列表,而语句则变成 IL_OFFSET 节点并添加到原来属于该语句的节点前,IL_OFFSET 节点用于生成函数的除错信息,指示哪些汇编指令根据哪条 IL 指令生成,除错信息可以帮助程序调试器实现调试功能。HIR 结构转换到 LIR 结构的例子如图 8.41 所示。

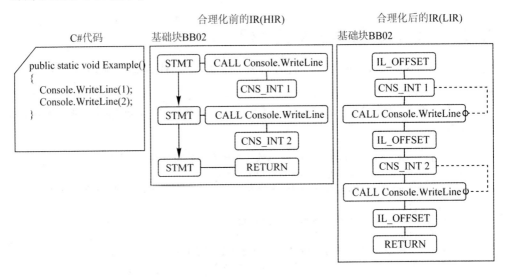

图 8.41　HIR 结构转换到 LIR 结构的例子

8.16.2　转换 LCL_VAR 节点

如上所述,至此为止的 LCL_VAR 节点的含义需要根据它的父节点而定,为了让含义明确化,合理化阶段使用了一个新的节点类型 STORE_LCL_VAR 来表示修改本地变量的值,而原来的 LCL_VAR 节点只用于表示读取本地变量的值。转换 LCL_VAR 节点的例子如图 8.42 所示,在这个例子中 ASG 与 LCL_VAR 节点会被替换为 STORE_LCL_VAR 节点。

8.16.3　转换 ADDR 与 IND 节点

ADDR 节点用于获取一个值所在的内存地址,一般用于传递变量的引用给其他函数,或者访问值类型对象的字段(访问引用类型的字段不需要,因为引用类型的变量本身的值就是内存地址)。IND 节点用于获取一个内存地址指向的值,一般用于修改通过引用传递的参数的值,或者访问对象的字段(值类型与引用类型都需要)。

ADDR 以及 IND 节点与 LCL_VAR 节点一样,它们的含义都需要根据上下文而定,合理化阶段会把 ADDR 节点合并到它的子节点中并修改节点的类型,而 IND 节点中表示修改值的节点会被修改为 STOREIND 节点,剩余的 IND 节点只表示读取值。转换 ADDR 与 IND 节点的例子如图 8.43 所示,在这个例子中 ASG 节点与

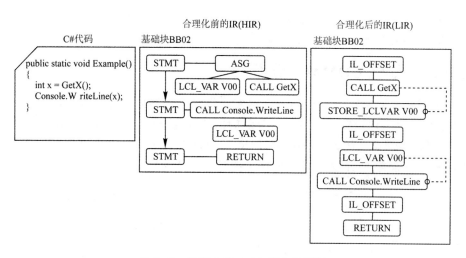

图 8.42 转换 LCL_VAR 节点的例子

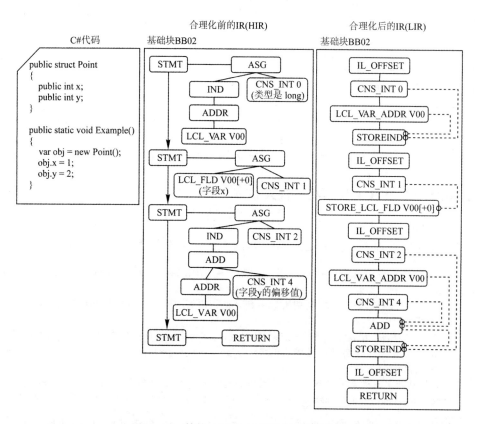

图 8.43 转换 ADDR 与 IND 节点的例子

IND 节点会被替换为 STOREIND 节点，而 ADDR 节点与 LCL_VAR 节点会被替换为 LCL_VAR_ADDR 节点。注意这个例子的 IR 是在 Debug 模式下生成的，没有启用优化,如果启用优化则构造体提升(Struct Promotion)会把对字段的访问转换为对本地变量的访问,就不会出现图中的 IR 了。

8.16.4 删除 COMMA 节点

COMMA 是一个特殊的节点,表示先评价左节点然后抛弃左节点的值(如果左节点有值),之后评价右节点再把右节点的值作为自身的值。COMMA 节点一般在 JIT 编译器内部插入代码时使用,在 LIR 中 COMMA 节点没有意义,所以合理化阶段会删除它,删除 COMMA 节点的例子如图 8.44 所示。

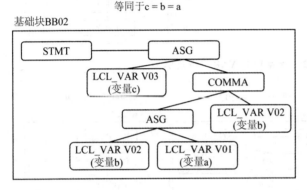

图 8.44　删除 COMMA 节点的例子

8.16.5 CoreCLR 中的相关代码

如果对 CoreCLR RyuJIT 中合理化阶段的代码感兴趣,可以参考以下链接。
合理化的处理主要在 Rationalizer::DoPhase 函数中,代码地址如下:

// Rationalizer::DoPhase 函数首先枚举基础块,调用 BasicBlock::MakeLIR 函数初始化 LIR 使用的字段
　// 然后枚举基础块中的语句,调用 LIR::Range 把语句中的语法树转换为节点的列表,并插入到基础块中
　// 最后针对各个语法树节点调用 Rationalizer::RewriteNode 函数作出 LIR 需要的变形处理
　// 语法树节点列表会使用基础块的 BasicBlock::m_firstNode 与 BasicBlock::m_lastNode 字段保存
　//并且基础块的标志字段 bbFlags 会设置为包含 BBF_IS_LIR 标志,指示当前是 LIR 结构
　https://github.com/dotnet/coreclr/blob/v2.1.5/src/jit/rationalize.cpp#L974

LIR 需要的变形处理主要在 Rationalizer::RewriteNode 函数中,代码地址如下:

// Rationalizer::RewriteNode 函数做以下处理
　// 针对 ASG 节点调用 RewriteAssignment 函数
　// 如果目标是 LCL_VAR 则修改节点类型为 STORE_LCL_VAR,并删除 ASG 节点

```
// 如果目标是 LCL_FLD 则修改节点类型为 STORE_LCL_FLD,并删除 ASG 节点
// 如果目标是 IND 则修改节点类型为 STOREIND,并删除 ASG 节点
// 如果目标是 BLK 则修改节点类型为 STORE_BLK,并删除 ASG 节点
// 如果目标是 OBJ 则修改节点类型为 STORE_OBJ,并删除 ASG 节点
// 如果目标是 DYN_BLK 则修改节点类型为 STORE_DYN_BLK,并删除 ASG 节点
// 删除 BOX 节点(因为已添加对内部函数 CORINFO_HELP_BOX 的调用)
// 针对 ADDR 节点调用 RewriteAddress 函数
// 如果目标是 LCL_VAR 则修改节点类型为 LCL_VAR_ADDR,并删除 ADDR 节点
// 如果目标是 LCL_FLD 则修改节点类型为 LCL_FLD_ADDR,并删除 ADDR 节点
// 如果目标是 CLS_VAR 则修改节点类型为 CLS_VAR_ADDR,并删除 ADDR 节点
// 如果目标是 IND 则同时删除 IND 与 ADDR 节点
// 针对 IND 节点
// 替换由于构造体提升导致的 IND(ADD(LCL_VAR_ADDR, 0))结构到 LCL_VAR 节点
// 删除 NOP 节点
// 删除 COMMA 节点
https://github.com/dotnet/coreclr/blob/v2.1.5/src/jit/rationalize.cpp#L626
```

第 17 节 低级化

低级化(Lowering)阶段主要负责两项工作,第一项是转换 LIR 中的节点使得 LIR 更接近目标平台的汇编指令;第二项是标记带有值的节点是否被包含节点 (Contained)与节点被使用时是否需要先加载到 CPU 寄存器。本节将会介绍这两项工作的具体内容。

8.17.1 分割针对 long 类型的操作

如果目标平台是 32 位,JIT 编译器会分割针对 long 类型的操作到针对 int 类型的操作,如图 8.45 所示,在栈上的变量仍然是一个 8 字节的数值,但是读取与算术运算会分成两个节点。

8.17.2 转换算术运算到地址模式

如果目标平台是 x86 或者 x86-64,JIT 编译器会尝试转换算术运算到地址模式,地址模式是 x86 中计算内存地址时使用的形式,利用地址模式只需要一条汇编指令就能计算表达式"x＋y＊n＋z"(n 可以是 1、2、4、8,z 是常量)的值,详细可见第 3 章第 4 节对指令格式以及 lea 指令的说明。转换算术运算到地址模式的例子如图 8.46 所示。

8.17.3 转换除法运算和求余运算

JIT 编译器会尝试转换除法运算和求余运算到成本更低的二进制运算,以下是转换的例子:

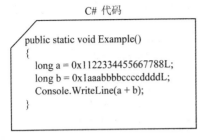
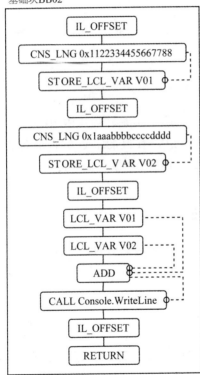
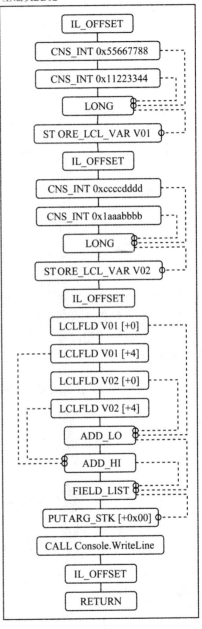

图 8.45 分割针对 long 类型的操作的例子

- 无符号除法运算 x/2 可以转换为 x >> 1；
- 有符号除法运算 x/-2 可以转换为 -(x >> 1)；

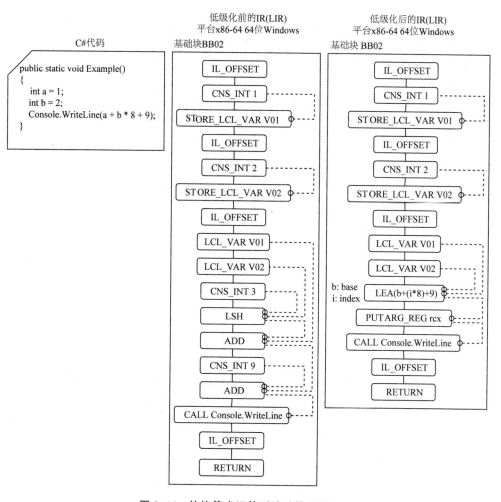

图 8.46 转换算术运算到地址模式的例子

- 无符号求余运算 x%2 可以转换为 x & 1；
- 有符号求余运算 x%8 可以转换为 x - (x & ~7)
  x % 8 == x - 8 * (x / 8) == x - ((x >> 3) << 3) == x - (x & ~7)。

8.17.4 转换 SWITCH 节点

JIT 编译器会尝试分析各个 case 的值。如果 case 比较少，那它可以转换为多个 if 的连续；如果 case 比较多并且是连续的常量，JIT 编译器会创建一个跳转表并且根据值来跳转到目标代码，多个 if 的连续与跳转表可以混合使用。转换 SWITCH 节点的例子如图 8.47 所示，节点 JMPTABLE 代表一个储存了各个跳转目标的代码地址的数组，在这个例子中最终生成的跳转汇编指令是 jmp[跳转表的地址＋(switch 值－100) * 指针大小]。

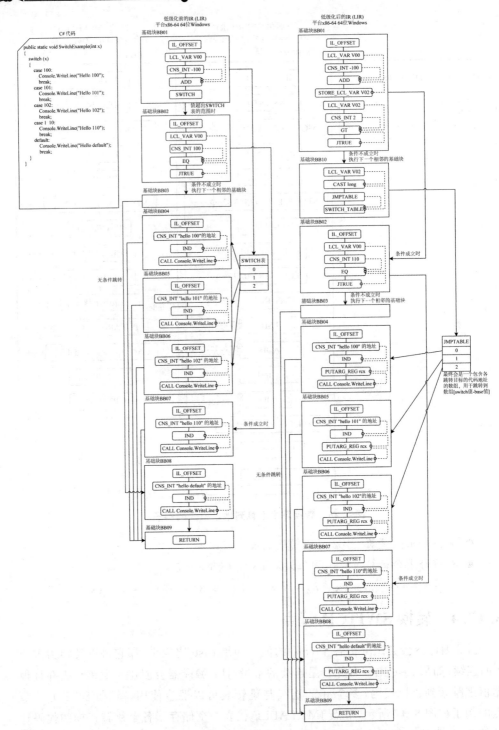

图 8.47 转换 SWITCH 节点的例子

8.17.5 针对函数调用添加 PUTARG_REG 与 PUTARG_STK 节点

如第 3 章第 6 节提到的，调用函数时传递参数会使用 CPU 寄存器或者栈空间，使用寄存器还是栈空间由当前平台的调用规范而定。在低级化阶段 JIT 编译器会针对函数调用添加 PUTARG_REG 与 PUTARG_STK 节点用于明确指示参数应该放在哪里，PUTARG_REG 节点指示参数应该放在指定的寄存器，而节点指示参数应该放在指定的栈地址（距离运行时当前栈地址的偏移值）。64 位 Windows 上的例子如图 8.48 所示，前四个参数会分别通过 CPU 寄器 rcx、rdx、r8 和 r9 传递，后面的寄存器会通过栈传递，偏移值从 0x20 开始是因为 64 位 Windows 的调用规范要求调用函数时预留 32 字节的影子空间（Shadow Space）。注意在 JIT 编译器内部调用函数的节点会链接到 PUTARG_REG 节点，指示它需要这些节点写入的寄存器，但是不会链接到 PUTARG_STK 节点，所以不是漏画图了。

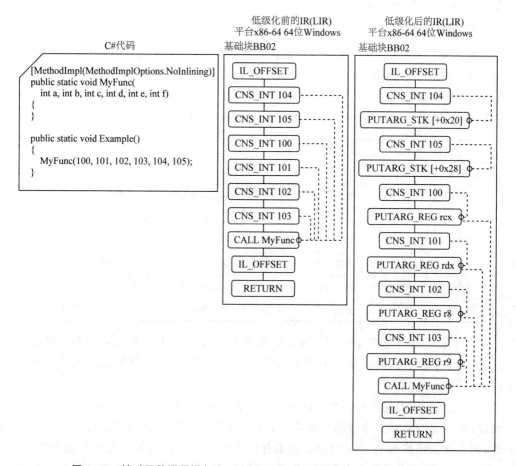

图 8.48 针对函数调用添加 PUTARG_REG 与 PUTARG_STK 节点的例子

8.17.6 转换 CALL 节点

CALL 节点可以代表多种不同的调用方式，包含普通的函数调用、JIT 帮助函数调用（例如 JIT_New）、委托调用、虚方法调用以及接口方法调用。在低级化阶段 JIT 编译器会明确如何处理这些调用。

1. 普通的函数调用

对于普通函数的调用，JIT 编译器会查找函数的入口点然后设置到 CALL 节点中，LIR 结构维持不变。

2. JIT 帮助函数调用

对于 JIT 帮助函数调用的处理与普通函数调用相似，只是函数在 .NET 运行时的内部，JIT 编译器会根据帮助函数的类型查找具体的函数地址并设置到 CALL 节点中，LIR 结构维持不变。

3. 委托调用

对于委托调用的处理比较复杂，首先委托是一个对象，第一个字段是调用目标，第二个字段是函数信息（用于 DynamicInvoke），第三个字段是函数地址，第四个字段是辅助函数地址。这些字段储存的内容根据委托的类型而定，如下表所列，下表来源于 CoreCLR 源代码 src/vm/comdelegate.cpp 中的注释。

类　　型	调用目标	函数地址	辅助函数地址
封闭委托，实例方法	this 指针	原始函数地址	null
开放委托，实例非虚方法	委托对象	调整参数用的代码地址	原始函数地址
开放委托，实例虚方法	委托对象	调用虚方法的代码地址	方法 ID
封闭委托，静态函数	第一个参数	原始函数地址	null
封闭委托，特殊静态函数	委托对象	特殊代码地址	原始函数地址
开放委托，静态函数	委托对象	调整参数用的代码地址	原始函数地址
安全委托	委托对象	执行检查的代码地址	函数信息（内部使用）

对于委托调用，JIT 编译器会添加获取委托对象第一个字段和第三个字段的节点，第一个字段的值会作为调用函数的第一个参数，第三个字段的值会作为函数地址，如图 8.49 所示。

第三个字段中保存的函数地址不一定是创建委托时传入的原始函数地址，举例来说，如果委托是静态函数的开放委托，函数地址会指向一个调整参数用的代码地址，因为静态函数没有 this 但是调用委托时在第一个参数传入了委托对象，这时候静态函数的第一个参数会在第二个参数的位置，第二个参数会在第三个参数的位置（以此类推），调整参数用的代码会从第一个参数也就是委托对象取出辅助函数地址，

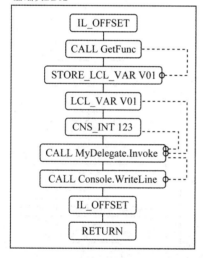
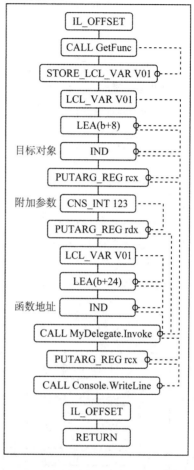

图 8.49　转换委托调用的例子

然后把第二个参数移动到第一个参数的位置,第三个参数移动到第二个参数的位置(以此类推),然后再调用辅助函数,即原始的静态函数。

如果委托是实例方法的封闭委托,那么第一个参数会传入 this,后续的参数位置不需要调整,调用的函数地址是原始的实例方法地址,调用开销会比静态函数的开放委托小很多。

4. 虚方法调用

对于虚方法调用的处理同样比较复杂,因为函数地址不能在编译时确定,JIT 编译器会添加运行时从类型信息的虚方法表获取函数地址的节点,如图 8.50 所示。第一次从对象地址+0取出类型信息（类型信息慢一个内存地址），也就是获取对象的类型信息；第二次从类型信息+72取出虚方法表（虚方法表是一个内存地址）；第三次从虚方法表+32取出GetInt方法的入口点地址。

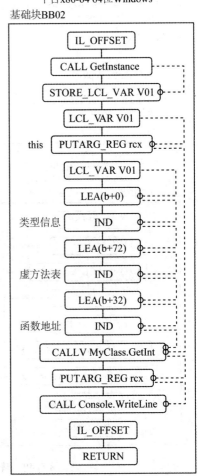

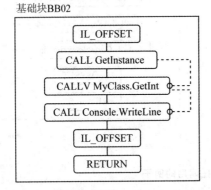

图8.50 转换虚方法调用的例子

5. 接口方法调用

对于接口方法调用的处理与虚方法有很大的不同，JIT编译器会为接口方法调用生成桩（Stub），桩在第一次找到实现后会假设方法不是多态的，也就是调用时总会指向同一个实现，执行时会比较对象类型是否一致，如果一致则使用此前找到的实现，不一致则根据类型重新解决。如果不一致的次数达到一定值（当前是100），桩会重新假设方法是多态的，然后修改桩地址指向使用更高效率解决方式的代码，这样的机制叫做VSD（Virtual Stub Dispatch）。注意这里提到的桩与本章第2节提到的

JIT 桩是两回事。在低级化阶段 JIT 编译器会添加获取桩地址的节点,如图 8.51 所示。

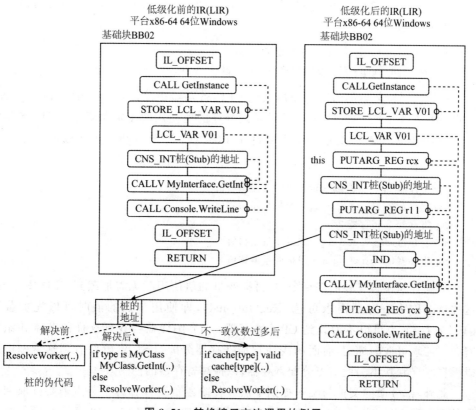

图 8.51 转换接口方法调用的例子

8.17.7 标记节点是否为被包含节点

被包含节点(Contained)指的是那些带有值并且值会嵌入到汇编指令的节点。例如设置本地变量等于数值类型的常量需要 CNS_INT 与 STORE_LCL_VAR 两个节点,在 x86-64 平台上可以生成以下汇编指令:

mov dword ptr [rbp+偏移值],常量值

CNS_INT 节点的值包含在 STORE_LCL_VAR 节点生成的汇编指令中,所以 CNS_INT 节点会标记为被包含节点。在低级化阶段 JIT 编译器会找到这样的节点并添加被包含节点的标记,后面的线性扫描寄存器分配(LSRA)阶段看到这个标记可以决定无需为此节点分配寄存器,汇编指令生成阶段看到这个标记可以决定生成带立即数(Immediate Value)的指令。

8.17.8 标记节点被使用时是否需要先加载到 CPU 寄存器

默认情况下,如果一个节点的值被其他节点使用,并且节点不是被包含节点,那么节点的值需要先加载到 CPU 寄存器中。例如设置本地变量等于另一个本地变量的值需要 LCL_VAR 和 STORE_LCL_VAR 两个节点,在 x86-64 平台上可以生成以下汇编指令:

mov 寄存器,dword ptr[rbp+来源变量偏移值]
mov dword ptr[rbp+目标变量偏移值],寄存器

LCL_VAR 节点的值需要先加载到 CPU 寄存器中才能被 STORE_LCL_VAR 节点使用。但有一些例外的情况可以让节点的值使用时无需加载到 CPU 寄存器中,例如比较两个本地变量的值需要两个 LCL_VAR 节点和一个比较操作的节点(EQ、GT、LT 等),在 x86-64 平台上可以生成以下两种汇编指令:

mov 寄存器 1, dword ptr[rbp+来源变量偏移值]
mov 寄存器 2, dword ptr[rbp+目标变量偏移值]
cmp 寄存器 1,寄存器 2
mov 寄存器,dword ptr[rbp+来源变量偏移值]
cmp dword ptr[rbp+目标变量偏移值]

可以看到在第二种汇编指令中,目标变量的值使用时无需加载到 CPU 寄存器,这种情况称为寄存器需求可选(RegOptional),即使用节点的值时可以先加载到 CPU 寄存器,也可以不加载到 CPU 寄存器。JIT 编译器会找到这样的节点并添加寄存器需求可选的标记,后面的线性扫描寄存器分配(LSRA)阶段看到这个标记可以根据状况判断不为此节点分配寄存器,以提高寄存器的使用效率。

此外,部分旧的文档与文章提到了低级化阶段负责计算各个节点需要读取和写入的寄存器数量,这是 .NET Core 2.1 之前的处理, .NET Core 2.1 开始为了提高

JIT 编译器的性能把这部分工作转移到了线性扫描寄存器分配(LSRA)阶段中，了解更多信息可以参考以下链接：https://github.com/dotnet/coreclr/issues/7255 和 https://github.com/dotnet/coreclr/blob/v2.1.5/Documentation/design-docs/lsra-throughput.md。

8.17.9 CoreCLR 中的相关代码

如果对 CoreCLR RyuJIT 中低级化阶段的代码感兴趣，可以参考以下链接。

低级化的处理主要在 Compiler::fgSimpleLowering 和 Lowering::DoPhase 函数中，代码地址如下：

```
// fgSimpleLowering 函数作出以下处理
// 枚举 LIR 中的语法树节点
// 如果节点类型是 ARR_LENGTH，则修改为 IND(数组对象 + 保存数组长度字段的偏移值)
// 如果节点类型是 GT_ARR_BOUNDS_CHECK，则添加额外的基础块
// 用于抛出 IndexOutOfRangeException 异常
https://github.com/dotnet/coreclr/blob/v2.1.5/src/jit/flowgraph.cpp#L9511


// Lowering::DoPhase 函数枚举基础块并调用 Lowering::LowerBlock 函数
// 如果当前平台是 32 位平台，还会调用 DecomposeLongs::DecomposeBlock 函数分割针对 long 类型的操作
https://github.com/dotnet/coreclr/blob/v2.1.5/src/jit/lower.cpp#L5255


// Lowering::LowerBlock 函数枚举 LIR 中的语法树节点并调用 Lowering::LowerNode 函数
https://github.com/dotnet/coreclr/blob/v2.1.5/src/jit/lower.cpp#L5460


// Lowering::LowerNode 函数包含了各种针对节点的低级化处理
// 如果目标是 IND 则尝试转换目标地址的计算到地址模式(LEA)运算
// 如果目标是 STOREIND 则尝试转换目标地址的计算到地址模式(LEA)运算
// 如果目标是 ADD 则尝试转换到地址模式(LEA)运算
// 如果目标是 UDIV 或者 UMOD 则尝试转换到移位运算，参考前文介绍
// 如果目标是 SWITCH 节点则调用 LowerSwitch 函数替换到 if else 与跳转表，参考前文介绍
// 如果目标是 CALL 节点则调用 LowerCall 函数，添加 PUTARG_REG 和 PUTARG_STK 节点
// 并根据调用类型的不同做出前文介绍的处理
// 如果目标是 JMP 节点且当前基础块调用了非托管函数，则插入 PME 到 JMP 节点前
// PME: Pinvoke Method Epilog
// 如果目标是 RETURN 节点且当前函数调用了非托管函数，则插入 PME 到 RETURN 节点前
// 如果目标是 CAST 节点则在整数与浮点数转换之间插入对 int 的转换
// 例如 CAST(small, float/double) => GT_CAST(GT_CAST(small, int), float/double)
// CAST(float/double, small) => GT_CAST(GT_CAST(float/double, int), small)
// 如果目标是 ARR_ELEM 则尝试转换目标地址的计算到地址模式(LEA)运算
// 如果目标是 STORE_BLK、STORE_OBJ、STORE_DYN_BLK 则 LowerBlockStore 函数
```

```
// 尝试转换目标地址的计算到地址模式(LEA)运算
https://github.com/dotnet/coreclr/blob/v2.1.5/src/jit/lower.cpp#L104

// 标记节点是否被包含节点与被使用时是否需要先加载到CPU寄存器的处理依赖于目标平台
// 在x86与x86-64平台上的处理大多在以下文件ContainCheck开始的函数中
// 被包含节点的标志是GTF_CONTAINED,保存在GenTree::gtFlags成员中
// 寄存器需求可选的标志是LIR::Flags::RegOptional,保存在GenTree::gtLIRFlags成员中
https://github.com/dotnet/coreclr/blob/v2.1.5/src/jit/lowerxarch.cpp
```

分开两个函数的原因是部分不支持RyuJIT后端的平台需要用旧的后端,而旧的后端的低级化处理主要在Compiler::fgLocalVarLiveness函数中,Compiler::fgSimpleLowering函数包含了必须在Compiler::fgLocalVarLiveness函数之前执行的处理。

第18节 线性扫描寄存器分配

8.18.1 寄存器分配

寄存器分配阶段会标记LIR中的各个节点使用什么CPU寄存器,可分配的寄存器依赖于当前的目标平台。寄存器分配阶段有两个主要的目标,第一个目标是给必须使用寄存器的操作分配寄存器,第二个目标是使用空余的寄存器减少对内存的访问以提高执行性能。例如调用一个函数时,如果第一个参数必须通过rcx寄存器传递,那么就会标记对应节点使用rcx寄存器,这属于第一个目标;再例如把函数的返回结果保存到本地变量,本地变量默认是保存在栈也就是内存上的,如果有空余的寄存器,可以使用该寄存器代替栈来保存本地变量,这属于第二个目标,第二个目标的处理只在开启优化时有效。如图8.52所示,变量x与y在Release模式下可以使用寄存器保存,因为这两个变量的整个生命周期都可以在寄存器中,所以不需要在栈上保存它们,这样的变量称为寄存器变量。因为读写寄存器的速度比读写内存的速度要快,积极地把变量保存在寄存器中可以提高程序的执行性能。注意寄存器变量的数量有限并且有限制条件,例如地址暴露(参考本章第6节)的本地变量不能成为寄存器变量,每次修改都必须写入栈空间使得通过内存地址访问时可以获取到正确的值。

8.18.2 线性扫描寄存器分配简介

主流的寄存器分配的算法有图着色算法(Graph Coloring)和线性扫描算法(Linear Scan Register Allocation,简称LSRA),图着色算法可以产生更好的分配结果但是需要更多的编译时间,线性扫描算法的分配结果稍微差一些但是编译时间更短。在RyuJIT中,分配寄存器的算法是基于论文《Optimized Interval Splitting in a Lin-

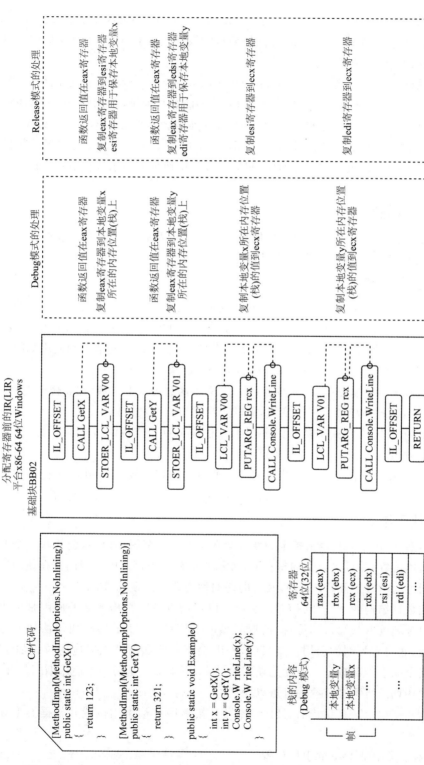

图 8.52 Debug 模式与 Release 模式的处理对比

ear Scan Register Allocator》（论文地址：https://www.usenix.org/legacy/events/vee05/full_papers/p132-wimmer.pdf）编写的线性扫描算法，这个算法同时用在了 Java 的 HotSpot 虚拟机中。

JIT 编译器首先会按反向后序（Reverse Postorder）的顺序生成基础块列表，举例来说，如果 BB01→BB02 代表 BB01 是 BB02 的前置基础块，有 BB01→BB02，BB01→BB03，BB02→BB04，BB03→BB04，那么生成的列表会是"BB01，BB02，BB03，BB04"或"BB01，BB03，BB02，BB04"，BB02 与 BB03 的顺序依赖于它们在流程图分析阶段计算出来的权重，权重大的排在前面，然后再按基础块列表与语法树节点生成以下数据结构。

1. 位置信息

位置信息（LocationInfo）给基础块列表中的各个基础块与语法树节点分配一个自增的数值，每次值都会增加 2（原因后述）。

2. 引用位置

引用位置（RefPosition）标记哪些位置访问了变量或需要使用固定的寄存器。这里的变量不仅仅包括本地变量，还包括函数的参数和返回结果等内部产生的变量。引用位置包含了以下类型，并且会根据类型关联基础块、语法树节点和使用期间。

- BB：标记该位置是基础块的开始，关联基础块；
- ParamDef：标记该位置（通常是 0）定义了函数传入的参数，关联使用期间；
- Def：标记该位置写入了变量，关联语法树节点与使用期间；
- Use：标记该位置读取了变量，关联语法树节点与使用期间；
- FixedReg：标记该位置需要使用固定的寄存器；
- Kill：标记该位置会让指定的寄存器原有的内容失效，通常用于标记函数调用后，调用者保存寄存器（Caller Saved Registers）的内容可能会被覆盖。

3. 使用期间

使用期间（Interval）表示指定的变量会在哪个位置范围中使用，会关联一个变量和多个引用位置，并且可以指向寄存器，表示变量在该寄存器中。当前正在使用寄存器的期间称为活跃期间（Active），其余的期间称为非活跃期间（Inactive）。

生成数据结构的例子如图 8.53 所示。位置信息每次都增加 2 的原因是因为这样做可以分离读取与写入的位置，读取类型的引用位置（Use）会指向语法树节点对应的位置，而写入类型的引用位置（Def，Kill）会指向语法树节点对应的位置加 1，如果一条指令的上半部分是一个使用期间的结束，下半部分是另一个使用期间的开始，这两个使用期间将不会重叠并且可以使用同一个寄存器。

在创建以上数据结构后，JIT 编译器会按顺序枚举引用位置并根据类型处理它们。

- 对于类型是 Use 的引用位置

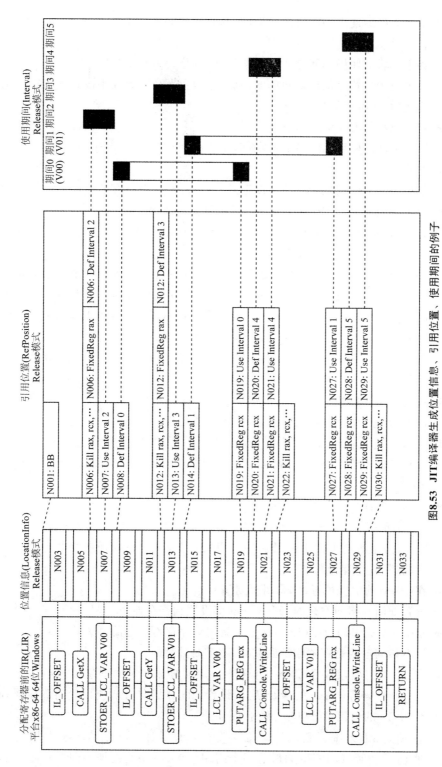

图8.53 JIT编译器生成位置信息、引用位置、使用期间的例子

如果关联的使用期间是活跃期间，那么值可以从寄存器读取，不需要分配寄存器。

如果关联的使用期间是非活跃期间，尝试分配一个寄存器；

如果引用位置是使用期间中的最后一个，在下一轮处理中设置使用期间为非活跃（释放寄存器）；

- 对于类型是 Def 的引用位置

  如果关联的使用期间是活跃期间，那么值可以写入到寄存器，不需要分配寄存器；

  如果关联的使用期间是非活跃期间，尝试分配一个寄存器。

- 对于类型是 FixedReg 或 Kill 的引用位置

  查找指向目标寄存器的活跃期间，如果存在则设置为非活跃（把寄存器的值保存到栈上然后释放寄存器）。

给使用期间分配寄存器有两轮处理，第一轮处理会尝试查找一个空余的寄存器并使用该寄存器，第二轮处理会尝试把现有的活跃期间设置为非活跃然后使用释放出来的寄存器。如果引用位置要求固定的寄存器（FixedReg 或 Kill），那么分配时就只会使用该寄存器；如果不要求固定的寄存器，那么就会优先使用被调用者保存寄存器（参考第 3 章第 6 节的说明）。分配寄存器的例子如图 8.54 所示，这个例子比较简单，只使用了上述的第一轮处理，具体流程如下：

- 在 N006 的引用位置（Kill）标记了调用者保存寄存器的值失效

  没有指向这些寄存器的活跃期间，不需要处理。

- 在 N006 的引用位置（Def）属于期间 2 并且要求固定的寄存器 rax

  没有指向寄存器 rax 的活跃期间，设置期间 2 指向 rax，值会设置到寄存器 rax。

- 在 N007 的引用位置（Use）属于期间 2

  ① 期间 2 已经是活跃期间，不需要分配寄存器，值从寄存器 rax 读取；

  ② 因为是所属期间中的最后一个引用位置，下一轮处理期间 2 会设置为非活跃（释放寄存器）。

- 在 N008 的引用位置（Def）属于期间 0

  设置期间 0 指向空余的寄存器 rsi，值设置到寄存器 rsi。

- 在 N012 的引用位置（Kill）标记了调用者保存寄存器的值失效

  没有指向这些寄存器的活跃期间，不需要处理。

- 在 N012 的引用位置（Def）属于期间 3 并且要求固定的寄存器 rax

  没有指向寄存器 rax 的活跃期间，设置期间 3 指向 rax，值设置到寄存器 rax。

- 在 N013 的引用位置（Use）属于期间 3

  ① 期间 3 已经是活跃期间，不需要分配寄存器，值从寄存器 rax 读取；

  ② 因为是所属期间中的最后一个引用位置，下一轮处理期间 3 设置为非活

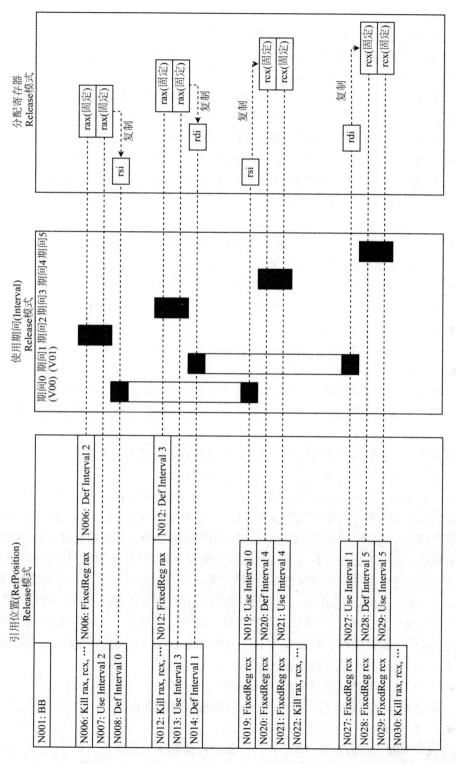

图8.54 分配寄存器的例子

- 跃(释放寄存器)。
- 在 N014 的引用位置(Def)属于期间 1
  设置期间 1 指向空余的寄存器 rdi,值设置到寄存器 rdi。
- 在 N019 的引用位置(Use)属于期间 0
  期间 0 已经是活跃其间,不需要分配寄存器,值从寄存器 rsi 读取。
- 在 N020 的引用位置(Def)属于期间 4 并且要求固定的寄存器 rcx
  没有指向寄存器 rcx 的活跃期间,设置期间 4 指向 rcx,值设置到寄存器 rcx。
- 在 N021 的引用位置(Use)属于期间 4
  ① 期间 4 已经是活跃期间,不需要分配寄存器,值从寄存器 rcx 读取;
  ② 因为是所属期间中的最后一个引用位置,下一轮处理期间 4 设置为非活跃(释放寄存器)。
- 在 N022 的引用位置(Kill)标记了调用者保存寄存器的值失效
  没有指向这些寄存器的活跃期间,不需要处理。
- 在 N027 的引用位置(Use)属于期间 1
  期间 1 已经是活跃其间,不需要分配寄存器,值从寄存器 rdi 读取。
- 在 N028 的引用位置(Def)属于期间 5 并且要求固定的寄存器 rcx
  没有指向寄存器 rcx 的活跃期间,设置期间 5 指向 rcx,值设置到寄存器 rcx。
- 在 N029 的引用位置(Use)属于期间 5
  期间 5 已经是活跃期间,不需要分配寄存器,值从寄存器 rcx 读取;
  因为是所属期间中的最后一个引用位置,下一轮处理期间 5 设置为非活跃(释放寄存器)。
- 在 N030 的引用位置(Kill)标记了调用者保存寄存器的值失效
  没有指向这些寄存器的活跃期间,不需要处理。

另一个分配寄存器,假设有三个期间和两个可供分配的寄存器 rsi 与 rdi(实际上有更多但这里假设只有两个),具体流程如图 8.55 所示。这个例子会使用上述的第二轮处理,第二轮处理在分配寄存器前会判断引用位置是否必须使用寄存器,如果非必须则判断对应的语法树节点或基础块的权重是否足够,只有必须使用寄存器或权重足够时才会分配。如果不分配寄存器,则该期间的引用位置每次读写变量都会通过栈空间。在这个例子中,期间 0 和期间 2 可以一直保存在寄存器中,而期间 1 中途需要保存在栈空间上,所以最终栈上只需要给期间 1 对应的变量 V01 预留空间。如果期间中途需要保存在栈上但是没有对应的本地变量(不在本地变量表中),则 JIT 编译器会为这些期间创建本地变量。

- 在 N004 的引用位置(Def)属于期间 0
  设置期间 0 指向空余的寄存器 rsi,值设置到寄存器 rsi。
- 在 N006 的引用位置(Def)属于期间 1
  设置期间 1 指向空余的寄存器 rdi,值设置到寄存器 rdi。

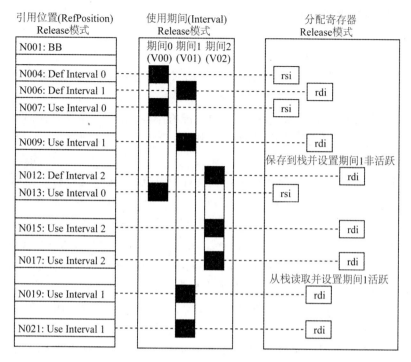

图 8.55 另一个分配寄存器的例子

- 在 N007 的引用位置(Use)属于期间 0
  期间 0 已经是活跃期间，不需要分配寄存器，值从寄存器 rsi 读取。
- 在 N009 的引用位置(Use)属于期间 1
  ① 期间 1 已经是活跃期间，不需要分配寄存器，值从寄存器 rdi 读取；
  ② 因为需要把寄存器让给期间 2，把寄存器 rdi 的值保存到栈上然后设置为非活跃（释放寄存器）。
- 在 N012 的引用位置(Def)属于期间 2
  ① 因为没有空余的寄存器，第一轮分配会失败；
  ② 第二轮分配会检查是否应该把其他活跃期间的寄存器让给期间 2；
  把期间 1 的寄存器 rdi 让给期间 2，值设置到寄存器 rdi。
- 在 N013 的引用位置(Use)属于期间 0
  ① 期间 0 已经是活跃期间，不需要分配寄存器，值从寄存器 rsi 读取；
  ② 因为是所属期间中的最后一个引用位置，下一轮处理期间 0 设置为非活跃（释放寄存器）。
- 在 N015 的引用位置(Use)属于期间 2
  期间 2 已经是活跃期间，不需要分配寄存器，值从寄存器 rdi 读取。
- 在 N017 的引用位置(Use)属于期间 2
  ① 期间 2 已经是活跃期间，不需要分配寄存器，值从寄存器 rdi 读取；

② 因为是所属期间中的最后一个引用位置，下一轮处理期间 2 设置为非活跃(释放寄存器)。
- 在 N019 的引用位置(Use)属于期间 1
  重新设置期间 1 为活跃，把栈上的值读取到寄存器 rdi，值从寄存器 rdi 读取。
- 在 N021 的引用位置(Use)属于期间 1
  ① 期间 1 已经是活跃期间，不需要分配寄存器，值从寄存器 rdi 读取；
  ② 因为是所属期间中的最后一个引用位置，下一轮处理期间 1 设置为非活跃(释放寄存器)。

因为分配寄存器时使用的基础块列表没有考虑流程，在分配完寄存器后，JIT 编译器会遍历所有基础块，分析进入和离开每个基础块时使用的寄存器，在必要时添加复制寄存器(COPY)和把栈空间上的值读取到寄存器(RELOAD)的节点。举例来说，假设基础块 BB04 有两个前置基础块 BB02 和 BB03，变量 V01 在 BB04 中首次读取时假定值在寄存器 rsi 中(期间为活跃)，并且离开 BB02 时 V01 的值在寄存器 rsi 中(期间为活跃)，离开 BB03 时 V01 的值在栈上(期间为非活跃)，那么离开 BB03 时需要把栈上的值重新读取到寄存器 rsi，使得接下来的 BB04 可以使用寄存器中的值。

从以上介绍的算法特性可以得出一个结论，如果一个函数包含了大量的计算，手动减少函数中本地变量的数量，以及把频繁访问的变量定义在前面(与第一次赋值的位置有关)，可以带来更好的性能。可以通过 JITDump 或者 Visual Studio 查看生成出来的汇编指令(参考本章第 1 节)，分析频繁访问的变量是否可以一直保存在寄存器中。

8.18.3　CoreCLR 中的相关代码

如果对 CoreCLR RyuJIT 中线性扫描寄存器分配阶段的代码感兴趣，可以参考以下链接。

线性扫描寄存器分配的处理从 LinearScan::doLinearScan 函数开始，代码地址如下：

```
// LinearScan::doLinearScan 函数作出以下处理
// 调用 LinearScan::initMaxSpill 函数，初始化保存 spill 信息的数据结构
// 把寄存器中的值保存到栈空间上的动作称为 spill，形容寄存器用尽的样子
// 把栈空间上的值重新读取到寄存器的动作称为 reload
// 调用 LinearScan::buildIntervals 函数，生成位置信息、引用位置与使用期间
// 调用 LinearScan::clearVisitedBlocks 函数，清除已处理的基础块集合
// 调用 LinearScan::initVarRegMaps 函数，初始化进入与离开基础块时受跟踪的本地变量
// 位置的数据结构
// 默认位置是栈空间(REG_STK)，在接下来的处理中可能会改为对应寄存器的标识
// 调用 LinearScan::allocateRegisters 函数，给使用期间分配寄存器，并标记需要 spill 的
// 引用位置
```

// 调用 LinearScan::resolveRegisters 函数,给各个语法树节点设置使用的寄存器
// 并且标记哪些使用期间曾经 spill 过,未 spill 过的在使用期间对应的本地变量可以一直
// 保存在寄存器中
// 此外需要 reload 的部分会插入 RELOAD 节点,提示此处需要把栈空间上的值重新读取到寄
// 存器
// 语法树节点使用的寄存器保存在 GenTree::gtRegNum 字段中(ARM 平台还会使用 gtRegPair
// 字段)
// 调用 LinearScan::resolveEdges 函数,解决进入与离开基础块时本地变量位置的不一致
// 必要时在基础块末尾或者开头添加 COPY 节点
https://github.com/dotnet/coreclr/blob/v2.1.5/src/jit/lsra.cpp#L1319

因为不同平台的汇编指令与调用规范不一样,线性扫描寄存器分配中依赖于平台的处理会保存在不同的文件,例如 x86 和 x86-64 平台的处理保存在 src/jit/lsraxarch.cpp,ARM 平台的处理保存在 src/jit/lsraarm.cpp,arm64 平台的处理保存在 src/jit/lsraarm64.cpp,代码地址如下:

https://github.com/dotnet/coreclr/blob/v2.1.5/src/jit/lsraxarch.cpp
https://github.com/dotnet/coreclr/blob/v2.1.5/src/jit/lsraarm.cpp
https://github.com/dotnet/coreclr/blob/v2.1.5/src/jit/lsraarm64.cpp

第 19 节　汇编指令生成

8.19.1　计算帧布局

汇编指令生成(CodeGen)阶段在生成汇编指令之前,需要先计算帧布局(Frame Layout),帧布局指的是函数运行时需要在栈空间上分配多大的空间,以及本地变量与通过栈传入的参数在什么位置的信息。图 8.56 是 JIT 编译器在 x86-64 平台上 64 位 Windows 系统上分配的帧布局内容,包含了以下项目,其中一些概念例如调用规范与被调用者保存寄存器请参考第 3 章第 6 节的说明。

(1) 通过栈传入的参数

通过栈传入的参数在本地变量表中,所占的空间属于调用来源函数的帧,访问时通过[rbp+偏移值]或[rsp-偏移值]访问。

(2) 影子空间

影子空间指 64 位 Windows 的调用规范要求预留的空间,需要在进入函数时分配,大小是 4 个指针(32 字节)。

(3) 返回地址

返回地址指返回上一个函数的地址,执行 call 指令时会自动添加。

(4) 进入函数时帧寄存器(rbp)的值

如果使用帧寄存器,进入函数时需要通过 push rbp 指令备份帧寄存器的原

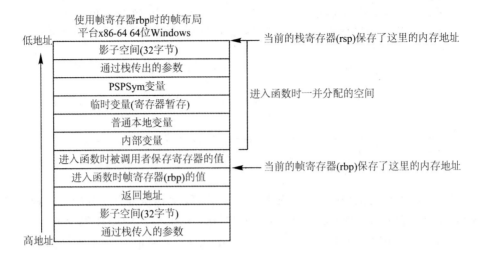

图 8.56 64 位 Windows 系统上的帧布局内容

始值。

(5) 进入函数时被调用者保存寄存器的值

如果函数修改了被调用者保存寄存器(参考第 3 章第 6 节),那么进入函数时需要通过 push 寄存器指令备份修改过的寄存器的原始值。

(6) 内部变量

内部变量指 .NET 运行时使用的变量,它们在本地变量表中,需要在进入函数时分配空间,访问时通过[rbp+偏移值]或[rsp-偏移值]访问。

(7) 普通本地变量

普通本地变量指托管代码使用的变量,它们在本地变量表中,需要在进入函数时分配空间,访问时通过[rbp+偏移值]或[rsp-偏移值]访问。

(8) 临时变量

临时变量指线性扫描寄存器分配阶段计算出来的,需要暂存到栈空间但不在本地变量表的变量,需要在进入函数时分配空间,访问时通过[rbp+偏移值]或[rsp-偏移值]访问。

(9) PSPSym 变量

PSPSym 变量指异常处理小函数(Funclet)访问主函数本地变量时使用的变量,需要在进入函数时分配空间,本节末尾给出的实际例子中会展示此变量如何使用。

(10) 通过栈传出的参数

通过栈传出的参数指调用其他函数时通过栈传出的参数,需要在进入函数时分配空间,可通过 mov 指令设置。

JIT 编译器在计算帧布局时会根据当前平台计算需要哪些项目,然后为本地变量表中的参数、内部变量与普通本地变量分配偏移值,再计算进入函数时需要分配多大的空间。例如上述的"内部变量~影子空间"所占的空间会在进入函数时通过减少栈寄存器的值(例如"sub rsp,空间合计大小"指令)一并分配,并在离开函数时通过恢复栈寄存器的值(例如"add rsp,空间合计大小"或"mov rsp,rbp"指令)一并释放。

计算帧布局时一个重要的因素是是否使用帧寄存器,如第 3 章第 6 节介绍的,x86 标准的调用规范要求使用帧寄存器保存进入函数时栈寄存器的值,所以在 x86 平台上 JIT 编译器总是会生成使用帧寄存器的汇编代码,访问参数会使用[ebp+偏移值],访问普通本地变量会使用[ebp-偏移值]。而在 x86-64 平台上,JIT 编译器在不开启优化时总是会使用帧寄存器,在开启优化时会按函数的内容选择忽略帧寄存器(例如带异常处理的函数不能忽略),如果忽略帧寄存器,rbp 寄存器可以当作普通的寄存器保存本地变量等内容,访问参数与普通本地变量都会使用[rsp+偏移值]。

8.19.2 生成汇编指令

在计算完帧布局后,JIT 编译器会根据 LIR 生成汇编指令,并以指令对象(Instruction Descriptor)以及指令组(Instruction Group)的形式保存在 JIT 编译器内部。指令对象与目标平台上的汇编指令是一对一的关系,指令组包含了多个指令对象,每个指令组中只有第一个指令对象可以作为跳转目标(与基础块不同的是,指令组中任何指令都可以跳转到其他指令组),下一个阶段会根据它们生成可在目标平台上执行的机器码。图 8.57 与图 8.58 是生成汇编指令的示例,例子中的代码与本章第 3 节给出的代码相同。从图中可以看到 LIR 中的语法树节点与汇编指令结构相似,但不是一对一的关系,部分节点可能会与其他节点合并为一条指令,部分节点可能会生成多条指令,部分节点不生成指令。

从图中还可以看到第一个指令组保存了函数固有的开始部分(Prolog),最后一个指令组保存了函数固有的结束部分(Epilog),一个函数拥有一个开始部分,但可能没有结束部分(如果函数所有指令路径都抛出异常),或者有多个(如果函数有多个返回点并且没有合并)。开始部分与结束部分的内容根据当前平台以及计算出来的帧布局生成,开始部分负责的处理主要如下:

- (如果使用帧寄存器)备份进入函数时帧寄存器的值;
- (如果使用帧寄存器)设置帧寄存器等于栈寄存器的值;
- 备份此函数可能修改的被调用者保存寄存器的值到栈空间;
- 从栈空间一次性分配本地变量、通过栈传出的参数以及影子空间的合计大小只有 64 位 Windows 系统会使用影子空间;
- 清零本地变量的值;
- 设置内部变量的初始值,例如复制栈寄存器的值到 PSPSym 变量。

而结束部分负责的处理主要如下:

- 恢复栈寄存器的值到进入函数时的状态,如果使用帧寄存器会借助帧寄存器

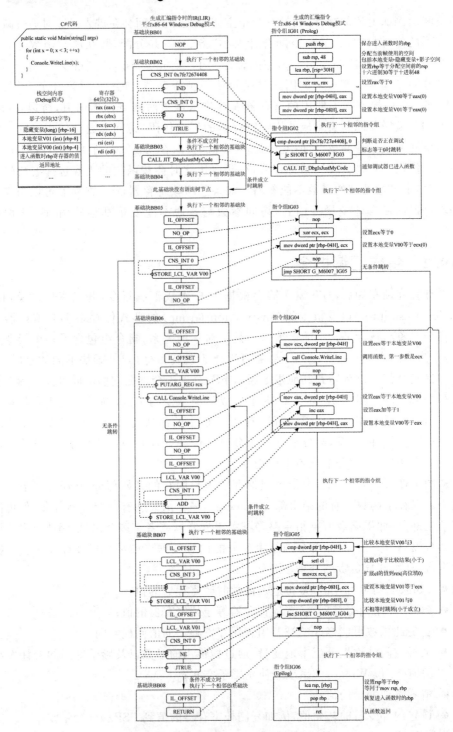

图 8.57 Debug 模式生成的汇编指令例子

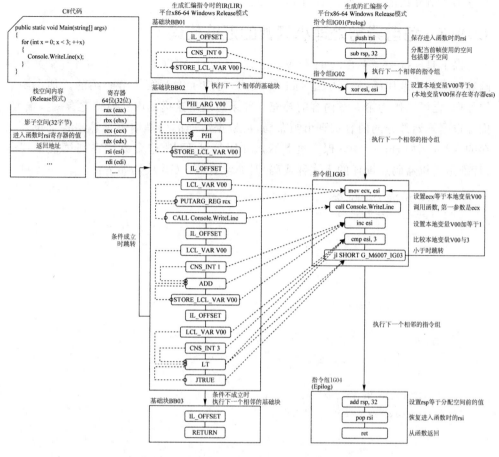

图 8.58 Release 模式生成的汇编指令例子

恢复,如果不使用则直接添加预先计算好的大小;
- 恢复被调用者保存寄存器的值到进入函数时的状态;
- 从函数返回。

每个指令组中只有第一个指令对象可以作为跳转目标的原因是,在机器码中跳转指令基于的是偏移值,具体来说是"目标指令地址－相邻的下一条指令所在地址"的值(参考第 3 章第 5 节),JIT 编译器在一开始生成汇编指令时因为后面的指令还没有生成,所以跳转指令的偏移值无法计算出来,区分指令组后 JIT 编译器可以一边生成汇编指令一边计算每个指令组的大小(所有指令的合计大小),从而得出每个指令组的偏移值,在所有指令生成完毕以后,JIT 编译器会根据指令组的偏移值更新跳转指令中的偏移值,使得它们可以转换到机器码。

目前 .NET Core 2.1 支持生成多个平台的汇编指令,包括 x86、x86-64、ARM 以及 ARM64 平台。因为篇幅关系,这一节只介绍了 x86-64 平台上 64 位 Windows 计算的帧布局与生成的汇编指令,如果想了解其他平台上生成的汇编代码,可以参考

.NET Core 底层入门

本章第 1 节介绍的方法查看 JITDump 日志。

8.19.3 包含异常处理小函数的汇编代码

以下是 x86-64 平台上 64 位 Windows 系统的 .NET Core 针对包含异常处理的函数生成的汇编代码，使用的是 Debug 模式，对应了本章第 7 节介绍的添加小函数的处理，也可以作为第 5 章内容的补充。如果想理解这里的内容但感觉有一些难度，推荐根据开始部分的内容推算出帧布局，再根据后面的处理内容推算出各个位置保存的内容（例如 rbp - 0x0c 保存变量 x），并用笔画下来，这个方法在阅读汇编代码（特别是由机器码反编译的无注释代码）时非常有效。C♯ 代码如下：

```
[MethodImpl(MethodImplOptions.NoInlining)]
public static int GetX()
{
    return1;
}


public static void Example()
{
    int x = GetX();
    try
    {
        Console.WriteLine(x);
        throw new Exception("abc");
    }
    catch(Exception ex)
    {
        Console.WriteLine(ex);
        Console.WriteLine(x);
    }
}
```

生成的汇编代码如下：

```
G_M27874_IG01:
IN0028: 000000 push    rbp              ; 主函数的开始部分(Prolog)
                                        ; 复制进入函数时 rbp 寄存器的值到栈
IN0029: 000001 push    rdi              ; 复制进入函数时 rdi 寄存器的值到栈
IN002a: 000002 sub     rsp, 88          ; 分配本地变量与影子空间所需的空间
IN002b: 000006 lea     rbp, [rsp+60H]   ; 设置 rbp 寄存器等于进入函数时 rsp 寄
                                        ; 存器的值
                                        ; 88 + 8(rdi) = 96(0x60)
IN002c: 00000B lea     rdi, [rbp-38H]   ; 设置 rdi 寄存器等于 rbp - 0x38(本地变
                                        ; 量空间的开始地址
```

JIT 编译器实现

```
IN002d: 00000F mov      ecx, 12                          ; 设置 rcx 寄存器等于 12(后面 stosd 指
                                                         ; 令用的循环次数)
IN002e: 000014 xor      rax, rax                         ; 设置 rax 寄存器等于 0(后面 stosd 指令
                                                         ; 用的设置值)
IN002f: 000016 rep stosd                                 ; 清零本地变量空间(4 * 12 = 48 字节)
IN0030: 000018 mov      qword ptr [V07 rbp-40H], rsp     ; 设置 PSPSym 变量(V07)等于当前
                                                         ; rsp 寄存器的值(Initial-SP)

G_M27874_IG02:
IN0001: 00001C cmp      dword ptr [(reloc 0x7fff95d44448)], 0
                                                         ; 检查保存当前调试状态的全局变量
IN0002: 000023 je       SHORT G_M27874_IG03              ; 等于 0 表示未被调试,跳转到指令组
                                                         ; IG03 的第一条指令
IN0003: 000025 call     CORINFO_HELP_DBG_IS_JUST_MY_CODE
                                                         ; 等于 1 表示正在被调试,调用内部函数通知调试器

G_M27874_IG03:
IN0004: 00002A nop                                       ; 什么都不做
IN0005: 00002B call     Program:GetX():int               ; 调用 Program.GetX 函数
IN0006: 000030 mov      dword ptr [V02 rbp-1CH], eax     ; 设置返回值到临时变量 V02
IN0007: 000033 mov      ecx, dword ptr [V02 rbp-1CH]     ; 设置寄存器 ecx 等于临时变量 V02
IN0008: 000036 mov      dword ptr [V00 rbp-0CH], ecx     ; 设置本地变量 x(V00)等于寄存器 ecx

G_M27874_IG04:
IN0009: 000039 nop                                       ; 什么都不做
IN000a: 00003A mov      ecx, dword ptr [V00 rbp-0CH]     ; 设置第一个参数(ecx)等于本地变
                                                         ; 量 x(V00)
IN000b: 00003D call     System.Console:WriteLine(int)    ; 调用 System.Console.WriteLine 函数
IN000c: 000042 nop                                       ; 什么都不做
IN000d: 000043 mov      rcx, 0x7FFF95FBCA30              ; 设置第一个参数(ecx)等于 Exception 的
                                                         ; 类型信息
IN000e: 00004D call     CORINFO_HELP_NEWSFAST            ; 调用分配对象的内部函数
IN000f: 000052 mov      qword ptr [V03 rbp-28H], rax     ; 复制结果(异常对象地址)到临时
                                                         ; 变量 V03
IN0010: 000056 mov      ecx, 1                           ; 设置第一个参数(ecx)等于 1(字符串 token)
IN0011: 00005B mov      rdx, 0x7FFF95D43EA8              ; 设置第二个参数(rdx)等于当前模块地址
IN0012: 000065 call     CORINFO_HELP_STRCNS              ; 调用构建字符串对象的内部函数(懒构建)
IN0013: 00006A mov      qword ptr [V05 rbp-38H], rax     ; 复制结果(字符串对象地址)到临
                                                         ; 时变量 V05
IN0014: 00006E mov      rdx, qword ptr [V05 rbp-38H]     ; 设置第二个参数(rdx)等于临时
                                                         ; 变量 V05
IN0015: 000072 mov      rcx, qword ptr [V03 rbp-28H]     ; 设置第一个参数(rcx)等于临时变
                                                         ; 量 V03
```

```
IN0016: 000076 call      System.Exception:.ctor(ref):this
                                                  ; 调用 Exception 类型的构造函数
IN0017: 00007B mov       rcx, gword ptr [V03 rbp-28H] ; 设置第一个参数(rcx)等于临时
                                                  ; 变量 V03
IN0018: 00007F call      CORINFO_HELP_THROW       ; 调用抛出异常的内部函数
IN0019: 000084 int3                               ; 这里的代码不可到达,如果因未知原因到达则通知调试器

G_M27874_IG05:                                    ; 处理异常后跳转到的位置
IN001a: 000085 nop                                ; 什么都不做

G_M27874_IG06:                                    ; 主函数的结束部分(Epilog)
IN0031: 000086 lea       rsp, [rbp-08H]           ; 恢复 rsp 寄存器到进入函数时(分配空
                                                  ; 间前)的值
IN0032: 00008A pop       rdi                      ; 恢复 rdi 寄存器到进入函数时的值
IN0033: 00008B pop       rbp                      ; 恢复 rbp 寄存器到进入函数时的值
IN0034: 00008C ret                                ; 从函数返回

G_M27874_IG07:                                    ; 小函数的开始部分(Prolog)
IN0035: 00008D push      rbp                      ; 复制进入函数时 rbp 寄存器的值到栈
IN0036: 00008E push      rdi                      ; 复制进入函数时 rdi 寄存器的值到栈
IN0037: 00008F sub       rsp, 40                  ; 分配本地变量与影子空间所需的空间
IN0038: 000093 mov       rbp, qword ptr [rcx+32]  ; 设置 rbp 寄存器等于 PSPSym 变量的值
                                                  ; (Initial-SP)
                         ; 异常处理器传入的第一个参数是上一层函数的 Initial-SP
                         ; 因为 rbp = rsp + 0x60
                         ; 所以 rbp - 40 = rsp + 0x60 - 0x40 = rsp + 32 = PSPSym
                         ; 这个例子因为只有一层,所以 PSPSym 会等于 rcx 寄存器
IN0039: 000097 mov       qword ptr [rsp+20H], rbp ; 设置这一层函数的 PSPSym 变量等于
                                                  ; rbp 寄存器的值
                         ; 异常处理的每一层函数都有 PSPSym 变量
                         ; 用于保存主函数的 Initial-SP
IN003a: 00009C lea       rbp, [rbp+60H]           ; 设置 rbp 寄存器等于 rbp + 0x60
                         ; 从 Initial-SP 计算主函数的 rbp 寄存器值
                         ; 接下来访问主函数的本地变量都会使用这个值

G_M27874_IG08:
IN001b: 0000A0 mov       gword ptr [V04 rbp-30H], rdx ; 设置临时变量 V04 等于第二个参
                                                  ; 数(rdx)
                         ; 异常处理器传入的第二个参数是异常对象
IN001c: 0000A4 mov       rcx, gword ptr [V04 rbp-30H] ; 设置第一个参数(rcx)等于临时
                                                  ; 变量 V04
IN001d: 0000A8 mov       gword ptr [V01 rbp-18H], rcx ; 设置临时变量 V01 等于 rcx 寄
```

```
IN001e: 0000AC nop
IN001f: 0000AD mov    rcx, gword ptr [V01 rbp-18H]    ; 设置第一个参数(rcx)等于临时
                                                      ; 变量 V01(异常对象)
IN0020: 0000B1 call   System.Console:WriteLine(ref)   ; 调用 System.Console.WriteLine
                                                      ; 函数
IN0021: 0000B6 nop                                    ; 什么都不做
IN0022: 0000B7 mov    ecx, dword ptr [V00 rbp-0CH]    ; 设置第一个参数(ecx)等于本
                                                      ; 地变量 x(V00)
IN0023: 0000BA call   System.Console:WriteLine(int)   ; 调用 System.Console.WriteLine
                                                      ; 函数
IN0024: 0000BF nop                                    ; 什么都不做
IN0025: 0000C0 nop                                    ; 什么都不做
IN0026: 0000C1 nop                                    ; 什么都不做
IN0027: 0000C2 lea    rax, G_M27874_IG05              ; 设置返回值(rax)为指令组 IG05 的开始地址
                                                      ; 异常处理器会跳转到返回值对应的地址中


G_M27874_IG09:                                        ; 小函数的结束部分(Epilog)
IN003b: 0000C9 add    rsp, 40                         ; 恢复 rsp 寄存器到进入函数时(分配空间前)
                                                      ; 的值
IN003c: 0000CD pop    rdi                             ; 恢复 rdi 寄存器到进入函数时的值
IN003d: 0000CE pop    rbp                             ; 恢复 rbp 寄存器到进入函数时的值
IN003e: 0000CF ret                                    ; 从函数返回
```

8.19.4 CoreCLR 中的相关代码

如果对 CoreCLR RyuJIT 中汇编指令生成阶段的代码感兴趣，可以参考以下链接。

汇编指令生成的处理从 CodeGen::genGenerateCode 函数开始，代码地址如下：

```
// CodeGen::genGenerateCode 函数做以下处理
// 调用 Compiler::lvaAssignFrameOffsets 函数, 计算帧布局
// 调用 emitter::emitBegFN 函数, 为函数的开始部分(Prolog)预留指令组 IG01
// 调用 CodeGen::genCodeForBBlist 函数, 根据 LIR 中的语法树节点生成汇编指令
// 会针对各个节点调用 CodeGen::genCodeForTreeNode 函数, 这个函数会根据不同平台定义
// 在不同的文件
// 调用 CodeGen::genGeneratePrologsAndEpilogs 函数, 生成函数开始部分与结束部分的
// 指令
// 调用 CodeGen::genFnProlog 函数, 生成主函数开始部分的指令
// 调用 emitter::emitGeneratePrologEpilog 函数, 生成主函数结束部分、小函数开始部分与
// 结束部分的指令
https://github.com/dotnet/coreclr/blob/v2.1.5/src/jit/codegencommon.cpp#L3028
```

计算帧布局使用的 Compiler::lvaAssignFrameOffsets 函数代码地址如下：

//这个函数上的注释介绍了各个平台上的帧布局内容，如果想快速了解可以参考
https://github.com/dotnet/coreclr/blob/v2.1.5/src/jit/lclvars.cpp#L4580

生成汇编指令使用的 CodeGen::genCodeForTreeNode 函数会根据不同平台定义在不同的文件，例如 x86 和 x86-64 平台的处理保存在 src/jit/codegenxarch.cpp，ARM 与 ARM64 平台的处理保存在 src/jit/codegenarmarch.cpp，代码地址如下：

https://github.com/dotnet/coreclr/blob/v2.1.5/src/jit/codegenxarch.cpp#L1497
https://github.com/dotnet/coreclr/blob/v2.1.5/src/jit/codegenarmarch.cpp#L33

第 20 节　机器代码生成

8.20.1　生成机器码与元数据

机器代码（Emiiter）生成阶段会根据上一个阶段创建的指令对象（Instruction Descriptor）以及指令组（Instruction Group）生成机器码和元数据，如果函数不是动态函数（通过 Emit 接口生成的函数），那么机器码会保存在当前 AppDomain 对应的托管函数代码堆（Code Heap），元数据会保存在当前 AppDomain 对应的低频堆（Low Frequency Heap）；如果函数是动态函数，那么机器码会保存在所属动态模块对应的托管函数代码堆，元数据会保存在所属动态模块对应的低频堆；关于托管函数代码堆和低频堆可以参考第 7 章第 3 节的说明。

图 8.59 与 8.60 是根据汇编指令生成机器码的例子，汇编指令的编码方式根据目标平台而定，生成的机器码可以被目标平台的 CPU 直接执行。

在生成机器码后，JIT 编译器生成函数的元数据，包括函数头和函数头索引。函数头包含了 .NET 运行时中异常处理与 GC 等机制所需的信息。函数头索引则保存了内存中什么位置有托管函数的函数头，.NET 运行时可以根据函数头索引与程序计数器找到某个函数的函数头，再获取函数头中的信息。目前 .NET Core 的函数头中包含了以下内容，下一节会更详细地介绍这些内容的组成部分：

- 除错信息：用于实现程序调试，保存机器码偏移值到 IL 指令偏移值的索引以及本地变量的位置；
- 异常处理表：用于实现异常处理，保存什么异常在什么范围内抛出，应该由什么范围处理的信息与第 5 章第 1 节提到的结构基本相同，除了偏移值不基于 IL 而基于原生代码外；
- GC 信息：用于实现 GC 根对象扫描，保存了什么时候什么寄存器与栈的什么位置中有引用类型的对象；
- 函数对象：保存了函数信息，可以用于获取函数名称、函数签名和所在类

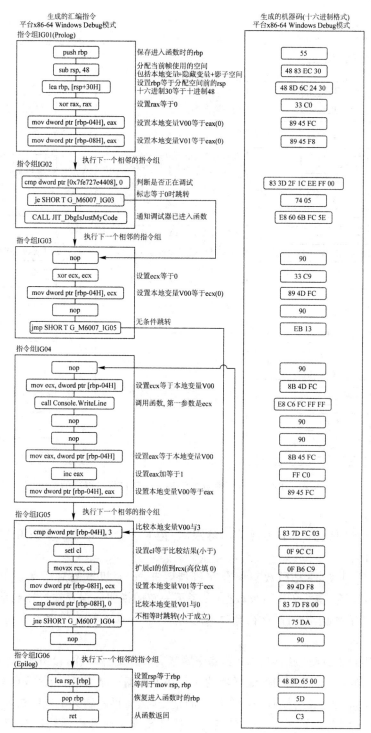

图 8.59 Debug 模式生成的汇编指令转换到机器码的例子

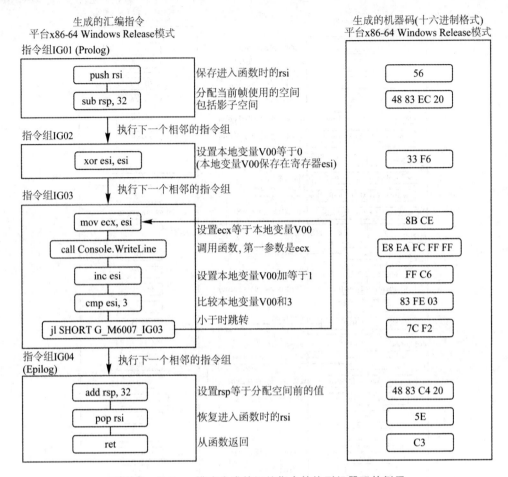

图 8.60 Release 模式生成的汇编指令转换到机器码的例子

型等；

- 栈回滚信息：用于实现调用链跟踪，记录了帧寄存器的信息和栈寄存器的变化。

目前.NET Core 把函数头保存在机器码前面，而机器码后面保存了只读数据（例如 switch 跳转表）和栈回滚数据（参考下一节的说明），保存在机器码前面的函数头是一个内存地址，指向保存在低频堆的真函数头，真函数头包含了上述的内容，如图 8.61 所示。

机器代码生成阶段结束后，JIT 编译器就完成了编译工作，接下来的处理与本章第 2 节介绍的一样，触发 JIT 编译器的代码在 JIT 编译结束后，会修改函数的入口点为跳转到本阶段生成的机器码所在地址的指令，然后再跳转到生成的机器码，程序恢复执行，下一次调用该函数时入口点会直接跳转到生成的机器码，无需触发 JIT 编译（除非启用了分层编译机制）。

JIT 编译器实现

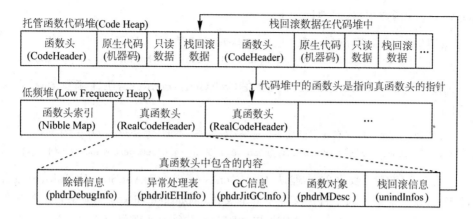

图 8.61 机器码与元数据在内存中保存的位置

8.20.2 CoreCLR 中的相关代码

如果对 CoreCLR RyuJIT 中机器代码生成阶段的代码感兴趣,可以参考以下链接。

生成机器码的处理从 emitter::emitEndCodeGen 函数开始,代码地址如下:

```
// emitter::emitEndCodeGen 函数作出以下处理
// 调用 CEEJitInfo::allocMem 函数
// 调用 EEJitManager::allocCode 函数,分配保存机器码与函数头的空间
// 分配后会调用 EEJitManager::NibbleMapSet 函数设置函数头索引
// 枚举指令组,针对指令组中的每条指令调用 emitter::emitIssue1Instr 函数
// 调用 emitter::emitOutputInstr 函数,生成指令对应的机器码
// 生成机器码的同时会更新 GC 信息,包括哪些引用类型的变量在什么位置开始存活或失效
// 生成机器码的同时会记录各个指令组的偏移值到 insGroup::igOffs 字段中
// 生成的跳转指令机器码类型与位置会记录在 emitter::emitJumpList 字段中
// emitter::emitOutputInstr 函数会根据不同平台定义在不同的文件
// 枚举记录的跳转指令,按跳转指令的位置与指令组的偏移值更新跳转偏移值
https://github.com/dotnet/coreclr/blob/v2.1.5/src/jit/emit.cpp#L4363
```

转换单条汇编指令到机器码使用的 emitter::emitOutputInstr 函数会根据不同平台定义在不同的文件,例如 x86 和 x86-64 平台的处理保存在 src/jit/emitxarch.cpp,ARM 平台的处理保存在 src/jit/emitarm.cpp,ARM64 平台的处理保存在 src/jit/emitarm64.cpp,代码地址如下:

```
https://github.com/dotnet/coreclr/blob/v2.1.5/src/jit/emitxarch.cpp#L11719
https://github.com/dotnet/coreclr/blob/v2.1.5/src/jit/emitarm.cpp#L5541
https://github.com/dotnet/coreclr/blob/v2.1.5/src/jit/emitarm64.cpp#L9033
```

生成除错信息元数据的处理主要在 CompressDebugInfo::CompressBoundariesAndVars 函数中,代码地址如下:

//除错信息元数据保存在真函数头(_hpRealCodeHdr 类型)的 phdrDebugInfo 字段中
https://github.com/dotnet/coreclr/blob/v2.1.5/src/vm/debuginfostore.cpp#L438

生成异常处理表元数据的处理主要在 CodeGen::genReportEH 函数中,代码地址如下:

//异常处理表元数据保存在真函数头(_hpRealCodeHdr 类型)的 phdrJitEHInfo 字段中
https://github.com/dotnet/coreclr/blob/v2.1.5/src/jit/codegencommon.cpp#L3532

生成 GC 信息元数据的处理从 CodeGen::genCreateAndStoreGCInfo 函数开始,这个函数会根据不同平台定义在不同的文件,例如 x86 和 x86-64 平台的处理保存在 src/jit/codegenxarch.cpp,ARM 与 ARM64 平台的处理保存在 src/jit/codegenarmarch.cpp,而构建 GC 信息的处理主要在 GcInfoEncoder::Build 函数中,它们的代码地址如下:

// GC 信息元数据保存在真函数头(_hpRealCodeHdr 类型)的 phdrJitGCInfo 字段中
https://github.com/dotnet/coreclr/blob/v2.1.5/src/jit/codegenxarch.cpp#L8295
https://github.com/dotnet/coreclr/blob/v2.1.5/src/jit/codegenarmarch.cpp#L3155
https://github.com/dotnet/coreclr/blob/v2.1.5/src/gcinfo/gcinfoencoder.cpp#L999

元数据中的函数对象在分配保存机器码与函数头的空间时设置,即 EEJitManager::allocCode 函数中,代码地址如下:

//函数对象元数据保存在真函数头(_hpRealCodeHdr 类型)的 phdrMDesc 字段中
https://github.com/dotnet/coreclr/blob/v2.1.5/src/vm/codeman.cpp#L2620
https://github.com/dotnet/coreclr/blob/v2.1.5/src/vm/codeman.h#L219

生成栈回滚信息元数据的处理从 Compiler::unwindEmit 函数开始,这个函数会根据不同平台定义在不同的文件,例如 x86 平台的处理保存在 src/jit/unwindx86.cpp,x86-64 平台的处理保存在 src/jit/unwindamd64.cpp,ARM 和 ARM64 平台的处理保存在 src/jit/unwindarm.cpp,代码地址如下:

// 栈回滚信息元数据保存在真函数头(_hpRealCodeHdr 类型)的 nUnwindInfos 与 unindInfos
// 字段中
// 其中 unindInfos 字段是保存栈回滚信息的数组类型,nUnwindInfos 字段表示数组的长度
https://github.com/dotnet/coreclr/blob/v2.1.5/src/jit/unwindx86.cpp#L93
https://github.com/dotnet/coreclr/blob/v2.1.5/src/jit/unwindamd64.cpp#L729
https://github.com/dotnet/coreclr/blob/v2.1.5/src/jit/unwindarm.cpp#L669

第 21 节　函数头信息

在上一节讲了函数头中包含的内容以及作用,这一节介绍它们的具体结构与组

成部分。本节的内容属于补充性内容,可以帮助读者理解.NET 运行时中异常处理与 GC 等机制运作时具体利用了哪些信息。

8.21.1 除错信息的结构

除错信息是一个字节数组,真函数头保存了指向这个数组的指针,结构如图 8.62 所示。偏移值索引项可以有多项,关联用于机器码偏移值到 IL 偏移值;本地变量索引项可以有多项,用于指示可以从什么位置获取变量值;它们都是实现程序调试功能所需要的信息。

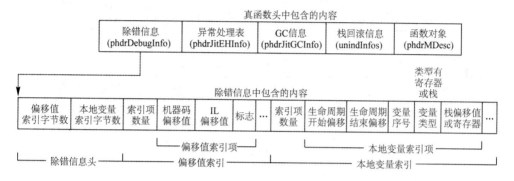

图 8.62　除错信息的结构

因为除错信息可能会很庞大,JIT 编译器使用了一种叫 Nibble Stream 的格式编码除错信息中的数值,这个格式界定每 4 个位为一个单位,也就是 1 个字节包含两个单位,数值可以按长度使用一个或多个单位储存,每个单位的第一位表示是否还需要读取后续的单位,剩余的三位是数值的内容。例如字节数组 a9 a0 03 储存了 80 19 0 这三个数字,如图 8.63 所示。

图 8.63　Nibble Stream 格式的例子

8.21.2 异常处理表的结构

异常处理表是由异常处理项组成的数组,真函数头保存了指向这个数组的指针,结构如图 8.64 所示。异常处理项的标记储存了类型,类型包括 catch、filter(对应 C# 的 then 关键字)、finally 和 fault(内部使用),最后一个字段是共用类型,用于储存捕捉的类型信息或者 filter 使用的代码位置。因为异常处理表一般不会很大,储存时不会像除错信息一样使用压缩编码。

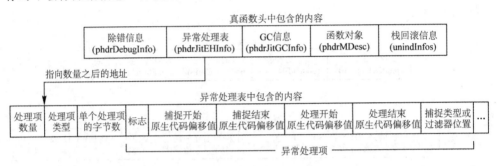

图 8.64 异常处理表的结构

8.21.3 GC 信息的结构

GC 信息是一个字节数组,真函数头保存了指向这个数组的指针,结构如图 8.65 所示。GC 信息的保存格式非常复杂,包含了大量的可选字段,并且为了减小体积,编码时会以位为单位进行压缩,数值的长度与除错信息一样是非固定的。GC 信息中的存活信息储存了机器码中什么位置栈上或寄存器中会出现引用类型的对象,以及什么位置它们会失效。GC 中的标记阶段将叠加这些信息,判断当前执行位置中需要把栈上的哪些位置以及哪些寄存器作为根对象扫描。注意,保存存活信息的块(chunk)与基础块没有关系,只用于减少叠加信息时的处理量。

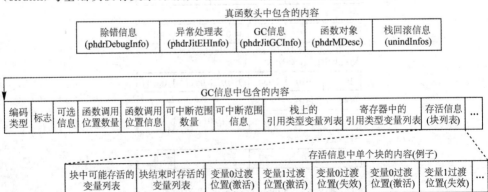

图 8.65 GC 信息的结构

8.21.4 函数对象的结构

函数对象（MethodDesc）用于在运行时内部关联托管函数的信息，每个实际存在的托管函数都会关联不同的函数对象。例如一个范型方法有两个实例，那么这两个实例会分别关联到两个函数对象。运行时可以通过函数对象获取函数的名称、所在的类以及从 IL 得到的元数据等。真函数头保存了指向这个函数对象的指针，结构如图 8.66 所示。

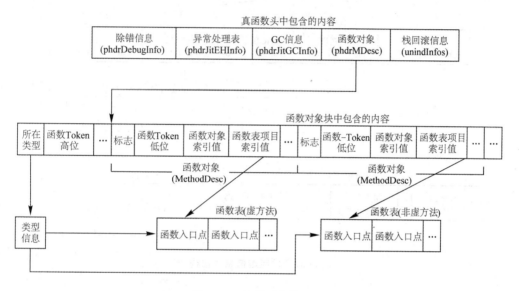

图 8.66 函数对象的结构

8.21.5 栈回滚信息的结构

栈回滚信息记录储存在真函数头的最后，包括主函数和小函数的信息，每个函数记录了是否使用帧寄存器，帧寄存器对应哪个 CPU 寄存器，帧寄存器的偏移值以及栈寄存器的变化，如图 8.67 所示。栈回滚信息可以用于实现调用链跟踪，例如 GC 中的标记阶段需要使用调用链跟踪来获取各个线程运行中的函数以及所有调用来源，再结合 GC 信息获取函数中的引用类型本地变量作为根对象。通常来说，如果在所有环境下都使用帧寄存器来保存进入函数时栈寄存器的地址，实现调用链跟踪不需要额外的信息，但如本章第 19 节提到的，x86 - 64 平台上开启优化选项编译的函数可以不使用帧寄存器，所以这里的信息仍然需要生成。

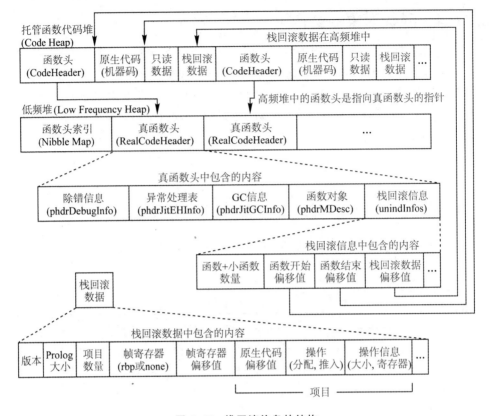

图 8.67　栈回滚信息的结构

第 22 节　AOT 编译

在阅读本章时读者或许会有这样的想法，每次运行 .NET 程序都需要调用 JIT 编译器生成机器码，这些都是重复的工作，浪费 CPU 资源并且增加程序的启动时间，是不是有办法可以把编译结果缓存起来供下一次运行时使用呢？答案是有的，使用 AOT 编译（Ahead-Of-Time Compilation）机制可以把生成的机器码保存在硬盘上，下次启动程序时可以从硬盘读取这些机器码而无需调用 JIT 编译器，这与传统的编译器工作方式比较接近。AOT 编译可以有效解决 JIT 每次启动程序都重复编译的问题，适用于体积大或者需要频繁启动的程序，但同时也会消除 JIT 编译带来的一系列好处，例如缓存的机器码只能用在当前的机器或平台上，并且运行性能一般没有 JIT 编译出来的机器码高。

执行 AOT 编译的工具有 .NET Framework 的 NGen 工具和 .NET Core 的 CrossGen 工具，这两个工具在设计上有很大的不同，NGen 对小规模的用户比较友好，而 CrossGen 更多考虑的是需要大规模分发的用户，接下来将介绍这两个工具的使用方法。

8.22.1 使用 .NET Framework 的 NGen 工具执行 AOT 编译

NGen 是用于 .NET Framework 的 AOT 编译工具，需要管理员权限才能运行，以下是使用 NGen 生成原生代码镜像（Native Image）的例子，这个例子的目标文件是 dll 但可以根据需要换成 exe：

```
"C:\Windows\Microsoft.NET\Framework\v4.0.30319\ngen.exe" install "D:\MyProject\bin\MyProject.dll"
```

NGen 的设计是把原生代码镜像当作缓存并保存在 GAC（Global Assembly Cache）中，上面的例子默认会保存到路径 C:\Windows\assembly\NativeImages_v4.0.30319_32 或 C:\Windows\assembly\NativeImages_v4.0.30319_64 下，使用哪个路径根据当前的平台以及 .NET 程序编译时选择的平台而定。下一次运行程序时，.NET Framework 会在 GAC 中查找程序集相关的原生代码镜像，如果找到则加载镜像并跳过针对镜像包含的函数的 JIT 编译。删除生成的原生代码镜像可以使用以下命令：

```
// 使用路径删除
"C:\Windows\Microsoft.NET\Framework\v4.0.30319\ngen.exe" uninstall "D:\MyProject\bin\MyProject.dll"
// 使用程序集名称删除
"C:\Windows\Microsoft.NET\Framework\v4.0.30319\ngen.exe" uninstall MyProject
```

验证是否已生成原生代码镜像可以使用以下命令：

```
"C:\Windows\Microsoft.NET\Framework\v4.0.30319\ngen.exe" display MyProject
```

使用 NGen 有很多问题，因为生成的原生代码镜像需要保存在 GAC 中，运行 NGen 要求管理员权限，并且生成的原生镜像不能用在其他环境，也就是每台计算机都要重复调用 NGen 命令。此外如果依赖的程序集或 .NET Framework 版本发生变化，原生代码镜像会失效，这时需要重新调用 NGen 生成，否则 .NET Framework 会跳过失效的原生代码镜像并调用 JIT 编译器。因此，NGen 通常只适用于针对在少数环境下运行的 .NET 程序执行 AOT 编译。

8.22.2 使用 .NET Core 的 CrossGen 工具执行 AOT 编译

NGen 并不适用于 .NET Core，.NET Core 提供了 CrossGen 工具用于 AOT 编译，可以通过 Nuget 获取，在 Nuget 上搜索 runtime.win-x64.Microsoft.NETCore.App 可以下载 64 位 Windows 使用的包，搜索 runtime.linux-x64.Microsoft.NETCore.App 可以下载 64 位 Linux 使用的包，它们可能已经在 nuget 缓存里，可以去用户文件夹下的 ".nuget" 文件夹找，CrossGen 工具在包的 tools 文件夹下。

以下是在 64 位 Windows 上使用 CrossGen 事先生成原生代码镜像的例子，与 NGen 不一样的是，调用 CrossGen 不需要管理员权限，但需要注意 CrossGen 所在的运行时版本应该与程序基于的运行时版本一致。

```
cd runtime.win-x64.microsoft.netcore.app.2.1.5.nupkg\tools
crossgen /JITPath "../runtimes/win-x64/native/clrjit.dll" /Platform_Assemblies_Paths "../runtimes/win-x64/lib/netcoreapp2.1;../runtimes/win-x64/native" "D:\MyProject\bin\Release\netcoreapp2.1\MyProject.dll"
```

以下是在 64 位 Linux 上使用 CrossGen 事先生成原生代码镜像的例子，注意参数 Platform_Assemblies_Paths 的路径分隔符是"："，不同于 Windows 使用的分隔符"；"。这个例子中的参数名在以后的版本可能会发生变化，如果不能使用请不带参数地运行 crossgen 命令并查看帮助说明。

```
cd runtime.linux-x64.microsoft.netcore.app.2.1.5.nupkg/tools/
./crossgen -JITPath "../../runtimes/linux-x64/native/libclrjit.so" -Platform_Assemblies_Paths "../../runtimes/linux-x64/lib/netcoreapp2.1:../../runtimes/linux-x64/native" "~/MyProject/bin/Release/netcoreapp2.1/MyProject.dll"
```

CrossGen 生成的原生代码镜像会保存在目标文件的旁边，例如以上例子生成的结果会保存为 MyProject.ni.dll，并存放到 MyProject.dll 所在的文件夹下。与 NGen 不同的是，CrossGen 生成的原生代码镜像可以发布到同一平台的不同环境下，例如针对 x86 32 位 Windows 系统生成的镜像可以用在不同配置的计算机上，只要这些计算机的硬件架构是 x86 并且运行 32 位 Windows 系统。此外，CrossGen 生成的原生代码镜像同时包含了 IL 代码与元数据，所以可以替换原有的程序集文件使用，例如删除 MyProject.dll 并重命名 MyProject.ni.dll 为 MyProject.dll。

CrossGen 与 NGen 的另一个不同点是，CrossGen 默认生成的镜像通过牺牲一定的运行性能，实现了对依赖程序集以及运行时版本的更新有一定的弹性（在微软的 BOTR 文档中称为 Version Resilient），使用新版的运行时仍然可以运行旧版生成的镜像，这样的镜像也称为 ReadyToRun（R2R）镜像。举一个简单的例子，假设类型 Base 在程序集 A 中，类型 Derived 在程序集 B 中，程序集 B 对程序集 A 有依赖关系。

```
// 此类型定义在程序集 A 中
public abstract class Base
{
    public int x;
    public int y;
}
// 此类型定义在程序集 B 中
public class Derived : Base
{
    public int w;
}
```

如果给程序集 B 生成原生代码镜像后,再给类型 Base 添加字段 int z 并重新生成程序集 A,类型 Derived 中的字段 w 的偏移值会发生变化(例如从 16 变为 20),但程序集 B 的原生代码镜像并不需要重新生成。这是因为原生代码中所有访问字段 w 的代码都会根据类型 Base 的大小(加载程序集 A 时才能确定)在运行时动态计算偏移值,这样的做法会牺牲一定的执行性能,但避免了程序集 B 的原生代码镜像在程序集 A 更新后失效。

值得一提的是,如本章第 2 节提到的,.NET Core 从 2.1 开始引入了分层编译机制,并计划从 3.0 开始默认启用,分层编译机制可以很好地改善 JIT 编译时间的问题,如果想改善 .NET 程序的启动时间,并且认为原因在 JIT 编译上,可以先尝试手动开启分层编译,参考本章第 2 节介绍的方法。对于长时间运行的程序例如 Web 服务器程序,不推荐使用 AOT 编译,因为上述的两种 AOT 编译工具编译出来的原生代码性能都不如 JIT 编译好。

附录 A

中英文专业名词对照表

表 A-1 中英文专业名词对照表

英文	缩写	中文	章节
2's Complement		二补数	第3章第2节
Acquire Lock		获取锁	第6章第6节
AddressExposed		暴露地址(JIT)	第8章第6节
Ahead-Of-Time Compilation	AOT	事先编译(JIT)	第8章第22节
Alignment		对齐要求	第7章第2节
Allocation		分配内存	第7章第1节
Allocation Context		分配上下文(GC)	第7章第3节
Allocation Quantum		分配单位(GC)	第7章第3节
Assembly Code		汇编代码	第3章第1节
Assembly Language		汇编语言	第3章第1节
Assertion Propagation Phase		断言传播阶段(JIT)	第8章第14节
Asynchronous Operation		异步操作	第6章第11节
Asynchronous Programming Model	APM	异步编程模型	第6章第11节
Atomic Operation		原子操作	第6章第5节
Background GC		后台GC	第7章第1节
Background Mark Phase		后台标记阶段(GC)	第7章第11节
Background Sweep Phase		后台清扫阶段(GC)	第7章第11节
Base Class Library	BCL	基础类库	第1章第1节
BasicBlock	BB	基础块(JIT)	第8章第3节
Big Endian		大端法	第3章第2节
Bit		位	第3章第2节
Blocking GC		普通GC	第7章第1节

续表 A-1

英　文	缩　写	中　文	章　节
Blocking Operation		阻塞操作	第6章第11节
Boxing		装箱	第7章第2节
Branch Prediction		分支预测	第3章第5节
Byte		字节	第3章第2节
Callee Saved Registers		被调用者保存寄存器	第3章第6节
Caller Saved Registers		调用者保存寄存器	第3章第6节
Calling Convention		调用规范	第3章第6节
Card Bundle		卡片束(GC)	第7章第3节
Card Table		卡片表(GC)	第7章第3节
Carry Flag	CF	进位标志	第3章第3节
Code Heap		托管函数代码堆	第7章第3节
CodeGen Phase		汇编指令生成阶段(JIT)	第8章第19节
Comma		逗号表达式(JIT)	第8章第3节
Common Language Infrastructure	CLI	通用中间语言	第1章第1节
Common Language Runtime	CLR	公共语言运行时	第1章第1节
Common Subexpression Elimination	CSE	公共子表达式消除(JIT)	第8章第13节
Compact Phase		压缩阶段(GC)	第7章第9节
Compaction		压缩(GC)	第7章第1节
Compare-And-Swap	CAS	比较-交换(原子操作)	第6章第5节
Complex Instruction Set Computer	CISC	复杂指令集	第3章第1节
Concurrent GC		并行 GC	第7章第1节
Conservative VN		保守主义 VN(JIT)	第8章第10节
Context		上下文	第6章第1节
Context Switch		上下文切换	第6章第1节
Cooperative Mode		合作模式	第6章第3节
Copy Propagation Phase		赋值传播阶段(JIT)	第8章第12节
Cross Language		跨语言	第1章第1节
Cross Platform		跨平台	第1章第1节
CSE Phase		公共子表达式消除阶段(JIT)	第8章第13节
Deallocation		释放内存	第7章第1节
Demotion		降代(GC)	第7章第1节
Dominance Frontier		支配边界(JIT)	第8章第7节

续表 A-1

英 文	缩 写	中 文	章 节
Dominator		支配基础块(JIT)	第8章第7节
Double Checked Locking		双检锁	第3章第8节
Dword		四字节	第3章第2节
Edge Weight		边缘权重(JIT)	第8章第7节
Emiiter Phase		机器代码生成阶段(JIT)	第8章第20节
Ephemeral Heap Segment		短暂堆段(GC)	第7章第3节
Evaluation Stack		评价堆栈	第2章第2节
Event Tracing for Windows	ETW	Windows事件跟踪	第7章第13节
Exception Handling	EH	异常处理	第5章第1节
Exception Handling Table	EHTable	异常处理表	第5章第1节
Execution Context		执行上下文	第6章第12节
Execution Engine	EE	运行引擎	
Fetch-And-Add	FAA	获取-添加(原子操作)	第6章第5节
Finalizer		析构函数	第7章第1节
Finalizer Queue		析构队列	第7章第1节
Finalizer Thread		析构线程	第7章第1节
Flags Register		标志寄存器	第3章第3节
Flowgraph Analysis Phase		流程图分析阶段(JIT)	第8章第7节
Foreground GC		前台GC	第7章第1节
Fragmentation		碎片空间(GC)	第7章第3节
Frame		帧	第3章第6节
Frame Layout		帧布局	第8章第19节
Frame Pointer Register		帧寄存器	第3章第6节
Framework Class Library	FCL	框架类库	第1章第1节
Free List		自由对象列表(GC)	第7章第3节
Free Object		自由对象(GC)	第7章第3节
Fully Interruptible		完全可中断	第6章第3节
Funclet		小函数(JIT)	第8章第7节
Function		函数	第3章第6节
Function Epilog		函数结束部分	第8章第19节
Function Prolog		函数开始部分	第8章第19节
Garbage Collection	GC	垃圾回收	第7章第1节

续表 A-1

英 文	缩 写	中 文	章 节
GC Handle		GC 句柄	第 7 章第 1 节
GC Poll		GC 检测点	第 8 章第 7 节
GC Safepoint		GC 安全点	第 6 章第 3 节
General Purpose Register		通用寄存器	第 3 章第 3 节
Generational		分代(GC)	第 7 章第 1 节
GenTree	GT	语法树节点(JIT)	第 8 章第 3 节
Heap Segment		堆段(GC)	第 7 章第 3 节
High Frequency Heap		高频堆	第 7 章第 3 节
High-Level Intermediate Representation	HIR	高级内部表现(JIT)	第 8 章第 3 节
Hybird Lock		混合锁	第 6 章第 8 节
Importer Phase		IL 解析阶段(JIT)	第 8 章第 4 节
Inliner Phase		函数内联阶段(JIT)	第 8 章第 5 节
Instruction		指令	第 3 章第 1 节
Instruction Descriptor		指令对象(JIT)	第 8 章第 19 节
Instruction Group	IG	指令组(JIT)	第 8 章第 19 节
Instruction Set		指令集	第 3 章第 1 节
JIT Helper		JIT 帮助函数	第 5 章第 2 节
Just-In-Time Compiler	JIT	JIT 编译器(即时编译器)	第 8 章第 1 节
Large Object		大对象	第 7 章第 1 节
Large Object Heap	LOH	大对象堆	第 7 章第 1 节
Large Object Heap Segment		大对象堆段(GC)	第 7 章第 3 节
Latency Level		延迟等级(GC)	第 7 章第 12 节
Latency Mode		延迟模式(GC)	第 7 章第 12 节
LclVar Sorting Phase		本地变量排序阶段(JIT)	第 8 章第 8 节
Liberal VN		自由主义 VN(JIT)	第 8 章第 10 节
Linear Scan Register Allocation	LSRA	线性扫描寄存器分配(JIT)	第 8 章第 18 节
Little Endian		小端法	第 3 章第 2 节
LoadEffective Address	LEA	加载(计算)有效地址	第 3 章第 4 节
Lock Free Algorithm		无锁算法	第 6 章第 5 节
LOH Compact		大对象堆压缩(GC)	第 7 章第 12 节
Loop Cloning		循环克隆(JIT)	第 8 章第 11 节
Loop Inversion		循环反转(JIT)	第 8 章第 11 节

续表 A-1

英　文	缩写	中文	章　节
Loop Optimization Phase		循环优化阶段(JIT)	第8章第11节
Loop Unrolling		循环展开(JIT)	第8章第11节
Loop Unswitching		循环判断外提(JIT)	第8章第11节
Loop-Invariant Code Hoisting		循环不变代码外提(JIT)	第8章第11节
Low Frequency Heap		低频堆	第7章第3节
Lowering Phase		低级化阶段(JIT)	第8章第17节
Low-Level Intermediate Representation	LIR	低级内部表现(JIT)	第8章第3节
LSRA Phase		线性扫描寄存器分配阶段(JIT)	第8章第18节
Machine Code		机器码	第3章第1节
Managed Code		托管代码	
Managed Heap		托管堆	第7章第3节
Managed Object		托管对象	第7章第2节
Managed Thread		托管线程	第6章第2节
Mark And Sweep		标记并清除(GC)	第7章第1节
Mark Phase		标记阶段(GC)	第7章第6节
Marked Bit		存活标记(GC)	第7章第2节
Memory Address		内存地址	第3章第2节
Memory Barrier		内存屏障	第3章第8节
Memory Cell		记忆单元	第3章第2节
Memory Paging		虚拟内存分页管理	第3章第2节
Memory Segmentation		虚拟内存分段管理	第3章第2节
Method Table Pointer		类型信息	第7章第2节
Microsoft Intermediate Language	MSIL/IL	通用中间语言	第1章第1节
Morph Phase		IL变形阶段(JIT)	第8章第6节
Mutex		互斥锁	第6章第7节
Native Thread		原生线程	第6章第1节
No GC Region		无GC区域	第7章第12节
Non-Blocking Operation		非阻塞操作	第6章第11节
Object Header		对象头	第7章第2节
Out-Of-Order Execution		乱序执行	第3章第8节
Overflow Flag	OF	溢出标志	第3章第3节
Page Fault		缺页中断	第3章第2节

续表 A-1

英　文	缩　写	中　文	章　节
Partially Interruptible		部分可中断	第6章第3节
Pinned Bit		固定标记(GC)	第7章第2节
Pinned Object		固定对象	第7章第1节
Pipeline		流水线	第3章第1节
Plan Generation Start		计划开始地址	第7章第7节
Plan Phase		计划阶段(GC)	第7章第7节
Pointer		指针	第3章第2节
Precode		前置码(JIT)	第8章第2节
Precode Heap		函数入口代码堆	第7章第3节
Predecessor		前任基础块(JIT)	第8章第7节
Preemption		抢占	第6章第1节
Preemptive Mode		抢占模式	第6章第3节
Previous Stack Pointer Symbol	PSPSym	保存主函数原始栈地址的变量	第8章第7节
Process		进程	第6章第1节
Program Counter	PC	程序计数器	第3章第3节
Promotion		升代(GC)	第7章第1节
QMark		三元条件运算符(JIT)	第8章第3节
Range Check Elimination Phase		边界检查消除阶段(JIT)	第8章第15节
Rationalization Phase		合理化阶段(JIT)	第8章第16节
Reader Writer Lock		读写锁	第6章第10节
Read-Modify-Write	RMW	读-修改-写(原子操作)	第6章第5节
Reduced Instruction Set Computer	RISC	精简指令集	第3章第1节
Reference Counting	RC	引用计数	第7章第1节
Reference Type		引用类型	第7章第1节
Register		寄存器	第3章第3节
Register Candidate		寄存器变量候选(JIT)	第8章第8节
Release Lock		释放锁	第6章第6节
Relocate Phase		重定位阶段(GC)	第7章第8节
Retain VM		保留堆段空间地址(GC)	第7章第12节
Root Objects		根对象(GC)	第7章第6节
Saturating Counter		饱和计数器	第3章第5节
Semaphore		信号量	第6章第9节

续表 A-1

英 文	缩 写	中 文	章 节
Server Mode		服务器模式	第7章第1节
Sign Flag	SF	符号标志	第3章第3节
Signed Integer		有符号整数	第3章第2节
Singleton		单例	第3章第8节
Small Object		小对象	第7章第1节
Small Object Heap	SOH	小对象堆	第7章第1节
Small Object Heap Segment		小对象堆段(GC)	第7章第3节
Son of Strike	SOS	托管代码调试插件	第4章第2节
Spinlock		自旋锁	第6章第6节
SSA & VN Phase		变量版本标记阶段(JIT)	第8章第10节
Stack Backtrace		调用链跟踪	第3章第6节
Stack Bottom		栈底	第3章第6节
StackBound		栈边界	第3章第6节
Stack Overflow		栈溢出	第3章第6节
Stack Pointer Register		栈寄存器	第3章第6节
Stack Top		栈顶	第3章第6节
Stackful Coroutine		堆积的协程	第6章第11节
Stackless Coroutine		无堆的协程	第6章第11节
Standby Heap Segment		可重用堆段(GC)	第7章第3节
Statement	STMT	语句(JIT)	第8章第3节
Static Single Assignment Form	SSA	单赋值形式(JIT)	第8章第10节
Stop The World	STW	停止其他线程	第7章第1节
String Literal Map		字符串池	第7章第3节
Strong Memory Model		强内存模型	第3章第8节
Strong Reference		强引用	第7章第1节
Struct Promotion		提升构造体(JIT)	第8章第6节
Stub Heap		函数入口代码堆	第7章第3节
Successor		后任基础块(JIT)	第8章第7节
Sweep Phase		清扫阶段(GC)	第7章第10节
SyncBlock Index		同步块索引	第7章第2节
Synchronization Context		同步上下文	第6章第13节
System Call		系统调用	第3章第7节

续表 A-1

英　文	缩　写	中　文	章　节
Task Parallel Library	TPL	异步并行库	第6章第11节
Test-And-Set	TAS	测试-设置(原子操作)	第6章第5节
Thread Local Storage	TLS	线程本地储存	第6章第4节
Thread Scheduling		线程调度	第6章第1节
Tiered Compilation		分层编译(JIT)	第8章第2节
Time Slice		时间片	第6章第1节
Tree Ordering Phase		评价顺序定义阶段(JIT)	第8章第9节
Two-level Adaptive Predictor		两级自适应分支预测	第3章第5节
Unboxing		拆箱	第7章第2节
Unmanaged Code		非托管代码	
Unsigned Integer		无符号整数	第3章第2节
Value Number	VN	值编号(JIT)	第8章第10节
Value Type		值类型	第7章第1节
Virtual Memory		虚拟内存	第3章第2节
Weak Memory Model		弱内存模型	第3章第8节
Weak Reference		弱引用	第7章第1节
Word		双字节	第3章第2节
Workstation Mode		工作站模式	第7章第1节
Zero Flag	ZF	零标志	第3章第3节

附录 B

常用 IL 指令一览

本节列出了 .NET 中常用的 IL 指令,可以参考第 2 章找到一些例子,也可以使用第 2 章第 1 节介绍的方式逆向自己编写的 .NET 程序并对比代码来理解 IL 指令的效果;还可以从 IL 指令一览中找到一些规律,例如名称中带 ovf 的 IL 指令都会检查结果是否溢出,名称以 un 结尾的 IL 指令用于操作或比较无符号数值,名称以 s 结尾的 IL 指令是短格式(效果完全一样但参数只占用 1 字节),部分指令例如 ldc.i4.0 和 ldarg.0 提供了常量版本以减小代码体积。利用这些规律可以更容易理解 IL 代码。

表 B-1 常用 IL 指令

指令	参数	效果
add	无参数	从评价堆栈取出两个值,计算它们的相加结果并存入评价堆栈
and.ovf	无参数	同 add,但会在溢出时抛出 OverflowException 异常,仅针对有符号数值使用
add.ovf.un	无参数	同 add,但会在溢出时抛出 OverflowException 异常,仅针对无符号数值使用
sub	无参数	从评价堆栈取出两个值,计算它们的相减结果并存入评价堆栈
sub.ovf	无参数	同 sub,但会在溢出时抛出 OverflowException 异常,仅针对有符号数值使用
sub.ovf.un	无参数	同 sub,但会在溢出时抛出 OverflowException 异常,仅针对无符号数值使用
mul	无参数	从评价堆栈取出两个值,计算它们的相乘结果并存入评价堆栈
mul.ovf	无参数	同 mul,但会在溢出时抛出 OverflowException 异常,仅针对有符号数值使用
mul.ovf.un	无参数	同 mul,但会在溢出时抛出 OverflowException 异常,仅针对无符号数值使用
div	无参数	从评价堆栈取出两个值,计算它们的相乘结果并存入评价堆栈
div.ovf	无参数	同 div,但会在溢出时抛出 OverflowException 异常,仅针对有符号数值使用

续表 B-1

指 令	参 数	效 果
div.ovf.un	无参数	同 div,但会在溢出时抛出 OverflowException 异常,仅针对无符号数值使用
and	无参数	从评价堆栈取出两个值,计算它们的按位与,并将结果存入评价堆栈
or	无参数	从评价堆栈取出两个值,计算它们的按位或,并将结果存入评价堆栈
xor	无参数	从评价堆栈取出两个值,计算它们的按位异或,并将结果存入评价堆栈
not	无参数	从评价堆栈取出一个值,计算它的按位否,并将结果存入评价堆栈
pop	无参数	从评价堆栈取出一个值,并忽略这个值
ldc.i4	常量	把参数中的常量存入评价堆栈
ldc.i4.0	无参数	把常量 0 存入评价堆栈
ldc.i4.1	无参数	把常量 1 存入评价堆栈
ldc.i4.2	无参数	把常量 2 存入评价堆栈
ldc.i4.3	无参数	把常量 3 存入评价堆栈
ldc.i4.4	无参数	把常量 4 存入评价堆栈
ldc.i4.5	无参数	把常量 5 存入评价堆栈
ldc.i4.6	无参数	把常量 6 存入评价堆栈
ldc.i4.7	无参数	把常量 7 存入评价堆栈
ldc.i4.8	无参数	把常量 8 存入评价堆栈
ldc.i4.m1	无参数	把常量 −1 存入评价堆栈
ldarg	参数序号	按指定的序号读取当前方法传入的参数,并存入评价堆栈
ldarg.0	无参数	把当前方法传入的第 1 个参数存入评价堆栈
ldarg.1	无参数	把当前方法传入的第 2 个参数存入评价堆栈
ldarg.2	无参数	把当前方法传入的第 3 个参数存入评价堆栈
ldarg.3	无参数	把当前方法传入的第 4 个参数存入评价堆栈
ldloc	本地变量序号	按指定的序号读取当前方法的本地变量,并存入评价堆栈
ldloc.0	无参数	把当前方法的第 1 个本地变量存入评价堆栈
ldloc.1	无参数	把当前方法的第 2 个本地变量存入评价堆栈
ldloc.2	无参数	把当前方法的第 3 个本地变量存入评价堆栈
ldloc.3	无参数	把当前方法的第 4 个本地变量存入评价堆栈
stloc	本地变量序号	从评价堆栈取出一个值,并保存到当前方法中指定的序号的本地变量
stloc.0	无参数	从评价堆栈取出一个值,并保存到当前方法的第 1 个本地变量
stloc.1	无参数	从评价堆栈取出一个值,并保存到当前方法的第 2 个本地变量

续表 B-1

指令	参数	效果
stloc.2	无参数	从评价堆栈取出一个值,并保存到当前方法的第3个本地变量
stloc.3	无参数	从评价堆栈取出一个值,并保存到当前方法的第4个本地变量
ldfld	字段标识	从评价堆栈取出一个值,然后读取这个值的指定字段,然后把字段值存入评价堆栈
stfld	字段标识	从评价堆栈取出两个值,把第一个值保存到第二个值的指定字段中
ldsfld	静态字段标识	读取静态字段的值并存入评价堆栈
stsfld	静态字段标识	从评价堆栈取出一个值,并保存到指定的静态字段
call	方法标识	调用方法,参数会从评价堆栈取出,如果方法为非静态那么 this 也会从评价堆栈取出
callvirt	方法标识	调用虚拟方法(不等同于 C#中的 virtual),从评价堆栈取出的值数量取决于参数数量
ret	无参数	从函数返回,如果返回类型不为 void 则从评价堆栈取出返回值
beq	IL 指令标签	从评价堆栈取出两个值,比较第一个值与第二个值,如果相等则跳转到参数指定的标签对应的指令,否则继续执行下一条指令
beq.s	IL 指令标签	同 beq,但是参数只占用1字节
bne	IL 指令标签	从评价堆栈取出两个值,比较第一个值与第二个值,如果不相等则跳转到参数指定的标签对应的指令,否则继续执行下一条指令
bne.s	IL 指令标签	同 bne,但是参数只占用1字节
bge	IL 指令标签	从评价堆栈取出两个值,把第一个值与第二个值作为有符号数比较,如果大于或等于则跳转到参数指定的标签对应的指令,否则继续执行下一条指令
bge.s	IL 指令标签	同 bge,但是参数只占用1字节
bge.un	IL 指令标签	从评价堆栈取出两个值,把第一个值与第二个值作为无符号数比较,如果大于或等于则跳转到参数指定的标签对应的指令,否则继续执行下一条指令
bge.un.s	IL 指令标签	同 bge.un,但是参数只占用1字节
bgt	IL 指令标签	从评价堆栈取出两个值,把第一个值与第二个值作为有符号数比较,如果大于则跳转到参数指定的标签对应的指令,否则继续执行下一条指令
bgt.s	IL 指令标签	同 bgt,但是参数只占用1字节
bgt.un	IL 指令标签	从评价堆栈取出两个值,把第一个值与第二个值作为无符号数比较,如果大于则跳转到参数指定的标签对应的指令,否则继续执行下一条指令
bgt.un.s	IL 指令标签	同 bgt.un,但是参数只占用1字节

续表 B-1

指令	参数	效果
ble	IL指令标签	从评价堆栈取出两个值,把第一个值与第二个值作为有符号数比较,如果小于或等于则跳转到参数指定的标签对应的指令,否则继续执行下一条指令
ble.s	IL指令标签	同ble,但是参数只占用1字节
ble.un	IL指令标签	从评价堆栈取出两个值,把第一个值与第二个值作为无符号数比较,如果小于或等于则跳转到参数指定的标签对应的指令,否则继续执行下一条指令
ble.un.s	IL指令标签	同ble.un,但是参数只占用1字节
blt	IL指令标签	从评价堆栈取出两个值,把第一个值与第二个值作为有符号数比较,如果小于则跳转到参数指定的标签对应的指令,否则继续执行下一条指令
blt.s	IL指令标签	同blt,但是参数只占用1字节
blt.un	IL指令标签	从评价堆栈取出两个值,把第一个值与第二个值作为无符号数比较,如果小于则跳转到参数指定的标签对应的指令,否则继续执行下一条指令
blt.un.s	IL指令标签	同blt.un,但是参数只占用1字节
brtrue	IL指令标签	从评价堆栈取出一个值,如果值作为布尔值时为真,则跳转到参数指定的标签对应的指令,否则继续执行下一条指令
brtrue.s	IL指令标签	同brtrue,但是参数只占用1字节
brfalse	IL指令标签	从评价堆栈取出一个值,如果值作为布尔值时为假,则跳转到参数指定的标签对应的指令,否则继续执行下一条指令
brfalse.s	IL指令标签	同brfalse,但是参数只占用1字节
br	IL指令标签	无条件跳转到指定的标签对应的指令
br.s	IL指令标签	同br,但是参数只占用1字节
nop	无参数	什么都不做(对执行效果没有影响,但编译器可能会为了关联除错信息或区分嵌套try-catch块添加它)
box	类型	从评价堆栈取出一个值(构造体的内存地址),然后创建该构造体装箱后的对象,再把对象存入评价堆栈
unbox	类型	从评价堆栈取出一个值(装箱后的对象),然后获取构造体的内存地址,再把地址存入评价堆栈
unbox.any	类型	从评价堆栈取出一个值(装箱后的对象),然后复制构造体的内容,再把复制后的值存入评价堆栈
throw	无参数	从评价堆栈取出一个值(异常对象),然后抛出该异常对象

以上列表为了便于记忆,把相同类型的指令放在了一块,并没有按照字母顺序排序,如果想查找某个IL指令的作用,可以参考官方文档地址:https://docs.microsoft.com/en-us/dotnet/api/system.reflection.emit.opcodes。注意官方文档地址中列出的是 IL 指令在枚举 System.Reflection.Emit.OpCodes 中对应的名称，与 IL 代码中的名称规范有一些不同，例如 IL 代码中的 add.ovf 在文档中是 Add_Ovf，blt.un.s 在文档中是 Blt_Un_S，查找时把"."替换为"_"即可。文档中各个指令的 Remarks 节下都列出了实际执行的效果，包括评价堆栈发生的变化与应该注意的部分，但缺乏示例代码，如果想看示例代码最好还是使用反编译工具。

附录 C

常用汇编指令一览

本节列出了第 3 章介绍的常用 x86 和 x86-64 汇编指令,因为 x86 指令集非常庞大,本节无法介绍所有的指令,如果想查看更多指令可以参考第 3 章第 4 节末尾给出的链接。此外,除了 x86 以外还有 ARM、MIPS、POWER、RISC-V 等计算机架构,它们的指令集与 x86 有非常多的不同点,本书介绍的内容主要以 x86 为主(包括 .NET 运行时中的各种实现),并不完全适用于这些架构。

表 C-1 常用 x86 和 x86-64 汇编指令

指令名称	指令格式	指令概述
mov	mov reg, imm	在内存与 CPU 寄存器之间复制数值
	mov reg, reg	
	mov reg, r/m	
	mov r/m, imm	
	mov r/m, reg	
add	add reg, imm	执行加法运算
	add reg, reg	
	add reg, r/m	
	add r/m, imm	
	add r/m, reg	
sub	sub reg, imm	执行减法运算
	sub reg, reg	
	sub reg, r/m	
	sub r/m, imm	
	sub r/m, reg	
mul	mul r/m	执行无符号乘法运算
imul	imul r/m	执行有符号乘法运算
	imul reg, r/m	
	imul reg, r/m, imm	

续表 C-1

指令名称	指令格式	指令概述
div	div r/m	执行无符号除法运算
idiv	idiv r/m	执行有符号乘法运算
cdq	cdq	扩展符号位
cmp	cmp reg, imm	比较数值大小(执行减法运算但不保存结果)
	cmp reg, reg	
	cmp reg, r/m	
	cmp r/m, imm	
	cmp r/m, reg	
and	and reg, imm	执行二进制与运算
	and reg, reg	
	and reg, r/m	
	and r/m, imm	
	and r/m, reg	
test	test reg, imm	测试数值二进制位(执行二进制与运算但不保存结果)
	test reg, reg	
	test reg, r/m	
	test r/m, imm	
	test r/m, reg	
or	or reg, imm	执行二进制或运算
	or reg, reg	
	or reg, r/m	
	or r/m, imm	
	or r/m, reg	
xor	xor reg, imm	执行二进制异或运算
	xor reg, reg	
	xor reg, r/m	
	xor r/m, imm	
	xor r/m, reg	
nop	nop	不做任何事情
lea	lea reg, r/m	计算有效地址(寄存器+寄存器×因子+立即数)

续表 C-1

指令名称	指令格式	指令概述
jmp	jmp imm	无条件跳转
	jmp r/m	
je/jz	je imm	相等时跳转
	je r/m	
jne/jnz	jne imm	不相等时跳转
	jne r/m	
jb/jnae/jc	jb imm	无符号数小于时跳转
	jb r/m	
jbe/jna	jbe imm	无符号数小于或等于时跳转
	jbe r/m	
ja/jnbe	ja imm	无符号数大于时跳转
	ja r/m	
jae/jnb/jnc	jae imm	无符号数大于或等于时跳转
	jae r/m	
jl/jnge	jl imm	有符号数小于时跳转
	jl r/m	
jle/jng	jle imm	有符号数小于或等于时跳转
	jle r/m	
jg/jnle	jg imm	有符号数大于时跳转
	jg r/m	
jge/jnl	jge imm	有符号数大于或等于时跳转
	jge r/m	
js	js imm	符号标志成立时跳转
	js r/m	
jns	jns imm	符号标志不成立时跳转
	jns r/m	
jo	jo imm	溢出标志成立时跳转
	jo r/m	
jno	jno imm	溢出标志不成立时跳转
	jno r/m	

续表 C-1

指令名称	指令格式	指令概述
push	push reg	添加寄存器大小的数值到栈顶
	push imm	
	push r/m	
pop	pop reg	从栈顶取出寄存器大小的数值
	pop r/m	
call	call imm	调用函数
	call r/m	
enter	enter, imm, imm	进入函数时备份栈寄存器到帧寄存器与分配空间
leave	leave	离开函数时从帧寄存器恢复栈寄存器以释放空间
ret	ret	从函数返回
	ret, imm	
int	int imm	发起软中断
sysenter	sysenter	发起系统调用(x86)
syscall	syscall	发起系统调用(x86-64)
lfence	lfence	读内存屏障
sfence	sfence	写内存屏障
mfence	mfence	混合内存屏障

附录 D

SOS 扩展命令一览

本节是对第 4 章提到的 SOS(Son of Strike)扩展的补充内容,包含了 SOS 扩展的命令和各个命令的执行例子。SOS 扩展支持在 Windows 系统的 WinDbg 与类 Unix(Linux 与 OSX 等)系统的 LLDB 中使用,执行命令时的格式有一些区别,具体格式分别如下:

- WinDbg:!命令名称 参数
- LLDB:sos 命令名称 参数

部分命令提供简写,使用简写可以不加 sos 前缀

SOS 扩展的命令如下,由 LLDB 上执行的 sos Help 命令输出结果整理而来,这些命令都需要在 .NET 运行时初始化完毕,并且程序暂停运行时(停在断点或手动使用 Ctrl+C 停止时)使用。

表 D-1 SOS 扩展命令

分 类	命令名称	命令简称	作 用
分析对象	DumpObj	dumpobj	查看对象信息
	DumpArray		查看数组对象信息
	DumpStackObjects	dso	列出栈上所有对象
	DumpHeap	dumpheap	列出托管堆上所有对象
	DumpVC		查看值类型对象信息
	GCRoot	gcroot	查看对象引用链
	PrintException	pe	查看异常对象信息
分析代码与栈	Threads	clrthreads	列出所有托管线程
	ThreadState		查看线程状态数值的意义
	IP2MD	ip2md	查找指令所属的托管函数
	u	clru	查看方法对应的汇编指令
	DumpStack	dumpstack	查看调用链跟踪
	EEStack	eestack	查看所有线程的调用链跟踪

续表 D-1

分类	命令名称	命令简称	作用
分析代码与栈	ClrStack	clrstack	查看调用链跟踪与托管信息
	GCInfo		查看 GC 信息
	EHInfo		查看异常处理表
	bpmd	bpmd	设置托管方法断点
分析运行时结构	DumpDomain		查看程序域信息
	EEHeap	eeheap	查看堆信息
	Name2EE	name2ee	查看名称对应的类型或方法
	DumpMT	dumpmt	查看类型(MethodTable)信息
	DumpClass	dumpclass	查看类型(EEClass)信息
	DumpMD	dumpmd	查看方法(MethodDesc)信息
	Token2EE		查看标记对应的类型或方法
	DumpModule	dumpmodule	查看模块信息
	DumpAssembly		查看程序集信息
	DumpRuntimeTypes		列出所有已初始化的类型
	DumpIL	dumpil	查看方法对应的 IL 指令
	DumpSig		查看方法签名数据
	DumpSigElem		查看方法签名数据中的元素
诊断工具	VerifyHeap		检查托管堆
	FindAppDomain		查看对象所在的程序域
	DumpLog	dumplog	记录内部日志到文件
分析 GC 历史	HistInit	histinit	加载 GC 历史数据
	HistRoot	histroot	查看对象位置记录
	HistObj	histobj	查看对象记录
	HistObjFind	histobjfind	查看对象详细纪录
	HistClear	histclear	清除 GC 历史数据
其他	FAQ		查看常见问题
	CreateDump	createdump	生成内存转储
	Help	soshelp	查看命令帮助

接下来是各个命令的执行例子,执行环境是 Ubuntu 16.04.5 和 LLDB 3.9, Windows 上的 WinDbg 也会输出基本相同的内容。因为命令数量较多,本节不会详细说明命令中每个参数的意义,如果对某个参数的作用不清楚可以参考"sos Help

命令名称"的输出。

1. DumpObj

这个命令用于查看引用类型对象的类型、大小和各个字段的信息，格式如下：

DumpObj[-nofields] <对象地址>

执行命令的例子如下，输出中的 EEClass 和 MethodTable 是类型信息，它们的区别在于 MethodTable 对应实际存在的类型包括泛型的各个实例，并且引用对象的开头会储存对应 MethodTable 所在的内存地址，而 EEClass 对应的是 IL 中的类型信息。

```
(lldb)sos DumpObj 00007fff5c01a250
Name:          System.String
MethodTable:   00007fff7d3d8650
EEClass:       00007fff7c1ffbf8
Size:          50(0x32)bytes
File:          /home/ubuntu/coreclr/bin/Product/Linux.x64.Debug/System.Private.CoreLib.dll
String:        Hello World!
Fields:
              MT    Field    Offset        Type VT    Attr         Value Name
00007fff7d3dc310   40001aa      8     System.Int32   1 instance       12 _stringLength
00007fff7d3d9790   40001ab      c     System.Char    1 instance       48 _firstChar
00007fff7d3d8650   40001ac     40     System.String  0 shared      static Empty
                               >> Domain:Value  0000000000669720:NotInit <<
```

2. DumpArray

这个命令用于查看数组类型对象的长度与各个元素的信息，格式如下：

DumpArray [-start 开始索引值] [-length 显示数量] [-details] [-nofields] <数组对象地址>

执行命令的例子如下：

```
(lldb)sos DumpArray-details-nofields 00007fff5c01a2b0
Name:          System.String[]
MethodTable:   00007fff7d3ef858
EEClass:       00007fff7c22c298
Size:          48(0x30)bytes
Array:         Rank 1, Number of elements 3, Type CLASS
Element Methodtable: 00007fff7d408650
[0] 00007fff5c01a250
    Name:          System.String
```

MethodTable: 00007fff7d408650
EEClass: 00007fff7c22fbf8
Size: 28(0x1c)bytes
File: /home/ubuntu/coreclr/bin/Product/Linux.x64.Debug/System.Private.CoreLib.dll
String: a

[1] 00007fff5c01a270
Name: System.String
MethodTable: 00007fff7d408650
EEClass: 00007fff7c22fbf8
Size: 28(0x1c)bytes
File: /home/ubuntu/coreclr/bin/Product/Linux.x64.Debug/System.Private.CoreLib.dll
String: b

[2] 00007fff5c01a290
Name: System.String
MethodTable: 00007fff7d408650
EEClass: 00007fff7c22fbf8
Size: 28(0x1c)bytes
File: /home/ubuntu/coreclr/bin/Product/Linux.x64.Debug/System.Private.CoreLib.dll
String: c

3. DumpStackObjects

这个命令用于列出栈上所有引用类型的对象，格式如下：

DumpStackObjects [-verify] [栈顶地址 [栈底地址]]

执行命令的例子如下：

```
(lldb)sos DumpStackObjects
OS Thread Id: 0x924(1)
RSP/REG          Object                Name
rdi              00007fff5c01a2b0 System.String[]
r14              00007fff5c01a2b0 System.String[]
00007FFFFFFFD3E0 00007fff5c01a238 System.String[]
00007FFFFFFFD6B8 00007fff5c01a238 System.String[]
00007FFFFFFFD708 00007fff5c01a238 System.String[]
00007FFFFFFFD710 00007fff5c01a238 System.String[]
00007FFFFFFFD740 00007fff5c01a238 System.String[]
00007FFFFFFFDA30 00007fff5c01a238 System.String[]
00007FFFFFFFDB90 00007fff5c01a238 System.String[]
00007FFFFFFFDBA8 00007fff5c01a250 System.String       a
```

```
00007FFFFFFFDBE8 00007fff5c01a238 System.String[]
00007FFFFFFFDEE0 00007fff5c01a238 System.String[]
00007FFFFFFFDEE8 00007fff5c01a238 System.String[]
00007FFFFFFFDEF0 00007fff5c01a238 System.String[]
```

4. DumpHeap

这个命令用于列出托管堆上的所有对象,格式如下:

```
DumpHeap
```

执行命令的例子如下,输出分为两部分,第一部分是所有对象以及其大小,第二部分是按类型分组后的合计数量与合计大小。

```
(lldb)sos DumpHeap
         Address               MT     Size
00007fff5bfff000 000000000065d5e0       24 Free
00007fff5bfff018 000000000065d5e0       24 Free
00007fff5bfff030 000000000065d5e0       24 Free
00007fff5bfff048 00007fff7d40be18      144
...(省略输出)
00007fff6c001468 000000000065d5e0       30 Free
00007fff6c001488 00007fff7d3ee840     8184

Statistics:
              MT    Count    TotalSize Class Name
00007fff7d44a3e0        1           24 System.Collections.Generic.GenericEqualityCom-
                                       parer`1[[System.Int32, System.Private.CoreLib]]
00007fff7d436da0        1           24 System.Collections.Generic.GenericEqualityCom-
                                       parer`1[[System.String, System.Private.CoreLib]]
00007fff7d42e6b0        1           24 System.SharedStatics
...(省略输出)
00007fff7d3e8098       15        39068 System.Int32[]
00007fff7d408650      417       102462 System.String
Total 642 objects
```

5. DumpVC

这个命令用于查看栈上或者堆上的值类型对象信息,需要手动传入 Method-Table 的地址,格式如下:

```
DumpVC <MethodTable 的地址> <值类型对象的地址>
```

以下面的类型为例,DumpVC 命令可以用于查看 Line 实例中 from 字段或者 to 字段的具体信息:

```
public struct Point
{
    public int x;
    public int y;
}

public class Line
{
    public Point from;
    public Point to;
}
```

执行命令的例子如下，传给 DumpObj 命令的参数是 Line 实例的地址，传给 DumpVC 的参数是 Point 类型的 MethodTable 地址与 from 字段所在的地址。

```
(lldb)sos DumpObj 00007fff63fec250
Name:         ConsoleApp.Program+Line
MethodTable:  00007fff7c015930
EEClass:      00007fff7d7f1328
Size:         32(0x20)bytes
File:         /home/ubuntu/ConsoleApp/bin/Release/netcoreapp2.1/ConsoleApp.dll
Fields:
          MT      Field    Offset         Type VT    Attr       Value Name
00007fff7c015868  4000003   8    ...App.Program+Point 1  instance 00007fff63fec258 from
00007fff7c015868  4000004  10    ...App.Program+Point 1  instance 00007fff63fec260 to

(lldb)sos DumpVC 00007fff7c015868 00007fff63fec258
Name:         ConsoleApp.Program+Point
MethodTable:  00007fff7c015868
EEClass:      00007fff7d7f1420
Size:         24(0x18)bytes
File:         /home/ubuntu/ConsoleApp/bin/Release/netcoreapp2.1/ConsoleApp.dll
Fields:
          MT      Field    Offset         Type VT    Attr       Value Name
00007fff7d3fc310  4000001   0       System.Int32  1  instance       1 x
00007fff7d3fc310  4000002   4       System.Int32  1  instance       2 y
```

6. GCRoot

这个命令用于查看引用某个对象的所有对象，可以一直追溯到根对象，格式如下：

```
GCRoot [-all][-nostacks] <对象地址>
```

执行命令的例子如下：

```
(lldb)gcroot 00007fff63fec2e8
Thread d09:
       00007FFFFFFFD250 00007FFF7D7222FB ConsoleApp.Program.Main(System.String[])[/
home/ubuntu/ConsoleApp/Program.cs @ 26]
           rbp-50: 00007fffffffd250
               ->  00007FFF63FEC2E8 System.String[]


       00007FFFFFFFD250 00007FFF7D7222FB ConsoleApp.Program.Main(System.String[])[/
home/ubuntu/ConsoleApp/Program.cs @ 26]
           rbp-40: 00007fffffffd260
               ->  00007FFF63FEC2C8 System.String[][]
               ->  00007FFF63FEC2E8 System.String[]

Found 2 unique roots(run 'gcroot -all' to see all roots).
```

7. PrintException

这个命令用于查看异常对象信息，格式如下：

```
PrintException [-nested] [-lines] [-ccw] [<异常对象地址>] [<CCW 对象地址>]
```

参数中的 CCW 是 COM Callable Wrapper 的缩写，如果没涉及 COM 则不需要使用。异常对象地址参数可以省略，省略时自动从当前上下文中获取（要求当前程序停在异常处理代码中）。

执行命令的例子如下，例子中的对象地址是 new 出来的异常对象，所以没有 StackTrace 信息：

```
(lldb) sos PrintException 00007fff5c01a278
Exception object: 00007fff5c01a278
Exception type:   System.ArgumentException
Message:          args
InnerException:   <none>
StackTrace(generated):
 <none>
StackTraceString: <none>
HResult: 80070057
```

8. Threads

这个命令用于列出所有托管线程，格式如下：

```
Threads [-live] [-special]
```

执行命令的例子如下，各个线程的状态数值（State）表示的意义可以使用下面的

ThreadState 命令查看:

```
(lldb)sos Threads
ThreadCount:      2
UnstartedThread:  0
BackgroundThread: 1
PendingThread:    0
DeadThread:       0
Hosted Runtime:   no
                                                                          Lock
     ID OSID ThreadOBJ           State GC Mode    GC Alloc Context
Domain         Count Apt Exception
      1    1 e8d 00000000006883E0    20020 Cooperative     00007FFF5C02B8F8:
00007FFF5C02BB30 0000000000669720 0     Ukn
      7    2 ea4 00000000006AC800    21220 Preemptive      0000000000000000:
0000000000000000 0000000000669720 0     Ukn(Finalizer)
```

9. ThreadState

这个命令用于查看线程状态数值的意义,通常用于配合上面的 Threads 命令使用,格式如下:

```
ThreadState <线程状态数值>
```

执行命令的例子如下:

```
(lldb)sos ThreadState 21220
    Legal to Join
    Background
    CLR Owns
    Fully initialized
```

10. IP2MD

这个命令用于查找指令所属的托管函数,并显示函数信息(MethodDesc),格式如下:

```
IP2MD <指令地址>
```

执行命令的例子如下,di 命令用于显示从当前执行指令开始的 2 条指令的地址与内容:

```
(lldb)di -s $rip -c 2
-> 0x7fff7d7221c1: movabsq $ 0x7fff6c001068, % rdi    ; imm = 0x7FFF6C001068
   0x7fff7d7221cb: movq   (% rdi), % rdi
(lldb)  sos IP2MD 0x7fff7d7221c1
MethodDesc:   00007fff7c015598
```

Method Name：	ConsoleApp.Program.Main(System.String[])
Class：	00007fff7d7f1198
MethodTable：	00007fff7c015620
mdToken：	0000000006000001
Module：	00007fff7c013d28
IsJitted：	yes
Current CodeAddr：	00007fff7d7221c0
Code Version History：	
CodeAddr：	00007fff7d7221c0　（Non-Tiered）
NativeCodeVersion：	0000000000000000
Source file：	/home/ubuntu/ConsoleApp/Program.cs @ 9

11. u

这个命令用于查看方法对应的汇编指令，并且支持显示哪些汇编指令属于源代码中的哪一行，格式如下：

u [-gcinfo][-ehinfo] [-n] [-o] <MethodDesc 的地址> | <指令地址>

执行命令的例子如下：

```
(lldb)    sos u 00007fff7c015598
Normal JIT generated code
ConsoleApp.Program.Main(System.String[])
Begin 00007FFF7D7221C0, size 19

/home/ubuntu/ConsoleApp/Program.cs @ 9：
00007fff7d7221c0 50                              push    rax
00007fff7d7221c1 48bf6810006cff7f0000            movabs  rdi, 0x7fff6c001068
00007fff7d7221cb 488b3f                          mov     rdi, qword ptr [rdi]
00007fff7d7221ce e85dfcffff                      call    0x7fff7d721e30(System.Console.Write-
                                                  Line(System.String), mdToken: 0000000006000087)

/home/ubuntu/ConsoleApp/Program.cs @ 10：
00007fff7d7221d3 90                              nop
00007fff7d7221d4 4883c408                        add     rsp, 0x8
00007fff7d7221d8 c3                              ret
```

12. DumpStack

这个命令用于查看调用链跟踪（调用当前函数的是哪些函数），格式如下：

DumpStack [-EE] [-n] [栈顶地址[栈底地址]]

执行命令的例子如下：

```
(lldb) sos DumpStack -n
OS Thread Id: 0x1018(1)
TEB information is not available so a stack size of 0xFFFF is assumed
Current frame: (MethodDesc 00007fff7c015598 + 0x1 ConsoleApp.Program.Main(System.String[]))
     Child-SP         RetAddr          Caller, Callee
     00007FFFFFFFD2A0 00007ffff60f33d3 libcoreclr.so!CallDescrWorkerInternal + 0x7c
     00007FFFFFFFD2C0 00007ffff5ebed3a libcoreclr.so!CallDescrWorkerWithHandler(CallDescrData *, int) + 0x1ea, calling libcoreclr.so!CallDescrWorkerInternal
     ...(省略输出)
     00007FFFFFFFDF50 00007ffff5c9c92f libcoreclr.so!coreclr_execute_assembly + 0x15f
```

13. EEStack

这个命令用于查看所有线程的调用链跟踪,等同于针对所有线程调用 DumpStack 命令,格式如下:

```
EEStack [-short] [-EE]
```

执行命令的例子如下:

```
(lldb)sos EEStack
-------------------------------------------
Thread   1
TEB information is not available so a stack size of 0xFFFF is assumed
Current frame: (MethodDesc 00007fff7c015598 + 0x1 ConsoleApp.Program.Main(System.String[]))
     Child-SP         RetAddr          Caller, Callee
     00007FFFFFFFD2A0 00007ffff60f33d3 libcoreclr.so!CallDescrWorkerInternal + 0x7c [/home/ubuntu/coreclr/src/pal/inc/unixasmmacrosamd64.inc:866]
     00007FFFFFFFD2C0 00007ffff5ebed3a libcoreclr.so!CallDescrWorkerWithHandler(CallDescrData *, int) + 0x1ea [/home/ubuntu/coreclr/src/vm/callhelpers.cpp:78], calling libcoreclr.so!CallDescrWorkerInternal [/home/ubuntu/coreclr/src/pal/inc/unixasmmacrosamd64.inc:808]
     ...(省略输出)
     00007FFFFFFFDF50 00007ffff5c9c92f libcoreclr.so!coreclr_execute_assembly + 0x15f [/home/ubuntu/coreclr/src/dlls/mscoree/unixinterface.cpp:407]
-------------------------------------------
Thread   7
TEB information is not available so a stack size of 0xFFFF is assumed
Current frame: libpthread.so.0!__pthread_cond_timedwait + 0x129
     Child-SP         RetAddr          Caller, Callee
     00007FFFF20CCD60 00007ffff662b435 libcoreclr.so!CorUnix::CPalSynchronizationManager::ThreadNativeWait(CorUnix::_ThreadNativeWaitData *, unsigned int, CorUnix::ThreadWake-
```

upReason * , unsigned int *) + 0x2a5 [/home/ubuntu/coreclr/src/pal/src/synchmgr/synchmanager.cpp:484], calling libcoreclr.so!pthread_cond_timedwait

...（省略输出）

00007FFFF20CDE30 00007ffff665515d libcoreclr.so!CorUnix::CPalThread::ThreadEntry(void *) + 0x68d [/home/ubuntu/coreclr/src/pal/src/thread/thread.cpp:1682]

00007FFFF20CDFB0 00007ffff6e5241d libc.so.6!clone + 0x6d

14. ClrStack

这个命令用于查看调用链跟踪，并显示栈上的变量信息，格式有如下两种，第一种格式不使用 ICorDebug 接口，第二种格式使用 ICorDebug 接口。第二种格式在除错信息存在时可以显示出各个本地变量的名称与值。

ClrStack [-a] [-l] [-p] [-n] [-f]
ClrStack [-a] [-l] [-p] [-i] [变量名称] [帧编号]

执行命令的例子如下：

```
(lldb)clrstack -a
OS Thread Id: 0x1175(1)
        Child SP               IP Call Site
00007FFFFFFFD280 00007FFF7D722231 ConsoleApp.Program.Main(System.String[])[/home/ubuntu/ConsoleApp/Program.cs @ 13]
    PARAMETERS:
        args(0x00007FFFFFFFD298) = 0x00007fff5401a200
    LOCALS:
        0x00007FFFFFFFD290 = 0x00007fff5402b5f8


00007FFFFFFFD750 00007ffff60f33d3 [GCFrame: 00007fffffffd750]
00007FFFFFFFDF08 00007ffff60f33d3 [GCFrame: 00007fffffffdf08]
(lldb)clrstack -a -i



Dumping managed stack and managed variables using ICorDebug.
=============================================================
Child SP         IP              Call Site
00007FFFFFFFD280 00007fff7d722231 [DEFAULT] Void ConsoleApp.Program.Main(SZArray String)(/home/ubuntu/ConsoleApp/bin/Debug/netcoreapp2.1/ConsoleApp.dll)

PARAMETERS:
  + string[] args (empty)

LOCALS:
  + string[] a (empty)
```

00007FFFFFFFD2B0 00007ffff60f33d3 [NativeStackFrame]
Stack walk complete.
==

15. GCInfo

这个命令用于查看托管方法对应的 GC 信息,格式如下(关于 GC 信息的结构可以参考第 8 章第 21 节):

GCInfo(<MethodDesc 的地址> | <指令地址>)

执行命令的例子如下,输出的"0000003a+rdi"表示在"函数机器码开始地址+0x3a"处开始 rdi 寄存器会保存引用类型对象,输出的"0000003f-rdi"表示 rdi 寄存器保存的引用类型对象会在"函数机器码开始地址+0x3f"处失效。

```
(lldb)sos GCInfo 00007fff7c015590
entry point 00007FFF7D7221C0
Normal JIT generated code
GC info 00007FFF7D7F75B0
Pointer table:
Prolog size: 0
Security object: <none>
GS cookie: <none>
PSPSym: <none>
Generics inst context: <none>
PSP slot: <none>
GenericInst slot: <none>
Varargs: 0
Frame pointer: rbp
Wants Report Only Leaf: 0
Size of parameter area: 0
Return Kind: Scalar
Code size: 78
Untracked: +rbp-8 +rbp-10 +rbp-18
00000018 interruptible
0000003a +rdi
0000003f -rdi
00000051 +rax
00000059 +rdi
00000066 -rdi -rax
0000006b +rdi
00000070 -rdi
00000072 not interruptible
```

16. EHInfo

这个命令用于查看托管方法对应的异常处理表，格式如下（关于异常处理表可以参考第 8 章第 21 节）：

EHInfo(<MethodDesc 的地址> | <指令地址>)

执行命令的例子如下：

```
(lldb)sos EHInfo 00007fff7c025590
MethodDesc:          00007fff7c025590
Method Name:         ConsoleApp.Program.Main(System.String[])
Class:               00007fff7d801198
MethodTable:         00007fff7c025618
mdToken:             0000000006000001
Module:              00007fff7c023d20
IsJitted:            yes
Current CodeAddr:    00007fff7d7321c0
Code Version History:
  CodeAddr:          00007fff7d7321c0   (Non-Tiered)
  NativeCodeVersion: 0000000000000000

EHHandler 0: TYPED catch(System.Exception)
Clause:  [00007fff`7d7321fc, 00007fff`7d732245] [3c, 85]
Handler: [00007fff`7d73225a, 00007fff`7d732291] [9a, d1]

EHHandler 1: FINALLY
Clause:  [00007fff`7d7321fc, 00007fff`7d732248] [3c, 88]
Handler: [00007fff`7d732291, 00007fff`7d7322be] [d1, fe]

EHHandler 2: FINALLY(duplicate)
Clause:  [00007fff`7d73225a, 00007fff`7d732291] [9a, d1]
Handler: [00007fff`7d732291, 00007fff`7d7322be] [d1, fe]

EHHandler 3: FINALLY(cloned finally)
Clause:  [00007fff`7d732248, 00007fff`7d732248] [88, 88]
Handler: [00007fff`7d732248, 00007fff`7d732251] [88, 91]
```

17. bpmd

这个命令用于设置托管方法断点，添加断点可以通过方法名称、源代码所在行或者 MethodDesc 的地址，格式如下：

bpmd [-nofuturemodule] <模块名称> <方法名称> [<IL 偏移值>]
bpmd <源代码文件路径>:<行号>

```
bpmd –md <MethodDesc 的地址>
```

添加断点后可以使用以下命令列出所有断点(仅限于 bpmd 设置的断点,不包括 WinDbg 与 LLDB 设置的断点):

```
bpmd –list
```

删除断点可以使用以下的命令(仅限于 bpmd 设置的断点):

```
bpmd –clear <断点序号>
bpmd –clearall
```

执行命令的例子如下:

```
(lldb)sos bpmd ConsoleApp.dll ConsoleApp.Program.Main
Adding pending breakpoints...
(lldb)c
JITTED ConsoleApp!ConsoleApp.Program.Main(System.String[])
Setting breakpoint: breakpoint set – –address 0x00007FFF7D7021C0 [ConsoleApp.Program.Main(System.String[])]
Process 4802 resuming
Process 4802 stopped
* thread #1: tid = 4802, 0x00007fff7d7021c0, name = 'corerun', stop reason = breakpoint 3.1
    frame #0: 0x00007fff7d7021c0
->  0x7fff7d7021c0: pushq   %rbp
    0x7fff7d7021c1: pushq   %r13
    0x7fff7d7021c3: subq    $0x38, %rsp
    0x7fff7d7021c7: leaq    0x40(%rsp), %rbp


(lldb)sos bpmd –list
bpmd pending breakpoint list
Breakpoint index – Location, ModuleID, Method Token
1 – ConsoleApp.dll!ConsoleApp.Program.Main+0, 0x00007FFF7BFF3D20, 0x06000001
2 – ConsoleApp.dll!ConsoleApp.Program.Main+0, 0x0000000000000000, 0x00000000
(lldb)sos bpmd –clearall
All pending breakpoints cleared.
(lldb)sos bpmd –list
bpmd pending breakpoint list
Breakpoint index – Location, ModuleID, Method Token
```

18. DumpDomain

这个命令用于查看程序域(AppDomain)信息,格式如下:

```
DumpDomain [ <AppDomain 的地址> ]
```

执行命令的例子如下,不传入参数时会显示所有程序域的信息:

```
(lldb)sos DumpDomain
--------------------------------------
System Domain:        00007ffff6d125f0
LowFrequencyHeap:     00007FFFF6D134C8
HighFrequencyHeap:    00007FFFF6D13578
StubHeap:             00007FFFF6D13628
Stage:                OPEN
Name:                 None
--------------------------------------
Shared Domain:        00007ffff6d11600
LowFrequencyHeap:     00007FFFF6D134C8
HighFrequencyHeap:    00007FFFF6D13578
StubHeap:             00007FFFF6D13628
Stage:                OPEN
Name:                 None
Assembly:             00000000006b0a30 [/home/ubuntu/coreclr/bin/Product/Linux.x64.Debug/System.Private.CoreLib.dll]
    ClassLoader:      00000000006B0AF0
      Module Name
    00007fff7c110400         /home/ubuntu/coreclr/bin/Product/Linux.x64.Debug/System.Private.CoreLib.dll

--------------------------------------
Domain 1:             00000000006695a0
LowFrequencyHeap:     000000000066A690
HighFrequencyHeap:    000000000066A740
StubHeap:             000000000066A7F0
Stage:                OPEN
Name:                 unixcorerun
Assembly:             00000000006b0a30 [/home/ubuntu/coreclr/bin/Product/Linux.x64.Debug/System.Private.CoreLib.dll]
    ClassLoader:      00000000006B0AF0
      Module Name
    00007fff7c110400         /home/ubuntu/coreclr/bin/Product/Linux.x64.Debug/System.Private.CoreLib.dll

    Assembly:         00000000006d9320 [/home/ubuntu/ConsoleApp/bin/Debug/netcoreapp2.1/ConsoleApp.dll]
    ClassLoader:      00000000006D93E0
      Module Name
```

```
     00007fff7bff3d20      /home/ubuntu/ConsoleApp/bin/Debug/netcoreapp2.1/ConsoleApp.dll
        Assembly:         00000000006d9e50 [/home/ubuntu/coreclr/bin/Product/Linux.x64.Debug/
System.Runtime.dll]
        ClassLoader:      00000000006CAFF0
           Module Name
     00007fff7bff4978      /home/ubuntu/coreclr/bin/Product/Linux.x64.Debug/System.Runt-
ime.dll
        Assembly:         00000000006cb900 [/home/ubuntu/coreclr/bin/Product/Linux.x64.Debug/
System.Console.dll]
        ClassLoader:      00000000006CCAA0
           Module Name
     00007fff7bff5860      /home/ubuntu/coreclr/bin/Product/Linux.x64.Debug/System.Con-
sole.dll
```

19. EEHeap

这个命令用于查看堆信息，包括各个 AppDomain 对应的高频堆、低频堆以及托管堆的大小：

```
EEHeap [-gc] [-loader]
```

执行命令的例子如下：

```
(lldb)sos EEHeap
Loader Heap:
--------------------------------------
System Domain:      00007ffff6d125f0
LowFrequencyHeap:   00007FFF7BFE0000(3000:3000)00007FFF7D780000(10000:10000)Size:
0x13000(77824)bytes.
HighFrequencyHeap: 00007FFF7BFE6000(7000:7000)00007FFF7D6F0000(10000:10000)Size:
0x17000(94208)bytes.
   StubHeap:         Size: 0x0(0)bytes.
   Virtual Call Stub Heap:
     IndcellHeap:    00007FFF7C090000(6000:6000)Size: 0x6000(24576)bytes.
     LookupHeap:     00007FFF7C09D000(4000:4000)Size: 0x4000(16384)bytes.
     ResolveHeap:    00007FFF7C0C7000(39000:39000)Size: 0x39000(233472)bytes.
     DispatchHeap:   00007FFF7C0A1000(26000:26000)Size: 0x26000(155648)bytes.
     CacheEntryHeap: Size: 0x0(0)bytes.
   Total size:       Size: 0x93000(602112)bytes.
--------------------------------------
Shared Domain:      00007ffff6d11600
LowFrequencyHeap:   00007FFF7BFE0000(3000:3000)00007FFF7D780000(10000:10000)Size:
```

0x13000(77824)bytes.

  HighFrequencyHeap: 00007FFF7BFE6000(7000:7000)00007FFF7D6F0000(10000:10000)Size:
0x17000(94208)bytes.

  StubHeap: Size: 0x0(0)bytes.
  Virtual Call Stub Heap:
   IndcellHeap: 00007FFF7C090000(6000:6000)Size: 0x6000(24576)bytes.
   LookupHeap: 00007FFF7C09D000(4000:4000)Size: 0x4000(16384)bytes.
   ResolveHeap: 00007FFF7C0C7000(39000:39000)Size: 0x39000(233472)bytes.
   DispatchHeap: 00007FFF7C0A1000(26000:26000)Size: 0x26000(155648)bytes.
   CacheEntryHeap: Size: 0x0(0)bytes.
  Total size: Size: 0x93000(602112)bytes.

  Domain 1:   00000000006695a0
  LowFrequencyHeap: 00007FFF7BFF0000(3000:3000)00007FFF7D7D0000(10000:10000)Size:
0x13000(77824)bytes.

  HighFrequencyHeap: 00007FFF7BFF3000(a000:a000)Size: 0xa000(40960)bytes.
  StubHeap: Size: 0x0(0)bytes.
  Virtual Call Stub Heap:
   IndcellHeap: Size: 0x0(0)bytes.
   LookupHeap: Size: 0x0(0)bytes.
   ResolveHeap: Size: 0x0(0)bytes.
   DispatchHeap: Size: 0x0(0)bytes.
   CacheEntryHeap: Size: 0x0(0)bytes.
  Total size: Size: 0x1d000(118784)bytes.

  Jit code heap:
  LoaderCodeHeap: 0000000000000000(0:0)Size: 0x0(0)bytes.
  Total size: Size: 0x0(0)bytes.

  Module Thunk heaps:
  Module 00007fff7c110400: Size: 0x0(0)bytes.
  Module 00007fff7bff3d20: Size: 0x0(0)bytes.
  Module 00007fff7bff4978: Size: 0x0(0)bytes.
  Module 00007fff7bff5860: Size: 0x0(0)bytes.
  Total size: Size: 0x0(0)bytes.

  Module Lookup Table heaps:
  Module 00007fff7c110400: Size: 0x0(0)bytes.
  Module 00007fff7bff3d20: Size: 0x0(0)bytes.
  Module 00007fff7bff4978: Size: 0x0(0)bytes.
  Module 00007fff7bff5860: Size: 0x0(0)bytes.
  Total size: Size: 0x0(0)bytes.

```
------------------------------------
Total LoaderHeap size:    Size: 0x143000(1323008)bytes.
====================================
Number of GC Heaps: 1
generation 0 starts at 0x00007FFF5BFFF030
generation 1 starts at 0x00007FFF5BFFF018
generation 2 starts at 0x00007FFF5BFFF000
ephemeral segment allocation context: none
         segment          begin             allocated             size
00007FFF5BFFE000   00007FFF5BFFF000   00007FFF5C01C068    0x1d068(118888)
Large object heap starts at 0x00007FFF6BFFF000
         segment          begin             allocated             size
00007FFF6BFFE000   00007FFF6BFFF000   00007FFF6C003480    0x4480(17536)
Total Size:               Size: 0x214e8(136424)bytes.
------------------------------
GC Heap Size:             Size: 0x214e8(136424)bytes.
```

20. Name2EE

这个命令用于查看名称对应的类型或方法信息,格式如下,参数中的模块名称可以使用"＊"代替,表示从所有模块中查找:

```
Name2EE <模块名称> <类型或方法名称>
```

执行命令的例子如下:

```
(lldb)sos Name2EE ConsoleApp.dllConsoleApp.Program
Module:         00007fff7bff3d20
Assembly:       ConsoleApp.dll
Token:          0000000002000002
MethodTable:    00007fff7bff5618
EEClass:        00007fff7d7d1198
Name:           ConsoleApp.Program
(lldb)sos Name2EE ConsoleApp.dll ConsoleApp.Program.Main
Module:         00007fff7bff3d20
Assembly:       ConsoleApp.dll
Token:          0000000006000001
MethodDesc:     00007fff7bff5590
Name:           ConsoleApp.Program.Main(System.String[])
JITTED Code Address: 00007fff7d7021c0
```

21. DumpMT

这个命令用于查看类型(MethodTable)信息,格式如下,MethodTable 的地址可以通过 DumpObj 等命令取得:

DumpMT [-MD] <MethodTable 的地址>

执行命令的例子如下：

```
(lldb)sos DumpMT 00007fff7d3dac38
    EEClass：          00007FFF7C19A208
    Module：           00007FFF7C110400
    Name：             System.Collections.Generic.List`1[[System.String, System.Private.CoreLib]]
    mdToken：          000000000200056E
    File：             /home/ubuntu/coreclr/bin/Product/Linux.x64.Debug/System.Private.CoreLib.dll
    BaseSize：         0x28
    ComponentSize：    0x0
    Slots in VTable：  78
    Number of IFaces in IFaceMap：8
(lldb)sos DumpMT 00007fff7d3db008
    EEClass：          00007FFF7C19A208
    Module：           00007FFF7C110400
    Name：             System.Collections.Generic.List`1[[System.Object, System.Private.CoreLib]]
    mdToken：          000000000200056E
    File：             /home/ubuntu/coreclr/bin/Product/Linux.x64.Debug/System.Private.CoreLib.dll
    BaseSize：         0x28
    ComponentSize：    0x0
    Slots in VTable：  78
    Number of IFaces in IFaceMap：8
```

22. DumpClass

这个命令用于查看类型（EEClass）信息，格式如下，EEClass 的地址可以通过 DumpObj 等命令取得：

DumpClass <EEClass 的地址>

执行命令的例子如下：

```
(lldb)sos DumpClass 00007FFF7C19A208
    Class Name：       System.Collections.Generic.List`1[[System.__Canon, System.Private.CoreLib]]
    mdToken：          000000000200056E
    File：             /home/ubuntu/coreclr/bin/Product/Linux.x64.Debug/System.Private.CoreLib.dll
    Parent Class：     00007fff7c2004f8
    Module：           00007fff7c110400
```

```
Method Table:        00007fff7d3daf20
Vtable Slots:        1e
Total Method Slots:  4e
Class Attributes:    102001
NumInstanceFields:   4
NumStaticFields:     1
              MT        Field      Offset        Type VT    Attr       Value Name
00007fff7d3be6e0   4001724    8         System.__Canon[]   0 instance   _items
00007fff7d3dc310   4001725   18         System.Int32       1 instance   _size
00007fff7d3dc310   4001726   1c         System.Int32       1 instance   _version
00007fff7d3d8d88   4001727   10         System.Object      0 instance   _syncRoot
00007fff7d3be6e0   4001728    0         System.__Canon[]   0 shared     static s_emptyArray
>> Domain:Value  0000000000669720:NotInit   <<
```

23. DumpMD

这个命令用于查看方法(MethodDesc)信息,格式如下,MethodDesc 的地址可以通过 IP2MD 与 DumpMT - MD 等命令取得:

DumpMD <MethodDesc 的地址>

执行命令的例子如下,第一个输出对应 List <int>.Add,第二个输出对应 List <string>.Add 与 List <object>.Add:

```
(lldb)sos DumpMD 00007FFF7C3E1B80
Method Name:          System.Collections.Generic.List`1[[System.Int32, System.Private.CoreLib]].Add(Int32)
Class:                00007fff7c1b3bd8
MethodTable:          00007fff7d406568
mdToken:              0000000006003FDB
Module:               00007fff7c120400
IsJitted:             yes
Current CodeAddr:     00007fff7cfdc170
Code Version History:
  CodeAddr:           00007fff7cfdc170  (Non-Tiered)
  NativeCodeVersion:  0000000000000000
(lldb)sos DumpMD 00007FFF7C336E10
Method Name:          System.Collections.Generic.List`1[[System.__Canon, System.Private.CoreLib]].Add(System.__Canon)
Class:                00007fff7c1aa208
MethodTable:          00007fff7d3eaf20
mdToken:              0000000006003FDB
Module:               00007fff7c120400
IsJitted:             yes
```

```
Current CodeAddr:      00007fff7ccee7a0
Code Version History:
  CodeAddr:            00007fff7ccee7a0    (Non-Tiered)
  NativeCodeVersion:   0000000000000000
```

24. Token2EE

这个命令用于查看标记对应的类型或方法,格式如下,标记(Token)用于在 IL 元数据中标识类型或方法等共用且唯一的符号,参数中的模块名称可以使用"*"代替,表示从所有模块中查找:

Token2EE <模块名称> <标记>

执行命令的例子如下:

```
(lldb)sos Token2EE ConsoleApp.dll 0000000006000001
Module:       00007fff7c003d28
Assembly:     ConsoleApp.dll
Token:        0000000006000001
MethodDesc:   00007fff7c005598
Name:         ConsoleApp.Program.Main(System.String[])
JITTED Code Address: 00007fff7d7121c0
```

25. DumpModule

这个命令用于查看模块(Module)信息,格式如下:

DumpModule [-mt] <Module 的地址>

执行命令的例子如下:

```
(lldb)sos DumpModule 00007fff7c003d28
Name:              /home/ubuntu/ConsoleApp/bin/Release/netcoreapp2.1/ConsoleApp.dll
Attributes:        PEFile
Assembly:          00000000006d94a0
LoaderHeap:                    0000000000000000
TypeDefToMethodTableMap:       00007FFF7C0002C0
TypeRefToMethodTableMap:       00007FFF7C0002D8
MethodDefToDescMap:            00007FFF7C000350
FieldDefToDescMap:             00007FFF7C000368
MemberRefToDescMap:            0000000000000000
FileReferencesMap:             00007FFF7C000378
AssemblyReferencesMap:         00007FFF7C000380
MetaData start address:        00007FFFF7FEE2A4 (1416 bytes)
```

26. DumpAssembly

这个命令用于查看程序集(Assembly)信息,格式如下,一个程序集原则上可以包含多个模块，但通常只会包含一个：

DumpAssembly <Assembly的地址>

执行命令的例子如下：

```
(lldb)sos DumpAssembly 00000000006d94a0
Parent Domain:    0000000000669720
Name:             /home/ubuntu/ConsoleApp/bin/Release/netcoreapp2.1/ConsoleApp.dll
ClassLoader:      00000000006D9560
  Module Name
00007fff7c003d28   /home/ubuntu/ConsoleApp/bin/Release/netcoreapp2.1/ConsoleApp.dll
```

27. DumpRuntimeTypes

这个命令用于列出所有已初始化的类型，格式如下：

DumpRuntimeTypes

执行命令的例子如下：

```
(lldb)sos DumpRuntimeTypes
          Address          Domain             MT Type Name
------------------------------------------------------------------------
00007fff5c019550 0000000000669720 00007fff7d3e8650 System.String
00007fff5c019578 0000000000669720 00007fff7d3ec1b8 System.Byte
00007fff5c0195a0 0000000000669720 00007fff7d39c380 System.IEquatable'1
00007fff5c019678                ? 00007fff7c4ccd5a System.IEquatable'1
00007fff5c0196c0 0000000000669720 00007fff7d39dac8 System.Void
00007fff5c019708 0000000000669720 00007fff7d3d4150 System.IEquatable'1[[System.String, System.Private.CoreLib]]
00007fff5c019730 0000000000669720 00007fff7d42a3e0 System.Collections.Generic.GenericEqualityComparer'1[[System.Int32, System.Private.CoreLib]]
00007fff5c01bf58 0000000000669720 00007fff7d3ec310 System.Int32
00007fff5c01c020 0000000000669720 00007fff7d3df348 System.IEquatable'1[[System.Int32, System.Private.CoreLib]]
00007fff5c01c0f0 0000000000669720 00007fff7d3e9040 System.Globalization.CultureInfo
00007fff5c01dfc0 0000000000669720 00007fff7d39c2e0 System.ICustomFormatter
00007fff5c01dfe8 0000000000669720 00007fff7d3ed728 System.Globalization.NumberFormatInfo
00007fff5c01e010 0000000000669720 00007fff7d3ed7a0 System.Globalization.DateTimeFormatInfo
00007fff5c02b6d8 0000000000669720 00007fff7d3eac38 System.Collections.Generic.List'1[[System.String, System.Private.CoreLib]]
00007fff5c02ba68 0000000000669720 00007fff7d3eb008 System.Collections.Generic.List'1[[System.Object, System.Private.CoreLib]]
```

```
00007fff5c02bd88 0000000000669720 00007fff7d406568 System.Collections.Generic.
List`1[[System.Int32, System.Private.CoreLib]]
```

28. DumpIL

这个命令用于查看方法对应的 IL 指令，格式如下：

```
DumpIL <DynamicMethod 的地址> | <DynamicMethodDesc 的地址> | <MethodDesc 的地址> |/i <IL 指令地址>
```

执行命令的例子如下：

```
(lldb)sos DumpIL 00007fff7bff5598
ilAddr = 00007FFFF7FEE250
IL_0000: ldstr "Hello World!"
IL_0005: call System.Console::WriteLine
IL_000a: ret
```

29. DumpSig

这个命令用于查看方法签名数据，PCCOR_SIGNATURE 是 .NET 运行时内部用于储存方法签名的数据结构，这个命令一般只在遇到此数据结构时使用，格式如下：

```
DumpSig <PCCOR_SIGNATURE 的地址> <Module 的地址>
```

执行命令的例子如下：

```
(lldb)sos DumpSig 00007FFFF679555D 00007FFF7C140400
[DEFAULT] [hasThis] Void(Boolean,String,String,SZArray String,SZArray String)
```

30. DumpSigElem

这个命令用于查看方法签名数据中的单个元素，这个命令一般只在方法签名数据不完整导致 DumpSig 无法正常使用时使用，格式如下：

```
DumpSigElem <PCCOR_SIGNATURE 的地址> <Module 的地址>
```

执行命令的例子如下：

```
(lldb)sos DumpSigElem 00007FFFF679555D 00007FFF7C140400
CMOD_OPT NoName Void
(lldb)sos DumpSigElem 00007FFFF679555D + 1 00007FFF7C140400
UI1
(lldb)sos DumpSigElem 00007FFFF679555D + 2 00007FFF7C140400
Void
(lldb)sos DumpSigElem 00007FFFF679555D + 3 00007FFF7C140400
Boolean
(lldb)sos DumpSigElem 00007FFFF679555D + 4 00007FFF7C140400
```

String

31. VerifyHeap

这个命令用于检查托管堆是否有问题,格式如下。.NET 运行时中的 Bug、原生代码中的 Bug、不正确的 PInvoke 调用都可能导致托管堆的内容损坏,这个命令会枚举托管堆中的所有对象检查它们的数据结构是否正常。

```
VerifyHeap
```

执行命令的例子如下,这是检查没有发现问题时的输出:

```
(lldb)sos VerifyHeap
No heap corruption detected.
```

32. FindAppDomain

这个命令用于查看对象所在的程序域,格式如下:

```
FindAppDomain <对象地址>
```

执行命令的例子如下:

```
(lldb) sos FindAppDomain 00007fff5c01a250
AppDomain: 0000000000669720
Name:      unixcorerun
ID:        1
```

33. DumpLog

这个命令用于记录内部日志到文件,格式如下。.NET 运行时提供了部分选项来测试高压下的处理逻辑是否正确(名称中带 Stress 的选项),为了防止 IO 等待,相关日志会输出到内存(环形队列结构)而不是文件,这个命令用于把内存中的日志输出到文件。

```
DumpLog [-addr <日志地址>] [<文件路径>]
```

执行命令的例子如下:

```
(lldb)sos DumpLog
Attempting to dump Stress log to file 'StressLog.txt'
Writing to file: StressLog.txt
Stress log in module 0x00007FFFF5BC1000
Stress log address = 0x00007FFFF6CF8EF8
.
SUCCESS: Stress log dumped
```

34. HistInit

这个命令用于从内部日志加载 GC 历史数据,格式如下。调用其他 Hist 开始的命令之前必须调用这个命令,由于这个命令会从当前最新的内部日志加载,如果内部日志发生变化(例如命令执行后程序又运行了一段时间)应该重新调用。

```
HistInit
```

执行命令的例子如下:

```
(lldb)sos HistInit
Attempting to read Stress log
STRESS LOG:
    facilitiesToLog = 0xffffffff
    levelToLog      = 6
    MaxLogSizePerThread = 0x20000(131072)
    MaxTotalLogSize = 0x2000000(33554432)
    CurrentTotalLogChunk = 6
    ThreadsWithLogs   = 3
    Clock frequency   = 1.000 GHz
    Start time         19:57:11
    Last message time  19:57:35
    Total elapsed time 23.773 sec
....
-------------------- 269 total entries --------------------
SUCCESS: GCHist structures initialized
```

35. HistRoot

这个命令用于查看对象位置的 GC 记录,这里说的对象位置指的是保存对象内存地址的内存地址,格式如下:

```
HistRoot <对象位置地址>
```

执行命令的例子如下,地址参数是对象所在栈上的地址,输出中的 GCCount 代表该记录属于哪一次 GC(每次运行都会加 1)。此外,以下输出包含了存活记录但不包括重定位记录。

```
(lldb)sos HistRoot 00007FFFFFFFD268
GCCount            Value              MT Promoted?              Notes
----------------------------------------------------------------------
Error: There is a promote record for root 00007FFFFFFFD268, but no relocation record
    1 00007FFF5C006980 00007FFF7D3DF858          yes
```

36. HistObj

这个命令用于查看对象的 GC 记录,格式如下:

```
HistObj <对象地址>
```

执行命令的例子如下，表中的 Roots 代表对象位置的地址：

```
(lldb)sos HistObj 00007FFF5C006980
GCCount         Object Roots
------------------------------------------------------------
        2  00007FFF5C006980
        1  00007FFF5C006980 00007FFFFFFFD268, 00007FFFFFFFD288,
```

37. HistObjFind

这个命令用于查看对象的详细 GC 记录，格式如下：

```
HistObjFind <对象地址>
```

执行命令的例子如下，输出内容会比 HistObj 命令更详细一些：

```
(lldb)sos HistObjFind 00007FFF5C006980
GCCount      Object                                           Message
------------------------------------------------------------------------------
      2  00007FFF5C006980 Promotion for root 00007FFFFFFFD268(MT = 00007FFF7D3DF858)
      2  00007FFF5C006980 Promotion for root 00007FFFFFFFD288(MT = 00007FFF7D3DF858)
...
      1  00007FFF5C006980 Relocation NEWVALUE for root 00007FFFFFFFD268
      1  00007FFF5C006980 Relocation NEWVALUE for root 00007FFFFFFFD288
...
```

38. HistClear

这个命令用于清除 GC 历史数据，也就是 HistInit 命令加载的数据，格式如下。这个命令通常不需要手动调用，HistInit 命令每次调用时都会先清除原有的数据再加载。

```
HistClear
```

执行命令的例子如下：

```
(lldb)sos HistClear
Completed successfully.
```

39. FAQ

这个命令用于查看常见问题的说明，它不能直接执行，查看时需要通过 Help 命令，执行例子如下：

```
(lldb)soshelp FAQ
------------------------------------------------------------------------------
>> Where can I get the right version of SOS for my build?
```

If you are running a xplat version of coreclr, the sos module(exact name
...（省略输出）

40. CreateDump

这个命令用于生成内存转储,格式如下。内存转储文件包含了进程的寄存器与内存中的内容,通常用于保存当前状态供以后分析使用。

CreateDump [-n] [-h] [-t] [-f] [-d] [文件路径]

执行命令的例子如下:

(lldb)sos CreateDump
Writing minidump with heap to file /tmp/coredump.1504
Written 83525632 bytes(20392 pages)to core file
(lldb)q
Quitting LLDB will kill one or more processes. Do you really want to proceed: [Y/n] y
$ lldb-3.9 -c /tmp/coredump.1504
(lldb)target create --core "/tmp/coredump.1504"
Core file '/tmp/coredump.1504'(x86_64)was loaded.
(lldb)di -f
-> 0x7fff7d722353: nop
   0x7fff7d722354: leaq   -0x8(%rbp), %rsp
   0x7fff7d722358: popq   %r13
   0x7fff7d72235a: popq   %rbp
   0x7fff7d72235b: retq
   0x7fff7d72235c: sbbl   %eax,(%rdi)
   0x7fff7d72235e: addl   (%rax), %eax
(lldb)plugin load libsosplugin.so
(lldb)sos DumpStack -EE
OS Thread Id: 0x5e0(1)
TEB information is not available so a stack size of 0xFFFF is assumed
Current frame:(MethodDesc 00007fff7c015590 + 0x193 ConsoleApp.Program.Main(System.String[]))
   Child-SP   RetAddr   Caller, Callee

41. Help

这个命令用于查看指定命令的帮助信息,格式如下:

Help <命令名称>

执行命令的例子如下:

(lldb)sos Help CreateDump

```
createdump [options] [dumpFileName]
 -n - create minidump.
 -h - create minidump with heap(default).
 -t - create triage minidump.
 -f - create full core dump(everything).
 -d - enable diagnostic messages.
```

Creates a platform(ELF core on Linux, etc.)minidump. The pid can be placed in the dump file name with %d. The default is '/tmp/coredump.%d'.

附录 E

IR 语法树节点类型一览

本节列出了 .NET Core 2.1 中 RyuJIT 支持的所有 IR 语法树节点类型，本书的第 8 章只介绍了其中常用的一部分。表中的子节点数量指的是关联的其他语法树节点，除了子节点以外，语法树节点还会保存一些编译时已知的信息，例如常量值与寄存器编号等。对于本书没有介绍的语法树节点类型，只看概述比较难以理解它们的作用，推荐通过第 8 章第 1 节介绍的生成 JITDump 日志的方法，结合上下文（HIR/LIR）和生成的汇编代码加以理解。

表 E-1　IR 语法树节点类型

类型	子节点数量与说明	概述
ADD	2（数值，数值）	计算子节点的相加值（两个子节点可交换）
ADD_HI	2（数值，数值）	32 位平台上计算两个 long 值的高位相加值
ADD_LO	2（数值，数值）	32 位平台上计算两个 long 值的低位相加值
ADDR	1（变量，字段，数组元素）	获取本地变量、本地变量字段或数组元素的内存地址
ALLOCOBJ	0	从托管堆分配指定类型的对象
AND	2（数值，数值）	计算子节点的二进制与值
ARGPLACE	0	通过寄存器传入的参数（LIR）
ARR_BOUNDS_CHECK	2（索引值，长度值）	检查数组边界
ARR_ELEM	任意（数组对象，索引值..）	访问数组元素，适用于多维数组
ARR_INDEX	2（数组对象，索引）	多维数组中的其中一维索引值
ARR_LENGTH	1（对象）	获取数组长度
ARR_OFFSET	3（偏移值，索引，数组对象）	计算多维数组中目标元素的偏移值
ASG	2（变量，数值/对象）	本地变量赋值
BEG_STMTS	0	用于在转换 IL 到 HIR 时记录每个基础块的第一条语句

续表 E-1

类型	子节点数量与说明	概述
BITCAST	1(对象)	强制转换类型(不检查类型信息)
BLK	1(内存地址)	访问一片连续的空间,大小编译时已知,例如复制值类型对象时
BOX	1(值类型对象)	装箱
BSWAP	1(数值)	调换数值字节排序(0xAABBCCDD=> 0xDDCCBBAA)
BSWAP16	1(数值)	调换 16 位数值字节排序(0xAABB=> 0xBBAA)
BT	2(数值,位序号)	测试数值的指定位是否为 1
CALL	2(函数,参数列表)	调用函数
CAST	1(对象)	转换类型
CATCH_ARG	0	catch 块中的异常对象
CKFINITE	1(数值)	检查浮点数,是无限或 NaN 时抛出异常
CLS_VAR	0	访问静态成员字段
CLS_VAR_ADDR	0	获取静态成员字段的内存地址(LIR)
CMP	2(数值,数值)	使用 cmp 指令比较两个数值(LIR)
CMPXCHG	3(原值,比较值,交换值)	比较并交换数值(原子操作)
CNS_DBL	0	double 类型的常量
CNS_INT	0	int 类型的常量
CNS_LNG	0	long 类型的常量(超出 int 范围才会使用)
CNS_STR	0	string 类型的常量
COLON	2(表达式,表达式)	组合 QMARK 使用,条件成立返回右子节点,不成立返回左子节点
COMMA	2(表达式,表达式)	先评价左子节点,再评价右子节点,并使用右子节点值作为自身值
COPY	1(变量)	复制本地变量到指定寄存器(LIR)
DIV	2(数值,数值)	计算子节点的相除值(只用于有符号数)
DYN_BLK	2(内存地址,大小)	访问一片连续的空间,大小需要运行时指定
EMITNOP	0	什么都不做(由机器代码生成阶段插入)
END_LFIN	0	从 finally 块返回(不使用小函数时)
EQ	2(数值/对象,数值/对象)	比较数值或对象是否相等

IR 语法树节点类型一览

续表 E-1

类　　型	子节点数量与说明	概　　述
FIELD	1(对象)	访问对象的指定成员
FIELD_LIST	任意(变量)	用于传递已提升的构造体到其他函数时代表需要复制的字段列表
FTN_ADDR	0	函数地址
GE	2(数值,数值)	比较数值是否大于或等于另一个数值
GT	2(数值,数值)	比较数值是否大于另一个数值
HW_INTRINSIC_CHK	2(数值,最大值)	检查立即数是否在指令允许的范围中,超过时抛出异常
HWIntrinsic	1~2(SIMD 值)	执行各种 SIMD 操作,使用指定的 CPU 指令
IL_OFFSET	0	表示接下来的语法树节点从哪个 IL 偏移值开始的指令生成(LIR)
IND	1(内存地址)	从内存地址取值
INDEX	2(数组对象,索引值)	访问数组元素,适用于一维数组
INDEX_ADDR	2(数组对象,索引值)	获取数组元素的内存地址,适用于一维数组
INIT_VAL	1(数值)	填充一片连续的空间使用的值
INTRINSIC	1~2(数值)	常用数学运算(sin、cos、tan、pow 等)
JCC	1(比较结果)	根据比较结果跳转,由 JTRUE(LT/LE/GT/GE/..)转换得到(LIR)
JCMP	1(比较结果)	根据比较结果跳转,由 JTRUE(EQ/NE)转换得到(LIR)
JMP	1(标签)	跳转到标签(goto)
JMPTABLE	0	生成 switch 使用的跳转表
JTRUE	1(表达式)	条件成立时跳转
LABEL	0	标签,goto 语句的跳转目标
LCL_FLD	0	访问本地变量的字段
LCL_FLD_ADDR	0	获取本地变量的字段的内存地址(LIR)
LCL_VAR	0	访问本地变量
LCL_VAR_ADDR	0	获取本地变量的内存地址(LIR)
LCLHEAP	1(分配大小)	从栈空间分配空间(对应 localloc 指令)
LE	2(数值,数值)	比较数值是否小于或等于另一个数值
LEA	2(Base 数值,Index 数值)	LEA 式,支持在 x86 上单条指令计算 base + index * scale + offset

续表 E-1

类 型	子节点数量与说明	概 述
LIST	任意(表达式)	用于储存调用函数时的参数列表
LOCKADD	2(原值,增加值)	增加数值(原子操作),已被 XADD 类型代替
LONG	2(数值,数值)	32 位平台上使用两个 32 位数值组成一个 long 值
LSH	2(数值,位移值)	计算子节点的左位移值
LSH_HI	2(数值,位移值)	32 位平台上计算 long 值的左位移值(低位的位会移动到高位)
LT	2(数值,数值)	比较数值是否小于另一个数值
MEMORYBARRIER	0	内存屏障(混合屏障)
MKREFANY	1(对象)	生成任意类型的引用(refany)
MOD	2(数值,数值)	计算子节点的相除余值(只用于有符号数)
MUL	2(数值,数值)	计算子节点的相乘值
MUL_LONG	2(数值,数值)	32 位平台上计算两个 long 值的相乘值
MULHI	2(数值,数值)	计算子节点的相乘值,只使用高位(64 位中的前 32 位)
NE	2(数值/对象,数值/对象)	比较数值或对象是否不相等
NEG	1(数值)	取子节点的负值
NO_OP	0	什么都不做,与 NOP 的区别是此类型由 IL 指令 nop 转换得到
NOP	0~1(任意)	什么都不做
NOT	1(数值)	取子节点的否值
NULLCHECK	1(表达式)	显式检查对象是否为 null
OBJ	1(对象)	访问拆箱(unbox)后的对象
OR	2(数值,数值)	计算子节点的二进制或值
PHI	任意(参数)	新建一个 SSA 版本,来源是多个前置基础块中的 SSA 版本
PHI_ARG	1	PHI 函数的参数,用于关联某个前置基础块中的 SSA 版本
PHYSREG	0	显式读取某个 CPU 寄存器
PINVOKE_EPILOG	0	执行 P/Invoke 后的处理
PINVOKE_PROLOG	0	执行 P/Invoke 前的处理
PROF_HOOK	0	性能测试工具使用的进入或离开时钩子

IR 语法树节点类型一览

续表 E-1

类 型	子节点数量与说明	概 述
PUTARG_REG	1(表达式)	设置调用其他函数时,通过寄存器传递的参数
PUTARG_SPLIT	2(表达式,函数调用)	设置调用其他函数时,部分通过寄存器,部分通过栈空间传递的参数
PUTARG_STK	2(表达式,函数调用)	设置调用其他函数时,通过栈空间传递的参数
RELOAD	1(变量)	把本地变量重新从栈中读取到寄存器(LIR)
RET_EXPR	0	内联函数时返回值的占位节点
RETFILT	0~1(返回值)	从 finally 块或者 when 过滤器返回
RETURN	0~1(返回值)	从函数返回
RETURNTRAP	1(全局变量)	从 P/Invoke 返回并切换到合作模式前,检查是否正在运行 GC
ROL	2(数值,旋转值)	计算子节点的左旋转值(0xAABBCCDD, 8 => 0xBBCCDDAA)
ROR	2(数值,旋转值)	计算子节点的右旋转值(0xAABBCCDD, 8 => 0xDDAABBCC)
RSH	2(数值,位移值)	计算子节点的右位移值(只用于有符号数)
RSH_LO	2(数值,位移值)	32 位平台上计算 long 值的右位移值(高位的位会移动到低位)
RSZ	2(数值,位移值)	计算子节点的右位移值(只用于无符号数)
RUNTIMELOOKUP	1(表达式)	运行时转换类型/方法/字段的 token 到句柄
SETCC	1(比较结果)	把比较结果转换为布尔值(1/0)(LIR)
SIMD	1~2(SIMD 值)	执行各种 SIMD 操作
SIMD_CHK	2(索引值,长度值)	检查索引值是否超过 SIMD 向量的长度,超过时抛出异常
START_NONGC	0	表示当前指令组不可被 GC 中断(LIR)
STMT	1(不带值的节点)	表示 HIR 中的单条语句
STORE_BLK	1(内存地址)	修改一片连续的空间,大小编译时已知(LIR)
STORE_DYN_BLK	2(内存地址,大小)	修改一片连续的空间,大小需要运行时指定(LIR)
STORE_LCL_FLD	0	储存本地变量的字段(LIR)
STORE_LCL_VAR	0	储存本地变量(LIR)
STORE_OBJ	1(对象)	修改拆箱后的对象(LIR)
STOREIND	1(内存地址)	保存值到指定内存地址(LIR)

续表 E-1

类 型	子节点数量与说明	概 述
SUB	2(数值,数值)	计算子节点的相减值
SUB_HI	2(数值,数值)	32 位平台上计算两个 long 值的高位相减值
SUB_LO	2(数值,数值)	32 位平台上计算两个 long 值的低位相减值
SWAP	0	交换两个 CPU 寄存器的值
SWITCH	1(数值)	根据数值跳转到不同的目标
SWITCH_TABLE	2(表达式,跳转表)	根据 switch 值与跳转表跳转
TEST_EQ	2(数值/对象,数值/对象)	比较数值或对象是否相等,使用 test 指令
TEST_NE	2(数值/对象,数值/对象)	比较数值或对象是否不相等,使用 test 指令
UDIV	2(数值,数值)	计算子节点的相除值(只用于无符号数)
UMOD	2(数值,数值)	计算子节点的相除余值(只用于无符号数)
XADD	2(原值,增加值)	增加数值(原子操作)
XCHG	2(原值,交换值)	交换数值(原子操作)
XOR	2(数值,数值)	计算子节点的二进制异或值

参考文献

[1] Jeffrey R. CLR via C♯（4th Edition）. 美国：Microsoft Press，2012.

[2] Serge L. Expert .NET 2.0 IL Assembler (1st Edition). 美国：Serge Lidin，2006.

[3] Richard B，Andrew C. Pro Asynchronous Programming with .NET (1st Edition). 美国：Apress，2013.

[4] Ben W. Writing High-Performance .NET Code (2nd edition)，2018.

[5] Mario H. Advanced .NET Debugging (1st edition). 美国：Addison-Wesley Professional，2009.

[6] .NET Platform. .NET Core 的公共语言运行时 CoreCLR 的源代码仓库. [2017] https://github.com/dotnet/coreclr.

[7] .NET Platform. .NET Core 的基础类库的源代码仓库. [2017] https://github.com/dotnet/corefx.

[8] Microsoft. 微软官方 CoreCLR 实现文档. [2016] https://github.com/dotnet/coreclr/tree/master/Documentation/botr.

[9] Microsoft. 微软官方 GC 基础说明文档. [2016] https://docs.microsoft.com/en-us/dotnet/standard/garbage-collection/fundamentals；https://docs.microsoft.com/zh-cn/dotnet/standard/garbage-collection/fundamentals.

[10] OSDev.org. x86 和 x86-64 机器码相关知识. [2011] https://wiki.osdev.org/Main_Page.

[11] OSDev.org. x86 和 x86-64 指令. [2011] http://ref.x86asm.net.

[12] OSDev.org. 常见的 x86 指令. [2011] https://c9x.me/x86.

[13] Michael k. Linux 上常用函数的说明. [2010-10] http://man7.org/linux/man-pages/dir_all_alphabetic.html.

[14] Microsoft. Windows API. [2018-05-31] https://docs.microsoft.com/en-us/windows/desktop/apiindex/windows-api-list.

[15] Intel. Intel 官方 x86-64 指令文档. [2016-09] https://www.intel.com/content/dam/www/public/us/en/documents/manuals/64-ia-32-architectures-software-developer-instruction-set-reference-manual-325383.pdf.

[16] Intel. Intel 官方 x86-64 系统编程文档. [2016-09] https://www.intel.com/

content/dam/www/public/us/en/documents/manuals/64-ia-32-architectures-software-developer-vol-3a-part-1-manual.pdf.

[17] Daoid H,Paul E,Will D,Peter Z. Linux 内核关于内存屏障的说明.[2011] https://www.kernel.org/doc/Documentation/memory-barriers.txt.

[18] Christian W,Hanspeter M. JavaHotSpot 虚拟机使用的 LSRA 寄存器分配算法说明.[2014] https://www.usenix.org/legacy/events/vee05/full_papers/p132-wimmer.pdf.

[19] Keith D,Timothy J,Ken K. 根据流程图构建支配树的算法说明.[2014] https://www.cs.rice.edu/~keith/EMBED/dom.pdf.

[20] Microsoft. 64 位 Windows 上 SEH 异常处理的初步实现原理.[2016] http://www.osronline.com/article.cfm?article=469.

[21] .NET Platform. .NET 中泛型的设计与实现细节.[2001] https://www.microsoft.com/en-us/research/wp-content/uploads/2001/01/designandimplementationofgenerics.pdf.